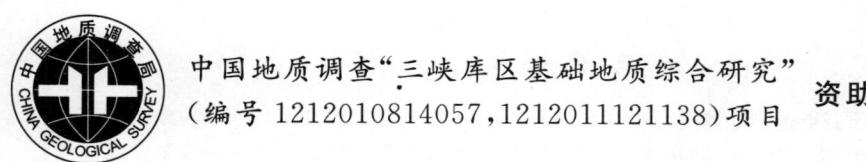

中国地质调查"三峡库区基础地质综合研究"
（编号1212010814057,1212011121138）项目　资助

三峡库区宜昌—重庆段基础地质与地质灾害

赵小明　李长安　王孔伟
牛志军　李　珉　魏运许　著

中国地质大学出版社有限责任公司
ZHONGGUO DIZHI DAXUE CHUBANSHE YOUXIAN ZEREN GONGSI

内容摘要

本书是中国地质调查局基础地质调查项目(1212010814057,1212011121138)研究成果。项目组在近四年的时间里,采用产、学、研相结合的方式,完成了三峡库区宜昌—重庆段编图与基础地质综合研究工作:重新厘定了研究区地层与侵入岩序列,在前第四纪地层中划分了 64 个组级岩石地层单位和 21 类侵入体;总结了三峡库区各时代地层岩石类型和特征,进行了沉积环境分析,对志留系与泥盆系—二叠系、下三叠统与中三叠统、上三叠统与侏罗系等一些重要的沉积界面与地质灾害的关系进行探讨;查明了研究区总体构造格架和主要构造变形特征和形成时间,结合沉积事件、岩浆事件、变形变质事件的综合分析,建立了三峡库区地质构造演化序列;对三峡地区夷平面与阶地、"巫山"黄土、秭归势大岭第四纪堆积剖面、宜昌砾石层进行了系统调查与研究,确定了其成因及形成时间;完善了"滑坡群"的概念和工作方法;系统总结了三峡库区地质灾害的类型、空间分布、形成条件及面临的主要问题,研究了其与地形地貌、地层岩性、地质构造、岩土体结构、降雨、地震、河流侵蚀、人类活动等因素的关系。

图书在版编目(CIP)数据

三峡库区宜昌—重庆段基础地质与地质灾害/赵小明等著.—武汉:中国地质大学出版社有限责任公司,2012.11

ISBN 978-7-5625-3018-3

Ⅰ.①三…

Ⅱ.①赵…

Ⅲ.①三峡水利工程-地质环境-研究②三峡水利工程-工程地质-自然灾害-研究

Ⅳ.①P642②P642.427.19

中国版本图书馆 CIP 数据核字(2012)第 271397 号

| 三峡库区宜昌—重庆段基础地质与地质灾害 | 赵小明 李长安 王孔伟 牛志军 李 珉 魏运许 | 著 |

责任编辑:江 楚		责任校对:张咏梅
出版发行:中国地质大学出版社有限责任公司(武汉市洪山区鲁磨路388号)		邮政编码:430074
电 话:(027)67883511	传真:67883580	E-mail:cbb@cug.edu.cn
经 销:全国新华书店		http://www.cugp.cug.edu.cn
开本:787 毫米×1 092 毫米 1/16	字数:345 千字 印张:13.5 插页:1	
版次:2012 年 11 月第 1 版	印次:2012 年 11 月第 1 次印刷	
印刷:武汉教文印刷厂		
ISBN 978-7-5625-3018-3		定价:58.00 元

如有印装质量问题请与印刷厂联系调换

前 言

本次研究的三峡库区宜昌—重庆段地理坐标为东经106°30′~111°30′,北纬29°20′~31°20′,跨越宜昌、秭归、兴山、巴东、万县、奉节、丰都、江津等21个市、县、区,总面积约57 330km²。宜万铁路、沪蓉高速、翻坝高速、沪渝高速、318国道、210国道、209国道及长江航道等穿越研究区,交通较为便利(图0-1)。

一、自然地理概况

三峡库区横穿鄂西、渝中山地,大致以奉节白帝城为界,分为东、西两个地貌单元:东部为三峡隆起中低山,长江河谷强烈下切,形成以侵蚀—溶蚀中山峡谷为主的地貌景观,山地高程多在1 000~2 000m,最大高程2 117m,相对高差500~1 500m,发育多级夷平面;西部为四川盆地低山丘陵区,地貌形态严格受四川盆地东部边缘川东褶皱带内构造形态控制,形成与构造格架一致、走向北东至北东东的"宽谷窄岭"剥蚀侵蚀低山丘陵地形。气候具有平均气温高、降雨充沛、空气湿度大、少冰雪严寒等特点,属典型的亚热带湿润性季风气候。长江是世界上的大河之一,水文特征具有流量大、含沙量和水位变幅较高的特点。重庆至宜昌间,部分河段由岩性、构造、地质灾害等原因形成多处滩险,水流湍急,枯水季节部分河段水深仅数米。研究区出露中太古界至白垩系,另有少量第四系,地下水类型可分为松散岩土孔隙水、砂页岩裂隙水、砂泥岩裂隙孔隙水、碳酸盐岩岩溶水及结晶岩风化带裂隙水5种。地下水主要补给来源为大气降雨,具有就地补给、就地排泄的特点。

二、地质研究历史

长江三峡地区是我国开展地质研究较早和研究程度较高的地区之一,最早的地质工作可以追溯到19世纪末,但较系统的地质调查始于20世纪20年代,李四光(1924,1925)、赵亚曾(1924)、谢家荣、赵亚曾(1925)、叶良辅(1920)、刘季辰(1925)等率先对本区进行了开创性的地质调查。之后,老一辈地质学家(许杰,1934、1948;李春昱,1934;王钰,1938;许德佑,1937、1938、1939;侯德封,1939;李四光,1942;斯行健,1949;尹赞勋,1943、1949)又做了进一步的工作,为本区的基础地质研究打下了良好的基础。

解放后,湖北省地质矿产勘查开发局、四川省地质矿产勘查开发局、中国地震局、江汉

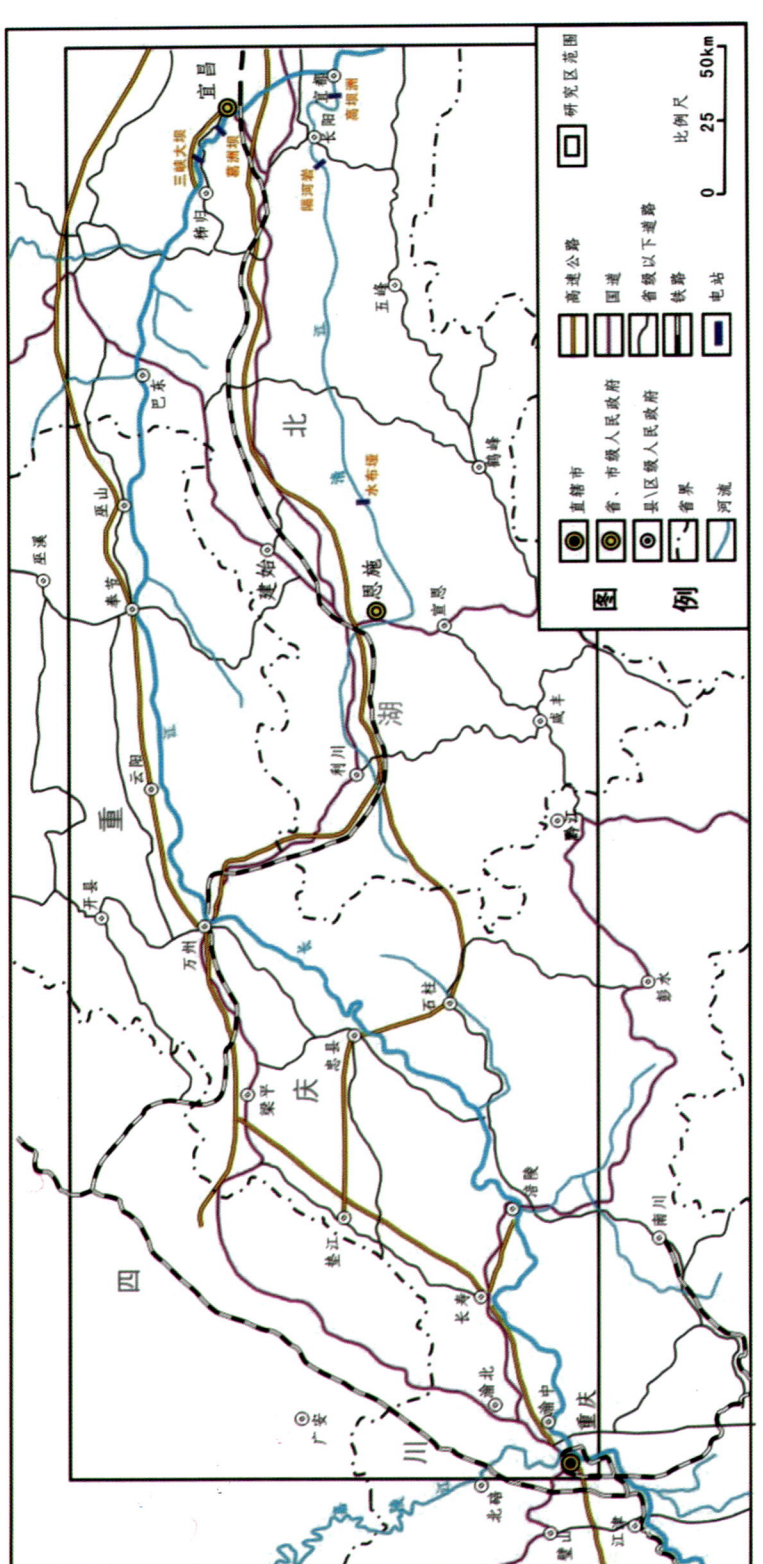

图0-1 研究区交通位置

石油管理局、武汉中南冶勘资源环境工程有限公司、中国科学院地理科学与资源研究所、中国科学院测量与地球物理研究所、原宜昌地质矿产研究所、长江水利委员会、中国科学院南京地质古生物研究所及北京大学、中国地质大学、原长春地质学院等多家单位和个人在本区进行过地质矿产、构造、第四纪、地球物理及水工环工作。

1. 地层学古生物学方面

由原宜昌地质矿产研究所牵头,联合原地质矿产部地质研究所和湖北省地质研究所通过系统研究而先后出版的震旦纪(赵自强,1985)、早古生代(汪啸风等,1987)、晚古生代(冯少南等,1985)、三叠纪—侏罗纪(张振来等,1985)及白垩纪—第三纪(雷奕振等,1987)的研究成果,是对三峡地区自震旦纪至第三纪生物地层古生物学研究的系统总结,使该区有关岩石地层、生物地层、年代地层的研究在20世纪80年代达到国内的领先水平。90年代以来,由南江水文队、原宜昌地质矿产研究所、湖北省地质矿产勘查开发局、四川省地质矿产勘查开发局等单位完成的《湖北省岩石地层》(1997)、《四川省岩石地层》(1997)、《长江三峡名胜古迹和旅游资源保护与开发研究》、《长江三峡珍贵地质遗迹保护和太古代—中生代多重地层划分和海平面升降变化》(汪啸风等,2002)等研究成果代表了该区地层古生物、年代地层、岩石地层和层序地层的最新进展。在全球层型剖面和界线点的研究中,中国科学家积极参与,获得了9枚"金钉子",其中有2枚落户于长江三峡地区:一是宜昌王家湾剖面成为上奥陶统赫南特阶的GSSP(陈旭等,2006),二是宜昌黄花场剖面成为中奥陶统底界及奥陶系大坪阶底界的GSSP(汪啸风等,2005)。

2. 地质构造方面

湖北省地质矿产勘查开发局、四川省地质矿产勘查开发局20世纪80年代完成的1:20万区域地质调查报告较为系统地查明了区域基本构造格架,根据各构造形迹的空间分布、力学性质及相互之间的成因联系,划分了构造体系,明确了各构造体系间的复合、联合关系,进而对各构造体系的成生发展过程及其应力活动方式进行了分析。《湖北省区域地质志》(1990)、《四川省区域地质志》(1991)采用多旋回构造理论,进行了构造层及构造单元划分,系统地阐明了本区区域构造特征和地壳演化历史。80年代以后,针对三峡工程相继出版了一系列技术丛书及科研专著、论文,对三峡库区地壳稳定性、活动性断裂、新构造运动等进行了系统的调查与研究,对三峡库区新构造活动规律及其与滑坡之间的关系进行了总结(邓清禄等,2000;李愿军等,2003)。

3. 第四纪地质

沈玉昌(1965)、刘兴诗(1983)、杨达源等(1988a,1992)、谢明(1991)、陈宝冲(1996)、田陵君(1996)、李吉均等(2001)、向芳等(2005)对长江三峡地区第四纪地质,特别是阶地与夷平面、长江河谷发育成因进行了研究。虽然不同文献中由于采样位置、样品类型和测年方法等的不同,同一阶地的年龄数据存在一定的差异,而且对于阶地的级数、阶地的结构、阶地发育及其形成年代的确定等方面有着不尽相同的见解，尚未取得一致认识，但仍大致可对比。第一级阶地（T_1）的年龄大致为 0.01Ma，第二级阶地（T_2）为 0.02~0.03Ma，第三级阶地（T_3）为 0.09~0.15Ma，第四级阶地（T_4）约为 0.5Ma，第五级阶地（T_5）为 0.70~0.73Ma，第六级阶地（T_6）为 0.86Ma，第七级阶地（T_7）为 0.95~1.16Ma（谢明，1991；李吉均等，2001；向芳等，2005），但与其支流的相关对比研究有待进一步加深。

对三峡地区夷平面的研究，大部分是通过夷平面来研究新构造运动的活动特征。即以夷平面为参考标准，研究新构造运动的分期、幅度和形式。但多级夷平面包括夷平面的存在究竟是同一级夷平面的变形（唐贵智，1991），还是不同级夷平面的表现，始终是一定要回答的。另外对夷平面的形成时代各家看法不一，目前为止也仅有少量的年龄数据（李吉均等，2001），而对夷平面的组成部分——风化壳的研究还处于空白状态。

关于三峡河谷发育的成因分析，李四光（1924）、叶良辅、谢家荣（1925）、李春昱（1933，1934）、巴尔博（1935）、吴尚时（1939）、李承三（1956）先后提出了溯源说、先成河、遗传河、袭夺说等不同观点。随着 20 世纪 70 年代对青藏高原隆升问题研究取得重大进展，学者们开始重新审视有关西高东低地势及西水东流问题的一些原有结论，对长江三峡的形成也因此有了新的认识，自 20 世纪 80 年代起，杨达源（1988b，1992，2006）、吴锡浩等（1990）、唐贵智（1991）、万天丰（1993）、赵诚（1996）、李长安（1997a）、李吉均、谢世友、范代读等（2004）论及这一问题，并都一致认为三峡贯通于第四纪。

4. 岩石学方面

对于变质岩与岩浆岩的研究主要集中于黄陵背斜及其周缘，在地质学、岩石化学、地球化学、矿物学、同位素年代学等各方面进行了较深入的研究。袁海华等（1991）运用变质地质学、同位素年代学方法，阐述了黄陵结晶基底地质特征，认为其属花岗-绿岩地体；李福喜等运用岩浆演化新理论，对黄陵花岗岩基进行了详细划分，从岩石学、矿物学、地球化学、同位素年代学等方面论述了岩浆起源及形成的大地构造环境，并就黄陵背斜核北部结晶基底物质组成进行了探索；谭文清等（1996）、凌文黎等（2000，2006）、彭松柏等（2005）、魏君奇（2009）对黄陵背斜核部结晶基底物质组成、形成时代及事件演化序列进行了较为系统的研究。

5. 矿产地质方面

研究区较为全面系统的矿产地质调查，前后共计三轮：第一轮为原北京地质学院等 1959 年完成的 1∶20 万宜昌市幅、长阳县幅、巴东县幅、五峰县幅及恩施市幅等。第二轮为湖北省地质矿产勘查开发局、四川省地质矿产勘查开发局在 20 世纪 80 年代早中期的 1∶20 万矿产调查。这两轮均与区域地质调查同期完成，基本查明了区内主要矿产的产出特征和分布规律，圈定成矿远景区。第三轮主要为湖北省地质矿产勘查开发局 20 世纪 80 年代中后期至 90 年代早期围绕黄陵背斜周缘所完成的 1∶5 万矿产调查、重砂测量、放射性测量、化探、矿点踏勘、矿点检查、综合研究等工作,圈定出 30 个成矿远景区。研究总结了区域矿产产出特征和分布规律,控矿因素和找矿标志,研究了黄陵花岗岩演化系列与矿产的关系。在科研专题方面,湖北地质矿产勘查开发局傅家谟(1961)、廖士范、徐安武等(1992)、胡宁(1998)对鄂西泥盆纪地层及沉积型铁矿进行了系统总结,划分了沉积相,建立了沉积相模式,总结了宁乡式铁矿的形成条件与分布规律;宜昌地质矿产研究所对鄂西二叠纪煤系地层的研究,在确定区域古构造格局的基础上,研究了煤层与黄龙组灰岩剥蚀面的关系,圈定了成煤有利地段;徐安武等对震旦纪—寒武纪铅锌矿进行了系统研究,认为层控铅锌矿受沉积相古地理控制,在系统研究成矿条件、建立成矿模式的基础上,提出了 1 个铅锌矿带、5 个找矿靶区;湖北省地质调查院(2004—2006)对宜昌—恩施地区的铅锌矿进行了系统评价,圈定了成矿远景区并划分其类别。

6. 物化探方面

三峡地区先后完成了区域性的 1∶40 万,1∶20 万、1∶10 万航空磁法和 1∶100 万、1∶50 万、1∶20 万重力调查。在综合湖北省 1∶20 万区域物化探工作基础上,刘福和编制了湖北省物、化探研究程度图及其说明书,湖北省地质矿产勘查开发局、张德存等编制了湖北省地球化学图集说明书,全面汇集了湖北省区域化探的成果,深入研究了湖北省 39 种元素分布的地球化学特征,提出了全省地球化学分布的基本特征和规律;地球化学元素分布类型表现为多样性和复杂性,受大地构造环境、地层、侵入岩、构造活动等多方面的控制;依据元素区域背景分布和叠加分异分布特征与区域地质构造之间的关系,将全省划分为秦岭富钠地球化学省和扬子贫钠富锂硼地球化学省,下分 4 个地球化学域、9 个地球化学带;总结归纳了省域内典型矿床、矿田地球化学异常特征,提取了不同成矿类型的找矿异常标志。

7. 水文、工程、环境地质方面

长江三峡地区地层出露齐全,山高坡陡,河谷深切,山势险峻,以滑坡、岩崩和泥石流为主的地质灾害不断发生,对当地经济的发展和人民的生命财产安全造成了极大破坏,因此对于与长江三峡工程相关的工程地质、水文地质及淹没区环境地质的综合调查及研究相对较多。随着国民经济的高速发展,特别是三峡大坝、沪蓉高速、沪渝高速、宜万铁路、川气东送管线、清江梯级电站等重大工程的实施,区内环境地质条件正在或即将发生变化,需要对新出现的环境地质问题进行新构造运动及基础地质背景的综合研究,从而为综合治理、预防各类环境地质问题的产生制定新的对策。

上述调查与研究工作原始资料丰富可靠,为当地的国民经济布局规划、生态环境治理和改善提供了科学依据,也为本次工作奠定了详实的研究基础。

三、谢语

本专著是在项目成果报告的基础上经过修改、补充、整理而成,其中前言、第一章由赵小明和牛志军共同完成，第二章、第七章由赵小明完成，第三章由魏运许、赵小明共同完成，第四章由王孔伟、赵小明共同完成，第五章由李长安、李珉共同完成，第六章由李长安、王孔伟、赵小明共同完成，最终由赵小明统稿，报告图件由李珉、赵小明、李长安、王孔伟等编制。

项目自始至终得到了中国地质调查局基础部、武汉地质调查中心总工办、中南检测中心、中国地质大学(武汉)、三峡大学等单位的支持与帮助。项目实施中还得到了中国地质调查局庄育勋研究员、翟刚毅研究员、于庆文研究员的热情关心和悉心指导。武汉地质调查中心徐安武研究员鉴定沉积岩薄片，徐光洪研究员鉴定了头足类，中国地质大学(武汉)张克信教授、童金南教授、杨浩博士分别鉴定了牙形石、双壳、微生物岩。先后参加本项目野外工作的人员还有徐安武、张开明、谢国刚、田洋、张权绪、牟宗玉、刘圣德、安志辉、刘红艳、黄兴、马志东、阮海杰等。在此一并表示衷心的感谢！

专著引用了湖北省、重庆市部分地勘单位的最新基础地质调查研究成果，所引用的文献资料尽可能在专著参考文献表中加以标注，若有遗漏，肯请相关单位和作者谅解。

目 录

第一章 地 层 ··· (1)
  第一节 地层分区 ··· (1)
  第二节 地层序列 ··· (2)
第二章 沉积岩与沉积环境分析 ··· (10)
  第一节 沉积岩类型 ·· (10)
  第二节 沉积相及沉积演化史 ··· (13)
第三章 侵入岩 ·· (17)
  第一节 中太古代侵入岩 ·· (18)
  第二节 新太古代侵入岩 ·· (19)
  第三节 中元古代侵入岩 ·· (19)
  第四节 新元古代侵入岩 ·· (21)
第四章 地质构造 ··· (26)
  第一节 地球物理特征 ··· (26)
  第二节 区域构造特征 ··· (29)
  第三节 新构造运动 ·· (57)
  第四节 构造发展简史 ··· (57)
第五章 地貌及第四纪地质 ··· (61)
  第一节 三峡地区的夷平面研究 ·· (61)
  第二节 长江三峡地区阶地研究 ·· (77)
  第三节 三峡地区的水系特征与地貌演化分析 ··· (83)
  第四节 "巫山黄土"的研究 ··· (91)
  第五节 秭归势大岭黄土研究 ·· (118)
  第六节 宜昌砾石层特征研究 ·· (137)
第六章 地质灾害的基础地质背景 ·· (145)
  第一节 主要地质灾害类型及存在的问题 ·· (145)

第二节　地质灾害基础条件和诱发因素……………………………………………（147）
　　第三节　构造与地质灾害……………………………………………………………（152）
　　第四节　三峡地区第四纪地貌过程与地质灾害……………………………………（182）
　　第五节　基于地貌过程的三峡地质灾害防治策略…………………………………（192）
第七章　主要工作进展……………………………………………………………………（197）
参考文献……………………………………………………………………………………（200）

第一章 地　层

第一节　地层分区

研究区地层区划上整体属于扬子地层区，西部属于四川盆地分区，北部边缘属于大巴山分区，东部主要属于黄陵八面山分区，另见少量的江南分区和江汉分区，可再分为13个地层小区（图1-1）。

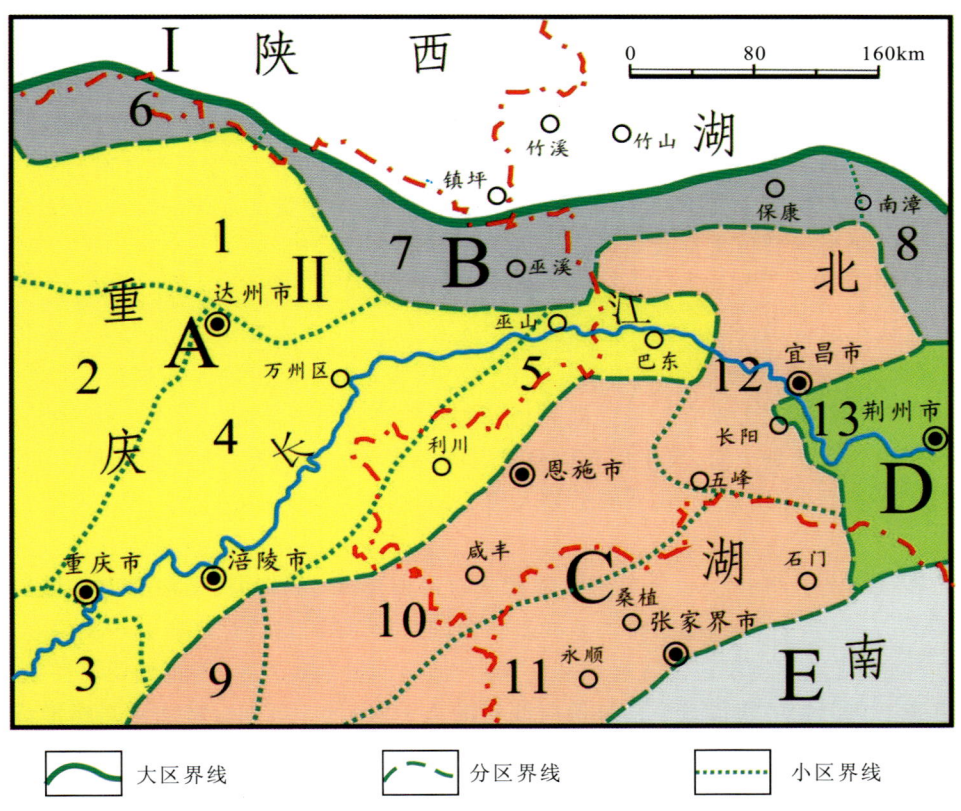

图1-1　长江三峡地区地层分区

Ⅰ.昆仑秦岭区；Ⅱ.扬子区。A.四川盆地分区：1.通江小区，2.南充小区，3.泸州小区，4.万州小区，5.巴东利川小区；B.大巴山分区：6.米仓山小区，7.巫溪保康小区，8.宜城小区；C.黄陵八面山分区：9.遵义南川小区，10.恩施咸丰小区，11.八面山小区，12.黄陵小区；D.江汉分区：13.江汉西部小区；E.江南分区

第二节 地层序列

除缺失下志留统上部—下泥盆统外，南华纪至白垩纪地层出露良好，化石丰富，是长江三峡地区乃至华南地层古生物学及基础地质研究的典型地区。另外，在黄陵背斜核部有少量前南华纪变质地层残留，宜昌以东地区出露古近纪、新近纪地层，第四系则沿长江及其支流的两岸、山间沟谷及江汉盆地边缘分布。在四川省岩石地层（四川省地质矿产局，1997）和湖北省岩石地层（湖北省地质矿产局，1996）清理成果的基础上，以1：5万、1：25万、1：20万地质图为底图，通过剖面综合研究、地层区域对比，参照最新国际地层表和全国地层指南，对三峡库区宜昌—重庆段的岩石地层单位和序列进行了重新厘定（表1-1）。

一、前南华系

前南华系仅分布于研究区东部的黄陵背斜核部，为中太古代—中元古代的变质岩系，该变质岩系被黄陵花岗岩岩基分割为南、北两部分。

中太古代野马洞岩组（Ar_2y）出露于黄陵背斜北部，多呈大小不等的包体群赋存于东冲河片麻杂岩、晒家冲片麻岩中，常见与交战垭超镁铁质岩共生。受后期岩浆作用及变形变质改造，这套变质岩系在空间分布上极为不连续，较集中分布于圈椅塄岩体周边的野马洞、白果园等地。主要为一套混合岩化的斜长角闪岩、黑云斜长变粒岩、黑云角闪斜长片麻岩、石英片岩、角闪片岩和黑云片岩。主要遭受角闪岩相变质，岩组内部层序受变形作用改造，不具原始叠置关系。原岩恢复为一套拉斑玄武质—英安质火山岩建造，成岩年龄在$2\,913\pm\sim3\,166\pm25$Ma（凌文黎等，1997）。

古元古代小以村组（Pt_1x）因受后期岩浆侵入和构造改造，断续分布于黄陵背斜核部西南缘，为一套由变质铝质沉积岩组成的类孔兹岩系。由富铝片岩-片麻岩和榴线英岩类、长英质粒岩类、斜长角闪岩类、大理岩和钙镁硅酸盐岩类四类岩石组合而成。原岩主要为长英质细砂岩和黏土质粉砂岩及黏土岩，属于以花岗质岩石为蚀源区的细陆屑沉积，原岩建造中的夹层为含泥质白云质灰岩、泥质灰岩、钙质粉砂岩及页岩、碳质页岩，夹少量铝、铁、硅质化学或胶体沉积。形成时代为古元古代滹沱纪。

中元古代庙湾岩组（Pt_2m）分布于黄陵背斜核部西南缘、东北缘（又称为力耳坪岩组），为一套厚度大、岩性单一、具条纹条带构造的斜长角闪片岩、角闪斜长片麻岩夹石英岩之地层体。原岩为基性岩类（基性超浅成侵入岩或基性火山岩）夹少量杂砂岩，产丰富的疑源类化石，另据庙湾岩组斜长角闪岩中获得Sm-Nd等时线年龄为$1\,605.5\pm81$Ma，将庙湾岩组形成的地质时代归入中元古代长城纪—蓟县纪。

神农架群自下而上划分为中元古代郑家垭组、石槽河组、大窝坑组、矿石山组。

郑家垭组（Pt_2z）为一套陆源碎屑—火山岩建造，可大致分为三部分：下部为深灰色厚层状杂砾岩、含砾砂岩，为水下冲积扇沉积物；中部为深灰—灰黑色泥质碳质粉砂岩、页（板）岩、硅质岩夹灰绿色火山凝灰岩，为陆棚边缘—盆地相沉积；上部为深灰色中薄层碳质粉砂岩、粉砂岩、细砂岩、灰白色中层状石英砂岩，为滨外陆棚—滨岸沉积。

表 1-1 研究区地层序列

年代地层			四川盆地分区	大巴山分区	黄陵八面山分区		江汉分区
界	系	统					
新生界	第四系	全新统	Qh^{al} Qh^{pal} Qh^{edl}	Qh^{al}	Qh^{al}		Qh^{al} Qh^{pal} Qh^{edl}
		更新统	Qp^{al}	Qp^{al}	Qp^{al}		Qp^{al}
	古近系	始新统					牌楼口组
		古新统					洋溪组
							龚家冲组
	白垩系	上统			红花套组		跑马岗组
							红花套组
					罗镜滩组		罗镜滩组
		下统			五龙组		五龙组
					石门组		石门组
中生界	侏罗系	上统	蓬莱镇组				
			遂宁组				
		中统	沙溪庙组				
			新田沟组		新田沟组	桐竹园组	
		下统	自流井组		自流井组		
		上统	须家河组		须家河组	玉龙滩组	
	三叠系					九里岗组	
		中统	巴东组	巴东组	巴东组		
		下统	嘉陵江组	嘉陵江组	嘉陵江组		
			大冶组	大冶组	大冶组		
上古生界	二叠系	乐平统	吴家坪组	吴家坪组	吴家坪组	大隆组	
			龙潭组	龙潭组	龙潭组		
		中统	茅口组	孤峰组	孤峰组		
				茅口组	茅口组		
			栖霞组	栖霞组	栖霞组		
			梁山组	梁山组	梁山组		
	石炭系	上统	黄龙组	黄龙组	黄龙组		
			大埔组	大埔组	大埔组		
		下统			和州组		
					高骊山组		
					金陵组		
	泥盆系	上统	梯子口组		梯子口组		
			写经寺组		写经寺组		
			黄家磴组	黄家磴组	黄家磴组		
		中统	云台观组	云台观组	云台观组		
下古生界	志留系	下统		纱帽组	纱帽组		
			罗惹坪组	罗惹坪组	罗惹坪组		
			龙马溪组	龙马溪组	龙马溪组		
	奥陶系	上统	五峰组	五峰组	五峰组		
			临湘组	临湘组	临湘组		
			宝塔组	宝塔组	宝塔组		
			庙坡组	庙坡组	庙坡组		
		中统	牯牛潭组	牯牛潭组	牯牛潭组		
			大湾组	大湾组	大湾组		
		下统	红花园组	红花园组	红花园组		
			分乡组	分乡组	分乡组		
			南津关组	南津关组	南津关组		
	寒武系	芙蓉统	娄山关组	娄山关组	娄山关组		
		武陵统	覃家庙组	覃家庙组	覃家庙组		

续表 1-1

年代地层			四川盆地分区	大巴山分区	黄陵八面山分区	江汉分区
界	系	统				
下古生界	寒武系	黔东统	石龙洞组	石龙洞组	石龙洞组	
			天河板组	天河板组	天河板组	
			石牌组	石牌组	石牌组	
			牛蹄塘组	牛蹄塘组	牛蹄塘组	
		滇东统				
新元古界	震旦系	上统	灯影组	灯影组	灯影组	
		下统	陡山沱组	陡山沱组	陡山沱组	
	南华系	上统			南沱组	
		中统			大塘坡组 / 古城组	
		下统			莲沱组	
	青白口系				马槽园组 / 白竹坪火山岩建造群	
中元古界	蓟县系				矿石山组 / 庙湾岩组（力耳坪岩组）	
	长城系				大窝坑组 / 石槽河组 / 郑家垭组	
古元古界					小以村组	
中太古界					野马洞岩组	

石槽河组（Pt_2s）为一套以碳酸盐岩为主的岩石组合，下部为白云岩角砾岩、含砾白云质砂岩、白云质粉砂岩和角砾状灰岩、微晶灰岩及炭泥板岩，属台地—台缘斜坡相沉积；中上部为灰色含燧石条带白云岩、硅质条纹白云岩、叠层石白云岩、纹层状细晶白云岩、中厚层状细晶白云岩夹少量砾屑砂屑白云岩，为开阔台地相沉积；顶部以紫红色白云质粉砂岩、粉砂岩、泥质白云岩为主，属局限台地—泻湖相沉积。

大窝坑组（Pt_2dw）下部为杂色硅质砾岩、含砾砂岩、石英砂岩、紫红色粗—中细粒砂岩、粉砂岩和碳泥质页（板）岩，属滨岸沉积；上部为灰—浅灰色薄层泥质白云岩、含燧石结核条带白云岩、叠层石白云岩、含砾屑砂屑鲕粒白云岩、中厚层细晶白云岩等，属局限台地—台缘浅滩相沉积。

矿石山组（Pt_2k）为一套陆源碎屑岩—台地碳酸盐岩，下部为灰黑色砂岩、粉砂岩、碳泥质页（板）岩夹赤铁矿层，局部夹薄层硅质岩，为浅海陆棚相沉积；上部为浅灰色—深灰色巨厚叠层石白云岩、纹层状白云岩、中厚层状白云岩夹砾屑砂屑白云岩，属开阔—局限台地相沉积。

青白口纪马槽园组（Pt_3m）仅见于黄陵背斜西北缘，主要为一套白云质砾岩；白竹坪火山岩建造群（Pt_3b）仅分布于远安县白竹坪，下部为一套变酸性晶屑（岩屑）凝灰岩、变沉酸性岩屑凝灰岩、流纹岩（或安流岩）、含黄铁矿绢云板岩、含黄铁矿钠长浅粒岩（变酸性凝灰质含砂粉砂表岩）和粉砂质板岩等浅变质或未变质的火山碎屑岩建造，上部为厚度较大的含碳绢云千枚岩、绢云千枚岩、绢云片岩、绢云石英片岩。岩石中可见变余水平层理、变余交错层理。原岩为海相陆源碎屑沉积的泥砂质岩类。

二、南华系—震旦系

南华系—震旦系主要见于研究区东部黄陵背斜和长阳背斜核部,自下而上为南华纪莲沱组、古城组、大塘坡组、南沱组和震旦纪陡山沱组、灯影组,其中古城组、大塘坡组仅见于长阳县古城一带。

莲沱组(Nh_1l)由一套河流相的紫红色砂砾岩、细砂岩、粉砂岩夹泥岩组成,与下伏黄陵花岗岩或变质地层呈角度不整合接触;古城组(Nh_2g)为一套灰绿色冰碛砾岩、含砾杂砂岩,其底以出现粉砂岩、细砂岩与莲沱组整合接触;大塘坡组(Nh_2d)主要为一套深灰至灰黑色碳质泥岩、含碳质粉砂岩夹菱锰矿,为间冰期发育于陆棚之上的局限盆地沉积;南沱组(Nh_3n)为一套灰、灰绿色含冰碛砾岩、含砾砂岩夹粉砂质泥岩组合,其整合于大塘坡组或平行不整合于莲沱组之上,为三峡及周边地区最为常见的新元古代"雪球地球"的沉积记录。

陡山沱组(Z_1d)底界以"盖帽白云岩"出现为标志(被认为是新元古代环境变迁的产物,Kennedy,1996)。往上以灰至深灰色薄中层状泥晶白云岩夹灰黑色含碳质泥岩、灰色中厚层状泥粉晶白云岩与灰黑色薄层状碳质泥岩互层为特征,属开阔—局限台地沉积,为区域上重要的磷矿、银钒矿含矿层位;灯影组($Z_2\in_1d$)主要为灰白色中—厚层状微—细晶白云岩、富藻条纹状白云岩、鲕状(或豆状、葡萄状)白云岩、核形石白云岩、硅质纹带或结核状白云岩、内碎屑白云岩、角砾状白云岩、白云质磷块岩、深灰色薄层白云质灰岩和灰质白云岩等,总体上具"两白夹一黑"的特征,分为蛤蟆井段、石板滩段、白马沱段,属开阔—局限台地沉积,为研究区内重要的铅锌矿含矿层位。按最新的寒武纪划分方案,寒武纪底界位于灯影组白马沱段的中部。

三、寒武系

寒武系主要沿黄陵背斜、长阳背斜、长乐坪背斜和香龙山—五龙背斜核部分布,少量出露于中梁背斜、接龙背斜核部。主要为一套台地—陆棚相碳酸盐岩夹碎屑岩建造,可划分为牛蹄塘组、石牌组、天河板组、石龙洞组、覃家庙组、娄山关组,底界与灯影组整合或平行不整合接触,各组为连续沉积。

牛蹄塘组($\in_2n$)主要为一套灰黑色白云质粉砂岩、碳质页岩、泥晶灰岩,底部夹少量灰黑色中—薄层状硅质岩、黏土质硅质岩,该组底部的黑色岩系为区内重要的钒钼矿赋矿层位;石牌组($\in_2s$)由灰—灰绿色页岩、粉砂质泥岩、泥质粉砂岩、细砂岩夹透镜状薄—中层豆粒鲕状灰岩、生物屑灰岩等组成;天河板组($\in_2t$)由浅灰色薄层灰泥岩、泥质条带泥晶灰岩,浅灰色中厚层状砾屑灰岩、鲕粒灰岩,夹少量灰质白云岩、钙质泥岩组成;石龙洞组($\in_2sl$)主体岩性为浅灰、灰色中厚层状至块状粉晶白云岩、含残余砂砾屑白云岩、内碎屑白云岩、亮晶鲕粒砂屑白云岩、豆粒白云岩、白云质泥灰岩夹古喀斯特岩溶角砾岩;覃家庙组($\in_3q$)主要为灰—深灰色薄中层—厚层状细晶白云岩、砂屑白云岩、鲕粒白云岩、白云质灰岩、泥晶灰岩、白云质泥岩,夹块状白云岩角砾岩;娄山关组($\in_{3-4}O_1l$)主要由浅灰—灰色厚层含砾砂屑白云岩、灰质泥晶白云岩、叠层石白云质灰岩、叠层石白云岩、粒泥灰岩及白云质泥岩组成,本组时代为晚寒武世至早奥陶世早期,是一个穿时较长的岩石地层单位。

四、奥陶系

奥陶系与寒武系分布基本一致,主要出露于研究区东部黄陵背斜、长阳背斜核部和周缘,主要为一套台地-陆棚相碳酸盐岩夹泥质岩沉积，自下而上划分为南津关组、分乡组、红花园组、大湾组、牯牛潭组、庙坡组、宝塔组、临湘组和五峰组，底界及各组之间均为整合接触。

南津关组（O_1n）岩性组合具三分性特征，下部和上部基本相同，为深灰色中厚层状砂砾屑生物屑灰岩、砂砾屑灰岩、亮晶砾屑生物屑鲕粒灰岩、亮晶生物屑灰岩、泥晶灰岩夹灰色、黄绿色页片状钙质泥岩，中部为深灰色中厚层状粉晶白云岩、粉晶灰质白云岩、砾屑灰质白云岩；分乡组（O_1f）为灰绿色页片状钙质泥岩与深灰色中厚层状亮晶生物屑灰岩、泥晶生物屑灰岩、鲕粒砂屑生物屑灰岩、砾屑生物屑灰岩不等厚互层；红花园组（O_1h）主体岩性为灰-深灰色中厚层状-块状生物礁灰岩、亮晶生物屑砾屑灰岩、生物屑砂屑细晶灰岩、含生物屑粒泥灰岩、生物屑泥晶灰岩、泥晶灰岩；大湾组（$O_{1-2}d$）为灰绿-紫红色薄中层状粉砂质泥岩、泥质粉砂岩、钙质泥岩、生物屑砾屑灰岩、含海绿石亮晶生物屑砂屑灰岩、含泥质瘤状灰岩、泥质条带灰岩、瘤状灰岩、瘤状生物屑灰岩不等厚互层，中下奥陶统界线位于该组中下部，中奥陶统大坪阶底界GSSP剖面为研究区宜昌黄花场剖面；牯牛潭组（O_2g）为浅灰-灰色、浅紫红色中厚层状瘤状泥晶灰岩、瘤状生物屑泥晶灰岩、泥质条带瘤状灰岩不等厚互层，夹钙质泥岩或粉砂质泥岩；庙坡组（$O_{2-3}m$）为灰黑页片状钙质泥岩夹深灰色中薄层状含碳质泥晶灰岩、生物屑泥晶灰岩；宝塔组（O_3b）为灰色中厚层状"龟裂纹"泥晶灰岩夹薄中层状瘤状泥晶灰岩，"龟裂纹"构造发育为其重要特征；临湘组（O_3l）为浅灰-灰色中厚层状瘤状泥晶灰岩夹少量灰色龟裂纹灰岩及泥岩，顶部见极薄层泥质粉砂岩；五峰组（O_3w）为灰黑色薄层至中厚层状含放射虫粉砂质硅质岩、泥质硅质岩、硅质岩，夹少量灰黑色薄层页片状碳质泥岩、钙质泥岩及灰白色黏土岩。

五、志留系

志留系出露于研究区东部黄陵背斜东西两翼、长阳背斜、长乐坪背斜、恩施—建始背斜核部和周缘，另有少量分布于研究区南部羊角背斜和华蓥山背斜核部，为一套陆棚碎屑岩建造，自下而上划分为龙马溪组、罗惹坪组、纱帽组，底界及各组之间均为整合接触。

龙马溪组（S_1l）由底部的黑色页岩、粉砂质泥岩与上部黄绿色粉砂质泥岩、泥质粉砂岩夹细砂岩薄层或透镜体组成；罗惹坪组（S_1lr）主体岩性变化不大，为一套黄绿色的粉砂质泥岩、泥质粉砂岩夹石英粉砂岩、石英细砂岩的碎屑岩地层，顶底见厚度不一的灰色中厚层状生物屑灰岩、礁灰岩；纱帽组（S_1s）为灰绿色薄中层-中厚层状粉砂质泥岩、泥质粉砂岩、细砂岩组合，近顶部局部可见灰色中厚层状生物屑砾屑白云质灰岩或粉晶灰岩。

六、泥盆系—石炭系

泥盆系与石炭系仅分布于研究区中东部，与志留系相伴出现，分为云台观组、黄家磴组、写经寺组、梯子口组、金陵组、高骊山组、和州组、大埔组和黄龙组，为一套三角洲—滨岸—混合陆棚相沉积。其中大部分地区仅出露云台观组、黄家磴组和黄龙组。

云台观组（D_2y）以灰白色块状-厚层状细粒石英岩状砂岩为主，夹紫红色中厚层状石英粉砂岩、含砾石英细砂岩，与下伏志留系平行不整合接触；黄家磴组（D_3h）为灰色薄层状粉砂质泥岩与中厚层状细粒石英砂岩、石英粉砂岩不等厚互层，夹多层鲕状赤铁矿层，为鄂西地区"宁乡式"铁矿的含矿层位之一；写经寺组（D_3x）为灰色中厚层状生物屑泥晶灰岩、砾屑灰岩、薄层状泥质灰岩、泥晶灰岩、钙质泥岩组合，夹紫红色鲕状赤铁矿层，也是鄂西地区"宁乡式"铁矿的含矿层位；梯子口组（D_3C_1t）为灰色中厚层状石英细砂岩、石英杂砂岩与灰黑色-灰绿色薄层状粉砂质泥岩、泥质粉砂岩互层，夹泥晶灰岩或粉晶白云岩；金陵组(C_1j)为深灰色中厚层状生物屑泥晶灰岩、泥晶灰岩；高骊山组(C_1g)为灰色中厚层状石英细砂岩、粉砂岩、粉砂质泥岩组合；和州组(C_1h)底部为深灰色、灰色中薄层状含泥质生物屑泥晶灰岩夹薄层泥岩，往上为灰、灰白色中厚层状石英砂岩、灰绿色－深灰色粉砂质泥岩；大埔组(C_2d)为浅灰、灰色中厚层状、块状残余砂屑粉晶白云岩、粉晶白云岩夹泥灰质白云岩，夹白云岩角砾；黄龙组(C_2h)为灰色厚层－块状泥晶生屑砂屑灰岩、泥晶含砾屑砂屑灰岩、厚层状泥晶灰岩及块状粗晶灰岩，其顶部常发育古岩溶剥蚀面。

七、二叠系

二叠系出露于研究区东部黄陵背斜、长阳背斜、五峰背斜、仁和坪向斜、恩施－建始背斜两翼和周缘，另有少量分布于研究区齐岳山背斜和方斗山背斜、华蓥山背斜核部，包括梁山组、栖霞组、茅口组、孤峰组、龙潭组、吴家坪组和大隆组。

梁山组(P_1l)由灰白色中厚层状细粒石英岩状砂岩、中厚层状石英粉砂岩、灰黑色页片状碳质泥岩夹煤层组成，为区域上重要的含煤地层之一，与下伏地层平行不整合接触；栖霞组(P_2q)为深灰色中层－块状泥晶生物屑灰岩、含燧石结核生物屑泥晶灰岩、似瘤状生屑粒泥岩、灰黑色瘤状生物屑泥质泥晶灰岩夹薄层状碳质泥岩；茅口组(P_2m)以灰色厚层－块状生物屑泥粉晶灰岩、含燧石结核生物屑泥粉晶灰岩为主；孤峰组(P_2g)主体岩性可分为上下两部分，下部为灰黑色薄中层状硅质岩夹碳质泥岩，上部为深灰色中厚层状粉－细晶白云岩、泥晶白云岩与灰黑色薄层状碳质泥岩不等厚互层；龙潭组(P_3lt)为灰色、灰黄色中厚层状细粒岩屑杂砂岩、细砂岩、粉砂岩与灰黑色页片状粉砂质泥岩、碳质泥岩互层，夹薄煤层，为研究区另一重要含煤层位；吴家坪组(P_3w)为灰－深灰色中层状泥晶灰岩、含燧石结核和燧石条带的生物屑泥粉晶灰岩、灰白色厚层状含方解石晶洞白云质灰岩，夹灰黑色薄层状钙质泥岩；大隆组(P_3d)为灰黑色薄层状硅质岩与碳质泥岩互层，夹粉晶白云岩、泥晶灰岩和黏土岩。

八、三叠系

研究区三叠系大面积出露于东部利川－巴东复向斜、恩施－建始向斜及西部华蓥山背斜、铜锣峡、明月峡、方斗山等背斜核部，分布范围较广，自下而上分为大冶组、嘉陵江组、巴东组、须家河组。

大冶组(T_1d)以灰色薄中层状泥晶灰岩、蠕虫状灰岩为主，夹中厚层状砂屑鲕粒灰岩、灰黄色薄层状钙质泥岩。嘉陵江组(T_1j)岩性三分性明显，上部、下部为浅灰色、灰色厚层状白云岩、灰质白云岩、盐溶角砾岩夹泥质白云岩，中部为浅灰色中厚层状微晶灰岩、白云质灰岩、蠕虫状灰岩，夹少量砂屑鲕粒灰岩及钙质泥岩，为重要的含膏盐层位。巴东组(T_2b)为碳酸盐岩与碎屑岩混合沉积，出露齐全的地段岩性明显可分为五段，一、三、五段以灰色薄中层至厚层状岩泥晶灰岩、生物屑灰岩、泥质泥晶灰岩为主，夹钙质泥岩，二、四段以紫红色中厚层状粉砂岩、细砂岩与粉砂质泥岩互层为特色。值得注意的是，受印支运动的影响，巴东组在较多地段存在不同程度的缺失(李旭兵等，2008；赵小明等，2010)。须家河组(T_3J_1x)以灰黄、黄绿色中厚层－块状中细粒岩屑长石石英砂岩、中细粒石英砂岩、细砂岩、粉砂岩为主，夹灰黄色薄层状粉砂质泥岩、碳质泥岩及煤层，为研究区重要的含煤层位。

九、侏罗系

侏罗系分布于研究区西部复向斜核部及中部利川盆地、东部秭归盆地之中,为一套陆相盆地碎屑岩建造,分为自流井组、新田沟组、沙溪庙组、遂宁组、蓬莱镇组,各组之间为整合接触。

自流井组(J_1z)由一套滨湖—浅湖相砂页岩及含介壳粉砂岩、介壳灰岩组成,按岩性特征分为四个段,珍珠冲段主要由黄灰色、灰绿色细粒岩屑石英砂岩、粉砂岩及页岩组成,东岳庙段主要为灰色钙质粉砂质页岩夹灰岩,马鞍山段主要为一套杂色泥岩及粉砂岩,大安寨段主要为深灰色页岩及含介壳灰岩;新田沟组(J_2x)为一套浅湖相页岩及砂岩沉积,主要岩性为灰色、黄灰色中至厚层状长石岩屑砂岩、岩屑长石石英砂岩、岩屑石英砂岩及灰色薄层状页岩,夹介壳粉砂岩及介壳灰岩透镜体,由下往上砂岩增加,页岩减少;沙溪庙组(J_2s)为一套河流、洪泛盆地—浅湖相砂、泥岩沉积,下部为灰色、灰绿色及紫红色厚层状细粒岩屑长石石英砂岩与紫红色泥岩、粉砂质泥岩不等厚互层,上部以紫红色泥岩、粉砂质泥岩为主,夹灰色、灰绿色厚层至巨厚层状岩屑长石砂岩及岩屑长石石英砂岩;遂宁组(J_3s)为一套河流—洪泛盆地相泥岩及砂岩沉积,下部以砖红色、紫红色泥岩、粉砂质泥岩及薄层粉砂岩为主,夹灰紫色中厚层状细粒长石石英砂岩,上部为砖红色、灰紫色薄至中厚层细粒岩屑长石砂岩、岩屑长石石英砂岩夹粉砂质泥岩层;蓬莱镇组(J_3p)为一套河流—洪泛盆地相泥岩及砂岩沉积,下部以紫红色、砖红色泥岩、钙质粉砂质泥岩、泥岩为主,夹灰白色块状细—中粒长石石英砂岩及岩屑长石砂岩,上部以浅灰色、灰白色厚层细粒岩屑长石石英砂岩及长石砂岩为主,夹含紫红色、砖红色含钙质或钙质结核的泥岩及粉砂质泥岩。

十、白垩系—古近系

研究区白垩系主要出露于三峡东部地区的建始盆地、恩施盆地、仙女山盆地及江汉盆地中,为一套陆相盆地红色碎屑岩系,由下而上划分为石门组、五龙组、罗镜滩组、红花套组和跑马岗组,与下伏地层呈断层或角度不整合接触。

石门组(K_1s)为紫红色厚—巨厚层状巨—中粗砾岩,夹含砾粉砂岩透镜体或薄层;五龙组(K_1w)为紫红、棕红色中—厚层状含砾砂岩、细砂岩,间夹砾岩、薄层泥质粉砂岩等;罗镜滩组(K_2l)为灰红、紫红色厚—巨厚层块状粗—中砾岩,夹含砾砂岩、细砂岩、粉砂岩透镜体;红花套组(K_2h)以棕红、砖红色厚层—块状细砂岩、粉砂岩为主,夹粉砂质泥岩、透镜状细砾岩;跑马岗组(K_2p)为灰绿色薄—中层状细砂岩、粉砂岩与泥岩、粉砂岩互层。

古近系仅见于研究区东部江汉盆地西缘的宜都县洋溪—红花套一带,为一套湖缘相红色细碎屑岩系沉积,可划分为龚家冲组、洋溪组、牌楼口组。

龚家冲组(E_1g)以棕红色厚层—块状砾岩、角砾岩或砂砾岩为底,其上主体为杂色中—细粒碎屑岩夹钙质结核泥岩和粉砂岩,偶夹灰白色薄—中层状泥灰岩透镜体;洋溪组(E_2y)以灰褐色、淡红、灰白色中层状泥粒灰岩、粒泥灰岩为主,夹灰绿、紫红、黑褐色泥岩,上部偶夹棕红色粉砂岩;牌楼口组(E_2p)为灰黄、浅紫红色厚层块状中—细砂岩夹泥质细砂岩、泥质粉砂岩、泥岩、砂质泥岩等。

十一、第四系

第四系主要分布于研究区东部江汉盆地西缘,西部山区仅于河流与山间谷地之中零星分布。具有物质成分复杂、成因类型多样、岩性岩相变化大等特点。根据沉积物组合特征,按其时代顺序由下至上可划分为更新统和全新统。更新统多为冲积成因,另有少量风成堆积、洞穴堆积及冰川堆积等;全新统可分为冲积、洪冲积、残坡积、风成堆积等多种成因类型。

更新统冲积层(Qp^{al})主要分布于宜都云池、梅子溪等地,以云池赵家院子发育最好。具明显冲积相二元结构。上部为棕红色半成岩粉砂及细砂,夹砾石层和淤泥质粉砂,顶部见铁锰质薄壳。中、下部主要为较厚的砾石层,砾石成分以石英岩、石英砂岩、燧石为主,其次为灰岩、火成岩等,并含少量玛瑙;砾石磨圆度好,多呈浑圆状或椭圆形,各自长轴略近水平展布,并稍有倾斜;砾径 1~10cm,砂质胶结,分选中等,砾石层中夹透镜状砂体。以冲积成因为主,与下伏老地层呈角度不整合接触,构成长江高级阶地。

更新统风成堆积、洞穴堆积、冰川堆积等在研究区出露较少,图面无法表达,但风成堆积对于气候和环境的变化有重要意义,本次对产于重庆巫山和秭归势大岭的风成黄土进行了重点研究。

全新统冲积层(Qh^{al})分布于长江两岸及其支流沟谷地带。主要为灰白色粉、细砂层,泥质粉砂层、亚黏土层、亚砂土层,常于底部见砂、砾石层。组成河漫滩和Ⅰ级阶地。

全新统洪冲积层(Qh^{pal})主要沿长江和嘉陵江两岸,为浅灰色含砂质亚黏土、亚砂土,常含零星砾石。组成Ⅰ级阶地和岸坡。

全新统残坡积层(Qh^{edl})分布于丘陵、山区的坡脚地带,由浅黄灰色亚砂土、含砾亚砂土、亚黏土,棕黄色、褐黑色含铁锰质黏土组成,含砾亚砂土多见于山体下部。组成Ⅰ级阶地和高坡。

第二章 沉积岩与沉积环境分析

第一节 沉积岩类型

研究区内以沉积地层为主,见少量岩浆岩和变质岩,各时代沉积地层主要由内源沉积碳酸盐岩和陆源碎屑岩、泥质岩组成,另外,还见有少量内源沉积的硅质岩、铁质岩、磷质岩、煤岩,偶见沉积-火山碎屑岩。研究区内沉积岩在各地层中的分布情况如表2-1所示。

一、陆源沉积岩

陆源沉积岩包括陆源碎屑岩及泥质岩,研究区内以陆源碎屑岩及泥质岩为主的地层单位有古元古界小以村组,长城纪庙湾岩组,蓟县纪大窝坑组、矿石山组,青白口纪孔子河组,南华纪莲沱组、古城组、大塘坡组、南沱组,寒武纪石牌组,奥陶纪庙坡组,志留纪龙马溪组、罗惹坪组和纱帽组,泥盆纪云台观组、黄家磴组、梯子口组,石炭纪高骊山组、和州组,二叠纪梁山组、龙潭组,三叠纪巴东组、须家河组,侏罗纪自流井组、新田沟组、沙溪庙组、遂宁组和蓬莱镇组,白垩纪石门组、五龙组、罗镜滩组、红花套组和跑马岗组,古近纪龚家冲组、洋溪组和牌楼口组。另外,在研究区一些碳酸盐岩或其他内源沉积岩为主的地层中尚夹有少量泥质岩或陆源碎屑岩(表2-1)。

二、碳酸盐岩

在地层剖面研究和岩石薄片鉴定的基础上,研究区内碳酸盐岩岩石类型可划分为灰岩和白云岩。灰岩或以灰岩为主的岩石地层单位有寒武纪牛蹄塘组、天河板组,奥陶纪南津关组、分乡组、红花园组、大湾组、牯牛潭组、宝塔组、临湘组,泥盆纪写经寺组,石炭纪金陵组、黄龙组,二叠纪栖霞组、茅口组、吴家坪组,三叠纪大冶组和嘉陵江组;白云岩或白云岩为主的岩石地层单位有蓟县纪大窝坑组、矿石山组,震旦纪陡山沱组、灯影组,寒武纪石龙洞组、覃家庙组、娄山关组,奥陶纪南津关组,石炭纪大埔组,二叠纪孤峰组和三叠纪嘉陵江组(表2-1)。

三、其他沉积岩

其他沉积岩包括内源沉积岩中的硅质岩、铁质岩、磷质岩、煤岩和沉积-火山碎屑岩。其中,层状硅质岩较常见,它是构成研究区五峰组、孤峰组、大隆组的重要岩石;铁质岩见于蓟县纪矿石山组,泥盆纪黄家磴组和写经寺组;磷质岩见于震旦纪陡山沱组、灯影组顶部和志留纪纱帽组;煤岩见于二叠纪梁山组、龙潭组和三叠纪须家河组;沉积-火山碎屑岩见于中太古代野马洞组,中元古代庙湾岩组,南华纪莲沱组,奥陶纪五峰组顶部,二叠纪龙潭组、大隆组,大冶组底部和嘉陵江组顶部(表2-1)。

表 2-1　研究区各地层单位沉积岩类型分布

地层单位	陆源沉积岩		碳酸盐岩		其他沉积岩				
	陆源碎屑岩	泥质岩	灰岩	白云岩	硅质岩	铁质岩	磷质岩	煤岩	沉积-火山碎屑岩
牌楼口组	+	−							
洋溪组	※	※	+						
龚家冲组	+		※						
跑马岗组	+	+							
红花套组	+								
罗镜滩组	+								
五龙组	+								
石门组	+								
蓬莱镇组	+	+							
遂宁组	+	+							
沙溪庙组	+	+							
新田沟组	+	+	※						
自流井组	+	+	※						
须家河组	+	−						※	
巴东组	+		+	−					
嘉陵江组			+	+					※
大冶组		−	+						※
大隆组		−	※	※	+				※
吴家坪组		※	+	※					
龙潭组	+	+						−	※
孤峰组			−	+	+				
茅口组		※	+		※				
栖霞组			+						
梁山组	+							−	
黄龙组			+						
大埔组				+					
和州组	+	+	−						
高骊山组	+	+							
金陵组			+						
梯子口组	+	+							
写经寺组		−	+		※				

续表 2-1

地层单位	陆源沉积岩		碳酸盐岩		其他沉积岩				
	陆源碎屑岩	泥质岩	石灰岩	白云岩	硅质岩	铁质岩	磷质岩	煤岩	沉积-火山碎屑岩
黄家磴组	＋	＋				※			
云台观组	＋								
纱帽组	＋	－	※				※		
罗惹坪组	－	＋	※						
龙马溪组	－	＋							
五峰组		－			＋				※
临湘组		－	＋						
宝塔组			＋						
庙坡组		＋	－						
牯牛潭组			＋						
大湾组	－	＋	＋						
红花园组			＋						
分乡组		＋	＋						
南津关组		－	＋	＋					
娄山关组				＋					
覃家庙组		＋		＋					
石龙洞组				＋					
天河板组		－	＋						
石牌组	＋	＋	－						
牛蹄塘组			＋	＋					
灯影组			＋	＋	－		※		
陡山沱组		－		＋	－		※		※
南沱组	＋								
大塘坡组		＋	－						
古城组	＋								
莲沱组	＋	－							※
孔子河组	＋	＋							
矿石山组	＋	－		＋	※				
大窝坑组	＋			＋					
庙湾岩组	＋								＋
小以村组	＋	－							
野马洞组									＋

注："＋"主要；"－"次要；"※"少量。

第二节 沉积相及沉积演化史

一、沉积相类型及其在地层中的分布

据沉积相标志,研究区内共分析识别出 31 种沉积相(或成因)类型及四种事件沉积,在沉积相划分的基础上进一步归并为大陆、海陆过渡和海洋三大沉积相区。研究区内所见四种事件沉积均发生于海洋相区背景下。研究区所见沉积相类型及其在地层中的分布如表 2-2 所示。

表 2-2 研究区沉积相类型及其在地层中的分布

相区	沉积相类型(或成因类型)		分 布 地 层
	沉积相	沉积亚相	
大陆相区		残坡积成因	Qh^{edl}
		冲积成因	Qp^{al}、Qh^{al}
		洪冲积相	K_1s、K_2l、E_1g、Qh^{pal}
	河流相	河道相	Nh_1l、T_3J_1x、K_2h、Qp^{al}、Qh^{al}
		边滩相	Nh_1l、T_3J_1x、K_2h、Qp^{al}、Qh^{al}
		天然堤相	Nh_1l、K_1w
		泛滥平原相	T_3J_1x、K_1w、K_2p
		草甸相	P_2l、P_3lt、T_3J_1x
	湖泊相	滨湖相	J_1z、J_2x、J_2s、J_3s、J_3p、K_2p、E_1g、E_2p
		浅湖相	J_1z、J_2x、J_2s、J_3s、J_3p、K_2p、E_2y、E_2p
		深湖相	J_1z、J_2x、E_2y
	湖泊三角洲相	三角洲平原相	T_3J_1x、E_1g
		三角洲前缘相	J_1z、J_2x、J_2s、J_3s、J_3p
		前三角洲相	J_1z、J_2x、J_2s、J_3s、J_3p
海陆过渡相区	沼泽相	覆水沼泽相	P_2l、P_3lt、T_3J_1x
		泥炭沼泽相	P_2l、P_3lt、T_3J_1x
	三角洲相	三角洲平原相	D_3C_1t
		三角洲前缘相	$\in_2s$、S_1l、S_1lr、S_1s、C_1g、C_1h、D_3C_1t
		前三角洲相	$\in_2s$、S_1l、S_1lr、S_1s、C_1g、C_1h、D_3C_1t
	河口湾相		T_2b
海洋相区	无障壁海岸	前滨相	$D_{2-3}y$
		近滨相	D_3h
		远滨相(滨外陆棚相)	D_3h、D_3x
	障壁海岸	潮坪相 碳酸盐灰泥坪	Z_1d、$Z_2\in_1d$、$\in_{3-4}O_1l$、C_2d、T_1j、T_2b
		藻坪	$Z_2\in_1d$、$\in_3O_1l$、$\in_3q$

续表 2-2

相区	沉积相类型（或成因类型）		分布地层
	沉积相	沉积亚相	
海洋相区	障壁海岸	砂泥碎屑潮坪	C_2d、P_2l、P_3lt
		潮汐水道相	$\epsilon_{3-4}O_1l^2$、ϵ_3q、T_2b
		碳酸盐台地局限潮下相（局限潮下相）	Zd、$Z_2\epsilon_1d$、ϵ_2n、ϵ_2t、ϵ_3q、O_1n、C_1j、C_1h、C_2d、P_2g、P_3d、T_1d、T_1j
		淡化泻湖相	C_1g、C_1h
		开阔台潮下相	Z_2d^2、O_1n、O_1h、C_1j、C_1h、C_2h、T_1j
		台地边缘浅滩相	$Z_2\epsilon_1d$、ϵ_2t、ϵ_2sl、O_1n、O_1f、O_1h、$O_{1-2}d$、S_1lr、C_2h、T_1d、T_1j
		海湾相	P_2l、P_2q、P_3lt、P_3w
	陆棚相	碳酸盐陆棚	ϵ_2n、ϵ_2sl、O_1f、$O_{1-2}d$、O_2g、O_3b、O_3l、P_2q、P_2m、P_3w、P_3d、T_1d
		碎屑陆棚	ϵ_2s、S_1l、S_1lr、S_1s
		混合陆棚	ϵ_2n、$O_{1-2}d$、S_1lr、T_1d、T_2b
		盆地相	$O_{2-3}m$、O_3w、S_1l、P_2g、P_3d
事件沉积		冰川事件	Nh_2g、Nh_2n
		风暴沉积	ϵ_3O_1l、O_1n、D_3x、T_1d
		重力流沉积	T_1d
		火山事件	Ar_2y、Pt_2m、Nh_1l、Z_1d、O_3w、P_2g、P_3lt、P_3d、T_1d、T_1j

二、沉积演化史

研究区前南华系变质岩系受后期岩浆作用及变形变质改造，在空间分布上极为不连续，出露面积也较小，故未对其进行沉积环境恢复，而是对晋宁造山运动结束之后相对稳定时期形成的沉积盖层进行沉积环境分析。

随着晋宁造山作用的结束，研究区南华纪开始接受莲沱组河流相沉积，角度不整合于基底变质岩系之上。在长阳佑溪一带，莲沱组砂岩不整合覆盖在前南华纪张家湾组的黑色板岩之上，其上为古城组的冰碛岩、代表间冰期的大塘坡组含锰黑色页岩沉积以及南沱组冰碛岩沉积。由南往北该套地层厚度减少，逐渐缺失了古城冰碛岩、大塘坡含锰岩系和莲沱组，至黄陵背斜北缘仅局部地段出现厚1~3m的南沱冰碛岩。

震旦纪研究区开始转化为统一稳定的陆块区，常处于陆表海、浅海碳酸盐台地环境，伴随多次的整体升降。早震旦世，随着冰期的结束、雪球地球解体，全球由极端寒冷向极端温暖转变，出现陡山沱组下部"盖帽白云岩"，随后海平面快速上升，海侵迅速而短暂，形成浅海陆棚-盆缘环境泥质条带灰泥岩、含碳质页岩等低速沉积（普遍含钾、钒、锰等元素）；之后随着补偿作用充分，研究区逐渐转化为陡山沱组中、上部和灯影组开阔海台地—局限台地碳酸盐岩沉积，在台地边缘斜坡地带常沉积了含磷白云岩或磷块岩，形成湖北省重要的含磷层位。总体上看，海水由南东向北西侵入，具北西高南东低的古地理面貌。

寒武纪初，研究区仍保持碳酸盐台地环境，形成灯影组上部局限台地或萨布哈环境下的白云岩夹岩溶角砾岩建造，且局部暴露，接受风化剥蚀，形成了与上覆牛蹄塘组之间的古岩溶界面。之后发生的相对海平面变化旋回和沉积组合序列均与前述震旦纪类似，海侵发生于中寒武世早期，在滞留缺氧环境下，形成牛蹄塘组下部很有特征的陆棚－盆缘相黑色硅质岩、碳质页岩、"锅底状"灰岩、含粉砂质灰泥岩沉积，该层位为区内重要镍、钼、钒、铂、钯等多元素地球化学异常层位；随着补偿作用的进行，相对海平面逐渐降低，依次接受牛蹄塘组上部的泥晶灰岩、石牌组陆棚相细碎屑岩，天河板组开阔台地相薄层灰泥岩及台地边缘浅滩相鲕粒豆粒灰岩、砾屑灰岩，石龙洞组、覃家庙组和娄山关组局限台地－局限潮下相白云岩、藻白云岩与白云质灰岩沉积。其中，寒武系石龙洞组发育有古喀斯特岩溶角砾岩，标志着海平面的大幅下降。从区域变化来看，寒武纪继承了震旦纪北东薄南西厚、北东浅南西深的古地理格局。

早奥陶世再次发生区域性的大规模海侵，南津关组底部普遍发育的一套含钾钙质泥岩建造即为该时期产物，随后全区由局限台地转变为开阔台地相，沉积南津关组生物碎屑灰岩、灰质白云岩夹钙质泥岩建造；之后，接受分乡组台地边缘相含海绿石生物屑灰岩、钙质泥岩沉积和红花园组生物屑灰岩、礁灰岩沉积；大湾组含海绿石灰岩－瘤状灰岩－粉砂质泥岩构成了向上变细的海侵体系，至大湾组顶部达到海侵高峰后，沉积了浅海陆棚相牯牛潭组紫红色瘤状灰岩和泥晶灰岩；随后相对海平面高频振荡变化，除庙坡组和五峰组为盆地边缘相沉积外，主要为台地－浅海陆棚相碳酸盐岩沉积，出现临湘组、宝塔组瘤状灰岩、龟裂纹灰岩等特征岩性组合。

奥陶纪与志留纪之交，研究区转变为深水滞留盆地环境，普遍接受五峰组－龙马溪组富含笔石及放射虫的黑色硅质岩、粉砂质泥岩沉积，属南华系－志留系盆地演化旋回中相对海平面上升最高、深水盆地范围最大的时期。南部的扬子东南缘基底断块上升形成古陆，陆缘物质供应充分，由此改变了自南华纪以来以碳酸盐沉积为主的陆表海环境，形成了龙马溪组、罗惹坪组和纱帽组以陆缘碎屑为主的滨浅海沉积。受加里东运动的影响，至中志留世研究区上升成陆，地表遭受长期夷平剥蚀，形成志留系与上覆地层间的平行不整合界面。至此，从南华纪开始的盆地演化过程结束。

经过中晚志留世－早中泥盆世长期剥蚀夷平作用，在中晚泥盆世时开始了新的盆地演化历程。中泥盆世的海侵自南东向北西扩展，泥盆纪沉积也自南东向北西超覆，厚度向北西减薄，区域上泥盆纪最低层位向北逐渐抬高。纵向上表现为相对海平面的持续加深，研究区南部由底至顶接受云台观组前滨相石英砂岩－黄家蹬组近滨相砂页岩－写经寺组远滨相泥质条带生物屑灰岩－梯子口组三角洲前缘相细砂岩与粉砂质泥岩之沉积序列，形成丰富的宁乡式铁矿和硅石矿床。

石炭纪研究区同样处于频繁升降环境，早世和晚世各经历一次有限的海侵旋回，形成广泛的隆升，暴露平行不整合界面。早世海侵仅发生于研究区东部，呈北西西向展布，大部地区缺失，形成金陵组生物屑灰岩、高骊山组与和州组滨岸沼泽相－淡化泻湖相的砂页岩建造；晚世海侵范围略有扩大，接受大埔组与黄龙组局限台地－开阔台地相白云岩、云岩角砾岩和生物屑灰岩。

早二叠世仍然延续了泥盆纪至石炭纪震荡升降和沉积调整过程，出现了全区沉积间断，形成向陆超覆的梁山组滨海沼泽相沉积。至中二叠世才进入了稳定的沉降阶段，接受了栖霞组与茅口组厚度较大的碳酸盐岩沉积，由于碳酸盐岩的快速补偿作用，研究区始终保持浅水台地或陆棚环境；中二叠世晚期开始出现深水盆地环境，盆地沉降加剧趋于成熟。中晚二叠世之交的东吴运动致使前期稳定沉降并趋于成熟的盆地发展过程突然中断，形成了广泛的隆升剥蚀不整合界面,形成大面积的隆起剥蚀区。晚二叠世盆地发生分异,于研究区建始、恩施双河、宣恩椿木营一线形成近南北向的鄂西南坳陷盆地,表现为横向上相变明显,存在着以碳酸盐岩为主、以硅质岩为主及过渡型三种沉积类型。随着海侵范围继续扩大,至长兴阶深水盆地范围最大,盆地趋于成熟。

早中三叠世时期,研究区进入盆地萎缩阶段,海水由东向西全面退却,由大冶组浅海陆棚-开阔海台地相灰泥岩、颗粒灰岩、蠕虫状灰岩夹钙质泥岩向嘉陵江组局限台地相白云岩、云岩角砾岩转变;由于印支运动的影响开始显现,地壳持续抬升,中三叠世中晚期,残留海盆范围进一步缩小,伴随小规模的海侵及海退,形成巴东组潮坪-混合陆棚相紫红色碎屑岩夹碳酸盐岩沉积。

中三叠世末印支运动结束了研究区漫长的海相盆地演化历史,海水从本区全部退出,北部秦岭和黄陵地区上升为陆,沉积了晚三叠世—早侏罗世须家河组三角洲相和湖沼相、湖泊-沼泽相的灰绿色中细粒砂岩与灰黑色泥岩沉积序列,为研究区重要的成煤期。随着秦岭和雪峰造山作用加剧,盆地沉积中心由东向西迁移,研究区成为四川盆地的东缘,主要沉积河流相-河流三角洲相的砂岩。随后,统一的侏罗纪盆地经历了多次的湖平面升降变化,形成了自流井组、新田沟组、沙溪庙组、遂宁组和蓬莱镇组三角洲至湖泊相沉积。

研究区白垩纪古地理环境已完全转变为内陆山间断陷盆地。白垩纪早期,在研究区东侧及邻区形成以洪冲积扇为主的石门组、河流-湖相五龙组地层;晚白垩世,在江汉盆地沉积了以砾岩为主的罗镜滩组、以砂岩为主的红花套组及砂泥互层的跑马岗组,同时在恩施、建始、仙女山等山间盆地形成以洪冲积扇-河流相为主的罗镜滩组、红花套组地层,盆地基底由前白垩系组成,白垩系以高角度不整合超覆于前白垩纪地层之上。其后地壳不均匀升降运动的进一步加剧,研究区东部江汉盆地过渡为稳定沉降阶段,古近纪形成了多个洪冲积-河湖相沉积旋回。

第三章 侵入岩

研究区的岩浆活动集中分布于东部黄陵地区,面积约970km²,是我国晋宁期花岗岩的典型代表。岩浆活动的时间主要集中在中太古代－新元古代,南华纪之后未见具规模的岩浆活动痕迹,中酸性花岗岩类占主体。本次在野外调查的基础上,结合前人成果进行综合研究,根据侵位时代、岩石结构构造、变形变质特征和区域对比,建立了研究区的侵入岩序列(表3-1)。

表3-1 研究区侵入岩序列

地质时代	序列	侵入体	岩性	同位素年龄(Ma)
新元古代	七里峡	七里峡侵入体($\xi\gamma Pt_3$)	正长花岗岩、闪长玢岩、花岗斑岩	
	大老岭	马滑沟侵入体($\eta\gamma Pt_3$)	中细粒黑云二长花岗岩	786±14
		田家坪侵入体($\eta\gamma\pi Pt_3$)	似斑状二长花岗岩	
		鼓浆坪侵入体($\eta\gamma Pt_3$)	二长花岗岩	
	黄陵庙	内口侵入体($\pi\gamma\delta Pt_3$)	中粒斑状花岗闪长岩	
		鹰子咀侵入体($\gamma\delta Pt_3$)	花岗闪长岩	819±7
		路溪坪侵入体($\gamma o Pt_3$)	中细粒黑云角闪英云闪长岩	
	三斗坪	金盘寺侵入体($\delta\gamma o Pt_3$)	粗中粒含角闪黑云英云闪长岩	931
		三斗坪侵入体($\gamma o\delta Pt_3$)	中粒黑云角闪英云闪长岩	863±9 (SHRIMP U-Pb)
		小坪杂岩	片麻状二长花岗岩、片麻状斜长花岗岩、片麻状花岗闪长岩、片麻状石英闪长岩、片麻状奥长花岗岩	
		太平溪侵入体($\delta o Pt_3$)	粗中粒黑云角闪石英闪长岩	931 844(Ar-Ar)
		中坝侵入体($\delta\mu Pt_3$)	中细粒黑云角闪石英闪长岩	805~808
	端坊溪	寨包侵入体(δPt_3)	细中粒暗色闪长岩	
		垭子口侵入体($\delta o Pt_3$)	中细粒角闪闪长岩	
中元古代		肖家咀基性岩(υPt_2)	角闪辉长岩、辉长岩	
		野竹池基性－超基性岩组合($\upsilon\sigma Pt_2$)	辉石橄榄岩	1 282±86
		核桃园基性－超基性岩组合(ΣPt_2)	橄榄岩	
		大坪超基性岩(ΣPt_2)	超基性岩	
新太古代		晒家冲片麻岩(Ar_3S)	花岗质片麻岩、二长花岗质片麻岩	
中太古代		东冲河片麻杂岩(Ar_2D)	奥长花岗质片麻岩、英云闪长质片麻岩、花岗闪长质片麻岩	2 947±5~2 903±10 (锆石 Pb-Pb)
		交战垭超镁铁质岩组合(ΣAr_2)	超基性岩	2 971

第一节 中太古代侵入岩

一、交战垭超镁铁质岩组合（ΣAr_2）

该组合主体分布于黄陵岩基东部交战垭一带，面积约 0.11km²；由两个小岩体组成，总体的展布方向为北东 60°，与区域构造线一致。单个呈透镜状或条带状。岩体边缘常见片理化。另有部分呈包体产于东冲河片麻杂岩中，如在宜昌黄凉河等地，可见角闪辉石岩呈包体产于奥长花岗质片麻岩中，但规模较小，一般为 10cm×30cm±，长轴与围岩片麻理一致；边缘常见混染，与围岩间有 1～2cm 的过渡带；受后期构造改造者，界线呈指状，岩石内部亦可见片理化。

原岩主要为辉橄岩（包括二辉辉橄岩、斜辉辉橄岩），次为含辉纯橄岩、角闪辉石岩等。岩石蚀变强烈，多蛇纹石化、透闪石化和滑石化后形成鳞片状、纤维状蛇纹岩、蛇纹石化辉橄岩、滑石透闪岩、透闪蛭石岩、滑石片岩及透闪黑云片岩等。

交战垭超镁铁质岩中斜辉辉橄岩的 SiO_2 含量小于 44%，而角闪辉石岩、透闪透辉石岩等大于 44%，总体属超镁铁岩。岩石中的 MgO 含量相当高，在 19.25%～35.67%；$CaO+K_2O+Na_2O<Al_2O_3$（分子数），$m/f=8.11$，属镁质超基性岩。$f=6.5～12.1$，平均为 8.33，$m/mf=86\%～93\%$，平均为 90%，$CaO/Al_2O_3=1.02$；铬含量较高，平均为 0.48，低钛、磷，与变质橄榄岩和 M 型超镁铁质杂岩相似，但以较低的 CaO/Al_2O_3 与 M 型超镁铁质杂岩区别。岩石的稀土总量较低，为 $14.95\times10^{-6}～37.18\times10^{-6}$，稀土分配曲线较平缓，轻重稀土比值均大于 1，轻稀土较重稀土分异明显；δEu 值为 0.65～0.91，具弱的铕亏损；δCe 为 0.91～0.99，异常不明显。该类岩石 Rb、Ba、Th、Sr 等元素含量较低，而 Ni、Co 的含量较高，Pt 含量为 3.0×10^{-6}，Pd 为 2.2×10^{-6}。综上所述，它可能是上地幔高度部分熔融的苦橄质岩浆分异的产物。

二、东冲河片麻杂岩（Ar_2D）

东冲河片麻杂岩出露于黄陵岩基西南部古村坪—邓村一带，呈北东向狭长带状展布。其上有古元古代小以村组呈不整合覆盖，南部被黄陵复式深成杂岩体叠加侵入，西部被南华纪—震旦纪沉积盖层不整合覆盖。岩石具片麻状，条带—条纹状构造，岩体内部结构均一，但成分不均一。片麻杂岩的片麻理呈北西—南东向展布，区域上表现为以黄陵花岗岩为核的环形展布特征。岩体中的包体非常发育，总体上可以分为两类：一类为围岩物质的捕掳体，如斜长角闪岩、黑云斜长片麻岩、角闪石岩等，呈棱角状、条带状、长条状、球状、角砾状等，与母岩间具有较清楚的界限；另一类为深源包体，一般规模不大，成分为角闪石、黑云母、斜长石、辉石等，为耐熔残余体，形态多样，有棱角状、透镜状、土豆状、条状及不规则状，边缘圆化，但受剪切改造后呈残斑状、石香肠状，与寄主岩石的边界部分清楚，部分呈过渡。该岩体发育流状褶皱、无根褶皱及紧闭同斜褶皱甚至宽缓开阔褶皱，强应变带中可见变晶糜棱岩、糜棱岩、构造片麻岩等，显示发生过多期构造变形。岩体内存在不均一混合岩化作用，由脉状斜长花岗质粗晶岩脉，及中—粗粒二长伟晶岩脉构成，多顺片麻理展布，有不同程度的片理化，属主期变质变形的产物。

东冲河片麻杂岩在岩石组成上以奥长花岗质片麻岩为主，英云闪长质片麻岩次之，花岗闪长质片麻岩较少。该类岩石的长石中以斜长石为主，钾长石含量较少，从英云闪长岩至奥长花岗岩，总体显示暗色矿物含量减少而石英含量增高的趋势。

岩石化学成分中 SiO_2 含量较高，一般 $Na_2O>K_2O$，显示低钙低钾而富钠的特点。岩石里特曼指数为 1.53～3.02，极少数大于 4，在 SiO_2-AR 图解和 SiO_2-NK/A 图解中主体落入钙碱性－碱质系列。其稀土元素总量变化较大，稀土分配曲线向右倾斜，δEu 为 0.83～0.92，Eu 异常不明显。微量元素 Cr、Co、Ni 平均含量明显高于维氏花岗岩平均值的 3～10 倍，具有玄武质岩石特征。Zr、Rb、Sr、Ba、Nb、Be、Ta、Sn 值与基性岩浆分异的花岗岩类十分接近。Rb/Sr 值相当低（0.17～0.19），与迁安片麻岩（Rb/Sr 为 0.06～0.21）相近，表明英云闪长质片麻岩－奥长花岗质片麻岩源岩应为玄武质岩石成分。

第二节 新太古代侵入岩

该时期仅见晒家冲片麻岩（Ar_3S），分布于黄陵岩基中西部晒家冲、张家老屋、水月寺东、龙泉寺等地，见约六个侵入体，一般呈小岩体产出，出露总面积为 18.57 km^2。岩体侵入于东冲河片麻杂岩。在圈椅埫西部见新元古代的基性岩墙侵入其中。在岩体中局部见基性岩包体，受改造已发生褶皱，在雾渡河一带还可见岩体被剪切改造形成变晶糜棱岩等。

主要岩性为条带状（含角闪）黑云二长片麻岩，其原岩为二长花岗岩。岩石具细粒等粒鳞片花岗变晶结构，条带状、片麻状构造，结构、构造较均一，主要矿物成分为钾长石（25%～47%）、斜长石（20%～49%）、石英（20%～35%）、黑云母（3%～15%）、少量磁体矿等。黑云母断续分布于长英矿物间，构成片麻状结构。长英矿物定向排列，局部见细粒化，晚期发生重结晶。混合岩化、钾化作用较发育，局部已变为钾长花岗质片麻岩。

岩石化学成分以高 SiO_2、CaO，富碱为特征，一般 $K_2O>Na_2O$，与东冲河片麻杂岩不同。在 An-Ab-Or 分类图解上落入花岗岩区；岩石的 A/NKC 值为 0.79～0.99，个别为 1.06，属次铝类型。岩石的里特曼指数为 2.38～3.91，个别为 0.59，属钙碱性系列。岩石的稀土总量为 69.31×10^{-6}～444.99×10^{-6}，其变化范围较大，稀土配分曲线右倾，轻稀土明显较重稀土富集，δEu 为 0.73～2.15，主体为正铕异常，少部分为负铕异常。

第三节 中元古代侵入岩

一、大坪超基性岩（ΣPt_2）

大坪超基性岩分布于黄陵岩基西南部方岭－袁家坪－太阳溪及白沙包等地，由多个侵入体组成，面积 17.6 km^2。主要侵入于中元古代庙湾岩组，部分穿切古元古代小以村组；接触界面波曲，一般向北倾，倾向 5°～30°，倾角 50°～80°，在梅纸厂以西，倾角大于 70°，磁测剖面资料显示，岩体深部总体向北倾。西端被南华系南沱冰碛岩沉积角度不整合覆盖，东端被鼓浆坪侵入体穿切。

主要由纯橄岩、橄榄岩等组成，在木梓树一带可见部分中粗粒辉石岩出露。具有较好的分带性和对称性，纯橄岩类主要分布于侵入体两侧及膨大、拐弯部位，占侵入体总面积的 26.5%，橄榄岩多分布于侵入体中心,二者呈渐变关系。

岩体内见大量大小不等的斜长角闪岩包体,包体成分与围岩相似,包体蚀变较强,具透闪石化、绿泥石化。矿物蚀变强烈,以蛇纹石化、滑石化和透闪石化为主,其次为绿泥石化和碳酸盐化。岩体含铬铁矿体。岩体矿物组合属橄榄石－斜方辉石系列,为镁质超基性岩,含铬铁矿,局部构成浸染状铬铁矿石。

岩石 SiO_2、Al_2O_3 含量低,分别为 36.03%～41%、0.66%～1.35%；CaO、K_2O+Na_2O 含量低,分别为 0.2%～1.37%、0.17%～0.27%,Na_2O/K_2O 为 1.4～4；MgO 含量高,为 36.15%～42.9%。岩石化学参数 m/f 为 8.4～9.6,属镁质超基性岩；固结指数为 76.9～83.2,表明岩浆分异程度低；MgO、FeO 分子比为 15.5～25.36,显示为原始超基性岩浆直接结晶的产物。岩石中 Cr_2O_3 含量高,达 0.25%～0.79%,高出一般超基性岩平均含量 2～3 倍,铬铁矿产于此类岩石中。

二、核桃园基性－超基性岩组合(ΣPt_2)

该组合分布于黄陵岩基北东部圈椅埫岩体东部殷家坪－核桃园一带,呈不规则状小岩体、岩株或岩脉断续产出,构成北东向的基性－超基性岩带。单个岩体规模均较小,该期岩体侵入于英云闪长质片麻岩、小以村组和庙湾岩组。岩体截切了围岩的片麻理,在白竹坪北见南华纪南沱组不整合于变辉长岩上。

从岩石学角度,核桃园基性－超基性岩组合可以分为超基性岩和基性岩两大类。超基性岩中包含了较多的岩石类型,基性岩主要为辉长岩。超基性岩中的 MgO 含量相当高,达 20.92%～28.16%,$m/f=4.55～6.08$,属铁质超基性岩,与交战垭超镁铁质岩属镁质超基性岩有区别。辉长岩中的 MgO 含量为 5.60%,$m/f=0.62$,属富铁质基性岩。各岩石的稀土总量较低,稀土分配曲线总体平坦,说明轻、重稀土分馏不明显。辉橄岩具明显的铕富集,δEu 为 1.59,其他超基性岩石的 δEu 为 0.78～1.11,具弱的铕亏损或富集。岩石的微量元素中 Pt、Pd 含量较低,Cr、Ni、Co、Ti 与世界超基性岩相近。

该套基性岩－超基性岩与黄陵岩基南部的大坪超基性岩可以对比,均属中元古代裂谷的产物。

三、野竹池基性－超基性岩组合($\nu\sigma Pt_2$)

该组合包括中元古代超基性岩、中元古代辉长岩。超基性岩出露于兴山县野竹池一带板苍河断裂西端坊溪侵入体(石英)闪长岩中,呈大小不等的捕虏体或残留体零星分布。辉长岩出露于兴山县野竹池一带板苍河断裂西,呈透镜体分布,并被端坊溪侵入体(石英)闪长岩闪岩体及路溪坪侵入体英云闪长岩侵入。

超基性岩主要岩性为辉石橄榄岩、含金云母角闪橄榄辉石岩。辉长岩多遭受强烈变质形成斜长角闪岩,局部保留变余辉长结构。主要矿物成分为角闪石、斜长石,另有少量黑云母、磁铁矿。

超基性岩的 m/f 为 2.78～4.75,属铁质超基性岩。稀土分配曲线总体右倾,轻稀土分馏明显、重稀土分馏不明显；铕具较弱的正异常,铈具负异常。微量元素钍、铌、钛亏损,钾、锶富集,反映岩石遭受了强蚀变交代作用及地壳物质的同化混染。

四、肖家咀基性岩(νPt_2)

肖家咀基性岩分布于黄陵岩基中东部肖家咀、鸡公包、殷家坡、茅垭、大坝堖等地,面积

7.21km², 由多个侵入体组成, 各侵入体均呈北西—北西西向带状展布, 呈斜切式穿切大坪超基性岩, 在内接触带常见淡色化边及较强的叶理化带, 并产出超基性岩捕虏体。

岩性主要为中—粗粒角闪辉长岩, 局部为中—细粒角闪辉长岩, 两者呈渐变关系。岩石化学成分中, TFe、CaO 含量高, 分别为 6.67%～10.65%、11.96%～14.49%, TiO_2 含量较高 (0.28%～1.61%), 含少量 Cr_2O_3 (0.064%～0.093%)。岩石固结指数为 34.8～57.2, 反映岩浆经历较强的结晶分异作用或地壳物质混染。微量元素 Cr、Co、Ni、Cu 含量明显高于崆岭群 2～5 倍。Sm/Nd 比值为 0.285、0.404, $^{143}Nd/^{144}Nd$ 为 0.512 725、0.513 389, 反映岩浆在分异过程中不断亏损, 上地幔物质不均匀补充, 并且可能存在较强的地壳物质混染作用。

第四节 新元古代侵入岩

一、垭子口侵入体 ($\delta o Pt_3$)

该侵入体侵入于中元古代黄凉河岩组中, 接触界面近直立, 略向侵入岩内倾, 侵入岩内面理与接触界面及围岩面理产状协调一致; 部分呈长条状侵入梅纸厂序列; 西部被南华纪莲沱砂岩沉积角度不整合覆盖; 内侧被寨包侵入体穿切或被黄陵庙超侵入体穿切。

由中—细粒角闪闪长岩组成, 局部暗色矿物分布不均匀而呈花斑状, 主要矿物成分为斜长石、普通角闪石, 少量黑云母, 偶见紫苏辉石、普通辉石残晶。副矿物主要为磁铁矿, 占 87%, 次为黄铁矿、磷灰石。

包体较发育, 主要有斜长角闪岩、角闪石岩、黑云斜长片麻岩包体等。斜长角闪岩、斜长片麻岩包体特征与围岩黄凉河岩具相似性, 角闪岩包体呈深灰色次圆—圆状, 中粒结构, 块状构造, 可见紫苏辉石残晶, 包体与围岩呈渐变关系, 此类包体应为深源岩浆熔融残留体。

岩石化学成分中, Al_2O_3、Na_2O 含量较高, SiO_2、K_2O 含量低, K_2O/Na_2O 值极小, 其原岩应为深成火山岩, 岩石化学特征表明属偏铝质钙碱性基性岩。微量元素(与维氏基性岩平均值比较), Sn、Sc、Be、Zn、Rb、Pb、Hf、Au 等元素含量较高, Ni、Cr、V、Ta、Nb、Cu 含量低, 其他元素变化小, Rb/Sr、Ba/Sr 值极小, Cr/Ni 值大于 1, 表明岩石为典型未经风化的火成岩。岩石稀土总量低, 与区内庙湾岩组幔源型玄武质岩石一致, 稀土配分型式属轻稀土富集型, 具强的正铕异常, 岩石 Sm/Nd 比值为 0.20, 表明源岩来自下地壳或上地幔。

二、寨包侵入体 (δPt_3)

该侵入体由寨包、长岭、横院子、花栗树包四个侵入体组成, 侵入垭子口侵入体, 接触界面清晰, 呈港湾状向内倾斜, 内接触带可见宽约 1m 的密集叶理带, 西部被南华纪莲沱组砂岩沉积角度不整合掩盖。

由暗色细—中粒闪长岩构成, 主要矿物成分为斜长石、普通角闪石及少量的辉石、黑云母等。岩石副矿物以磁铁矿为主, 次为黄铁矿、磷灰石, 反映了氧逸度低, 为深源环境的产物。包体较少, 主要为角闪石岩, 斜长角闪岩仅分布于内接触带附近。

岩石化学组分中 TFe、TiO_2、MgO 含量高, SiO_2、K_2O、Al_2O_3 含量较低, K_2O/Na_2O 值小。岩石化学特征参数表明其属偏铝质钙碱性基性岩。微量元素组合中 Cr、Ni 含量高, Pb、Ba 含量低,Ba/Sr、Rb/Sr 值小,岩石分异指数低,为深成火成岩熔融作用的产物。稀土元素总量低,与庙湾岩组幔源型火成岩相似,稀土配分型式属轻稀土富集型,不具铕异常,且 Sm/Nd 值为 0.25,反映源岩为下地壳火成岩。

三、中坝侵入体($\delta\mu Pt_3$)

该侵入体分布于文昌阁、中坝一带,呈近南北—北东向弧形展布,西侧侵入于黄凉河与庙湾岩组中,南侧被南华纪莲沱组砂岩沉积角度不整合覆盖,东侧与太平溪侵入体呈涌动接触,与三斗坪侵入体呈脉动接触。

主要岩性为中—细粒角闪石英闪长岩和细粒黑云角闪石英闪长岩,岩石呈灰、深灰色,中—细粒结构,块状构造。矿物成分由斜长石、普通角闪石、石英等组成,黑云母含量较少。常见副矿物为磁铁矿,次为磷灰石、锆石等。岩体中包体极发育,呈长条状—长透镜状,大小一般为 8cm×2.2cm~300cm×50cm,长轴与围岩面理一致。包体类型较多,常见微细粒闪长(玢)岩、斜长角闪岩、(角闪)黑云斜长片麻岩包体,后两类包体结构、成分与围岩具相似性,且多产于与围岩内接触带附近,侵入体内部较少。少见石英闪长岩质、辉绿玢岩质包体。

本侵入体岩石化学组分与里梅特尔闪长岩平均值比较,SiO_2、TiO_2、Fe_2O_3、MgO、CaO 碱质成分含量高,K_2O/Na_2O 值小,属次铝质钙碱性中性岩。微量元素组合与维氏中性岩比较,Ba、Nb、K、Cr、Zr 为平均值的 1/2~1/5,Rb 为平均值的 1/25,Sc、Pb、Hf 含量较高。K/Rb、Ba/Rb 值较大,Ba/Sr、Rb/Sr 值小,源岩为深成火成岩。稀土元素总量低,稀土配分型式属轻稀土富集型,具极弱铕异常,反映源岩未经地表风化。

四、太平溪侵入体($\delta o Pt_3$)

该侵入体分布于黄陵岩基南缘文昌阁—太平溪一带,仅见一个侵入体,呈近南北—北北东向带状展布。西侧与中坝侵入体呈涌动接触,东侧被三斗坪侵入体脉动侵入。

主要岩性为黑云角闪石英闪长岩,岩石呈深灰色,中细—粗中粒结构,块状构造。常见副矿物为磁铁矿,次为钛铁矿、磷灰石、榍石、黄铁矿、褐帘石等。包体极发育,且类型较多,常见闪长玢岩质包体,包体呈长条—透镜状产出,外形圆滑,多密集呈带状产出,宽 3~5m 不等,呈近南北走向。

岩石化学组分与里梅特尔闪长岩平均值比较,SiO_2、Na_2O 含量较高,TFe、MgO、CaO 含量低,K_2O/Na_2O 值小,表明其属次铝质钙碱性中性岩;微量元素组合与维氏中性岩比较,Ni、Pb、K、Nb、Sr 含量较低,为平均值的 1/2~1/3,Rb 为平均值的 1/5,Ba/Sr、Rb/Sr 值小;稀土元素总量低,稀土配分型式属轻稀土富集型,不具铕异常。

五、小坪杂岩

岩体零星分布于黄陵岩基中,呈小岩体产出,与围岩呈清楚的侵入关系。按岩性和矿物成分差异分为片麻状石英闪长岩、片麻状斜长花岗岩、片麻状花岗闪长岩、片麻状奥长花岗岩、片麻状二长花岗岩。

片麻状二长花岗岩($gn\eta\gamma Pt_3$):岩石具典型的花岗结构,片麻状构造或块状构造,在潭家河一带还可见斑状结构。矿物组成上,钾长石与斜长石接近,局部可见角闪石。斜长石为更长石,粒状、板柱状,粒径 1.5~3.5mm;表面绢云母化明显,部分黝帘石化。钾长石粒状、板状,粒径2.5～4.5mm,多发育条纹结构,个别隐约见格子双晶;内部偶有斜长石包体。石英他形粒状,粒径3mm。角闪石柱状,被石英、绿帘石交代,粒径1.5mm。黑云母红褐色,具红褐—浅黄色多色性。岩石中偶见褐帘石,呈褐色柱状自形晶,粒径0.25mm。

片麻状斜长花岗岩($gn\gamma oPt_3$):见于潭家河、西汉河等地。岩石具变余花岗结构,块状构造、片麻状构造。由斜长石、石英、白云母、黑云母等组成,未见钾长石。斜长石呈粒状,多为反条纹长石,粒径1.0～2.8mm;部分表面绢云母化明显,残留聚片双晶。石英他形粒状,颗粒粗大,粒径3～6mm;局部见玻状消光,边缘锯齿状。白云母细小片状,呈集合体产出,可能交代早期黑云母。独居石呈自形粒状,粒径0.1～0.25mm。锆石呈柱粒状。黑云母细小片状,含量较少,局部被白云母、绿泥石取代,并有金红石析出。

片麻状花岗闪长岩($gn\gamma\sigma Pt_3$):岩石灰白色,具块状构造或片麻状构造。较之英云闪长岩,钾长石含量略高。

片麻状石英闪长岩($gn\sigma oPt_3$):岩石呈浅灰色,岩具花岗结构,块状构造。由石英、长石、少量黑云母或角闪石组成,石英含量较低。

片麻状奥长花岗岩($gn\gamma oPt_3$):见于潭家河等地(J0250/15-1)。岩具中粒花岗结构,片麻状构造或块状构造。主要由斜长石(奥长石)、石英、黑云母等组成。奥长石呈粒状,部分为板柱状,发育聚片双晶,粒径2.0～3.0mm;表面绢云母化,个别黝帘石化。石英呈他形分布于奥长石颗粒间,粒径1.0～3.0mm。黑云母片状,片径0.5～2.0mm,分布于长英矿物间,大部分被绿泥石取代。

六、三斗坪侵入体($\gamma o\delta Pt_3$)

三斗坪侵入体分布于长江南岸东岳庙—茅坪—三斗坪—王良楚垭一带,呈近南北向展布。西南侧穿切太平溪、中坝等侵入体,北部侵入黄凉河及庙湾岩组,东侧被金盘寺侵入体穿切,南侧被南华系莲沱砂岩沉积角度不整合覆盖。

主要岩性为黑云角闪英云闪长岩,岩石呈中细—中粗粒结构,块状构造。矿物成分为斜长石、石英、黑云母、普通角闪石等。斜长石(An=31.5)呈自形程度较好的板条状,钠长石双晶发育,少数为卡钠双晶,偶见肖钠双晶;角闪石呈半自形长柱状,具淡黄色-暗绿色多色性;黑云母呈鳞片状,具黄-褐色多色性。

副矿物组合简单,磁铁矿占总量的81%,次为磷灰石、锆石等。岩体内包体较发育,常见闪长(玢)岩及斜长角闪岩包体,(角闪)黑云斜长片麻岩类包体少量。

本侵入体岩石化学组分与里梅特尔英云闪长岩平均值相比较,SiO_2、Na_2O、CaO含量较高,MgO、K_2O、TiO_2含量低,K_2O/Na_2O小,表明其属次铝质钙碱性中性岩。微量元素组合与维氏中性岩平均值比较,Ba、Ni、Nb、K、Rb、Zr含量较低,为平均值的1/2～1/4,Rb为平均值的12%,Ba/Sr、Rb/Sr比值小。稀土元素总量低,稀土配分型式属轻稀土富集型,具极弱正铕异常。

七、金盘寺侵入体($\delta\gamma oPt_3$)

该侵入体呈北北西向带状展布,西侧与三斗坪单元涌动接触,南侧被南华纪沉积角度不整合覆盖,东侧被路溪坪单元侵入。主要岩性为角闪黑云英云闪长岩,粗-中粒结构,块状构造。矿物成分有斜长石、石英、黑云母及少量普通角闪石等。常见副矿物为磁铁矿、磷灰石、锆石、褐帘石等。

岩石化学组分 SiO_2、Na_2O、Al_2O_3 含量较高，TiO_2、MgO、K_2O 含量低，K_2O/Na_2O 值小。岩石化学特征参数表明其属次铝质钙碱性中性岩。微量元素组合 Ni、Sr、Nb、K、Rb、Zr、Cr 含量较低，为平均值的 1/2～1/4，Rb 为平均值的 14%。Ba/Sr、Rb/Sr 值小。稀土元素总量低，稀土配分型式属轻稀土富集型，具极弱的正铕异常。

八、路溪坪侵入体（γoPt_3）

该侵入体呈北北西、北西向带状展布，该单元呈斜切式侵入茅坪超单元金盘寺单元，并侵入梅纸厂序列及元古代变质地层，东侧与鹰子咀单元呈脉动接触。主要岩性为中细粒黑云斜长花岗岩，造岩矿物为斜长石、石英及少量的黑云母、角闪石、钾长石。副矿物以磁铁矿为主，含少量独居石、石榴石、锆石等。岩体中偶见斑状黑云石英闪长质、中细粒黑云英云闪长质包体，与变质地层围岩接触处见斜长角闪岩、片麻岩包体。

本侵入体岩石化学成分 K_2O 含量特低，TiO_2、MgO、Fe_2O_3 含量较低，Al_2O_3、FeO、Na_2O、CaO 含量较高，K_2O/Na_2O 值小。岩石化学特征参数表明其属过铝质钙碱性花岗岩。岩石微量元素组合 Ba、Rb、K、Nb、Zr 含量低，为平均值的 1/2～1/11，Sr、Hf 含量较高，其他元素较为接近。Ba/Sr、Rb/Sr 值小。稀土元素总量较低，稀土配分型式属轻稀土富集型，具极弱的负铕异常。

九、鹰子咀侵入体（$\gamma\delta Pt_3$）、内口侵入体（$\pi\gamma\delta Pt_3$）

两个侵入体出露于红椿坪-唐家坡一带，呈宽带状南北向分布。南部及北部侵入路溪坪侵入体，呈脉动接触，接触界线清晰，南部部分侵入中元古界力耳坪岩组，呈不整合接触关系。

本侵入体主要由粗中粒黑云母花岗闪长岩组成，岩石呈深灰色，具中粒等结构，斜长石钠氏双晶及正环构造发育，部分钾长石呈斑晶产出，含量约 1%～3%，粒径 4～7mm，肉眼可见榍石。岩石副矿物磁铁矿占 98%，次为磷灰石、锆石及褐帘石。

岩石化学成分与里梅特尔花岗闪长岩平均值比较，SiO_2、Na_2O 含量高，Fe_2O_3、FeO、TiO_2、CaO、MgO 含量低，NaO_2/K_2O 值高，属过铝质钙碱性花岗岩。稀土配分型式属轻稀土富集型，稀土分异程度中等，具极弱的负铕异常。

十、鼓浆坪侵入体（$\eta\gamma Pt_3$）、田家坪侵入体（$\eta\gamma\pi Pt_3$）

两个侵入体主要出露于黄陵岩基西南部大老岭、林家寨、田家坪一带，由中粗粒（斑状）黑云二长花岗岩组成。岩石呈肉红色，中粗粒不等粒结构、斑状结构，粒径偏大（2～13mm），斜长石具正环带构造，本单元常见细粒闪长质、英云闪长质、斑状英云闪长质包体，偶见含橄榄石、辉石假晶闪长质包体，辉橄岩包体。岩石副矿物总量较高，磁铁矿占总量的 86%，次为褐帘石、榍石、锆石、磷灰石，含少量石榴石；锆石主要为玫瑰色，透明，多为棱角状，长度比 2～3，以柱面[100]最为发育。

岩石化学成分与里梅特尔花岗岩平均值比较，SiO_2、TiO_2、FeO 含量略高于平均值，K_2O 大于 Na_2O，属饱铝型钙碱性花岗岩类。具深成火成岩岩石化学特征。稀土元素总量较高，稀土分馏程度较高，铕异常不明显。岩石微量元素含量与维氏花岗岩平均值比较，Hf、Cr、TFe 含量高出平均值 1 倍以上，其余元素含量均为平均值的 1/2～1/4。强不相容元素富集，K、Zr

富集，Th、P、Sr、Ti 亏损。均显示为地壳岩石、花岗岩的特征。

十一、马滑沟侵入体（$\eta\gamma Pt_3$）

该侵入体仅出露于黄陵庙超单元的北缘花石垭，侵入于黄陵庙超单元。岩性为肉红色块状二长花岗岩，色率低，除黑云母外，还有少量白云母，往往有少量红色石榴石，但分布不均，其结构有中粒、中细粒及细粒等，尽管本单位岩体分别侵入崆岭群、黄陵庙岩套、三斗坪岩套，未见与大老岭岩套其他单元接触，但从结构、矿物、化学成分等判断，将其置于大老岭岩套最晚单元是合适的。前人取得的 786±17Ma 的同位素年龄与侵入关系较吻合，时代为新元古代。

十二、七里峡侵入体（$\xi\gamma Pt_3$）

该侵入体集中分布于研究区黄陵岩基东缘西河、老杨湾、七里峡一带，呈岩脉、岩枝、小岩株等产出。走向一般为 30°～70°。北、西、南分别侵入路溪坪和内口侵入体，东侧侵入金龙沟侵入体，皆为超动接触。该岩墙群由大量密集的北东向陡立岩墙（脉）组成，单个脉体一般宽 1～10m，沿走向长 30～70m，多倾向南东，少数倾向北西。

七里峡侵入体岩性较复杂，主要为细粒闪长岩、闪长玢岩、石英闪长玢岩、石英二长闪长玢岩、斜长花岗斑岩等。该类岩脉与围岩具有清晰截然的边界。其相互之间的侵入关系为：斜长花岗斑岩侵入围岩，闪长玢岩侵入细粒闪长岩，石英闪长玢岩侵入闪长玢岩，石英二长闪长玢岩侵入闪长玢岩等。总体上其侵位顺序为细粒闪长岩→闪长玢岩→石英闪长玢岩→石英二长闪长玢岩→斜长花岗斑岩，正好与它们的酸度递减顺序一致。另还有少量微晶闪长岩脉及辉绿（玢）岩脉随机分布，产状与上述岩脉一致，并明显穿切上述岩脉。

岩石化学成分显示，SiO_2 变化较大，较富铝，碱质总量较高，Na 含量均高于 K；A/NKC<1.10，比较接近 1，NK/A<0.9，具钙碱性的演化趋势。稀土总量多在 200×10^{-6}，稀土配分曲线左高右低，$\delta Eu<1$，花岗斑岩的负铕异常明显，曲线出现低谷，其他岩石具弱的负铕异常。

第四章 地质构造

第一节 地球物理特征

一、区域重力场特征

1∶100万~1∶50万的重力测量资料显示,三峡库区重力特征与其所属的上扬子地块的重力特征基本一致,异常强度-70~-130mGal,重力等值线变化平缓,总体呈北东向或北北东向展布(图4-1)。研究区域重力场总体具东高西低的特点,其西部地壳厚度一般在38km以上,为幔陷区;东部地壳厚度一般在36~38km,为相对幔隆区。重力异常的这种分布基本反映了区内深部构造格局。

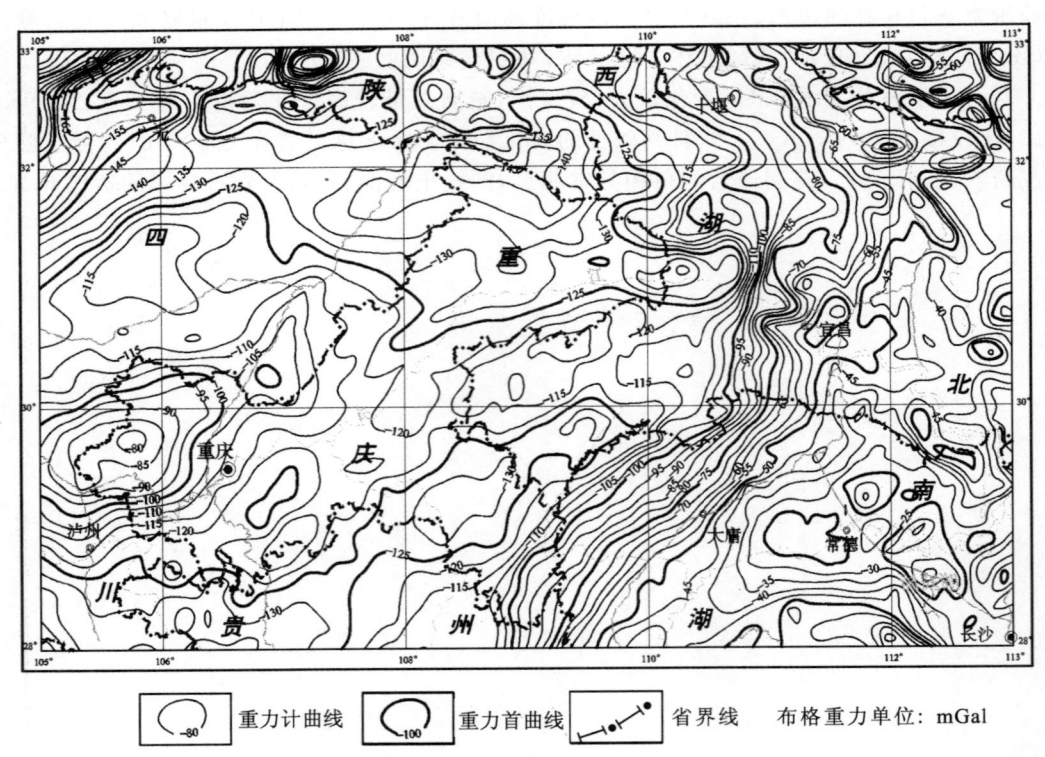

图4-1 长江三峡及其周缘地区布格重力异常(据全国1∶50万重力资料编制)

二、布格重力异常特征

从布格重力异常图(图 4-2)上可看出,长江三峡库区及周邻地区布格重力异常值变化大,约在 40 km,变化比较缓慢,等值线多以重庆和巴巴山为中心的椭圆形,差地表层则延长度大,在布格重力异常图上对应重力低区,其构造变化特征是一,但多属隆起凹陷区,向东南重力异常值逐渐变浅;从粉兰江起地相泽有其显著为布格重力隆带,重庆以东向所见低等值线梯度变化较快。

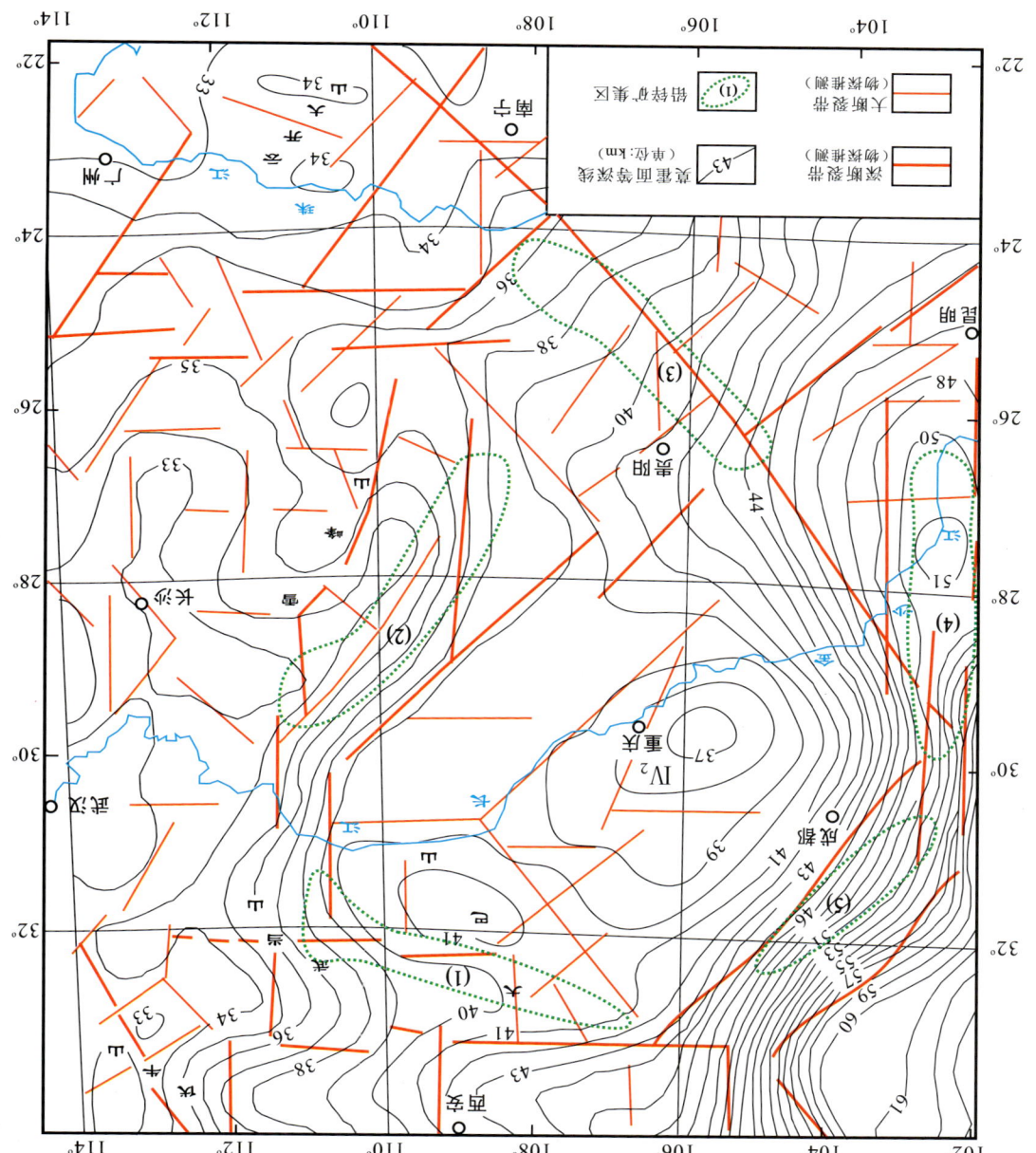

图 4-2 三峡库区及其周邻区布格重力异常图(据全国 1:50 万重力资料编制)

将于地壳的片麻岩为中央体，它的燃烧层位多变质的正长岩，以厚度向周围逐渐变为燃烧岩。反映了由其边缘生成的燃烧特征。与震源正北东北发育明的对应。从三峡地区向燃烧岩库，在构造活动方面下分布东北其昌为水平稳定燃烧岩区，北部在燃烧岩区，以黄陵背斜为界（图4-4），总体上为水平稳定燃烧岩区，其东北向燃烧岩区，在构造活动方面其昌也逐步发育，其北面为四川盆地燃烧岩区，以红色燃烧岩为特点。燃烧岩较薄。黄陵背斜位于四川盆地与江汉盆地两者之间，长期以来为一隆起区为燃烧岩的隆起构造。三峡地区主要由燃烧构造强烈隆起组成，以红色燃烧岩为主的特征，其内断裂发育，特别是以来新近的有裂谷发育。水平一北部断裂北东北向，其内断裂发育，是北东向的发育显著。反映出北昌为水平的片麻岩石库坚硬，主要为片麻岩的隆起构造提供了在其北东方向，北部燃烧岩在以北部山岩北分的一般体，包括有一定深度与北北向有关的因素。

三、区域燃烧构造

构造图的片麻岩石以山中央体，它的燃烧岩特征为正长岩，以隆起向周围逐渐变为燃烧岩。反映了其内和山岩的燃烧特征，与震源正北东北东北的对应。从三峡地区向燃烧岩层，在构造活动方面其昌也逐步发育变化的对应方式。根据燃烧岩石库坚硬，主要表现在其北部发育变化，并是显示在构造的变化上。片麻岩石变化之变化，根据深化之变化分别来研究其构造的变化上。片麻岩石变化之变化，

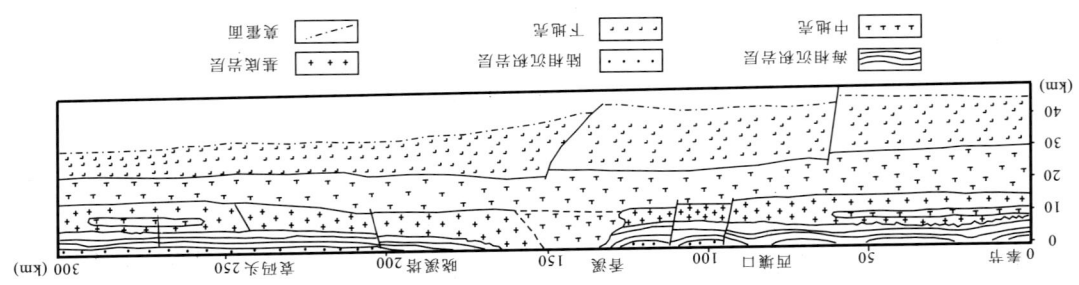

图4-3 人工地震测深综合解释图

~~~ 海相沉积岩层   + + + 结晶基底
· · · · 陆相沉积岩层   ─── 波底岩层
T T T T 中地壳

从研究区人工地震测深综合解释图（图4-3）中可以看出，研究区的地壳分为上、中、下三大基本构造层——地壳层层下降。上地壳可一中地壳的变化已经很不一致，表明地壳隆起对中地壳的影响已经很小，地壳基础变化或定线于上地壳。具有隆起构造的隆起岩库，以上升花岗岩，但研究区的岩石构造以隆起岩库为主造隆起小，也表明了片麻岩地壳以下其为主要受拘束于地壳构造岩层。重力场隆起带与地壳基础构造的隆起层布的有明显相关性。一些隆起造的岩库也生于下地壳带上。

下降5km。据隆起带以不地岩层为水基燃烧度最深，地表以水均匀发布隆起岩区，在南北西北上黄陵背斜二层的层与第三层的构造分界带。并是隆起岩层，但其巨隆度重力均布黄陵背斜带上是水均匀发布，主有隆起变化的间沉的强变燃烧岩，在区上将上隆起岩层与大红山一定隆起岩层变化为燃烧岩，一起带。

第二节 区域构造特征

一、大地构造分区及总体特征

据区大地构造位置属扬子陆块，主体处于上扬子陆块川中坳陷和鄂西渝东褶皱带，东缘跨入江南陆块。区内经历了多期次的构造运动，各类构造层展齐全，从太古代至新生代都有表现，中元古代以前地质基底未出露地表，新元古代以后发育完全，一部分新元古界已经出露了多期次火山岩建造，新元古代末又经元古代一些生代后期构造层主要是下构造层，中一上元古界及古生代一雪峰构造运动作用产物，这两个构造层主要变形于早燕山期的构造活动，受其作用带山岭和盆地雏形。新元古代以前的构造运动，主要表现为褶皱，褶皱构造主要表现为一系列线性褶皱。加里东运动以来一雪峰山前陆盆地部分，褶皱基底上覆盖了一系列断陷盆地，印支期区主要有四条—雪峰山前陆冲断构造带，褶皱构造至今为其北，初期隆起区及东东缘的隆起，外围褶皱构造带出露由其南西川东褶皱构造带，构造走向自南西向东、再北北东—北东向渐变为北东东向；西南及西南至南一北北东向转化北东向的构造褶皱带；东侧以长江中游生化以一测褶皱带为主图嵌盆地（图4-5）。

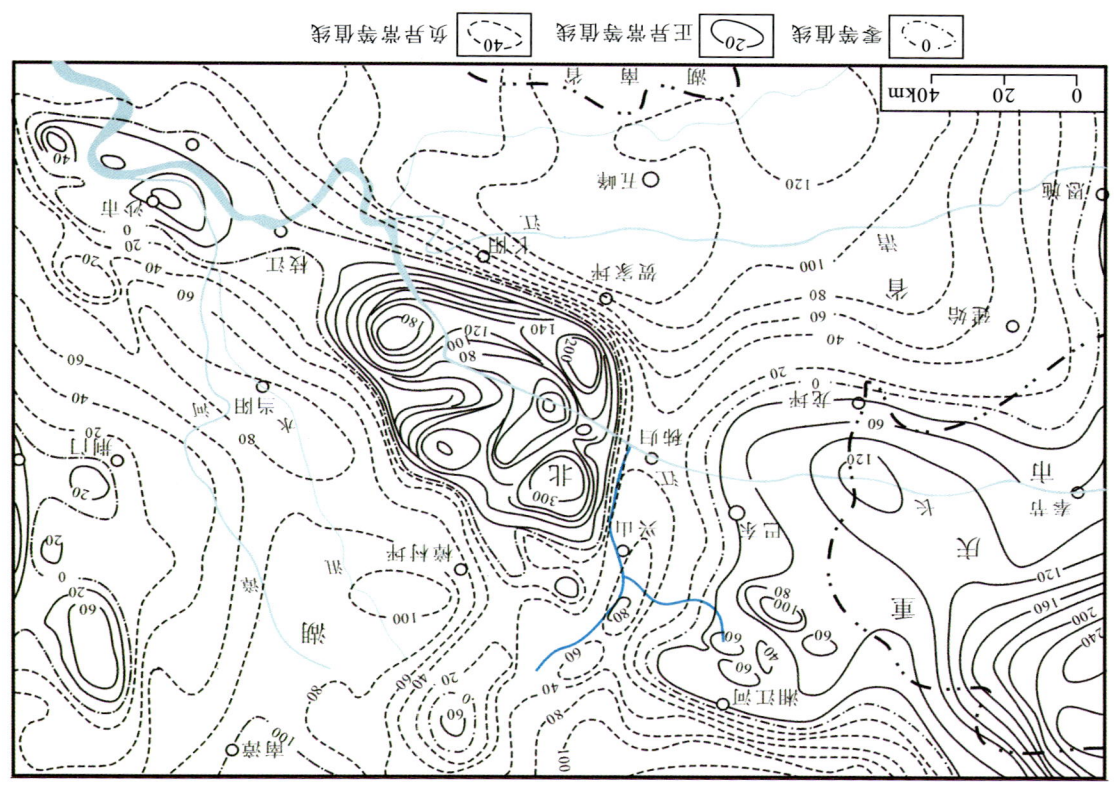

图4-4 三峡地区布格航磁异常△Ta化极水平垂向导数（据全国1：50万航磁资料编制）

$\boxed{40}$ 负异常等值线 $\boxed{20}$ 正异常等值线 $\boxed{0}$ 零等值线

二、川东构造变形特征

川东褶皱带以东，以大巴山台缘山脉褶皱为界，宽约170km，北东端止于开江之北，通及湖北建始及其以东的地区。褶皱北北东东至北东向转折，其山脉褶皱形迹在大巴山山脉褶皱后退处及其巫峡、巴东以南的川东地区各分支继续向南东方向扩展（蜀西北部在川渝之间褶皱带）。褶皱带在中段呈北东—北东东向，向北东段褶皱带逐渐转变为北东至东北东向（图4-5）。川东构造褶皱带在中段及南段褶皱带主要由三叠系构成，褶皱带向南向南端及北端收缩，方山型褶皱带所展现，褶皱密集，向北逐渐呈一褶皱隆起，再一褶皱向东起北方向传播式褶皱，且有不对称性褶皱（图4-6）。川东构造区的褶皱密集，褶皱松紧常出现不甚平原式褶皱的构造特征，呈北东向至北北东向，可在中段区以东北方向的川东地区的山脉褶皱均为褶皱及擦向南东展现，其中以大巴山基坳地形成的山脉褶皱带为最主要。

（一）褶皱构造

该区内褶皱构造以北东向为主要方向，次为北北东向和东东向，另有少的北西向和近东西向。主要有大巴山背斜（1）、铜锣峡背斜（5）、明月山背斜（10）、方斗山背斜（24）、齐岳山背斜（27）、洑县—大村向斜（4）、方州背向斜（20）、石柱复向斜（56）、黔江复向斜等。

1. 华蓥山褶皱带

该褶皱带位于华蓥山至明月山之间，主要由三条平行排列的背斜和其间的开阔向斜组成，各褶皱基本体特征花动表4-1所示。

2. 梁江背向斜

该向斜位于明月山背斜与黄泥堆背斜之间，长约350km，宽25～40km，由北东向斜（11）、垫云—蒸光向斜（14）、倚南山背斜（51）、银泉同背斜（12）、米水—经堆背斜（19）和巴黎河向斜（94）组成，且体特征花动表4-2所示。

3. 方州背向斜

该向斜置于黄土堆褶皱、米特厘北东—经堆背斜与方斗山背斜之间，长约250km，宽25～47km，由方州复向斜（20）、黄州堆背斜（21）、黄潮背斜（22）、线路背斜（23）、沙口背斜（52）、松溪向斜（53）、大碗子背斜（54）、石孟十碗向斜（55）、干藤南背斜（96）、石总向斜（98）等组成。向斜内分布大规模的中生代红盆，基底被抬起为数千但及紧密紧密，褶皱由北东向西北至东东向自转转转，构成方向为北东（45°～60°～90°变化，平面上为厅东发现，抵砂旋汇北水平。黄十宽方向斜褶皱开阔，并碾带北背斜侧则陡蘭动紧，北侧被有开敷碎，长以东复杂向斜起转，万州复向斜的褶皱特征花动表4-3所示。

4. 方斗山背斜

由南区长为240km，褶皱型体方位北东20°～40°～60°～80°，北东端侧花为19°。褶皱西向为北西，向北东，倚北西向北东线转转转，旋开长及明显变化，花东地区平坦碾北线转转倾向北北西、北东东，向北同其反。褶皱基北北东向水岩碾头，背斜部主有三叠汞，同于拱顶，向家溢绕，背斜摺皱面隆起侧陡蘭动，反邻碾起倾角多大。该背斜长藤田坦隆，向北起水及层型化紊，捆擦曲蘭向变化为可分化为动工工段。

第四章 地质构造

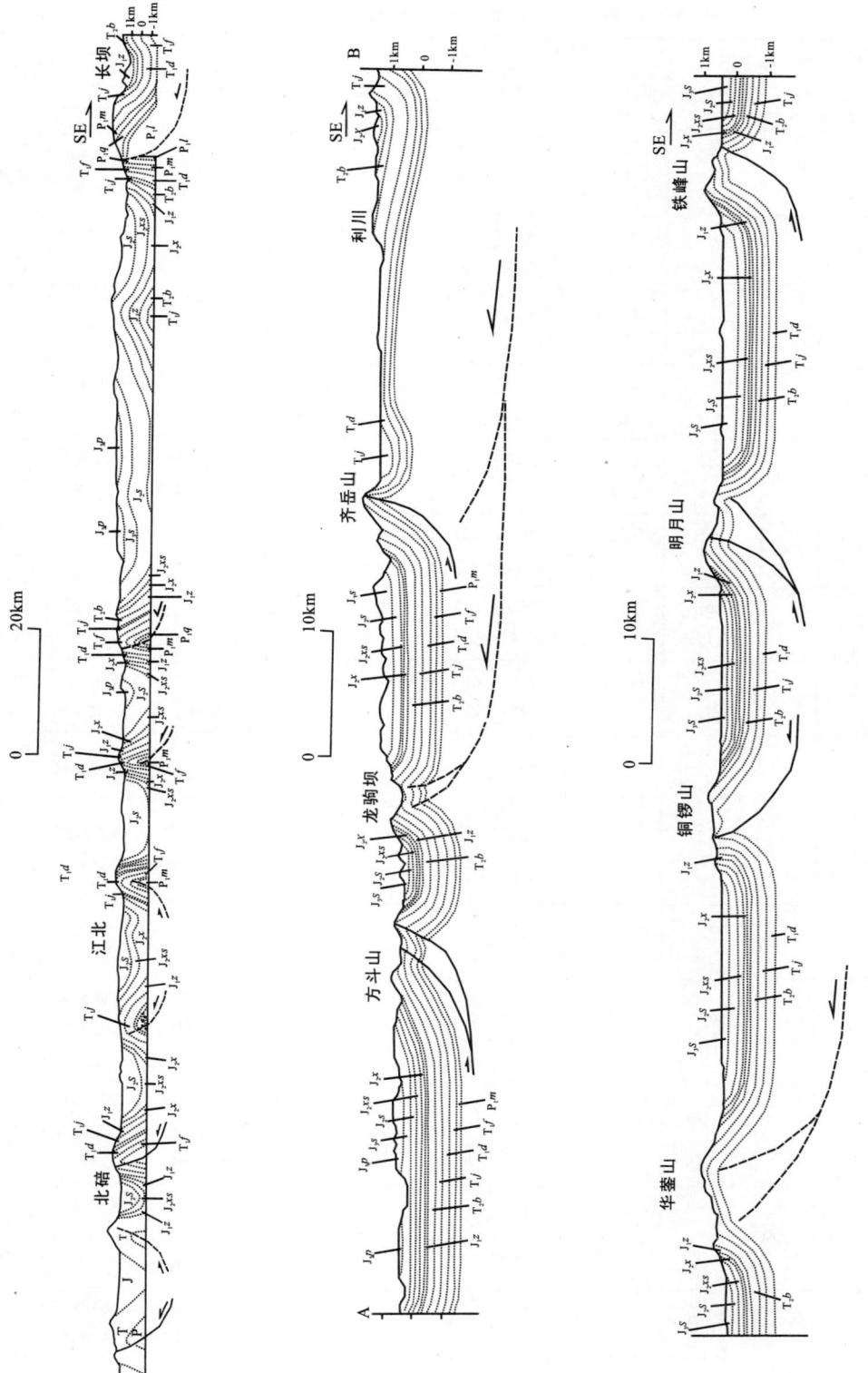

图4-6 川东褶皱带基本构造样式

表 4-1 华蓥山隆褶带褶皱一览

编号	褶皱名称	规模(km) 长	规模(km) 宽	主要特征 核部地层	主要特征 翼部地层	主要特征 北西翼(°)	主要特征 南东翼(°)	主要特征 枢纽或轴迹	形态类型
1	华蓥山背斜	140	7~13	ϵ_3O_1l— T_1j	T_2b— J_2x	(280~295) ∠(30~80)	(100~115) ∠(30~40)	轴向北东10°~25°,轴面倾向南东,轴迹呈弧形弯曲,略向西突出,背斜南端分为三支	线状斜歪背斜
2	渡市向斜	35	5~8	J_2s— J_3p	J_1— J_2x	(95~105) ∠(5~15)	(275~280) ∠(15~40)	轴向北东5°~15°,轴面倾向南东东,枢纽向北倾伏	开阔箕状向斜
3	铁山背斜	45	3~5	T_3J_1x	J_1z— J_2x	285 ∠(40~80)	105 ∠(40~50)	轴向北东15°,轴面倾向南东	线状斜歪背斜
4	达县-大竹向斜	>200	7~20	J_2s— J_3p	J_1z— J_2x	(105~115) ∠(10~30)	(280~295) ∠(10~30)	轴向北东15°~25°,轴迹呈弧形弯曲,略向西突出	线状开阔对称向斜
90	中梁山向斜	>15	3~6	T_1z— J_2s	J_1z— T_3J_1x	(120~170) ∠(7~25)	(300~350) ∠(0~25)	轴向北东20°~25°,轴面近直立,向北东端收敛,南西端散开	对称向斜
91	龙王洞向斜	>40	3~8	J_2s	T_3J_1x— J_2x	(100~120) ∠(7~20)	(280~300) ∠(10~25)	轴向北东10°~35°,轴迹呈弧形弯曲	开阔斜歪向斜
92	龙王洞背斜	55	2~5	T_2b— T_3J_1x	T_3J_1x— J_2x	(250~300) ∠(10~25)	(70~130) ∠(10~25)	轴向北东0°~30°,轴迹呈弧形弯曲	线状斜歪背斜
93	南温泉背斜	>40	2~4	T_1j— T_3J_1x	T_3J_1x— J_2s	(280~300) ∠(28~66)	(100~130) ∠(45~55)	轴向北东10°~25°,轴面近直立,北东端倾伏于长江北岸	线状对称背斜
5	铜锣峡背斜	>215	5~7	T_1j— J_1z	T_3J_1x— J_1z	(285~300) ∠(25~50)	(105~120) ∠(40~80)	轴向北东15°~30°,枢纽波状起伏,轴迹呈"S"形弧形弯曲,略向西突出,轴面南段倾向北西,北段倾向南东	线状斜歪背斜
6	亭子铺向斜	60	5~15	J_2s— J_3p	J_1z— J_2x	110∠ (10~40)	290∠ (10~40)	轴向北东20°,向斜北段开阔,南段变窄,两翼对称	开阔箕状向斜
7	七里峡背斜	60	3~4	T_2b— T_3J_1x	J_1z— J_2s	290∠ (40~60)	110∠ (40~80)	轴向北东20°,南端与铜锣峡背斜鞍状相连,轴部受断层破坏	线状不对称背斜
8	罗家寨背斜	>40	7~10	T_2b— T_3J_1x	J_1z— J_2x	335∠ (30~45)	155∠ (70~80)	轴向北东65°,南部与北西向凉风垭背斜相接,核部受杨柳关断裂破坏	斜歪背斜
9	麻柳场—丰禾场三角镇向斜	>330	7~14	J_2s— J_3p	T_3J_1x— J_2x	(290~320) ∠(40~80)	(110~140) ∠(30~40)	轴向总体北东30°,南部变为北东20°,北部为北东50°,轴迹呈弧形弯曲,略向西突出	线状开阔对称向斜
10	明月山背斜	245	3~9	P_3c— T_3J_1x	T_3J_1x— J_2x	(300~320) ∠(30~44)	(120~140) ∠(57~80)	轴向总体北东30°,北东端转为北东50°,枢纽波状起伏,轴面倾向北西	线状斜歪背斜

表4-2 垫江复向斜褶皱特征

编号	褶皱名称	规模(km) 长	规模(km) 宽	核部地层	翼部地层	北西翼(°)	南东翼(°)	枢纽或轴迹	形态类型
11	任市向斜	80	10~13	J_2s—J_3p	T_3J_1x—J_2x	125∠(40~60)	305∠(20~54)	轴向北东35°	开阔对称向斜
12	假角山背斜	90	5~6	T_1j—T_3J_1x	T_3J_1x—J_2x	315∠(20~54)	135∠(50~80)	轴向北东45°,枢纽中部高,向两端逐渐倾伏,轴面倾向北西	线状斜歪背斜
14	渠马河—梁平向斜	265	14~20	J_2s—J_3p	T_3J_1x—J_2x	(120~143)∠(48~62)	(300~323)∠(15~46)	轴向北东30°~53°,轴迹呈"S"形弧形弯曲,轴面近于直立	线状开阔对称向斜
51	卧龙河背斜	36	3	J_1z—J_2x	J_2s	(270~300)∠(60~75)	(90~120)∠(15~45)	轴向北东0°~30°,轴迹呈向西凸出弧形向北西凸,轴面倾向南东	长垣形斜歪背斜
19	朱衣—铁峰山—黄泥塘背斜	225	5~10	T_1j—J_1z	T_3J_1x—J_2x	(285~300)∠(13~26)	(105~120)∠(45~87)	轴向北东35°~90°,轴迹呈"S"形弧形弯曲,向北西突出,枢纽波状起伏,轴面倾向北西	线状斜歪长轴背斜
94	巴雾河向斜	35	5	T_2b	T_2b	12~51	40~68	轴向北东70°,轴面倾向南东	斜歪向斜

表4-3 万州复向斜褶皱特征

编号	褶皱名称	规模(km) 长	规模(km) 宽	核部地层	翼部地层	北西翼(°)	南东翼(°)	枢纽或轴迹	形态类型
20	万州向斜	165	10~22	J_3s—J_3p	J_1z—J_2s	(120~150)∠(35~85)	(300~330)∠(15~35)	轴向北东30°~60°,轴迹呈向西突出弧形,枢纽起伏不平,形成多个鞍部,轴面倾向北西	线状开阔向斜
21	黄柏溪向斜	22	11	J_3s—J_3p	J_3s	(125~150)∠(2~6)	(305~330)∠(2~6)	轴向北东35°~60°,轴面近于直立	短轴开阔向斜
22	新场背斜	17	10	J_2s—J_3s	J_3s—J_3p	(295~312)∠(2~6)	(114~126)∠(2~9)	轴向北东26°,轴面近于直立	短轴开阔直立背斜
23	故陵向斜	83	5~12	J_3p	J_2s	(140~180)∠(15~85)	(325~356)∠(23~60)	轴向北东55°~90°,呈弧形,轴面倾向北西	开阔平缓犀状向斜
52	菁口背斜	55	5~6	T_1d—T_3J_1x	J_1z—J_2s	(300~312)∠(35~55)	(120~126)∠(35~60)	轴向北东35°,枢纽向北东倾	鼻状背斜
53	珍溪向斜	70	13~17	J_3s		(300~312)∠(10~60)	(120~126)∠(3~30)	轴由北东32°向南转为近南北向,轴迹呈弧形	犀状向斜
54	大池干背斜	100	5~12	T_2b—J_2x	J_1z—J_2s	(304~317)∠(35~55)	(123~135)∠(35~60)	轴向北东37°~45°,北端与方斗山背斜相接,轴迹略呈弧形弯曲,向北西突出,枢纽向两端倾伏,轴面倾向北西	线状斜歪背斜
55	忠县-丰都向斜	95	10~18	J_2s—J_3p	T_3J_1x—J_2x	(285~300)∠(15~30)	(105~120)∠(50~84)	轴向北东40°~45°,枢纽向两端抬起,轴面倾向北西	开阔平缓斜歪向斜
97	黄草峡背斜	30	3~5	T_3J_1x	J_1z—J_2s	(310~330)∠(40~55)	(130~150)∠(40~55)	轴向北东60°,轴面倾向南东,北端与菁口背斜相接	线状斜歪背斜

续表 4-3

编号	褶皱名称	规模(km) 长	规模(km) 宽	主要特征 核部地层	主要特征 翼部地层	主要特征 北西翼(°)	主要特征 南东翼(°)	主要特征 枢纽或轴迹	形态类型
100	苟家场背斜	35	4~8	T_1j—T_2b	J_1z—J_2s	(250~260) ∠(40~60)	(70~80) ∠(40~55)	轴向北西350°,轴面倾向北东,北端与菁口背斜相接	线状斜歪背斜
96	丰盛场背斜	>40	3~5	T_1d—T_2b	T_3J_1x—J_2s	(270~290) ∠(40~80)	(90~110) ∠(35~75)	轴向北东0°~10°,轴面倾向东,北端与长江为界,南端延伸出图	线状斜歪背斜
98	石溪向斜	>35	7~15	J_3p	J_2s—J_3s	(50~70) ∠(15~40)	(230~250) ∠(15~45)	轴向北西10°~20°	开阔对称向斜
99	保子场向斜	40	5~20	J_3p	J_2s—J_3s	(130~150) ∠(15~40)	(310~330) ∠(15~45)	轴向北东40°~60°	开阔短轴向斜
101	太和场背斜	25	2~4	J_1z	J_1z—J_2s	(310~330) ∠(15~40)	(130~150) ∠(15~45)	轴向北东50°~60°	鼻状背斜
102	凤凰寨向斜	>35	2~10	J_2s	J_1z—J_2s	(130~160) ∠(15~35)	(310~330) ∠(6~30)	轴向北东40°~60°	开阔平缓向斜
103	桐麻湾背斜	>30	1~4	S_1lr—P_3d	T_1d—T_1j	(300~310) ∠(35~55)	(120~130) ∠(15~40)	轴向北西10°~30°,轴面向西突出,南端延伸出图	线状对称背斜
104	白马向斜	>30	2~10	T_1j—J_1z	T_1j—T_3J_1x	(110~130) ∠(10~30)	(290~310) ∠(6~30)	轴向北东10°~30°,向北收敛倾伏,向南散开延伸出图	宽缓向斜
105	羊角背斜	>50	2~8	O_1n—P_3d	T_1d—T_1j	(250~270) ∠(20~60)	(70~90) ∠(35~80)	轴向北东0°~15°,北端与方斗山背斜复合	线状斜歪背斜

(1) 南段是方斗山背斜的主要组成部分。轴向由北东 35°~40°~24°~31°变化,呈反 S 形。北西翼倾角 20°~45°,南东翼倾角 50°~85°,南东翼较北西翼陡。核部被断层破坏,由中二叠统—下三叠统组成;两翼为中三叠统巴东组—中侏罗统新田沟组,南端与南北向羊角背斜相接。

(2) 中段轴向由北东 43°~59°~77°变化。轴线明显向东弯转,为向北西突出的弧形,轴面倾向由南东变为北西,然后倾向北西。轴部由下三叠统嘉陵江组组成,长滩镇以南由中三叠统组成鞍部。南东翼被断层破坏,北西翼具多个平行于主背斜轴的次级褶曲,使地层露头变宽。局部地层发生挠曲甚至倒转。

(3) 北段又称黄连峡背斜,轴向北东 77°~80°,北翼倾角 18°~62°,南翼倾角 15°~70°,局部倒转,轴面倾向北北西。核部最老地层为嘉陵江组,北东端与齐岳山背斜呈 30°角相交。

5. 石柱复向斜

该向斜位于方斗山背斜与齐岳山背斜之间,长 160km,宽 20~30km,向斜总体轴向北东 35°~40°,向斜北部转为北东 70°~75°。主体由赶场向斜(25)、龙驹坝背斜(26)、马头场向斜(56)、建南背斜(57)、箭竹溪向斜(58)等组成,具体褶皱特征如表 4-4 所示。

表 4-4 石柱复向斜褶皱特征

编号	褶皱名称	规模(km) 长	规模(km) 宽	主要特征 核部地层	主要特征 翼部地层	主要特征 北西翼(°)	主要特征 南东翼(°)	主要特征 枢纽或轴迹	形态类型
25	赶场向斜	82	5~9	J_1z—J_2s	J_1z—J_2s	(145~170) ∠(15~78)	(325~350) ∠(14~66)	轴向北东55°~80°,轴线呈S形弯转,有一鞍部	线状开阔向斜
26	龙驹坝背斜	59	4~6	J_3s—J_3p	J_2s	(340~345) ∠(4~66)	(160~165) ∠(6~69)	轴向北东70°~75°,轴面近于直立,枢纽向南西西倾伏	鼻状背斜
56	马头场向斜	123	8~10	J_2s—J_3p	J_2s	(125~160) ∠(10~74)	(305~340) ∠(9~81)	轴向北东35°~70°,轴迹呈弧形弯曲,向北西突出,枢纽起伏不平	开阔向斜
57	建南背斜	40	6~7	J_2s	J_2s	(305~310) ∠(3~28)	(125~130) ∠(5~18)	轴向北东35°~40°,轴面近直立	开阔平缓直立背斜
58	箭竹溪向斜	32	10~14	J_2s	J_2s	(125~130) ∠(3~5)	(305~310) ∠(5~18)	轴向北东35°~40°,轴面近直立	开阔向斜
107	中梁背斜	20	3~6	S_1lr	P_2l—P_3d	(310~330) ∠(15~48)	(130~150) ∠(20~55)	轴向北东45°~50°	开阔不对称背斜
108	接龙背斜	30	4~10	$\in_3q$—O_1n	O_1n—O_3w	(250~270) ∠(35~65)	(70~90) ∠(20~55)	轴向近南北向,轴面近直立	短轴背斜
110	沧沟向斜	>16	2~5	T_3J_1x	T_1d—T_2b	(150~170) ∠(5~35)	(330~350) ∠(10~35)	轴向北东45°~55°	宽缓对称向斜

(二)断裂构造

研究区川东构造带内断裂构造以北东—南西向的压扭性逆断层为主,少量为东西向,一般规模不大,沿走向延长10~60km。断层面倾角一般50°~70°,主要断层面多倾向南东,且多发生于背斜核部及靠近核部位置。断裂发生具多期性,早期具张性特征,晚期则为压扭性质。其中,规模最大、形迹最明显的是齐岳山断裂带(F_{42},F_{84})和茨竹垭—楠木垭断层(F_{83})。

齐岳山断裂带位于齐岳山背斜轴部,由数条大致平行、断续相接的断裂组成。它自南西的冷水进入研究区,呈北东向断续北延,经奉节过巫山转呈北东东向直到巴东县城北侧,呈向北西突出的弧形,构成四川盆地的东界。研究区内齐岳山断裂大体上可分为如下两段。

(1)北段为中槽断裂(F_{42}),发生于齐岳山背斜轴部二叠系、三叠系内,南起吴家院子一带,北延至空洞子消失,全长26km。断层走向北东40°~50°,倾向北西,倾角40°~50°。北西盘上二叠统逆冲于南东盘下三叠统之上,地层断距50~200m。断层带较多掩盖,断裂面特征不清。两盘方解石细脉发育。局部见密集的破劈理,倾向北西60°,倾角30°。两盘岩层产状正常,北西盘倾角较陡,达81°,南东盘30°,具压性断裂特征。

(2)南段为马落池断裂(F_{84}),位于齐岳山背斜南段轴部,南起杨家坪南,走向北东15°~20°,至马落池以北则为北东30°,往北延至石槽门一带消失,全长32km。杨家坪一带,断层破坏了北西翼。断层北西盘下三叠统大冶组灰岩同南东盘上二叠统吴家坪组深灰色灰岩及煤系地层相接触,地层断距200m左右。挤压强烈,岩石破碎。节理发育,并有较多方解石脉;断层下盘倒转,上盘产状较乱。断层往南逐渐变小而消失。往北干沟、马落池一带,走向北东20°~30°,倾角74°~86°。局部次级褶皱和小断裂发育。破碎带宽约70m,断层上盘下二叠统茅口组逆覆于下盘上二叠统吴家坪组灰岩之上。岩层破碎,节理发育,上盘岩层挠曲,产状直立或倒转。北段岩洞包一带,断层上盘下二叠统茅口组与下盘三叠统大冶组接触,地层断距大于200m;沿断裂带地貌上表现为沟,其走向北东30°,宽20～80m,多被浮土掩盖。上盘可见岩层由缓变陡,局部倾角直立或倒转;下盘岩层倾角缓,在靠近断层带产状紊乱。岩洞包可见斜交断层的褶皱。次级断裂走向北东40°,倾向南东,倾角75°。岩石节理极发育,主要有走向北西15°、北西45°～63°、北东73°～96°和北东35°～96°四组,节理面上见擦痕,有的充填方解石脉。由岩洞包往北至花尖一带,断层切过背斜轴,并消失在背斜东翼上二叠统内。

总之,该断裂总体倾向北西,切割盖层褶皱,造成某些地段二叠系的缺失。断裂强烈活动时期为印支—燕山期,中、新生代的活动特征及其力学性质转化与建始—恩施和咸丰断裂相似,就总体来看以压剪性为主,后期兼具扭性。齐岳山断裂可能是在基底断裂的基础上,在滨太平洋构造域的强大应力场影响下,中、新生代活动强烈的断裂构造。

茨竹垭—楠木垭断层位于方斗山背斜南东翼靠近核部位置,南西端起于长冲,往北经朱高、楠木垭至孙家院子附近消失,全长约83km,大致可分为以下三段。

北段(茨竹垭断层)全长约27km,断层走向北东20°～60°,倾向南东,倾角50°～75°,断层发育在中三叠统巴东组、嘉陵江组内,南东盘下降。破碎带见角砾岩,其角砾大小混杂,次棱角状,成分为灰岩、页岩,断面上局部见垂向擦痕。岩层产状较乱,断距100m,最大地层断距达500m。

中段(楠木垭断层)南端从朱高起,经大垭口及楠木垭以西,在大水井消失,全长38km。断层破坏了方斗山背斜轴部。在地貌上,沿断层线构成一明显的陡崖。断面舒缓波状,总体上走向呈北东20°～25°,倾向南东,倾角32°～60°,局部高达80°～85°。在朱高和鸡冠石间,北西盘为下三叠统大冶组,南东盘为下二叠统顶部地层。破碎带宽近100m,见角砾岩和透镜体。其长轴平行于主断层,方解石脉发育,沿破碎带有蚀变现象,断层下盘岩层直立倒转,发育节理主要有三组,产状分别是350°∠82°、90°∠80°、30°∠48°。马桑湾到楠木垭、白岩垭一带,南东盘的二叠系不同程度地逆冲于北西盘的下三叠统嘉陵江组之上,最大地层断距近700m。下盘的岩层直立倒转,发育小褶曲和挠曲,小褶曲南北和北东75°,同断层交角30°～45°。

南段(横梁子断层)长约18km,断层走向北东20°～30°,倾向北西,倾角40°～50°,断层北西盘上、下二叠统分别与南东盘下三叠统大冶组、嘉陵江组接触,使背斜轴部遭受破坏。破碎带挤压强烈,发育一系列小破裂面、节理、牵引挠曲、透镜状岩块和方解石脉,具轻微蚀变。两盘产状变化大,上盘局部倒转,下盘大部分直立倒转,小褶皱发育。最大地层断距达600～700m。断层挤压特征显著,为北西盘逆冲断裂,后期具扭性。

(三)川东构造带的样式及其形成时间

川东褶皱带构造形式表现为断层传播褶皱,各褶皱由后断坪和下盘断坡组成,背斜的后翼模拟下盘断坡的产状,形成轴面向断层运动前方倾倒的不对称背斜构造,它是一种具有陡倾甚至倒转前翼的不对称褶皱。研究表明(Show et al,1994;刘志宏等,2000),通过对参与褶皱的地层以及生长地层的识别可以确定整体构造带的形成时间。

基底和前生长地层之上的同构造沉积是逆冲褶皱造山带前陆盆地中常见的现象,变形的发展卷入了新的沉积地层,形成了与断层相关褶皱同期的生长褶皱。生长地层和生长褶皱同时形成。在地壳上部的断层转折褶皱作用、断层传播褶皱作用和滑脱褶皱作用中,褶皱往往通过膝折带迁移和翼部旋转运动方式形成(图4-7)。通过膝折带迁移方式时,其翼部倾角不变

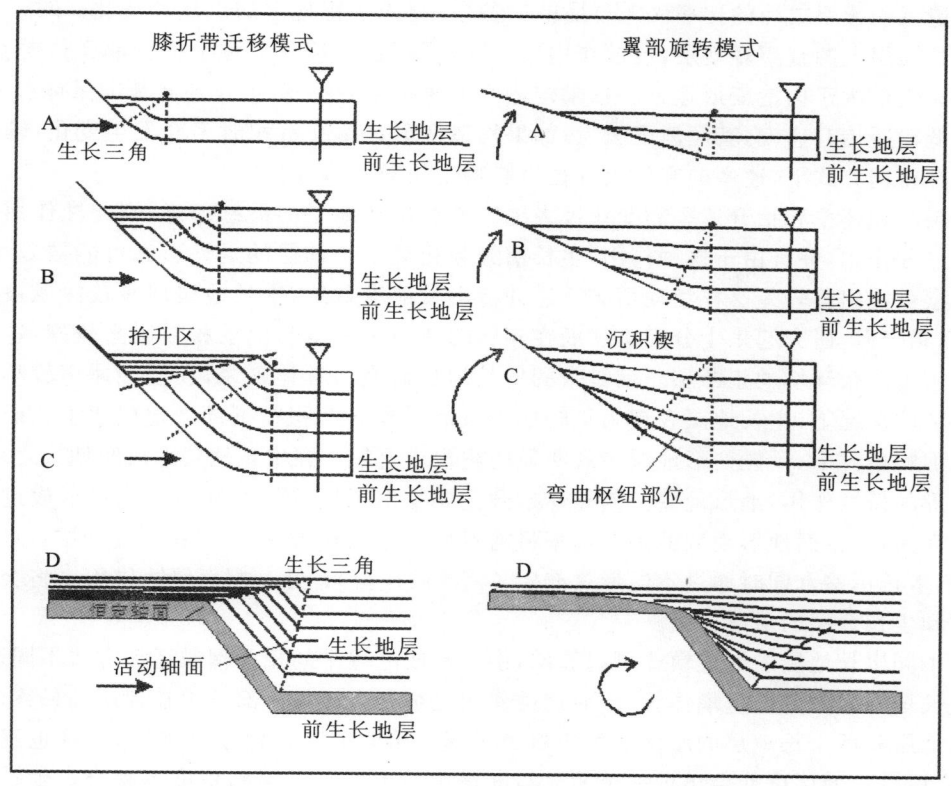

图 4-7 形成生长地层的两种基本模式（据 Ford et al,1997）

而翼部宽度在变化,这种情况下生长轴面也发生变化;通过翼部旋转方式时,翼部倾角不断变化,其生长轴面具有相对不变的特征。

Rafini 等(2002)提出不管是膝折带迁移模式还是翼部旋转模式,最终的褶皱几何形态是基本一致的。表明随着褶皱或者断层生长期间沉积的进行,在生长区域内,下部地层的生长幅度比上部大,因此褶皱的翼长向上减小,形成一个三角形的生长域,叫生长三角,地层外貌上形成一个下宽上窄的楔形体。这一结论表明褶皱过程和褶皱最后形成的几何形态具有一致性,两种方式产生的生长地层最终样式基本一致。

生长地层的最终形态主要受构造变形、生长地层的沉积速率以及侵蚀作用影响,它们在生长地层的形成过程中起到复合作用。

膝折带迁移和翼部旋转是褶皱变形的两种主要方式,这两种方式都涉及到生长轴面的活动性问题。Suppe 提出,褶皱形成过程中沉积物质通过轴面发生移动时,轴面是活动的,但轴面与岩层之间没有相对运动,因此提出有限活动轴面的概念,表示穿过轴面的物质运动相对较弱。轴面活动最终决定着生长褶皱的翼长和背斜顶部长度,活动轴面将使翼长和顶部宽度趋于增加,而有限的活动轴面将产生小的翼长和顶部长度变化。

构造抬升速率、同期构造沉积和同期侵蚀速率之间的关系在背斜顶部限制了其向深部的变化,三个因素之间的相互作用影响着生长地层构造沉积体系的连续发展。模拟结果表明,如果保持所有参数不变,仅仅考虑沉积速率和变形速率,当同期侵蚀不出现时,构造抬升速率和同期构造沉积速率之间的比率(U/S)是单一参数,制约了正地形的出现和演化。对于覆盖在前期生长地层上的较年轻地层,侵蚀作用不活跃,沉积速率较高。对于膝折带迁移模型,生长轴面的倾斜取决于构造变形速率。如果构造变形速率保持不变,生长轴面基本保持水平状态,但对于低构造抬升速率,其倾斜度较大;如果构造变形速率在沉积时不断发生变化,轴面是弯曲的。在相同方式下,速率的突然改变也将影响生长轴面的形态。

如果沉积速率和抬升速率的变化极大地影响着生长地层的最终形态,则侵蚀作用可能部分消减这种作用,并且由于这种作用,生长褶皱和相关生长地层的最终形态可能被破坏,因此生长地层可能出露较差。在活动褶皱-逆冲造山带前缘盆地,生长地层埋藏较深或被剧烈剥蚀,出露相当差,研究起来十分困难。而在年轻的造山带中生长地层相对出露较好,这一原则同样适用于扩张环境的正断层-褶皱带的生长地层研究。具体来说,在侵蚀速率较小或者基本不活动的情况下,生长地层表现为年轻地层以退覆模式沉积在下部老地层之上。而在侵蚀速率增加的条件下,可能变形地层出现明显的超覆或上超。在生长地层形成时期或之后,由于构造变形的持续作用,地形地貌上的整体抬升主要是由于侵蚀作用在生长地层形成过程中具有双重作用:一方面地形地貌的抬升速率将随着侵蚀作用开始减小,沉积厚度和层位产状将趋于平缓,生长不整合同时通过不同形式产生(超覆或退覆);另一方面侵蚀作用也将会破坏生长褶皱和生长地层的最终样式。

从不同生长地层的形成模式可以看出,由于形成过程中的相关褶皱运动方式不同,下部产生的生长地层并非完全呈楔体状,同时侵蚀作用也可能会破坏一部分生长地层的最终形态,但是生长地层和后生长地层的厚度从生长褶皱翼部开始向前陆盆地逐渐增厚,产状也逐渐转为平缓,之后生长地层可能会出现一个明显与渐进生长不整合不同的角度不整合。生长地层间的渐进不整合和上部后生长地层之间的不整合是划分构造变形期次的重要手段,同时也是识别生长地层的重要标志,而这些特征在地震面上并没有清晰地表现。

综上所述,针对川东褶皱带形成时间的确定最重要的问题就是侏罗系是卷入褶皱体系,还是作为断层传播褶皱形成过程中生长构造存在。

川东地区被卷入变形的最新地层为侏罗系,根据大量地震剖面的解释,川东地区表层构造与深部构造存在明显的不协调现象。存在着表层构造与深部构造的垂向变异现象。根据卷入地层的变形样式的不同,并结合地震反射界面的研究,可以志留系为底界(Ts),将川东地区划分为上、下两个构造层次:上部构造层除志留系页岩外,尚发育多个次要滑脱层,表现为强干层与软弱层相间出现的变形特点,构造样式上表现为一系列断层相关褶皱,由一系列倾向南东或北西的逆断层及相关褶皱组成隔挡式褶皱组合,逆断层上陡下缓,绝大多数消失于志留纪页岩层,少部分切过震旦纪-寒武纪,消失于盖层与基底的分界面;下部构造层是指志留系反射界面(Ts)之下至基底与盖层不整合面之上的一套反射结构,包括震旦纪-奥陶纪,主要以海相碳酸盐岩沉积为主,夹碎屑岩沉积。相对于上部构造层而言,下部构造层构造变形微弱,起伏平缓,逆冲断层较少发育。

通过对川东地区地震剖面的解释可以看出,部分侏罗系应该是褶皱前期构造层系,在褶皱的顶部与两翼地层厚度变化不大,不具有生长构造特征,同时在野外观察也表明侏罗系产状变化与褶皱构造形态特征基本一致,同样表现为褶皱前期构造层系特征。同时从野外地质露头观察侏罗系与三叠系为整合接触关系,侏罗系、三叠系内部同样为整合接触,也就是说在侏罗系之后,川东褶皱带才开始形成,侏罗系不具有生长构造特征。

总之，川东褶皱带的形成过程表明，在侏罗系地层卷入隔挡式褶皱的形成过程中，层间剪切作用使地层破碎，特别是在上断坪与断坡部位。这些部位往往为后期地质灾害的发生提供了条件，同时从长江河流的取向分析也表明在该地区长江河谷在向斜区域基本是沿着断层传播褶皱的上盘切割的，也就是上盘断坪和断坡部位。

三、鄂西南构造带变形特征

鄂西南构造带位于齐岳山背斜以东，由南西至北东沿北东—北东东—近东西向延伸，呈向北西突出的弧形。单个背斜或向斜具过渡型褶皱特征，自南东往北西由隔槽式褶皱变成隔挡式褶皱；在平面上呈斜列带状，以弧顶拐点为界，南西段褶皱轴线左行雁列，北东段右行雁列；在剖面上多呈不对称的歪斜褶皱，背斜西翼陡东翼缓。同时，由于后期滨太平洋的武陵断裂系北北东向构造线的复合改造，褶皱轴线普遍呈 S 状或反 S 状弯曲。长阳地区的褶皱轴线受黄陵基底地块北西西向构造制约，北侧长阳背斜等的轴线为北西西向，中间鄂、湘交界处的仁和坪向斜轴线为东西向。

（一）褶皱构造

1. 齐岳山背斜

齐岳山背斜规模较大，区域上延伸大于 300km，研究区为其北东段，长约 210km，轴向北东 45°～65°，为一向北西突出的弧形褶皱，并横跨长江，核部受长江河谷深切，形成长江上举世闻名的山地景观——瞿塘峡。区内大致可分为如下三段。

南段从老房子至双鹿，轴向由北东 23°～47°变化，双鹿为向北西突出的拐点，该段长度 56km。北西翼倾角 22°～55°，南东翼倾角 37°～76°，轴面近于直立，枢纽起伏不平。核部地层为寒武系至二叠系，由南西往北东圈闭，向南呈"人"字形散开，两翼为三叠系至侏罗系，核部被断层破坏。形态为斜歪背斜。

中段从双鹿至清水乡，轴向由北东 47°～53°变化，该段长度 39km，背斜北西翼岩层倾角 12°～55°，南东翼倾角 46°～70°，局部倒转，轴面倾向北西，枢纽起伏不平。核部地层为二叠系，两翼为三叠系，北西翼有侏罗系出露。该段轴向较稳定，核部地层被断层破坏，形态为斜歪背斜。

北段从清水乡开始，向北跨越长江，经火焰山、摩天岭，过大宁河，至葱坪一带。轴向由北东 50°～75°变化，该段长约 120km，北西翼倾角 13°～50°，南东翼倾角 12°～40°，轴面倾向南东，枢纽起伏不平。核部地层为下三叠统，在瞿塘峡、沙金坪一带因河谷深切有二叠纪地层出露，两翼为中三叠统至侏罗系，褶皱形态为顶部开阔而两翼陡倾的箱状背斜（图 4-8）。在背斜两翼发育较多次级褶皱，以北西侧数量及规模均相对较大。

2. 巴东—利川复向斜

巴东—利川复向斜位于齐岳山背斜与建始—咸丰复背斜带之间，主要包括巫山向斜(28)、横石溪—云雾山背斜(29)、官渡河—利川复向斜等。向斜核部主要由三叠系及中、下侏罗系组成，另有少量晚古生代地层。褶皱主体为北东向，北部轴向常转为北东东向，具代表性的有巫山向斜和横石溪背斜，其他具体特征如表 4-5 所示。

巫山向斜(28)，为区域主干构造，南西端起于利川汪家营，北东延至巴东沿渡河于神农架背斜南西翼消失，长达 190km，宽 5～10 km，总体西南窄、北东宽，轴向北东 42°～51°～36°～

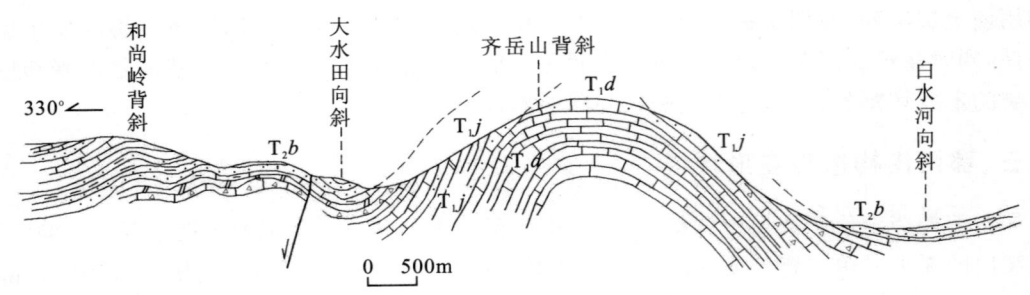

图 4-8 齐岳山背斜构造剖面

表 4-5 巴东—利川复向斜褶皱特征

编号	褶皱名称	规模(km) 长	规模(km) 宽	主要特征 核部地层	翼部地层	北西翼(°)	南东翼(°)	枢纽或轴迹	形态类型
30	官渡(徐家槽)向斜	52	1.5~2	T_1j—T_2b	T_1j	(165~170)∠(36~69)	(345~350)∠(45~66)	轴向北东75°~80°,轴面近于直立	紧闭向斜
31	神女峰背斜	55	2~3	T_1d—T_1j	T_1j	(345~350)∠(37~66)	(165~170)∠(35~53)	轴向北东75°~80°,轴面近于直立,枢纽向两端倾伏	直立开阔背斜
32	百福坪背斜	40	2~4	S_1s	D—T	(340~350)∠(45~60)局部倾角70~85	(150~170)∠(20~40)局部倾角70~85	走向80°,枢纽波状起伏,轴迹被三条北东向断裂斜切	箱状
60	猫儿梁背斜	47	3~4	P_2q—T_1d	T_1d—T_1j	(320~325)∠(30~55)	(140~145)∠(25~50)	轴向北东50°~55°,轴线呈S形,倾伏端开阔平缓,北西翼被断层破坏	直立开阔背斜
61	向东坪向斜	25	1.5~2	T_1j	T_1d	(135~140)∠(12~27)	(314~320)∠(16~30)	轴向北东47°,轴面扭曲,枢纽起伏	开阔向斜
62	鸡公岭背斜	55	4~5	D_2y—T_1d	T_1d—T_1j	(320~330)∠(5~20)	(140~150)∠(5~20)	轴向北东45°,背斜轴面近于直立,两翼对称。枢纽向两端倾伏	直立开阔背斜
63	沐抚背斜	31	3~5	P_2l—T_1d	T_1d	(300~310)∠(15~20)	(120~130)∠(15~20)	轴向北东43°~28°~45°形态呈对称背斜,轴线北端呈S形弯转,核部开阔,核部及两翼产状平缓	直立开阔背斜
65	金子山向斜	69	15~20	T_2b—J_2s	T_2b—T_1j	(300~330)∠(8~26)	(110~150)∠(10~62)	轴向北东30°~60°,向北东仰起消失。轴线向北西突起,轴面扭曲	箕状向斜
64	福宝山向斜	35	25	J_1z—J_2s	T_2b—T_3J_1x	(10~350)∠(14~18)	(170~180)∠(17~39)	轴向北东东80°~90°,北翼缓,南翼陡,枢纽与金子山向斜斜接,轴面倾向南	开阔平缓,斜歪背斜

65°，略向东偏转，从唐鸣至吐祥镇，轴线略向南西突出，呈不明显的S形，枢纽起伏不平。向斜内主要分布巴东组地层，在向斜中段见侏罗纪自流井组、新田沟组地层，上三叠统须家河组在向斜内零星分布，两翼由下三叠纪嘉陵江组地层组成。向斜北东段巫山一带次级褶皱发育，轴面略倾向北西或近于直立，两翼对称，核部产状平缓，倾角5°～15°，往两翼变陡，倾角35°～71°，形态为长轴直立褶曲。

横石溪背斜(33)：南西端起于李子坳南东约2km，至亮东槽西约5km，轴向北东60°，该点至桥头北西，轴向弯转为近南北，北东端插入秭归向斜西翼。轴向北东57°，轴线呈S形弯转。长度150km，宽5～8km。背斜核部除在巫山横石溪受长江切割出露了志留系—二叠系地层外，主要由大冶组、嘉陵江组地层组成，两翼为嘉陵江组。核部平缓开阔，两翼倾角急剧变陡，背斜形态呈箱状，北西翼倾角28°～68°，南东翼倾角20°～65°，横石溪一带局部倒转。枢纽起伏不平，南东翼伴有一系列平行背斜轴线的次级褶曲。

3. 建始—恩施复背斜

建始—恩施复背斜是建始—咸丰复背斜带北段在研究区内的出露部分，北东消失于秭归向斜西翼，南向延出图外，图内长约180km，总体走向北东40°～45°。背斜由北向南由长梁子—茶山背斜(35)、白果坝背斜(66)、因大集复向斜(47)、庆阳坝背斜(48)组成。褶皱轴呈斜列，褶皱形态不规则，轴迹不连续，多呈S或反S弧曲。背斜带南宽北窄，南部可达55km，北段仅为3～4km，背斜核部出露寒武系覃家庙组至志留系纱帽组，翼部则由晚古生代地层组成。背斜南端常发育分支褶皱。其主要褶皱特征如表4-6所示。

表4-6 建始—恩施复背斜褶皱特征

编号	褶皱名称	规模(km) 长	规模(km) 宽	主要特征 核部地层	翼部地层	北西翼(°)	南东翼(°)	枢纽或轴迹	形态类型
35	长梁子—茶山背斜	120	3～15	$\in_3 O_1 l-$$S_1 lr$	$S_1 s-$$T_1 d$	39～78	22～24	轴向北东48°向北转为北东60°，背斜核部受断裂切割，枢纽起伏不平，向北东倾伏	开阔歪扭背斜
66	白果坝背斜	图内55	12～18	$\in_3 q-$$S_1 lr$	$S_1 s-$$T_1 d$	7～60	12～48	轴向北东47°～60°，轴面倾向南东，背斜东段被白垩系红盆所截	开阔背斜
47	因大集复向斜	图内30	10～13	$T_1 d-$$T_1 j$	$S_1 s-$$T_1 d$	15～47	24～45	轴向北东45°～50°，轴面近于直立，中有一背斜，与主向斜构成复式向斜	开阔直立向斜
48	庆阳坝背斜	图内20	5～7	$O_1 n-$$S_1 lr$	$S_1 s-$$P_3 d$	24～33	27～38	轴向由北东45°转为北东25°，轴面直立，枢纽向北倾伏，背斜北端被白垩系红盆所截	开阔直立背斜

4. 红岩寺—宣恩复向斜

红岩寺—宣恩复向斜位于龙潭坪、红岩寺、白杨坪至宣恩一带，呈北东向斜穿整个测区，向南延出区外，区内长约150km，较宽处约20km，龙潭坪以北与东西向构造复合向东偏转而呈弧形弯曲，由多条规模不等的褶皱组成，较大的有白杨坪向斜(12)、客坊背斜(13)和红岩寺向斜(41)。

白杨坪向斜(12)：为一分支褶皱，区内长90余千米，平均宽约6km，西支呈鼻状仰起，核部为三叠纪嘉陵江组,倾角20°~35°,两翼由早三叠世大冶组—志留系组成,倾角30°~50°,局部达70°~80°。东支为主体,北起巫山县河渠,经鸭子塯、黄泥淌向南延出区外。核部为三叠纪嘉陵江组或巴东组,恩施七里坪东还保留晚三叠世—早侏罗世九里岗组和桐竹园组陆相盆地沉积,地层倾角20°~30°,局部近于水平。西翼为大冶组—志留系,倾角20°~40°;东翼为大冶组,倾角30°~60°,局部倒转,倾角70°左右。

客坊背斜(13):区内长约95km,宽3~6km,走向25°~40°,北东段轴迹略呈弧形弯曲,为紧密的线形褶皱,轴面倾向南东。核部一般以二叠系和三叠纪大冶组为主,北段李家湾—中坦坪最老,为志留纪罗惹坪组—石炭系,两翼为三叠系,北西翼地层产状(330°~340°)∠(60°~80°),北东端倒转,产状为140°∠(40°~80°),南东翼地层产状(120°~140°)∠(45°~70°),向外产状渐缓。近核部褶断,被中坦坪—丁坦坪断裂纵切,致使地层缺失。

红岩寺向斜(41):区内长约140km,宽5~10km,走向25°~40°,北东段轴迹因与早期褶皱复合而为北东或北东东向,宽度较大,发育分支小褶皱,向南收窄,转向北北东,呈弧形弯曲。主要由三叠系组成,核部为巴东组或嘉陵江组,因与东西向背斜叠加,龙潭坪一带出现泥盆系—石炭系;两翼为嘉陵江组和大冶组,北西翼地层倾向南东,倾角40°~60°,局部倒转,东翼较缓,倾角20°~40°,显示为略向东歪斜的不对称形态(图4-9)。

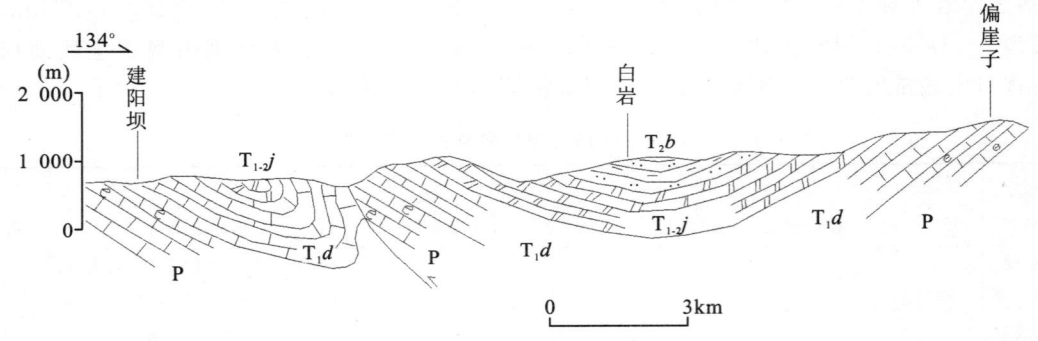

图4-9 红岩寺—宜恩复向斜带构造剖面

5.野三关—官店口复背斜

野三关—官店口复背斜由养长河背斜(42)、花坪向斜(43)、石马坝背斜(44)、支井河向斜(45)、前坪背斜(46)及清太坪向斜(47)等一系列平行排列的褶皱组成,总走向约北40°东,部分褶皱呈S形弧曲,褶皱带中部较宽,最宽达25km,向南收窄,具帚状形态。北段叠加改造早期东西向香龙山背斜,形成弯状构造及裙边褶皱。褶皱由古生界及三叠系组成,褶皱枢纽起伏较大,南北两端仰起,核部分别以晚古生代和早古生代地层为主,中段倾伏。地层产状大多较为平缓,轴面近直立,均为线状开阔褶皱。北段褶皱内发育大量北北东向的逆断层,对褶皱形态有一定影响。各褶皱具体特征如表4-7所示。

6.东西向构造带

研究区东部受南北向挤压应力场的作用,区内侏罗纪以前的地层发生大规模的褶断变形,形成了一系列北西西—东西向构造行迹,构造形迹以褶皱为主、断裂为辅,褶皱走向总体呈近东西向,北部呈北西西向,西段向南西方向偏转,为发生于基底之上沉积盖层中的薄皮式褶皱,一般不发育轴面劈理或仅发育微弱的破劈理。褶皱组合形式东部表现为背向斜相间呈连续的线状平行排列,背斜平缓开阔,向斜紧闭,呈箱状,南翼倒转,类似隔槽式组合;向西部及北部褶皱以似箱状短轴背斜和穹状短轴背斜为特色,南翼缓,北翼陡,与后期北北东向褶皱叠加改造有关。

表 4-7 野三关—官店口复背斜褶皱特征

编号	褶皱名称	规模(km)		主要特征					形态类型
		长	宽	核部地层	翼部地层	北西翼(°)	南东翼(°)	枢纽或轴迹	
38	龙潭坪背斜	14	2~4	纱帽组	泥盆系—三叠系	320∠(18~30)	(120~140)∠(10~30)	走向30°	平缓
42	养长河背斜	87	2~5	奥陶系志留系	志留系—三叠系	(320~340)∠(30~45)	(120~160)∠(30~80)	走向30°~45°,轴迹呈S形弯曲,核部发育纵向断裂	中常线状
43	花坪向斜	95	3~8	嘉陵江组大冶组	二叠系—奥陶系	(110~120)∠(10~40)	(290~310)∠(25~40)	走向30°~40°,核部发育纵向断裂	开阔
44	石马坝背斜	70	3~4	寒武系奥陶系	志留系—三叠系	(320~350)∠(10~45)	(120~170)∠(15~35)	走向15°~45°,轴迹略呈S形弯曲,并被北东向断裂斜切	开阔线状
45	支井河向斜	92	2~5	嘉陵江组大冶组	二叠系—寒武系	(120~170)∠(15~35)	(310~350)∠(10~40)	走向20°~60°,轴迹中段呈S形弯曲,并被北东向断裂斜切,北东端被东西向断裂横切	开阔线状
46	前坪背斜	132	3~7	寒武系奥陶系志留系	泥盆系—三叠系	(280~310)∠(10~40)	(100~120)∠(20~45)	走向30°,轴迹呈弧形弯曲,北东段和南西段向北西突出,中段向南西突出,发育纵向断裂	开阔—中常
47	清太坪向斜	65	3~7	嘉陵江组大冶组	二叠系—奥陶系	(110~130)∠(15~20)	(260~290)∠(20~30)	走向30°,轴迹略呈S形弯曲	开阔
48	云台荒向斜	35	3~7	大冶组	二叠系—志留系	(90~120)∠(25~35)	(280~310)∠(20~35)	走向15°,轴迹略向南东突起的弧形。发育横、纵向断裂	开阔
72	太山庙背斜	33	4~10	志留系	泥盆系—二叠系	(330~350)∠(40~70)	(110~160)∠(5~25)	走向5°~60°,轴迹呈向北西突起的弧形	斜歪
73	罗川岩向斜	35	4~7	大冶组	二叠系—志留系	(150~170)∠(15~60)	(330~350)∠(40~60)局部倒转150∠(50~70)	走向40°,轴迹北东端呈向北西突起的弧形	中常不对称

东西向褶皱由于受后期北东—北北东向构造的改造,褶皱西端与北东向褶皱过渡带呈S形展布,北部形成一系列向北东方向偏转的短轴背斜或穹隆,测区北缘两期褶皱向斜交汇处形成秭归盆地,褶皱带东南部受后期褶皱改造作用减弱。此外后期北北西、北北东向脆性断裂对东西向褶皱也有一定的干扰,局部因断裂切割而支离破碎。

香龙山—五龙背斜(40)沿龙潭坪、磨坪、五龙一带展布,最西达建始县长梁子北,向西褶皱行迹逐渐隐没,东端被仙女山断裂截断,长约百千米。由于后期北东向褶皱斜跨改造,在两组褶皱背斜交汇处形成穹状构造,该背斜实际上由一系列呈东西向排列的短轴状背斜构成,自西向东规模较大的背斜有龙潭坪背斜、香龙山背斜和五龙背斜。

香龙山背斜长约35km,西宽东窄,在11~22km,长宽比小于等于3,为短轴似箱状背斜。

核部由寒武纪—早奥陶世地层组成,产状平缓,除局部受断裂影响可达30°外,一般在7°～15°;翼部由晚奥陶世地层—三叠纪大冶组组成,倾角一般在20°～25°,局部达50°,南翼缓,北翼略陡。受后期北北东褶皱改造向周缘缓倾,发育一系列裙边褶皱。

五龙背斜长约11km,长宽相近,核部形成穹状隆起,穹起高点连线呈北北东向,系被其叠加的典型横跨穹状褶皱。核部出露奥陶纪地层,产状平缓,倾角10°～15°;翼部由志留纪地层—三叠纪大冶组组成,向周缘缓倾,南翼倾角在34°～50°,北翼产状近直立,局部倒转。

长阳复背斜(79):区域上位于杨柳池、榔坪至长阳一带,榔坪以东呈北西西向展布,榔坪以西转为北东向,长约90km。除了长阳背斜外,较具规模的次级褶皱还有中地坪向斜(78)、古城背斜(80)、马连坪向斜(81)等。复背斜南北两翼分别受区域性的大断裂松园坪断裂和天阳坪断裂纵切,北接黄陵断穹,南连马鞍山复向斜,在青林口—都镇湾一带被仙女山断裂斜切而分为东西两段,总体形态开阔,保存较为完整(图4-10)。

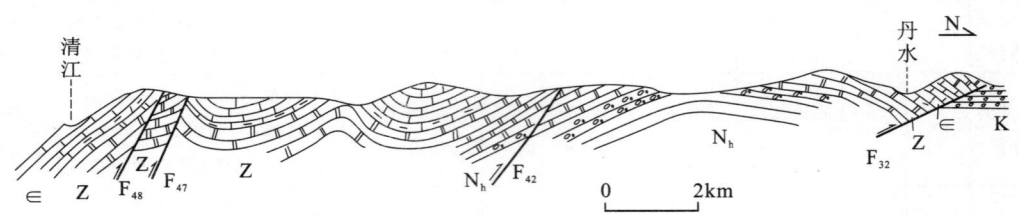

图4-10　长阳复式背斜构造剖面

长阳背斜东段核部出露南华系—震旦系,两翼由寒武系—二叠系组成。核部开阔,岩层平缓,倾角15°左右,呈波状起伏,多次级褶皱。与小型褶皱伴生的还有一组小规模的逆断层。这套小型褶皱和小型逆断层控制了铅锌、汞矿化,如何家坪铅锌矿、王家湾铅锌矿、流溪汞矿及七丘铅锌汞矿化。背斜北翼局部倒转,倒转褶曲反复出现,伴随有逆断层、冲断层及叠瓦式构造发生。由于这些褶曲和断层的影响,部分地层多次重复出现,岩层产状混乱,倾角自东向西由陡变缓,由80°降至40°,再向西甚至降至10°以下。背斜南翼的构造仙女山断裂以西,背斜渐变狭窄、紧密,平均宽10km左右,而总体上仍似宽展型形态。核部由寒武系组成,且地层层序依次向西倾没,呈尖棱状封闭,倾角20°～30°,局部为15°。两翼由志留系—三叠系组成,倾角30°～50°。于鸟上岭山—贺家坪之间,沿轴面发生扭曲,北翼陡(倾角40°～60°),南翼缓(倾角30°～45°),向北斜歪;贺家坪—溜沙口一线,则其北翼较缓,而南翼较陡,向南斜歪,这种变化即是后期褶皱叠加作用的显现。继续向西至榔坪,受后期褶皱叠加改造强烈,整体转为北北东向。

其他各褶皱具体特征如表4-8所示。

(二)断裂构造

鄂西南构造带中主要断裂在规模、方向配置及发展历史等方面有很大差异,与其所在构造单元相适应。主要断裂有鄂西南断裂带、仙女山断裂带、远安断裂带等。这些断裂的性质、规模和活动性各不相同,其中仙女山断裂规模较大,对本区地质发展和地震活动起着重要控制作用,与库首区构造变形和地震活动有一定的生成联系,小震较多,偶尔有中强震发生。

表 4-8 东西向褶皱构造特征

编号	褶皱名称	规模(km) 长	规模(km) 宽	核部地层	翼部地层	主要特征 北西翼(°)	主要特征 南东翼(°)	主要特征 枢纽或轴迹	形态类型
49	九岩头向斜	17	4~7	大冶组	二叠系-志留系	(140~160) ∠(20~60)	(300~350) ∠(15~25)	走向15°~60°,轴迹呈向南东突起的弧形	开阔
50	包家背斜	30	2~7	娄山关组奥陶系	志留系-三叠纪大冶组	(340~5) ∠(14~17)	175 ∠(18~25)	轴面近直立,枢纽波状起伏,轴迹东西两端分别为北西向、北东向断裂控制	开阔直立
75	蛇口山向斜	55	4~8	嘉陵江组大冶组	二叠系-志留系	(130~170) ∠(35~65)	(310~340) ∠(30~75)	走向10°~40°,轴迹呈向南东突起的弧形	中常-紧闭
76	水井河背斜	90	3~10	奥陶系罗惹坪组纱帽组	志留系-三叠纪大冶组	(310~350) ∠(30~50)	170 ∠(15~40)	走向40°~70°,轴迹呈向北突起的弧形,西段向南西偏转	线状
78	中地坪向斜	35	4~8	大冶组	二叠系-奥陶系	(160~180) ∠(20~40)	350 ∠(25~50)	走向70°~110°,轴迹略呈弧形,向北突出,东端由仙女山断裂控制,西端被北东向断裂斜切	开阔
82	渡口坳向斜	40	2~7	大冶组	二叠系-奥陶系	(170~190) ∠(30~40)	(15~350) ∠(20~40)	走向70°~105°,东端略向北突起	开阔
80	古城背斜	32	5~7	南华系	震旦系-寒武系	倒转(205~210) ∠(55~75)	(190~210) ∠(20~40)	走向110°,东端被北东东向断裂斜切。轴面南倾,倾角50°~60°	中常倒转
81	马连坪向斜	60	3~10	二叠系三叠系	志留系-二叠系	(200~220) ∠(10~20)	(10~350) ∠(10~60)	总体走向北西,向东枢纽仰起,轴面近直立。被北北西向断裂切割,呈右行错移,西段分为两支,北支仍作近东西向延伸,但南支则呈北东东向	宽缓对称向斜
83	狮子垴向斜	90	3~10	嘉陵江组大冶组	三叠系-奥陶系	(120~170) ∠(20~30)	(300~350) ∠(25~45)	走向20°~70°,枢纽波状起伏。西段被北北东向断裂斜切,并且呈北西突出的弧形	开阔
77	大安场向斜	26	4~6	嘉陵江组	大冶组	115∠(30~65) 局部倒转	290 ∠(35~50)	走向15°~50°,呈向北西突出的弧形	斜歪紧闭
84	太坪庄背斜	40	3~6	娄山关组南津关组	奥陶系-三叠系	350 ∠(35~45)	170 ∠(35~60)	走向70°,西端被北北东向断裂斜切	中常线状
85	马棚岭向斜	45	4~10	大冶组	二叠系-奥陶系	(170~180) ∠45	350 ∠(35~45)	走向65°,西端略呈S形弯曲,向斜东端仰起,枢纽倾向220°	中常直立
86	长乐坪背斜	45	5~10	娄山关组南津关组	寒武系-奥陶系	(25~330) ∠(15~45)	(150~200) ∠(10~35)	走向75°~105°,核部常发育密集的棱形网状节理群以及二次纵张断裂和压性或压扭性断裂的组合体。东端被仙女山断裂截切,右行错移	箱状背斜
87	壶瓶山向斜	20	6~8	茅口组栖霞组	二叠系-志留系	180 ∠(30~40)	0 ∠(30~40)	走向75°	开阔直立

续表 4-8

编号	褶皱名称	规模(km)		主要特征					形态类型
		长	宽	核部地层	翼部地层	北西翼(°)	南东翼(°)	枢纽或轴迹	
88	湾潭镇背斜	36	5～13	牛蹄塘组石牌组	寒武系—二叠系	345 ∠(20～30)	(160～175) ∠(25～35)	走向60°～85°,轴迹呈向北西突起的弧形	开阔对称
89	仁和坪向斜	85	4～20	大冶组嘉陵江组	志留系—二叠系	(170～190) ∠(10～20)	(10～350) ∠(10～60)	走向近东西,轴面略向南倾,核部紧闭,向两翼展开。向斜东端受密集的南北向断层破坏,地层凌乱,轴线错动,致使轴向略有改变	宽缓斜歪向斜
33	秭归向斜	45	13～32	上侏罗统	侏罗系	该向斜槽部产状舒缓,一般小于20°,翼部产状变陡,多在30°～40°,局部可达60°～70°		主体由三叠系和侏罗系构成,处于三组不同方向构造线交汇位置,其东部是北北东向的黄陵背斜,北部毗邻大巴山弧形褶皱带的边缘地区,南部是恩施北东、北东东向的弧形褶皱带	
34	黄陵背斜	75	10～50	黄陵花岗岩	南华系—寒武系	两翼不对称,东翼平缓,地层倾角小于15°,西翼地层产状变陡,倾角大于30°		被仙女山断裂、天阳坪断裂和新华断裂围割。背斜的轴向为北北东向,长轴长度是短轴的2倍。其核部由崆岭群和花岗岩侵入体构成	

仙女山断裂总体呈北北西向,北始秭归县荒口,斜切长阳背斜,南止五峰县渔洋关,长近百千米。断面倾向南西,是一条力学性质极为复杂的断裂。该断裂实为一系列雁行状断层组成的断裂带,断层线平直,具直线深切沟谷地貌。断面平整,具东侧相对南移、水平断距和垂直断距均小的特点,表明它是从顺扭剪切型断裂基础上发展起来的。断裂错断三叠系和控制了仙女山断陷盆地的发育,表明中期的张扭性活动大约发生在白垩纪初期。晚期断裂力学性质发生改变,表现为压扭性活动,形成一套糜棱岩带穿插于张性角砾岩带之中,且切割白垩纪砂岩,形成斜冲断层。沿断层两侧地貌景观、水系特征和两侧河流阶地性质有明显差异,断层崖、河流裂点发育,岩崩现象普遍。从新近纪山原期剥夷面形成以来,垂直断距最大地段达百米。北段东盘上升强烈。断裂错动方式主要为张扭性的倾向滑动型。历史上曾多次发生地震,最大震级为5.2级。

其他主要断裂的特征如表4-9所示。

(三)鄂西南构造带构造样式与形成时间

1. 总体样式及形成时间

该构造带褶皱构造样式以典型的隔槽式褶皱为主,即尖棱向斜＋宽缓箱状背斜组合。背斜核部通常出露下古生界,向斜核部则为上古生界至三叠系。背斜宽度往往是向斜的2～3倍,表现为宽背斜、窄向斜的隔槽式褶皱特征(图4-11)。野外观察表明,背斜顶部地层平缓,多显示箱状背斜特征。大多数背斜核部地层产状极其平缓,倾角可低至10°左右。而在大型复背斜的翼部地层急剧变陡,或倾向相反,这种陡变带下部往往是逆冲断层的存在部位。在隔

表 4-9 主要断裂特征一览

编号	断裂名称	位置	规模(km)	断面产状	主要特征	性质
F_{47}	建始断层	恩施九根树，建始业州镇至天生一线	55	南段呈北东向，向北转为北北东向	东西分割寒武系—奥陶系与志留系—二叠系，并控制了建始盆地的西部边界。沿断层发育宽窄不等寒陶系与志留系角砾岩带，一般宽约20m，最宽处（马家坪）达250m，主要由棱角状断层角砾岩组成。角砾大小悬殊，小者成块状体出现，大者成块体约5～7m，均为细碎屑物质胶结，并见大量方解石脉穿插、脉体纵横交织、杂乱无序。也常见有挤压透镜体、挤压劈理带、大量与断裂平行的剪切裂隙等特征，同时性也见重被后期张性活动改造为断层角砾岩带	多期活动，新构造时期仍有活动
F_{79}	天阳坪断层	天阳坪，高家堰至红花套	60	倾向南西，倾角30~60°	断裂西段发育于早古生代地层中，见宽100～1500m不等的断裂带，由数条断层分支复合而成，各主断层倾角逐渐增大，从30向60°变化。断面倾角缓，前缘倾角缓，呈现出寒武系组成，东段纵切于白垩系与志留系前白垩系之间，主要由两条大致平行相距很近形成的叠瓦状冲断带组成。发育较宽的碎粒岩、碎粉岩、构造角砾岩等组成，断层上组断面倾向南东呈叠瓦状或重复，型紧密倒转褶皱及两组剪切节理，具明显剪斜复部分地段，带内常由断层泥、构造透镜体组成，经剖面上呈叠瓦状。断裂走向呈舒缓波状，张节理及两组剪切节理，具明显剪齿"飞来峰"构造。断层走向呈舒缓波状，小断层组成宽1~2km的断裂带，在铜宝山以西，横剖面上呈叠瓦状，破碎带由碎粒岩、碎粉岩组成，下盘白垩系砾岩受挤压而产生一系列小的张节理及两组剪切节理，具明显剪齿斜多的张节理及两组剪切节理，自西向东逐渐变陡至彭家口一带为40°左右，更东则可达70°	断层具多期活动特性，也见有挤压特点，晚期仍有活动
F_{52}	周家湾断层	巴东县茶店子镇小杆旗一周家湾一带	11	345°∠(70°~75°)	见宽5～20m破碎带，带内碎粒大小混杂。两盘岩层揉皱，断面见擦痕和挤压透镜体，地层左旋错位。断裂具多期活动，以张性为主	正断层
F_{65}	黄泥巴滩断层	秭归县黄泥巴滩一石槽坪	12	(20°~355°)∠(80°~85°)	发育宽10~20m的断层破碎带，断层两侧地层产状不一致，并有地层缺失	正断层
F_{58}	大岩口断层	秭归县南庄坪一陆茶园一鼓锣坪	20	(350°~10°)∠(45°~80°)，局部185°∠50°	断裂呈波状弯曲，切割了寒武纪—志留纪地层，本身又被北西、北北东向断层穿切破坏。破碎带宽40~70m，最窄处7~10m，主要由角砾岩组成，可见挤压透镜体、劈理化带、直立岩层反复。该带、牵引褶皱和角砾岩带，沿断裂常致地层缺失与重复。具逆冲推覆特点；晚期断裂具有两期活动：早期活动的强烈，断面南东倾，为压性；晚期断裂常致地层缺失与重复。具逆冲推覆特点；晚期断面北倾，属张扭性	早期逆断层，晚期正断层

续表 4-9

编号	断裂名称	位置	规模(km)	断面产状	主要特征	性质
F71	水槽口断层	秭归县水田湾—板桥河	9	40°∠75°	断层两盘地层沿走向不连续，岩石破碎。断层通过处均为陡崖，陡崖上方坪台见宽约30cm裂缝，裂缝深2～5m，有雨水渗入，延伸方向为北西—南东向，长约220m，为一危岩体	正断层
F85	转转河断层	猫儿梁背斜北翼	23	(320°～330°)∠75°	南东盘缺失部分上二叠统、北西盘大冶组顶部，断距约80m	逆断层
F90	猫儿坪断层	茶山背斜南东翼	19	(300°～315°)∠(50°～60°)	断层往北西延出图幅，止于也堡镇以北的志留系，缺失部分奥陶系，两盘伴有与断层斜交的小断层	正断层
F88	石门断层	白果坝背斜北西翼	32	倾向北西，倾角约80°	北西盘下二叠统硅质岩同南东统下志留统马溪组页岩接触。地层断距最大达900m，破碎带宽约30m，形成负地形，常见棱角状角砾岩、硅质岩灰岩等，并被钙质胶结	正断层
F94	枪杆堡断层	梅子坪—小龙潭一带	45	走向北东，倾向南东	造成二叠系、三叠系各组走向不连续，北段从朱砂溪至白垩系与下伏的三叠系各组的地质界线	逆断层
F53	百福坪断层	巴东县百福坪一带	>8	290°∠75°	断裂北端延至石炭纪地层外，断裂具破碎带，带内岩石破碎、北西侧与南东侧地层不一致，北西侧志留—石炭纪地层直接与南东侧二叠纪地层接触，断层面呈锯齿状	逆断层
F13	归坪河断层	秭归县梅子垭—归坪河一带	>11	120°∠(52°～70°)	北东端延至影像区外。发育宽约300m的断裂破碎带，带内岩石破碎、构造岩、断层泥发育，南东盘地层向北东移动，地层在走向上不连续，北西向线性影像清晰	正断层
F68	九湾溪断层	秭归县新滩东侧4km	>28	(70°～90°)∠(60°～80°)	北端延至至寒武系—志留系，断裂旁侧出现次级断裂，拖曳褶皱发育，断裂走向逆时针错动。在龙马电站见宽约20m的由白云岩组成的破碎带，带内发育角砾岩、断层泥、挤压透镜体和片理构造	逆断层
F49	金狮村断层	建始县朝阳坪—金狮村	22	(300°～350°)∠(55°～80°)	断裂自金狮村向西1km处由断层角砾岩、角砾棱角分明、大小混杂，断面可见嘉陵江组地层，指示上盘下降	正断层
F48	黄池塘断层	巫山县黄池塘—尖山子	9	140°∠68°	该断裂为长槽断裂之分叉断裂，斜切三叠纪大冶组和嘉陵江组地层，断层两侧岩石破碎、劈理化、具强烈扭曲，并可见宽5～20m的断层破碎带，带内发育构造角砾岩	早期逆断层，晚期正断层
F50	长槽断层	巫山县长槽—三家堂	10	(140°～160°)∠55°	断层破碎带宽50m，带内岩石混杂，见角砾岩、角砾岩、膝折背斜产状80°∠18°，在长槽处还可见断裂加宽并出现宽约三级的坎倾的次级断面。处伴有地下水涌出，两翼岩层发生揉皱，断裂附近被方解石脉充填	早期逆断层，晚期正断层

续表 4-9

编号	断裂名称	位置	规模(km)	断面产状	主要特征	性质
F54	龙潭坪断层	建始县龙潭坪－锦衣	17	北段 295°∠80° 南段 90°∠65°	断层破碎带宽 15～160m，带内张性角砾岩，方解石脉发育，局部地段见有挤压透镜体和片理化带	早期正断层 晚期逆断层
F55	陈家湾断层	巴东县腰牌－陈家湾－车心娅	10	165°∠（25°～54°）	见明显的波状断面，下盘为灰泥岩，地层产状：160°∠15°；上盘为砂屑灰岩，地层产状：42°∠34°，岩石破碎	正断层
F59	长冲沟断层	秭归县长冲沟－赵家坡	22	（330°～350°）∠（75°～80°）	破碎带宽 7～15m，局部达 40m，主要由一系列北东向扭裂面，挤压透镜体和节理密集带组成，断面略显波状，其上可见斜冲擦痕，指示上盘向上斜冲。两侧岩层中常见牵引褶皱，地层明显左行错移，错距 130～200m。断裂呈现南强北弱特点	逆冲平移断层
F60	皮家沟断层	秭归县大磨坪－巴东县皮家沟	23	335°（55°～75°），150°（40°～60°）	发育宽 10～200m 断层挤压带，具挤压劈理和挤压透镜体、岩石破碎，方解石发育，两侧岩层常见牵引褶皱。断层成波状，见斜冲擦痕，地层明显左行错开。断裂明显左行滑性为主	逆冲平移断层
F62	段家山断层	秭归县石坪－段家山－大坪	11	330°∠80°	发育宽 10～50m 的破碎带，由挤压片理带、碎裂岩挤压透镜层及节理密集带组成。见奥陶纪地层与志留纪地层接触，方解石脉发育，局部见构造角砾岩，水平断距约 500m	逆平移断层
F64	野兰坪断层	秭归县珍珠观－野兰坪	14	150°∠80°	岩石破碎，具片理化和透镜体，常造成地层的重复或缺失	正断层
F61	石坪河断层	秭归县吴家槽－石坪河－巴东县野三关	29	（290°～320°）∠（65°～75°）局部反倾	断裂略呈弧形，常见破碎、碎裂。发育宽 10～20m 断层破碎带，主要由片理化带、节理密集带组成，常见构造角砾岩、碳酸岩化强烈，沿断裂方解石脉发育，并可见有张性方解石脉穿切挤压透镜体现象。该断裂具两期活动，早期压（扭）性，晚期张（扭）性	早期逆断层，晚期正断层
F63	苏家坪断层	秭归县教场坝－巴东苏家湾	31	（95°～125°）∠（50°～70°）	断裂破碎，破碎带宽 20～40m，见挤压劈理，构造透镜体及岩层活动成的方解石脉。断裂以压扭性为主，早期具张性	逆断层
F77	降马溪断层	长阳县降马溪－盐池河	16	（280°～325°）∠（60°～75°）	断裂破碎带宽 20～30m，主要由挤压片理化发育，构造透镜体及岩层明显方向扭动组成（南东盘北移），错距 500～700m	左行平移断层
F78	园门山断层	长阳县龙潭荒－宋家荒	8	（280°～325°）∠80°	岩石破碎，岩层产状异常，具石片状影像。断层三角面、线形影像清晰明显，岩层左旋错移	左行平移断层
F56	大头河断层	巴东县大坪－大头河－白湖龙	19	165°∠（40°～68°）	断层破碎带宽 30m，具硅化和方解石化。破碎带内见断层角砾岩、角砾大小一般 1～2cm，棱角状，被方解石胶结，断面上见擦痕。局部见挤压透镜及透镜体为张性；晚期具压扭性	断裂早期为正断层

续表 4-9

编号	断裂名称	位置	规模(km)	断面产状	主要特征	性质
F_{76}	马狼口断层	巴东县水洞坪—马狼口—建始县连三溪	40	120°∠(55°~70°),局部300°∠55°	发育5~30m宽的断层破碎带,带内岩石破碎,成地层缺失,沿断裂有上升泉分布。在断裂北段见20~30m宽的断层角砾岩,方解石脉充填胶结,岩层产状混乱。断裂以压性为主,后期具张性特征	逆断层
F_{57}	中坝断层	巴东县十字坪—药惠垭	8	300°∠65°	断层南盘具明显的断面。断面顺山坡倾向,有断层三角面。断面具断层擦痕,阶步。断层面均为浅灰色白云岩角砾岩,两侧地层产状有差异,北西盘为115°∠30°,南东盘为300°∠45°,沿断层为一直线状负地形	逆断层
F_{100}	里三垴断层	建始县朝阳坪—里三垴—柴龙坪	24	165°∠35°, 315°∠55°	断层破碎带宽30~50m,岩石硅化、方解石化,发育断层角砾岩,角砾成分为灰泥岩、硅质岩及缝合线核,角砾呈棱角状、浑圆状,钙泥质胶结。断层两侧地层产状变化大,北盘产状为165°∠63°,南盘产状近直立(170°∠87°)。断裂早期为压性,晚期具张性,晚期以压扭性为主	逆断层
F_{105}	李家台断层	长阳县栽家冲—长河溪	11	285°∠75°	位于长阳背斜南段,见宽约2~5m构造角砾岩带,北东向节理密集发育	逆断层
F_{113}	狮子口断层	五峰县刘家田—沙河	17	(150°~165°)∠(60°~65°)	断裂呈弧形弯曲,断裂两侧地层沿走向不连续,岩石产状紊乱,岩石破碎,地貌上为断壁和断谷,航片上具明显线性构造	逆断层
F_{99}	黄村断层	恩施市中五倘—黄村—盘龙溪	27	288°∠55°, 305°∠50°	断裂切割志留纪—二叠纪地层,受断裂影响两侧地层常不连续,断裂走向与褶皱构造轴线平行。断裂北盘岩石破碎,钙泥质胶结,扭曲和断谷,航片上具有斜列的擦痕。胶结物为钙质。断裂早期为张性,晚期以压性为主	逆断层
F_{109}	刘家包断层	建始县黑水井—龚家垭	32	120°∠(55°~60°)	断裂多期活动。早期为张性,在断裂北段见角砾岩、角砾大小不等。成分复杂,排列无序,角砾呈棱角状,钙质胶结,晚期见于中南段,发育挤压劈理带或断层构造透镜体,扭曲面可见斜冲擦痕,主要见于中南段,发育挤压片理,指示东盘向北斜冲	早期正断层,晚期逆断层
F_{114}	长茂司断层	五峰县采花台—宋家湾	27	(290°~310°)∠(5°~65°)	断裂破碎带宽20~30m,带内发育密集的节理,将岩石切割成大小不等的构造透镜体,主要面呈波状,并可见斜裂擦痕及水平擦痕,指示北西盘向北斜冲。断层旁边岩石具硅化,造成地层不同程度的缺失	逆断层
F_{135}	清水湾断层	五峰县墩岩—管庄坪	16	(90°~120°)∠78°	断裂呈波状弯曲,两侧地层不连续,岩石破碎、揉皱,岩石常具硅化、纱帽组砂岩直立擦痕。断面上常见有薄层方解石。二叠纪牧岩受断层应力影响产生褶曲	逆断层

第四章 地质构造

续表 4-9

编号	断裂名称	位置	规模（km）	断面产状	主 要 特 征	性质
F_{111}	大坪断层	建始县雷家村—由拉子	11	320°∠52°	断裂处岩石破碎，见硅化、榛棱岩现象，构造透镜体发育，并有宽约2m的挤压劈理带	逆断层
F_{115}	唐家坪断层	鹤峰县大水沟—龚家包	>18	(135°～160°)∠(65°～68°)	断层南西端延至区外。见娄山关组同纱帽组同粉砂岩、页岩呈断层接触，断裂处发育宽约40m的断层强烈破碎、岩石强烈破碎带，带内见大量构造镜体、透镜体与断裂方向近于平行。页岩中见断层片理密集带，砂岩中见破劈理、硅化等现象	逆断层
F_{116}	洪跃坪断层	鹤峰县野茶坪—洪家山	12	150°∠(55°～75°)	发育宽10～50m的断层破碎带，带内见构造透镜体、碎裂岩、碎粉岩、岩石硅化和榛棱岩化，挤压劈理发育，断层面较平直	逆断层
F_{69}	郑家田断层	秭归县新滩北东大树垭—安场坪一线	9	40°∠70°	断裂破碎带宽约5～10m，带内见挤压破碎构造岩、石牌组之页岩、粉砂岩极为破碎。地层在走向上不相连。断层北西东盘向南东方向位移错动，相对南西盘往北西方向错移，断距50～100m，航片上具明显线状影像	逆断层
F_{129}	渔洋关断层	沙土垭、茶园坪、渔洋关至毛湖淌	60	断面倾南南西，倾角40°～60°，西段倾角增大，在70°左右	断裂纵切早古生代地层，局部由若干平行的逆断层组成叠瓦状构造，并造成不同层位的地层缺失或重复。带内常见断层角砾岩、断层泥、劈理化带、挤压透镜体泥、片状构造带，沿构造带分布。部分呈劈理化带，胶结紧密。面理倾向170°，倾角60°～75°，多循方解石细脉纵横交错，异常发育。断裂局部早期挤压破碎或断带叠加宽约20m的张性角砾岩带，其边界呈锯齿状、角砾呈棱角状或次棱角状大小混杂、排列无序。断裂面上见擦痕和阶步，指示南盘向东扭动	早期为压性，中期为张性，晚期具张扭性

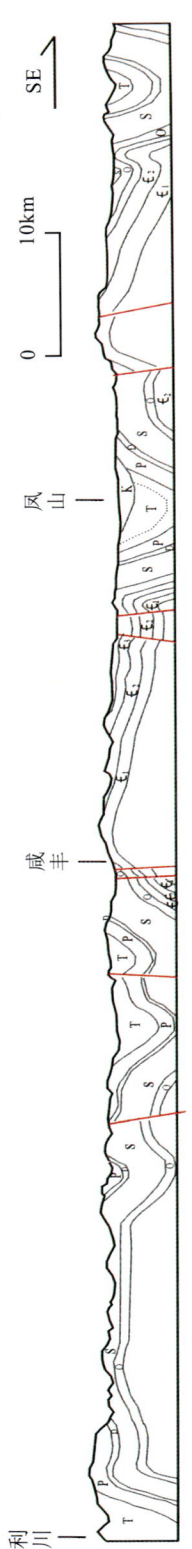

图4-11 鄂西南构造带构造样式

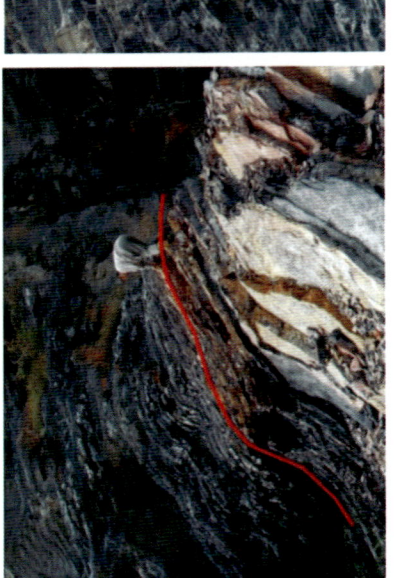

(1) 大冶组内部发育的箱状褶皱　(2) 背斜南翼发育的膝折构造　(3) 层间褶皱

图4-12 左铺托背斜构造特征

槽式褶皱带的中部与南部,即主体部分,出露断层的主要逆冲方向为指向北西,造成这两期褶皱形成的动力应来自南东或南南东。该褶皱带以向北西突出的弧形展布,支持动力同样来自南东,形成时间应该属于印支期。

在巴东县南部的左辑托背斜和谢家包背斜核部整体形态表现为箱形,其南东翼地层的突然变陡处发生了次级的尖棱褶皱或发育成逆冲断层,形成突破性断裂,其核部能干性较差的地层发生了强烈的次级层间褶皱(图4-12)。又如奉节南二叠系灰岩内北东向刘家田箱状背斜,核部显示为典型的箱状。由这些背斜的总体特征,推测这种隔槽式的形成可能与滑脱作用及滑脱逆冲断层以断坪向断坡扩展逆冲作用密切相关。由于宽缓背斜主要在下古生界地层构成,隔槽式褶皱带的滑脱面应该位于震旦系内部或底部,相比川东褶皱带主体滑脱层变深。

作为川东褶皱带与鄂西南构造带分界线的齐岳山背斜和齐岳山断裂,其形成过程和机理与不同构造带主滑脱层的深度相关。鄂西南构造带滑脱层位于盖层构造的底界面附近,川东构造带主滑脱层位于志留系底界面附近,深部滑脱面造成浅部主滑面反向逆冲,形成断层面西倾的断层相关褶皱(齐岳山背斜和齐岳山断裂的局部形态特征);深部滑脱构造直接逆冲出露地表,形成断层面东倾的断层相关褶皱,造成齐岳山

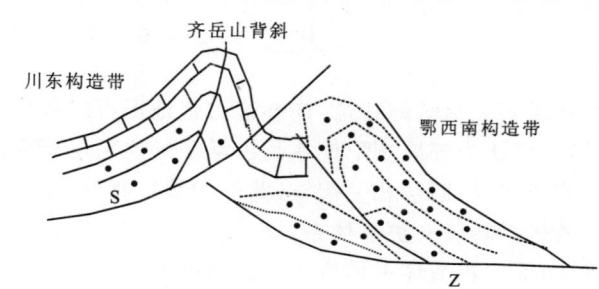

图4-13 齐岳山背斜及断裂形成机理

断裂产状多变,齐岳山褶皱陡缓翼同样发生变化(图4-13)。也就是说齐岳山断裂不仅具有较强的走滑属性,同时在空间上也不是连续的,具有断续分布的分段特征。

2. 黄陵背斜、秭归向斜形成机理及时间

黄陵背斜位于鄂西南构造带和江汉断坳分界带上,深部构造对应于研究区重力梯度带之上。背斜西边为秭归向斜、东边为当阳向斜,三者轴向互相平行,方向近南北向,该地区侏罗系地层只分布于黄陵背斜两翼的秭归向斜和当阳向斜中,成因关系明确。黄陵背斜核心部分由前震旦系结晶岩系组成,两翼表现为西陡东缓特点。卷入褶皱的地层可以分为褶皱前期构造层和生长构造层,生长构造层的识别对确定黄陵背斜的形成时间意义重大。

秭归向斜周边分布有三叠系,三叠系展布方向为近东西向,并没有受到秭归向斜控制,相反侏罗系分布严格受到秭归盆地限制,表明秭归盆地应该形成于侏罗纪时期。从秭归盆地充填特征分析,该盆地具有前陆盆地充填特征。

首先,岩层产状由山前向盆地内部逐渐变缓,地层厚度表现为薄—厚的特征,整体上由一大套细—粗旋回组成;其次,地层在垂向上具有逐渐变厚再减薄的特点,反映出秭归向斜的沉降速度与沉积速度的相互关系,沉降最快时期为沙溪庙组沉积时期;再次,秭归盆地初期具有轴向水系发育,后期主要变现为横向水系特征(渠洪杰等,2009)。古水流方向的变迁反映出黄陵背斜隆起程度的变化,黄陵背斜抬升成为剥蚀区的时间与秭归向斜沉降最快时间基本吻合。古水流方向改变基本在中侏罗世晚期,与秭归盆地沉积最厚时期相对应(图4-14)。

由此可见秭归盆地的形成与黄陵背斜的隆起存在密切的关系,通过前人研究也表明秭归盆地与当阳盆地侏罗系沉积特征具有一定的可比性。

黄陵背斜的不对称性特征(或局部箱状特征)以及区域地质特征分析研究表明,黄陵背斜

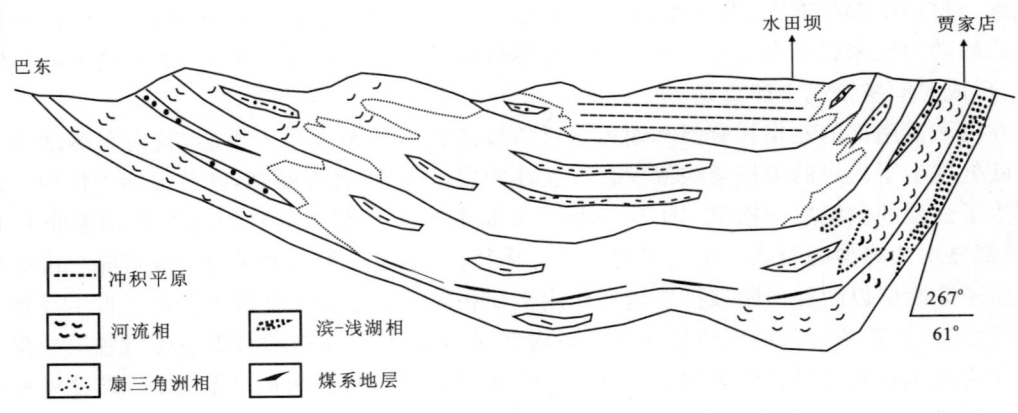

图 4-14 秭归盆地充填模式及岩层产状变化

具有断层相关褶皱的特征,逆冲造山带地形可以提供一复杂的物源背景与沉积物之间的扩散体系,一般认为碎屑楔形体系是由活动的逆断层所形成,沉积物的扩展方向可以与构造迁移方向一致或相反,断层相关褶皱(此处为黄陵背斜)形成地貌高,形成两种沉积物扩散方向,即同向扩散体系和反向扩散体系。同向扩散体系形成前陆盆地主体构造层,也就是秭归向斜沉积楔状体;反向扩散体系形成当阳向斜侏罗系沉积体系,隶属于山间盆地。黄陵背斜隆升过程控制了其两侧沉积格架的形成。黄陵背斜、秭归向斜、当阳向斜形成机理如图 4-15 所示,从图中可以看出黄陵背斜、秭归向斜、当阳向斜三位一体的关系。

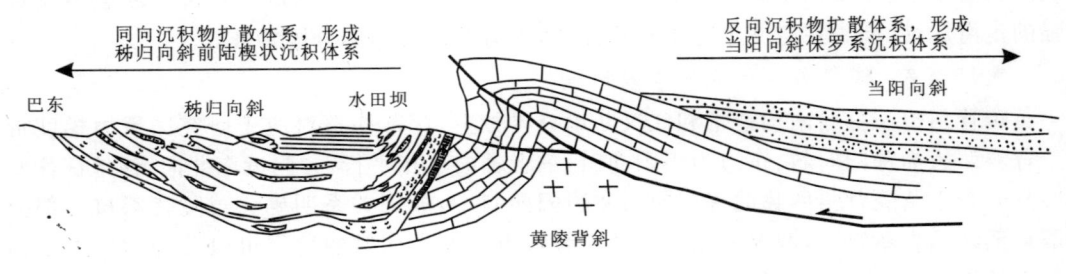

图 4-15 黄陵背斜、秭归向斜、当阳向斜形成机理

3. 仙女山断裂形成机理以及形成时间

仙女山断裂位于黄陵背斜西南,向北消失于秭归向斜,向南与都镇湾断裂相连,该断裂全长约 120km,走向北西 350°,倾向南西,倾角在 70°~80°。仙女山断裂主要展布在古生代、中生代组成的地层中,并控制了白垩系分布。重晶石矿开采矿洞中可见断裂破碎带宽数米至数十米不等,带中片状构造岩极其发育,具明显的挤压特征。

鄂西南构造带的整体走向特征以及黄陵背斜走向特点(向南倾覆)表明,在燕山运动早期(侏罗系沉积时期),区域应力场的方向应该表现为北西西向(大概为北西 60°~80°)。在这种应力场作用下,仙女山断裂形成。同时仙女山断裂也具有传递断层的基本属性,作为一种调整型构造存在。正是由于仙女山断层的存在,秭归向斜没有再向南发展,同时也正是由于秭归向斜的存在,仙女山断裂也不可能再向北发展。从一定意义上说,仙女山断裂与黄陵背斜、秭归向斜、当阳向斜同属同一构造体系。此时期(侏罗纪)区域应力场方向与太平样板块的活动相一致,与库拉板块俯冲消亡时间基本一致,此时间表现为左行滑动,因此其不可能穿越秭归向斜向北发展。

进入白垩纪时期,仙女山断裂的活动性质与中国东部整体活动特性相一致,进入引张发育阶段,形成了仙女山断陷盆地,具有断陷盆地的充填特征。仙女山断陷盆地是短寿的,只具有断陷盆地初期特征,随之就消亡了,相反在江汉盆地则发育成完整的断陷盆地演化旋回。在白垩纪末期,随着仙女山断陷盆地消亡,从黑岩屋以及杨家岭两处逆断层特征分析,该期应力场为近东西向,仙女山断裂表现为左旋活动特征。

四、大巴山构造带变形特征

(一)褶皱构造

大巴山南缘褶皱带在研究区内出露较少,主要由石板泉背斜(17)、红岩向斜(16)和龙池坪背斜(12)组成,各褶皱具体特征如表4-10所示。

表4-10 大巴山褶皱带褶皱特征

编号	褶皱名称	规模(km)		主要特征					形态类型
		长	宽	核部地层	翼部地层	北西翼(°)	南东翼(°)	枢纽或轴迹	
10	石板泉背斜	40	3~5	T_1j—T_2b	T_2b—T_3J_1x	16~33	10~35	走向北西280°~285°,枢纽向北西西倾伏	开阔鼻状背斜
11	红岩向斜	52	7~10	T_3J_1x—J_2s	T_2b—T_3J_1x	6~55	5~20	走向北西280°~290°,轴迹略呈弧形,向北突出,轴面歪扭,西段倾向北东,东段倾向南西	开阔斜歪向斜
12	龙池坪背斜	55	5~8	T_2b—T_3J_1x	T_3J_1x—J_2s	11~33	15~76	走向北西280°~285°,轴面倾向北东东	斜歪背斜

(二)断裂构造

大巴山断裂以北东向断裂为主,规模大小不等,走向在10°~40°,多倾向北西,倾角50°~75°,一般表现为正断层,平面上显示走滑效应,常叠加在早期北东向断裂之上,对前期构造主要起着破坏作用,使地层的展布不连续,一般具左行走滑特征。断层形成的破碎带宽数米至几十米,带内构造透镜体、碎裂岩、断层角砾等构造岩较发育。断裂具多期活动性,其不仅错开早期北西向构造线,而且继续活动,对白垩纪—古近纪盆地和喜马拉雅期构造均有影响。现将主要断裂的特征列于表4-11。

(三)大巴山构造带构造样式及形成时间

大巴山弧形构造带位于秦岭褶皱带的南缘,由一系列弧形断裂和褶皱组成,规模巨大,延伸长度超过700km,断裂倾角具有上陡下缓的特征,倾角20°~70°,北盘向南逆冲,并形成双重构造带。地震构造解译表明,该区发育两套滑脱层(汪泽成等,2006)(图4-16):上滑脱层(顶板滑脱层)为下三叠统嘉陵江组膏岩层,全区发育;下滑脱层(底板滑脱层)为寒武系泥质岩,主要发育在大巴山山前带。位于顶板滑脱层之上的上构造层,与断层相关的褶皱变形强

表 4-11 大巴山构造带断裂特征

编号	断裂名称	位置	规模	产状	主要特征	性质
F_6	寡妇沟断裂	沿竹山县沙坝子—寡妇沟一带展布	长48km，宽10~50m	(340°~350°)∠(35°~68°)	该断层沿沟谷分布，局部小角度截切，断层上盘地层较下盘地层层位低，表现为老地层覆盖于新地层之上，造成地层缺失；断裂破碎带内紧闭同斜褶皱、构造角砾岩、碎裂岩及碎粉岩发育；断裂附近出现与主断面平行的剪切节理。柳林一带上盘牛蹄塘组地层重结晶明显，泥质岩石中发育板理，并见小型脆韧性剪切带，发育不对称褶皱；下盘天河板组地层发育次级逆冲断层。断裂性质为由北向南逆冲	逆断层
F_9	青溪沟断裂	分布于神农架林区陈家湾—青溪沟—大崖屋一带	长62km，宽20~100m	(15°~350°)∠(30°~55°)	该断裂呈弧形，东端延伸出图，断裂总体走向与地层展布方向一致，上盘(北盘)主要为神农架群，南盘为南华纪—震旦纪地层。使断层两侧陡山沱组磷矿重复出现。断层破碎带内主要为碎裂岩，硅化明显，局部有黄铁矿化。可见构造透镜体或网状次级断层，透镜体最大扁平面与主断面平行，网状次级断层呈弧形弯曲或呈直线状，将岩层切割成透镜状；该断层沿沟谷分布，多为负地形，在航卫片上线形特征十分明显	逆断层
F_{13}	巴东断裂	沿巴东县城—田家坪一线展布	长7km，宽10~50m	345°∠60°	断面呈舒缓波状，产状近直立。断层破碎带内岩石碎裂、揉褶现象发育，且发育有次生石英脉，并见挤压透镜体发生再破碎现象。以后期正断层特征最明显。在平面上，造成北西盘地层向南平移，显示其为一左行走滑断层，并切割了秭归盆地。该断层的存在是巴东县一带易发生滑坡的重要原因	正断层
F_{19}	高阳镇断裂	兴山县李家坝—高阳镇—水田坝一带	长11.5km，宽10~20m	310°∠(45°~60°)	主断层由构造角砾岩组成，岩石具硅化、褐铁矿化等蚀变，在平面上造成地层发生错位，在断面上见擦痕，显示其具左行平移的特征。航卫片上为一条较平直的线性影像，在地貌上表现为明显的沟谷地形。断层两侧地层发生明显的错位，错距约1km，具右行走滑的特点。主断层两侧常见多条次级小破碎带或节理带，宽约1m，带内岩石挤压破碎，形成构造透镜体，沿次级断面见褐铁矿化、黄铁矿化等蚀变，局部见断层擦痕	正断层
F_{21}	万家湾断裂	兴山县万家湾—蔡家沟一带	长21.5km，宽10~50m	(10°~20°)∠70°	该断裂在地貌上表现为近东西向的沟谷，在航卫片上具明显的线形特征；断裂两侧地层发生了明显的位错，北侧地层向西移动，错距可达500m；断裂面近直立，发育断层擦痕，常由一系列小规模的断层组成	正断层
F_{23}	周家院子断裂	兴山县周家院子—三阳城一带	长24km，宽10~50m	260°∠60°	航卫片上线性明显，断裂带以发育构造角砾岩为特征，带内节理、裂隙发育，且角砾岩常由先期构造砾岩或碎裂岩再次破碎形成，断层牵引曲及节理的排列反映其属正断层，并控制秭归盆地的发展	正断层

第四章 地质构造

表4-9 主要断裂特征一览

编号	断裂名称	位置	规模(km)	断面产状	主要特征	性质
F_{47}	建始断层	恩施九根树，建始业州镇至天生一线	55	南段呈北东向，向北转为北东北向	东西分割寒武系一奥陶系与志留系二叠系，并控制了建始盆地的西部边界。沿断层发育宽不等的断层角砾岩带，一般宽约20m，最宽处（马家坪）达250m，主要由棱角状断层角砾岩组成。角砾大小悬殊，小者砾径仅0.5cm，大者成块状体出现，长轴约5~7m，均为细晶胶结，并见大量方解石脉穿插，脉体纵横交错，杂乱无序，也常见有挤压透镜体、挤压劈理带、大量与断裂平行的剪切裂隙等，同时角砾或重被后期张性活动改造为角砾岩带	多期活动，新构造时期仍有活动
F_{79}	天阳坪，高家堰至红花套		60	倾向南南西，倾角30°~60°	断裂西段发育于早古生代地层中，主要由两条大致平行相距很近的大断层组合，由数条断裂分支复合而成，各主要断层倾角逐渐增大，从30°向60°变化，断面倾向南南西，剖面上呈叠瓦状，后缘变陡。呈现出寒武系而东断层倾角逐渐增大，从30°向60°变化，构造破碎带由碎粒岩、碎斑岩、碎粉岩等组成，具明显碎角砾现象。断层两盘剪节理及张节理发育。东段纵切于白垩系与前白垩系之间，主要由两条大致平行的断裂带，见宽100~1500m不等的断裂带，由数条断裂带组成小断层组成宽1~2km的破碎带，在铜宝山以西，经常可见"飞来峰"构造。在铜宝山以西，构造宝泥、构造角砾瓦式构造发育，下盘白垩系透镜体夹断层上盘岩体受挤压透镜体组成，断上盘岩系中发育一系列小型紧密倒转褶皱和叠瓦状断层，上盘白垩系砾石受挤压变陡，高家堰附近断面倾角较缓，仅有的张节理及两组剪切节理。断层走向呈舒缓波状，自西向东逐渐变陡至彭家口一带为40°左右，更东则可达70°10°左右	断层具多期活动性，也见有挤压特征为主，晚近时期仍有活动
F_{52}	周家湾断层	巴东县茶店子镇小杆旗一周家湾一带	11	345°∠(70°~75°)	见宽5~20m破碎带，带内常见大小混杂，两盘岩层明显揉皱，断裂具多期活动，以张性为主。断面呈舒缓波状，地层左旋错位。透镜体、构造角砾岩	正断层
F_{65}	黄泥巴滩断层	秭归县黄泥巴滩一石槽坪	12	(20°~355°)∠(80°~85°)	发育宽10~20m的断层破碎带，断层两侧地层产状不一致，并有地层缺失	正断层
F_{58}	大岩口断层	秭归县南庄坪—陆家园—毁锣坪	20	(350°~10°)∠(45°~80°)，局部185°∠50°	断裂呈波状弯曲，切割了寒武纪—志留纪地层，本身又呈北西、北北东向断层穿切破坏。破碎带宽40~70m，最窄处7~10m，主要由碎斑岩、劈理化带、直立岩层、碎裂岩组成，可见由碎斑带和角砾岩带组成，沿挤压裂隙常发育压性碎裂岩。具挤压引裂常具有挤压特征，断面南倾，早期活动强烈，晚期断面北倾；具逆冲推覆性与复性，晚期断层缺失与重复，该断裂具早期压性多期活动性	早期逆断层，晚期正断层

续表 4-9

编号	断裂名称	位置	规模(km)	断面产状	主要特征	性质
F71	水槽口断层	秭归县水田湾—板桥河	9	40°∠75°	断层两盘地层沿走向不连续,岩石极破碎。断层通过处均为陡崖,陡崖上方坪台见宽约30cm裂缝,裂缝深2~5m,有雨水渗入,延伸方向北东—南西向,长约220m,为一危岩体	正断层
F85	转转河断层	猫儿梁背斜北西翼	23	(320°~330°)∠75°	南东盘缺失部分上二叠统,北西盘缺失部分大冶组顶部,断距约80m	逆断层
F90	猫儿坪断层	茶山背斜南东翼	19	(300°~315°)∠(50°~60°)	断层在北西延出图幅,止于屯堡镇以北的志留系,缺失部分奥陶系,两盘有与主断层斜交的小断层	正断层
F88	石门断层	白果坝背斜北西翼	32	倾向北西,倾角约80°	北西盘下二叠统硅质岩与同南东盘下志留统马溪组页岩接触,地层断距最大达900m,破碎带宽约30m,形成负地形,常见棱角状角砾岩,硅质页岩等,并被钙质胶结	正断层
F94	桅杆堡断层	梅子坪—小龙潭一带	45	走向北东,倾向南东	造成二叠系、三叠系各组走向不连续,北段从朱砂溪至断层北端,亦是其东侧白垩系与下伏全三叠系各组的地质界线	逆断层
F53	百福坪断层	巴东县百福坪一带	>8	290°∠75°	断裂北东端延至区外,断裂具破碎带,带内岩石破碎,断裂两侧地层不一致,北西侧志留纪—石炭纪地层直接与二叠纪地层三叠纪地层接触,断面呈锯齿状	逆断层
F13	归坪河断层	秭归县梅子垭—归坪河一带	>11	120°∠(52°~70°)	北东端延至区外。发育约300m的断裂破碎带,带内岩石破碎,构造岩泥发育。断裂北西盘地层向南西移动,南东盘地层向北东移动,地层在走向上不连续,北东向线性影像清晰	正断层
F68	九湾溪断层	秭归县新滩东侧4km	>28	(70°~90°)∠(60°~80°)	北端延至区外。断裂所切地层多为寒武系—志留系。断裂旁侧出现次级断层,地电常常形成透镜体和片理构造	逆断层
F49	金狮村断层	建始县朝阳坪—金狮村	22	(300°~350°)∠(55°~80°)	断裂自金狮村南西1km处向南西分为两支,大小混杂,角砾棱角分明。沿断层走向地形有不同程度缺失,常见宽3~5m的断层角砾岩,角砾棱角分明,指示上盘下降	正断层
F48	黄池塘断层	巫山县黄池塘—尖山子	9	140°∠68°	该断裂为长槽断裂之分支断裂,斜切三叠纪大冶组和嘉陵江组地层,断面可见宽5~20m的断层破碎带,带内发育角砾岩、断层泥,带内岩石破碎、劈理化,具强烈挤压,并可见宽5~20m的断层构造角砾岩	早期逆断层,晚期正断层
F50	长槽断层	巫山县长槽—三家堂	10	(140°~160°)∠55°	断层破碎带宽50m,带内岩石破碎,见角砾岩,两翼岩层常发生揉皱,膝折,脊状80°∠18°,在长槽等处还可见断裂发生多级分叉,使断裂加宽并出现南部北倾的次级断面	早期逆断层,晚期正断层

第四章 地质构造

续表 4-9

编号	断裂名称	位置	规模(km)	断面产状	主要特征	性质
F54	龙潭坪断层	建始县龙潭坪－铞衣	17	北段 295°∠80° 南段 90°∠65°	断层破碎带宽 15～160m，带内见张性角砾岩，方解石脉发育，局部地段见挤压透镜体和片理化带	早期正断层晚期逆断层
F55	陈家湾断层	巴东县腰牌－陈家湾－车心垭	10	165°∠(25°～54°)	见明显的波状断面，下盘为泥岩、上盘为砂肩灰岩；地层产状：160°∠15°；岩石破碎	正断层
F59	长冲沟断层	秭归县长冲沟－赵家坡	22	(330°～350°)∠(75°～80°)	破碎带宽 7～15m，局部达 40m，主要由一系列北东向扭裂面和挤压透镜体和节理密集带组成，断面略显波状，其上可见斜冲擦痕，指示上盘向上斜冲。两侧岩层中常见牵引褶皱，地层明显左行错移，错距 130～200m。断裂呈现南强北弱特点	逆冲平移断层
F60	皮家沟断层	秭归县大磨坪－巴东县皮家沟	23	335°∠(55°～75°)，150°∠(40°～60°)	发育宽 10～200m 断层挤压带，具挤压片劈理、岩石破碎、岩石透镜体、方解石发育，两侧奥陶纪岩层常见牵引褶皱。断面呈波状，见斜冲擦痕，地层明显左行错开。地层明显左行错距	逆冲平移断层
F62	段家山断层	秭归县石坪－段家山－大坪	11	330°∠80°	发育宽 10～50m 的破碎带，由挤压片理化带、岩石破碎、挤压透镜体及节理密集带组成。见奥陶纪地层与志留纪地层呈接触，方解石断层胶结发育。水平断距约 500m	逆冲平移断层
F64	野兰坪断层	秭归县珍珠观－野兰坪	14	150°∠80°	岩石破碎，具片理化，常呈弧形、常见挤压透镜体，方解石脉发育	正断层
F61	石坪河断层	秭归县吴家槽－石坪河－巴东县野三关	29	(290°～320°)∠(65°～75°) 局部反倾	断裂带略呈弧形，常见地层的重复或缺失。发育 10～20m 断层破碎带，具挤压片理、构造角砾岩，主要由片化带、节理密集带、碎裂－碎斑带组成，碳酸岩化强烈、沿断裂见方解石脉发育，并见有张性方解石脉穿切挤压透镜体现象。该断裂具两期活动，早期压(扭)性、晚期张(扭)性	早期逆断层，晚期正断层
F63	苏家坪断层	秭归县教场坝－巴东苏家坪－徐家湾	31	(95°～125°)∠(50°～70°)	断裂带略呈弧形，破碎带宽 20～40m，见挤压片劈理、构造透镜体及张性方解石脉。断裂以扭压性为主，早期具张性	逆断层
F77	降马溪断层	长阳县降马溪－盐池河	16	(280°～325°)∠(60°～75°)	断层破碎带宽 20～30m，主要由挤压片理、构造透镜体及同方向扭裂面组成。方解石脉和岩石片理化发育，岩层明显位移（南东盘北移），错距 500～700m	左行平移断层
F78	圆门山断层	长阳县龙潭荒－米家荒	8	(280°～325°)∠80°	岩石破碎，岩层产状紊乱，具方解石脉角砾岩，岩层呈旋转移位现象。断层三角面、线形影像清晰明显	左行平移断层
F56	大头河断层	巴东县大坪－大头河－白湖龙	19	165°∠(40°～68°)	断层破碎带宽 30m，破碎带内见断层角砾，角砾大小一般 1～2cm，棱角状，故方解石脉胶结，断面上见擦痕。断裂早期为张性；晚期具压扭性	正断层

续表 4-9

编号	断裂名称	位置	规模 (km)	断面产状	主要特征	性质
F_{76}	马狼口断层	巴东县水洞坪—马狼口—建始县连三潭	40	$120°\angle(55°\sim70°)$，局部 $300°\angle55°$	发育 $5\sim30m$ 宽的断层破碎带，带内岩石破碎，可见碳酸盐岩形成的透镜体，断裂常形成地层缺失，沿断裂有上升泉分布。在断裂北段见 $20\sim30m$ 宽的断层角砾岩，方解石脉充填胶结，岩屑产状混乱。断裂以压性为主，后期具张性特征	逆断层
F_{57}	中坝断层	巴东县十字坪—药惠塥	8	$300°\angle65°$	断层东盘具明显的断面。断面顺山坡倾向，有断层三角面。断面具有断层擦痕，阶步。断层面南均为浅灰色白云岩角砾岩，两侧地层产状有差异，北西盘为 $115°\angle30°$，南东盘为 $300°\angle45°$，南盘产状近直立（$170°\angle87°$），沿断层为一直线状负地形	逆断层
F_{100}	里三塥断层	建始县朝阳坪—里三塥—柴龙坪	24	$165°\angle35°$，$315°\angle55°$	断层破碎带宽 $30\sim50m$，岩石硅化，方解石化，发育断层角砾岩，角砾成分为灰泥岩、硅质岩石结核，角砾呈棱角状、浑圆状、钙泥质胶结。断裂两侧地层产状变化大，北盘产状为 $165°\angle63°$，南盘产状近直立（$170°\angle87°$）。断裂早期为张性，晚期以压扭性为主	逆断层
F_{105}	李家台断层	长阳县载家冲—长河溪	11	$285°\angle75°$	位于长阳背斜西南段，见宽约 $2\sim5m$ 构造角砾岩带。北东节理密集带发育	逆断层
F_{113}	狮子口断层	五峰县刘家田—沙河	17	$(150°\sim165°)\angle(60°\sim65°)$	断裂呈弧形弯曲，断裂两侧地层沿走向不连续。岩石产状紊乱，岩石破碎。地貌上为断壁和断谷，构造透镜和羽状片理具有明显线性构造	逆断层
F_{99}	黄村断层	恩施市中五档—黄村—盘龙溪	27	$288°\angle55°$，$305°\angle50°$	断裂切割志留纪—二叠纪地层，受断裂影响两侧地层常不连续，断裂走向与褶皱构造轴线平行。断层北盘岩石破碎，南盘角砾岩宽 $2\sim20m$，由角砾岩组成，胶结物为钙质。断裂早期为张性，晚期为压性，以压性为主	逆断层
F_{109}	刘家包断层	建始县黑水井—黄家垭	32	$120°\angle(55°\sim60°)$	断裂具多期活动，早期为张性。在断裂北段可见角砾岩带、角砾大小不等、成分复杂、排列无序，角砾呈棱角状，钙质物胶结、晚期以压性为主，主要见于中南段，发育挤压劈理带和断层弯曲，断片上具有斜列的擦痕，扭压性质，指示东向北斜冲	早期正断层，晚期逆断层
F_{114}	长茂司断层	五峰县采花台—采家湾	27	$(290°\sim310°)\angle(5°\sim65°)$	断裂破碎带宽 $20\sim30m$，带内岩石大小不等、带可见斜裂擦痕反水平节理。将岩石切割成大小不等的构造透镜体。断裂旁边岩石具硅化。断层面呈波状，主要有北东、北北西、北东向三组擦痕，指示北北西向北斜冲。断层沿岩层不同程度的缺失	逆断层
F_{135}	清水湾断层	五峰县嶝岩坪—管庄坪	16	$(90°\sim120°)\angle78°$	断裂破碎带弯曲，两侧地层直立擦痕、岩石破碎、揉皱、断层上常见有薄层石方解石薄膜，且分布北两组直立擦痕，纱帽组砂岩具硅化，且较强烈，二叠纪软质岩受断层影响产生褶曲	逆断层

第四章 地质构造

续表 4-9

编号	断裂名称	位置	规模(km)	断面产状	主要特征	性质
F_{111}	大坪断层	建始县雷家村—由拉子	11	320°∠52°	断裂处岩石破碎，见佳化、糜棱岩化现象，构造透镜体发育，并有宽约2m的挤压劈理带	逆断层
F_{115}	唐家坪断层	鹤峰县大水沟—龚家包	>18	(135°~160°)∠(65°~68°)	断层西南端延至区外。见娄山关组白云岩同纱帽组粉砂岩、页岩呈断层接触，断裂处发育宽约40m的断层强烈破碎带，岩石破碎带，带内见大量构造镜体、透镜体长轴与断裂方向平行。页岩中见挤压片理密集带，砂岩中见破劈理、硅化等现象	逆断层
F_{116}	洪跃坪断层	鹤峰县野茶坪—洪家山	12	150°∠(55°~75°)	发育10~50m的断层破碎带，带内见构造透镜体、碎裂岩、碎粉岩、岩石硅化和糜棱岩化，挤压劈理发育，断层面较平直	逆断层
F_{69}	郑家田断层	秭归县新滩北东大树垭—安场坪一线	9	40°∠70°	断裂破碎带宽约5~10m，带内见挤压破碎构造岩、石牌组之页岩，粉砂岩极为破碎。地层在走向上不相连。断层北东盘向位移错动，相对南西盘在北西方向错移，断距50~100m。航片上具明显线状影像	逆断层
F_{129}	渔洋关断层	沙土垭、茶园坪、渔洋关至毛湖淌	60	断面倾南或南西，倾角40°~60°，西段倾角增大，在70°左右	断裂纵切早古生代地层，局部由若干平行的逆断层组成不同层位的地层缺失或重复。沿断层常见断层角砾岩，带内常宽10~15cm，一般在5mm以下，胶结紧密，角砾大小均一，断层角砾岩呈瓦叠状构造，并造成不同层位的地层缺失或重复。沿断裂发育宽窄不等的挤压破碎带，最宽可达百余米，窄处仅数厘米，一般在10~15cm，均在5mm以下，胶结紧密。带内常见断层泥、断层角砾岩，部分呈劈理化带、片状构造带，挤压透镜体状岩石分布。倾角60°~75°，多倾南东，异常处在方解石岩脉纵横交错，异常处呈锯齿状，其边界呈碎裂岩、角砾岩呈碎状或呈叠瓦状，角砾呈棱角状。附近20m的张性碎岩中见擦痕和阶步，指示南盘向东扭动。断裂面上见擦摩痕和阶步，指示南盘向东扭动	早期为压性，中期为张性，晚期具张扭性

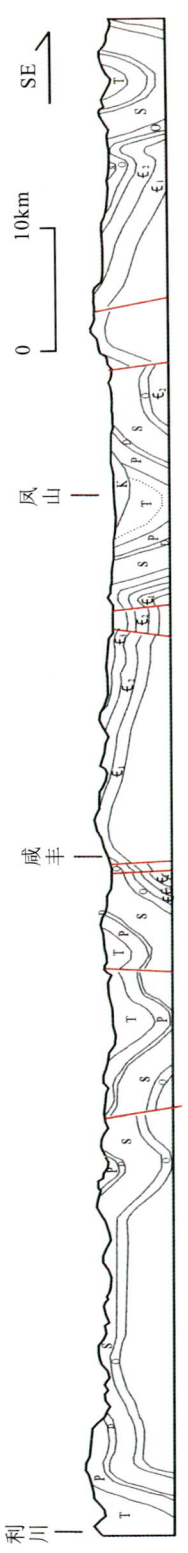

图4-11 鄂西南构造带构造样式

(1) 大冶组内部发育的箱状褶皱 (2) 背斜南翼发育的膝折构造 (3) 层间褶皱

图4-12 左辑托背斜构造特征

槽式褶皱带的中部与南部,即主体部分,出露断层的主要逆冲方向为指向北西,造成这两期褶皱形成的动力应来自南东或南南东。该褶皱带以向北西突出的弧形展布,支持动力同样来自南东,形成时间应该属于印支期。

在巴东县南部的左辑托背斜和谢家包背斜核部整体形态表现为箱形,其南东翼地层的突然变陡处发生了次级的尖棱褶皱或发育成逆冲断层,形成突破性断裂,其核部能干性较差的地层发生了强烈的次级层间褶皱(图4-12)。又如奉节南二叠系灰岩内北东向刘家田箱状背斜,核部显示为典型的箱状。由这些背斜的总体特征,推测这种隔槽式的形成可能与滑脱作用及滑脱逆冲断层以断坪向断坡扩展逆冲作用密切相关。由于宽缓背斜主要在下古生界地层构成,隔槽式褶皱带的滑脱面应该位于震旦系内部或底部,相比川东褶皱带主体滑脱层变深。

作为川东褶皱带与鄂西南构造带分界线的齐岳山背斜和齐岳山断裂,其形成过程和机理与不同构造带主滑脱层的深度相关。鄂西南构造带滑脱层位于盖层构造的底界面附近,川东构造带主滑脱层位于志留系底界面附近,深部滑脱面造成浅部主滑面反向逆冲,形成断层面西倾的断层相关褶皱(齐岳山背斜和齐岳山断裂的局部形态特征);深部滑脱构造直接逆冲出露地表,形成断层面东倾的断层相关褶皱,造成齐岳山

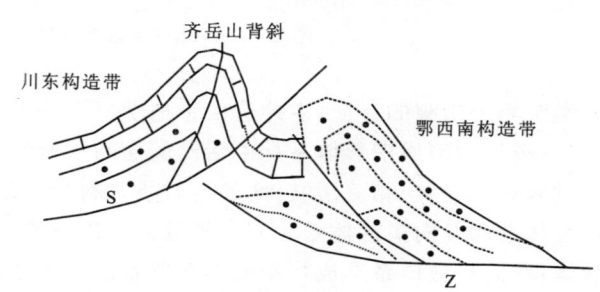

图4-13 齐岳山背斜及断裂形成机理

断裂产状多变,齐岳山褶皱陡缓翼同样发生变化(图4-13)。也就是说齐岳山断裂不仅具有较强的走滑属性,同时在空间上也不是连续的,具有断续分布的分段特征。

2. 黄陵背斜、秭归向斜形成机理及时间

黄陵背斜位于鄂西南构造带和江汉断坳分界带上,深部构造对应于研究区重力梯度带之上。背斜西边为秭归向斜、东边为当阳向斜,三者轴向互相平行,方向近南北向,该地区侏罗系地层只分布于黄陵背斜两翼的秭归向斜和当阳向斜中,成因关系明确。黄陵背斜核心部分由前震旦系结晶岩系组成,两翼表现为西陡东缓特点。卷入褶皱的地层可以分为褶皱前期构造层和生长构造层,生长构造层的识别对确定黄陵背斜的形成时间意义重大。

秭归向斜周边分布有三叠系,三叠系展布方向为近东西向,并没有受到秭归向斜控制,相反侏罗系分布严格受到秭归盆地限制,表明秭归盆地应该形成于侏罗纪时期。从秭归盆地充填特征分析,该盆地具有前陆盆地充填特征。

首先,岩层产状由山前向盆地内部逐渐变缓,地层厚度表现为薄—厚的特征,整体上由一大套细—粗旋回组成;其次,地层在垂向上具有逐渐变厚再减薄的特点,反映出秭归向斜的沉降速度与沉积速度的相互关系,沉降最快时期为沙溪庙组沉积时期;再次,秭归盆地初期具有轴向水系发育,后期主要变现为横向水系特征(渠洪杰等,2009)。古水流方向的变迁反映出黄陵背斜隆起程度的变化,黄陵背斜抬升成为剥蚀区的时间与秭归向斜沉降最快时间基本吻合。古水流方向改变基本在中侏罗世晚期,与秭归盆地沉积最厚时期相对应(图4-14)。

由此可见秭归盆地的形成与黄陵背斜的隆起存在密切的关系,通过前人研究也表明秭归盆地与当阳盆地侏罗系沉积特征具有一定的可比性。

黄陵背斜的不对称性特征(或局部箱状特征)以及区域地质特征分析研究表明,黄陵背斜

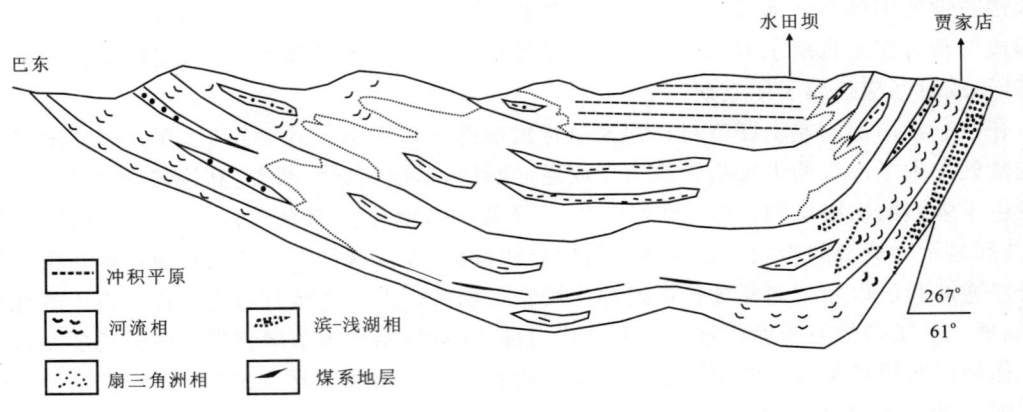

图 4-14 秭归盆地充填模式及岩层产状变化

具有断层相关褶皱的特征,逆冲造山带地形可以提供一复杂的物源背景与沉积物之间的扩散体系,一般认为碎屑楔形体系是由活动的逆断层所形成,沉积物的扩展方向可以与构造迁移方向一致或相反,断层相关褶皱(此处为黄陵背斜)形成地貌高,形成两种沉积物扩散方向,即同向扩散体系和反向扩散体系。同向扩散体系形成前陆盆地主体构造层,也就是秭归向斜沉积楔状体;反向扩散体系形成当阳向斜侏罗系沉积体系,隶属于山间盆地。黄陵背斜隆升过程控制了其两侧沉积格架的形成。黄陵背斜、秭归向斜、当阳向斜形成机理如图 4-15 所示,从图中可以看出黄陵背斜、秭归向斜、当阳向斜三位一体的关系。

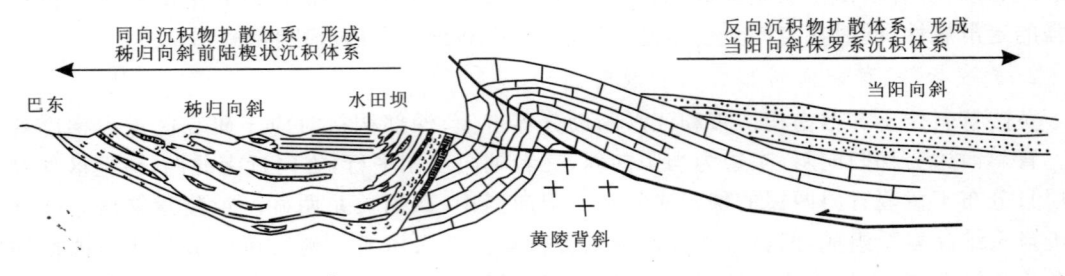

图 4-15 黄陵背斜、秭归向斜、当阳向斜形成机理

3. 仙女山断裂形成机理以及形成时间

仙女山断裂位于黄陵背斜西南,向北消失于秭归向斜,向南与都镇湾断裂相连,该断裂全长约 120km,走向北西 350°,倾向南西,倾角在 70°~80°。仙女山断裂主要展布在古生代、中生代组成的地层中,并控制了白垩系分布。重晶石矿开采矿洞中可见断裂破碎带宽数米至数十米不等,带中片状构造岩极其发育,具明显的挤压特征。

鄂西南构造带的整体走向特征以及黄陵背斜走向特点(向南倾覆)表明,在燕山运动早期(侏罗系沉积时期),区域应力场的方向应该表现为北西西向(大概为北西 60°~80°)。在这种应力场作用下,仙女山断裂形成。同时仙女山断裂也具有传递断层的基本属性,作为一种调整型构造存在。正是由于仙女山断层的存在,秭归向斜没有再向南发展,同时也正是由于秭归向斜的存在,仙女山断裂也不可能再向北发展。从一定意义上说,仙女山断裂与黄陵背斜、秭归向斜、当阳向斜同属同一构造体系。此时期(侏罗纪)区域应力场方向与太平样板块的活动相一致,与库拉板块俯冲消亡时间基本一致,此时间表现为左行滑动,因此其不可能穿越秭归向斜向北发展。

进入白垩纪时期,仙女山断裂的活动性质与中国东部整体活动特性相一致,进入引张发育阶段,形成了仙女山断陷盆地,具有断陷盆地的充填特征。仙女山断陷盆地是短寿的,只具有断陷盆地初期特征,随之就消亡了,相反在江汉盆地则发育成完整的断陷盆地演化旋回。在白垩纪末期,随着仙女山断陷盆地消亡,从黑岩屋以及杨家岭两处逆断层特征分析,该期应力场为近东西向,仙女山断裂表现为左旋活动特征。

四、大巴山构造带变形特征

(一)褶皱构造

大巴山南缘褶皱带在研究区内出露较少,主要由石板泉背斜(17)、红岩向斜(16)和龙池坪背斜(12)组成,各褶皱具体特征如表4-10所示。

表4-10 大巴山褶皱带褶皱特征

编号	褶皱名称	规模(km)		主要特征					形态类型
		长	宽	核部地层	翼部地层	北西翼(°)	南东翼(°)	枢纽或轴迹	
10	石板泉背斜	40	3~5	T_1j-T_2b	$T_2b-T_3J_1x$	16~33	10~35	走向北西280°~285°,枢纽向北西西倾伏	开阔鼻状背斜
11	红岩向斜	52	7~10	$T_3J_1x-J_2s$	$T_2b-T_3J_1x$	6~55	5~20	走向北西280°~290°,轴迹略呈弧形,向北突出,轴面歪扭,西段倾向北东,东段倾向南西	开阔歪向斜
12	龙池坪背斜	55	5~8	$T_2b-T_3J_1x$	$T_3J_1x-J_2s$	11~33	15~76	走向北西280°~285°,轴面倾向北东东	斜歪背斜

(二)断裂构造

大巴山断裂以北东向断裂为主,规模大小不等,走向在10°~40°,多倾向北西,倾角50°~75°,一般表现为正断层,平面上显示走滑效应,常叠加在早期北东向断裂之上,对前期构造主要起着破坏作用,使地层的展布不连续,一般具左行走滑特征。断层形成的破碎带宽数米至几十米,带内构造透镜体、碎裂岩、断层角砾等构造岩较发育。断裂具多期活动性,其不仅错开早期北西向构造线,而且继续活动,对白垩纪—古近纪盆地和喜马拉雅期构造均有影响。现将主要断裂的特征列于表4-11。

(三)大巴山构造带构造样式及形成时间

大巴山弧形构造带位于秦岭褶皱带的南缘,由一系列弧形断裂和褶皱组成,规模巨大,延伸长度超过700km,断裂倾角具有上陡下缓的特征,倾角20°~70°,北盘向南逆冲,并形成双重构造带。地震构造解译表明,该区发育两套滑脱层(汪泽成等,2006)(图4-16):上滑脱层(顶板滑脱层)为下三叠统嘉陵江组膏岩层,全区发育;下滑脱层(底板滑脱层)为寒武系泥质岩,主要发育在大巴山山前带。位于顶板滑脱层之上的上构造层,与断层相关的褶皱变形强

表 4-11 大巴山构造带断裂特征

编号	断裂名称	位置	规模	产状	主要特征	性质
F_6	寡妇沟断裂	沿竹山县沙坝子—寡妇沟一带展布	长48km,宽10~50m	(340°~350°)∠(35°~68°)	该断层沿沟谷分布,局部小角度截切,断层上盘地层较下盘地层层位低,表现为老地层覆盖于新地层之上,造成地层缺失;断裂破碎带内紧闭同斜褶皱、构造角砾岩、碎裂岩及碎粉岩发育;断裂破碎带附近出现与主断面平行的剪切节理。柳林一带上盘牛蹄塘组地层重结晶明显,泥质岩石中发育板理,并见小型脆韧性剪切带,发育不对称褶皱;下盘天河板组地层发育次级逆冲断层。断裂性质为由北向南逆冲	逆断层
F_9	青溪沟断裂	分布于神农架林区陈家湾—青溪沟—大崖屋一带	长62km,宽20~100m	(15°~350°)∠(30°~55°)	该断裂呈弧形,东端延伸出图,断裂总体走向与地层展布方向一致,上盘(北盘)主要为神农架群,南盘为南华纪—震旦纪地层。使断层两侧陡山沱组磷矿重复出现。断层破碎带内主要为碎裂岩,硅化明显,局部有黄铁矿化。可见构造透镜体或网状次级断层,透镜体最大扁平面与主断面平行,网状次级断层呈弧形弯曲或呈直线状,将岩层切割成透镜状;该断层沿沟谷分布,多为负地形,在航卫片上线形特征十分明显	逆断层
F_{13}	巴东断裂	沿巴东县城—田家坪一线展布	长7km,宽10~50m	345°∠60°	断面呈舒缓波状,产状近直立。断层破碎带内岩石碎裂、揉褶现象发育,且发育有次生石英脉,并见挤压透镜体发生再破碎现象。以后期正断层特征最明显。在平面上,造成北西盘地层向南平移,显示其为一左行走滑断层,并切割了秭归盆地。该断层的存在是巴东县一带易发生滑坡的重要原因	正断层
F_{19}	高阳镇断裂	兴山县李家坝—高阳镇—水田坝一带	长11.5km,宽10~20m	310°∠(45°~60°)	主断层由构造角砾岩组成,岩石具硅化、褐铁矿化等蚀变,在平面上造成地层发生错位,在断面上见擦痕,显示其具左行平移的特征。航卫片上为一条较平直的线性影像,在地貌上表现为明显的沟谷地形。断层两侧地层发生明显的错位,错距约1km,具右行走滑的特点。主断层两侧常见多条次级小破碎带或节理带,宽约1m,带内岩石挤压破碎,形成构造透镜体,沿次级断面见褐铁矿化、黄铁矿化等蚀变,局部见断层擦痕	正断层
F_{21}	万家湾断裂	兴山县万家湾—蔡家沟一带	长21.5km,宽10~50m	(10°~20°)∠70°	该断层在地貌上表现为近东西向的沟谷,在航卫片上具明显的线形特征;断裂两侧地层发生了明显的位错,北侧地层向西移动,错距可达500m;断裂面近直立,发育断层擦痕,常由一系列小规模的断层组成	正断层
F_{23}	周家院子断裂	兴山县周家院子—三阳城一带	长24km,宽10~50m	260°∠60°	航卫片上线性明显,断裂带以发育构造角砾岩为特征,带内节理、裂隙发育,且角砾岩常由先期构造砾岩或碎裂岩再次破碎形成,断层牵引曲及节理的排列反映其属正断层,并控制秭归盆地的发展	正断层

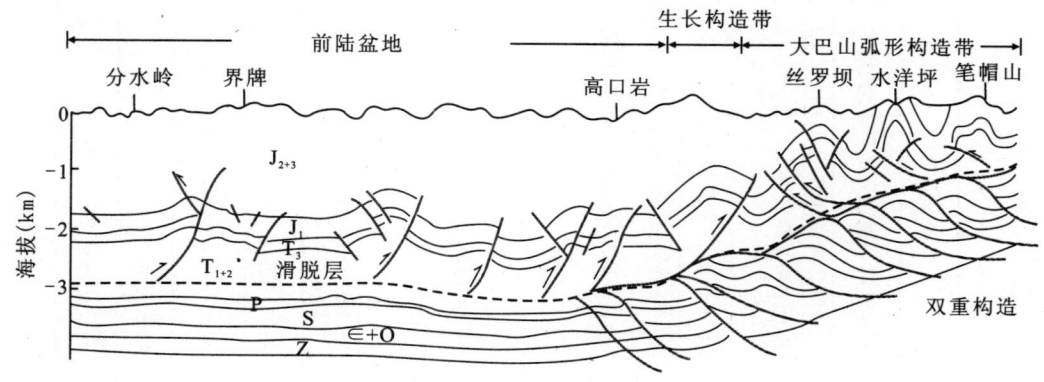

图 4-16 大巴山弧形构造带构造样式（汪泽成等，2006）

度从山前带向盆地方向不断减弱。上构造层下部（相当于上三叠统须家河组和侏罗系下部地层）冲断层和反向冲断层发育，而浅层（中、上侏罗统）断层不发育，呈现低幅度的褶皱形态。且在上滑脱层之下发育双重构造，上、下滑脱层之间发育叠瓦状排列的冲断层。总体看来，其形成时间先于川东褶皱带的燕山早期。

第三节 新构造运动

受印度板块向北脉冲式陆内俯冲、青藏高原隆升与侧向挤压所引起的挤压伸展效应控制（张年学，2005），新近纪以来，研究区发生的地壳运动即新构造运动表现为升降运动（形成多期夷平面、多级河流阶地、多层岩溶和现代地壳形变）、继承性断裂活动和地震等方面。

研究区新构造运动主要特点为：从属于继承较古老的构造；运动性质以断块差异性垂直升降运动为主；运动方式表现出间歇性特点，形成多级阶地、夷平面和层状岩溶；造成了研究区现代地貌的基本格局，是岩崩、滑坡、泥石流等地质灾害频发的诱导因素。新构造运动与河谷地貌演化、地质灾害之间的关系将作为重点在随后的章节中论述。

第四节 构造发展简史

综合已有的区域构造、构造变形、沉积事件、岩浆活动、变质事件及深部构造的分析研究资料，研究区的地质构造演化经历了晋宁期的基底形成阶段、古中生代的盖层稳定发展阶段及中新生代陆内调整阶段，其中最强烈的是燕山期和喜马拉雅主期，它们和晋宁期共同对本区的地质发展、构造变形和新构造活动起着重要的控制作用。本区各期地质事件的主要特征（表 4-12）及其影响简述如下。

1. 晋宁期——基底形成阶段

青白口纪末的晋宁运动是区内早期最强烈的一次构造变动。它使前南华系地层发生强烈褶皱隆起并伴有断裂、多期岩浆侵入活动和区域变质，形成一套片岩、片麻岩、混合岩及花岗

表4-12 三峡地区区域地质事件序列

地质发展阶段	构造期(旋回)	地质时代 宙	地质时代 代	地质时代 纪	时限(Ma)	沉积事件	岩浆事件	变质事件	构造形式
滨太平洋活动阶段	喜马拉雅期	显生宙	新生代	第四纪		洪冲积、残坡积、冰积、洞穴堆积			差异升降、剥蚀夷平
				新近纪 古近纪	65	坳陷盆地河湖相碎屑岩沉积	玄武岩喷发		喜马拉雅运动
	燕山期		中生代	白垩纪	145	断陷盆地磨拉石建造			滨太平洋构造域
				侏罗纪	201	湖相含煤砂泥岩沉积		绿片岩相动力变质(M$_3$)	由南向北脆性逆冲
沉积盖层形成演化阶段	印支期			三叠纪	252	滨海—浅海陆棚碎屑岩碳酸盐岩沉积	沉凝灰岩		北北东和北北西向脆性正断层
	华力西期		古生代	二叠纪	299				北东—北北东断裂和褶皱
				石炭纪	359		基性火山岩		近东西向褶皱和断裂
				泥盆纪	410	浅海碎屑—碳酸盐岩沉积			垂直升降与小规模板内裂陷作用
	加里东期			志留纪	443				
				奥陶纪	490		沉凝灰岩		
				寒武纪	543	碎屑—碳酸盐岩沉积建造(含磷建造)			垂直升降运动为主
	震旦期		新元古代	震旦纪	635	滨浅海陆源碎屑沉积—冰期沉积			
	南华期	元古宙		南华纪	780	大陆岛弧火山—沉积岩	大洋拉斑玄武质喷出岩及基性侵入岩(区外)		早期由南向北逆冲剪切，晚期底劈隆升滑脆
扬子基底形成演化阶段	晋宁期			青白口纪	1000	碳酸岩台地	中酸性侵入岩	角闪岩相—麻粒岩相(M$_2$)	
	四堡期		中元古代	蓟县纪	1400		基性—超基性侵入岩		板块裂解
				长城纪	1800	裂陷槽沉积岩系	大洋拉斑玄武质喷出岩		
	吕梁期		古元古代	滹沱期	2500	稳定大陆边缘碎屑岩夹碳酸盐岩沉积(类孔兹岩系)			古元古代(2500Ma)出现初始裂谷
	大别期	太古宙	新—中太古代	大别期			中酸性岩浆岩	角闪岩相—麻粒岩相(M$_1$)	陆核会聚增生
	阜平期			阜平期	2900	绿岩沉积为主(区外)	基性火山岩、TTG	角闪岩相—绿片岩相	扬子陆核形成

岩、闪长岩组成的结晶基底。晋宁运动使本区转化为陆块,从此,区域地壳进入了相对稳定的发展阶段。根据基底内的古构造形迹分析,构造变动的主压应力方向为近南北向。其代表性构造有近东西向的天宝山复背斜和北西西向的雾渡河断裂。需要说明的是,在前震旦纪漫长的地质时期,区内必然发生过多次重大构造运动,晋宁运动使早期的构造变动形迹遭受破坏而极为零星。

2. 加里东—华力西期——盖层稳定发展阶段

从震旦纪到二叠纪,以稳定沉降为主,没有岩浆活动和强烈构造变动,仅有局部沉积间断。沉积建造以海相碳酸盐岩沉积为主,夹碎屑岩,岩相、厚度较稳定,是盖层形成的主要时期,代表稳定发展阶段。

3. 印支期——地壳隆坳阶段

从印支期开始,区域构造格架发生明显变化。早三叠世末全区开始海退,晚三叠世海相沉积结束,广泛出现陆相沉积,古地理面貌发生重大变化,隆坳差异明显,黄陵地区出现近南北向的基底隆起,在东西两侧分别形成了坳陷盆地——当阳盆地和秭归盆地。江汉盆地也相对坳陷,接受陆相沉积,总体隆坳方向大致为北北东向,基底构造的隆坳格局形成。

4. 燕山期——盖层构造格架形成阶段

燕山运动是本区主要构造变动时期,经历较长时间的活动,具多幕特征。据现有资料分析,可划分为燕山主期和燕山晚期。

(1)燕山主期——盖层褶皱断裂阶段:燕山主期的构造变动最主要的是震旦系至侏罗系地层普遍发生较强烈的褶皱和断裂。但由于受到基底的强大控制,无岩浆活动,构造变形主要表现为盖层滑脱褶皱,断裂一般切割不深。本区的区域构造格架基本定型于此期,同时也奠定了本区地貌和新构造运动发展的格局。

根据构造变形特征分析,燕山主期构造应力主要以近南北向水平挤压为主。在南北向强大构造应力挤压作用下,由于黄陵地块、神农架地块、江南古陆、武当地块、汉南隆起等基底隆块的先期存在,构成了不同的制约边界,导致应力作用方式发生变化,盖层变形受其控制,构成了一副复杂的变形图像。除长江中下游仍呈东西向的主体褶皱外,黄陵地块南北端形成近东西向弧形褶皱和压性断裂,并在其东西两侧的秭归盆地和当阳盆地中形成一个三角形应力屏蔽区。鄂西、川东形成一套北东向沿基底滑脱的隔挡式褶皱系即伴生断裂,并受黄陵地块的阻挡,渐转为北东东至东西向,形成向北西突出的弧形褶皱带(即八面山弧)。北部大巴山地区则在南北向压应力及汉南隆起、神农架地块的联合作用下形成向南突出的弧形褶皱和断裂(即大巴山弧)。

本期构造对基底的影响较轻,除北侧的雾渡河断裂再度复活并切穿盖层外,总体上远不如盖层所表现的强烈。由于黄陵地块的先期存在,区域构造应力多沿地块边缘,以沉积盖层中的逆冲断层、局部陡立岩带及规模不大、散布于盖层与基底接触处的裙边斜列状斜冲断层等变形型式耗散,因而减弱了对基底的破坏。

(2)燕山晚期——伸展拉张构造作用阶段:燕山晚期,区域性的南北向持续挤压作用,叠加本区上地幔东部隆升西部下沉,从而出现区域性的近东西向伸展作用,形成一系列伸展构造型的地堑式盆地。从东向西有荆门地堑,远安地堑,仙女山地堑,来凤、恩施、建始断陷盆地等。这些控盆断裂多数是燕山早期形成,在伸展作用下再度活动,只有少数是在伸展过程中形成新的断裂。这些盆地内堆积了厚度可观的白垩纪—古近纪地层。根据地层厚度和盆地扩展规模分析，黄陵背斜东侧的伸展量远远大于西侧的伸展量，尤其是到古近纪伸展作用进入高潮，江汉断坳上地幔上隆加速，下地壳破裂，部分地带玄武岩喷发，具有裂谷的某些特征，至此，区域性北北东向重力异常梯级带开始形成。

5. 喜马拉雅主期——地壳挤压变形阶段

喜马拉雅期发生过多次构造变动，但没有燕山主期强烈。最为明显的活动是古近纪末的喜马拉雅运动，使红层广泛发生轻微变形，断裂继承性活动明显，但活动方式和性质发生较大变化，构造应力场主要表现为北东—南西向的挤压，在远安地堑红层形成了北西向短轴褶皱，北北西向仙女山断层和北西西向天阳坪断层则表现为挤压斜冲式复活运动，使古生代地层逆冲于白垩系—古近系红层之上。

6. 新构造活动期——地壳间歇式隆坳阶段

新近纪以来——主要是第四纪以来的时期为新构造活动期。在扬子板块的广大地区，总的表现特点是区域性间歇式隆坳运动为主导，差异性运动逐渐减弱。在三峡地区主要表现为区域性间歇式整体上升，形成深切谷、多级夷平面、多级河流阶地和多层岩溶；而江汉—洞庭坳陷区则表现为继承性下沉，沉积中心逐渐东移，沉积幅度逐渐变小。在隆起和坳陷之间为一整体性较强的过渡带，主要表现为平缓连续的掀斜坡，不论是隆升区、沉降区还是过渡带，差异性活动较弱，主要表现为少数老断裂的弱活动，未发现确切的第四纪断层，地震活动微弱。

第五章 地貌及第四纪地质

地貌的形成演化是三峡地区重大基础地质问题之一。同时，三峡地区地貌又与该区的地质灾害密切相关，它既是三峡地质灾害形成的地学背景，又是地质灾害发生的主要条件。因此，三峡地区的地貌特征与形成演化一直为我国地学研究的重点。鉴于三峡地区范围较大，地表切割强烈，穿越条件差，特别是三峡水库蓄水导致较低阶地被水淹没，本次调查在系统收集前人研究成果的基础上，充分利用 RS 和 GIS 技术，结合野外调查，重点对该区主要地貌类型——夷平面、阶地和水系(网)进行了调查和研究。

第一节 三峡地区的夷平面研究

由于三峡地区缺少古近纪—新近纪地层，关于这一时期的地质环境特征只有借助于构造地貌。由于该时期的主要构造地貌类型是夷平面，因此三峡地区的夷平面研究一直为地学界所关注。由于长江三峡地区新构造抬升强烈，受河流侵蚀作用，地形十分破碎，加之地处亚热带湿润地区，地表冲刷严重，夷平面上的沉积物难以保存，测年材料缺乏，导致三峡夷平面在级次、空间分布和形成时代上一直存有争议。如：沈玉昌在 1958 年、1959 年两年内，通过野外观察和室内分析，认为三峡地区曾经历过侵蚀基准长期稳定时期，后来全区又剧烈上升，因此有广泛的夷平面保存在山顶和高坡上。他认为三峡地区普遍分布有海拔 1 500m±、1 000m±、800m± 三级夷平面(沈玉昌，1965)；谢明(1990)把三峡地区夷平面划分为三期五级夷平面(鄂西期夷平面，包括云台荒亚期和召凤台亚期；山原期夷平面，包括周家垴亚期和王家坪亚期；三峡期夷平面；峡谷期夷平面；云梦期夷平面)；最近，李吉均等(2001)指出三峡地区仅有两个夷平面，较高一级为鄂西期夷平面，分布在海拔 1 800～2 000m，较低一级的夷平面分布于 1 200～1 500m。

本次研究针对前人研究中存在的问题，以及夷平面区域性、宏观性强的特点，主要借助于 RS 和 GIS 技术在该研究方面的优势，对三峡地区的夷平面的级次和空间分布进行了调研。

一、研究区数据获取与预处理

收集覆盖整个研究区的 SRTM—DEM 数据信息(表 5-1)，利用 ARCGIS 9.3 应用软件将其拼接、裁切得到研究区 DEM 数据，并对数据进行了宏观地形特征的二维地貌模拟平面展示和三维立体图形象模拟(图 5-1)。

总体看来，研究区的宏观地形特征表现如下：

(1)地形高程由北西向南东呈逐渐递增的趋势，长江与清江干流自西向东近平行流动。

(2)清江流域地势具有山体较高而顶部起伏较平缓、坡地陡峭又沟谷深邃的特点。流域内

图5-1 研究区DEM数据三维立体图形象模拟（高程放大200倍）

西高东低,特别是清江源区及清江中下游的南北两侧比较高,并向清江干流呈梯级倾斜下降。

(3) 长江与清江相距仅10km左右,两江与中间的分水岭高差较大,最高超过2 000m。分水岭高地山原形态保存良好,地面波状起伏,高差较小。

(4) 高位平坦地面与深切现代河谷形成明显的地形反差,是地形地貌研究的良好场所。

表 5 - 1 研究区下载数据信息

数据文件名	纬度范围 最低/最高	经度范围 最低/最高	中心点	
			纬度	经度
srtm_58_06.zip	30°N/35°N	105°E/110°E	32.50°N	107.50°E
srtm_58_07.zip	25°N/30°N	105°E/110°E	27.50°N	107.50°E
srtm_59_06.zip	30°N/35°N	110°E/115°E	32.50°N	112.50°E
srtm_59_07.zip	25°N/30°N	110°E/115°E	27.50°N	112.50°E

注:椭球体名称为GCS-WGS-84;基准面为D-WGS-84;坐标系为地理坐标

二、基于SRTM-DEM长江三峡地区地形剖面分析

(一) 地形剖面选取

本次研究主要关注三峡地区夷平面的展布情况。本书应用地形形态的剖面分析法,将地形剖面高程及地形起伏度作为研究夷平面的两个主要形态指标。由于选择了长江与清江间的分水岭地块作为重点研究区,为了减小剖面选取的主观性,本书按照以下原则选取剖面:横跨长江与清江间的分水岭地区,并且将长江和清江划在其内;剖面线尽量与两江及其分水岭垂直;沿着长江与清江的分水岭,从西向东分别做7条一级剖面,中间均穿插2条二级剖面(图5-2),选取剖面信息如表5-2所示。

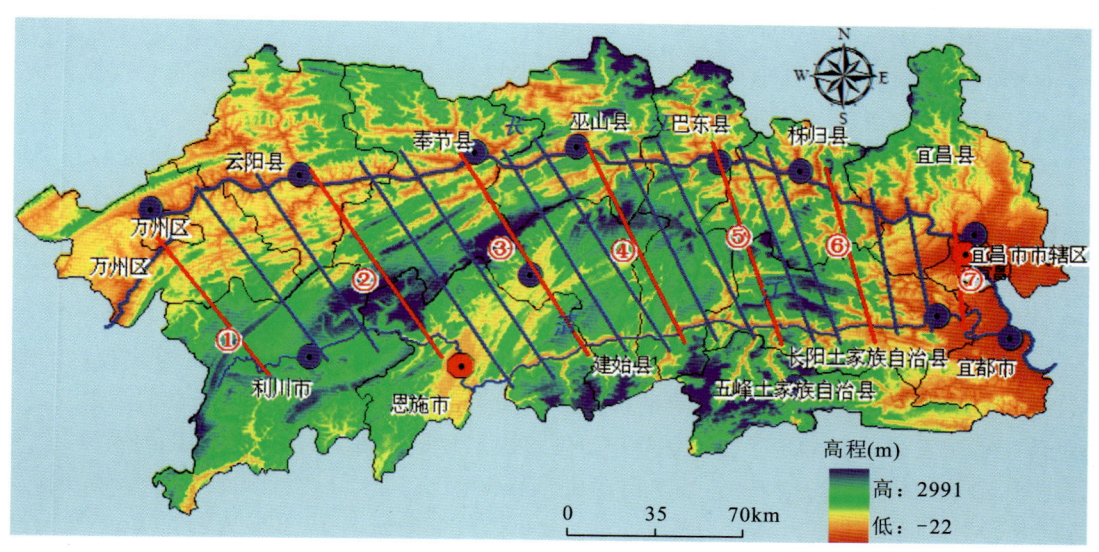

图 5 - 2 研究区地貌高程模拟及剖面选取位置

表 5-2 剖面信息

编号	起点位置	终点位置	水平距离(km)	采样点个数
①	万州	利川	71.0	4 895
①	小周镇	团堡镇	88.9	6 123
①	火石岭	向家湾	100.1	6 907
②	云阳	恩施	106.02	7 325
②	红狮镇	大明山	109.5	7 377
②	朱衣镇	毛家槽	100.0	6 907
③	奉节	杉树堉	89.9	6 204
③	草堂镇	陶家岭	89.8	6 198
③	双龙镇	柿子树岭	98.5	6 648
④	巫山	东门山	85.6	5 904
④	三湾	二木坪	83.9	5 786
④	九墩屋基	孙家坪	75.2	5 189
⑤	巴东	渔峡口	76.3	5 261
⑤	黄家山	黄柏山	76.4	5 268
⑤	安仓坪	淹水堉	58.0	3 999
⑥	秭归	沙子岭	50.7	3 498
⑥	麻栗坪	渡口坪	49.5	3 417
⑥	白岩山	黄荆庄	38.8	2 676
⑦	宜昌	宜都	28.7	1 978

(二)地形剖面信息提取

地形剖面通常反映的是地形在某一断面上的起伏状况。研究地形剖面,通常以线代面进而研究区域的地貌形态、轮廓形状、地势变化以及地表切割强度等。

地形起伏度是指地面某一确定范围内最高点与最低点的高差,是定量描述地貌形态,划分地貌类型的重要指标。地形起伏度在一定程度上反映地貌的发育阶段,年轻的近期强烈抬升,褶皱或断裂形成的形态多有较大的起伏度,而年老的经受了夷平作用的地形起伏度较小。起伏度大小又是决定近期侵蚀作用强弱的重要因素之一,对地质灾害形成的地貌背景研究有重要的意义。

按照地貌发育的基本理论,存在一个使最大高差达到相对稳定的最佳统计窗口(徐汉明等,1991)。对于相同的 DEM 随着网格单元由小到大,单元内最高点与最低点的高差无论何处总是从小变大。一般情况下这种高差开始以较快的速度增加,以后增加的速度较缓。当单元面积达到某一阈值后,这种高差基本稳定在一个数值上。基于以上理论与数学结果,同时考虑到 SRTM-DEM 的 90m 水平分辨率,为了减小插值带来的误差,本书选取 990m×990m 为最佳地形起伏度统计窗口,其结果应具有稳定性和代表性。对于提取的剖面线,我们选取 990m 作为地形起伏度统计步长区间,剖面高程及地形起伏度如图 5-3 所示。

第五章 地貌及第四纪地质

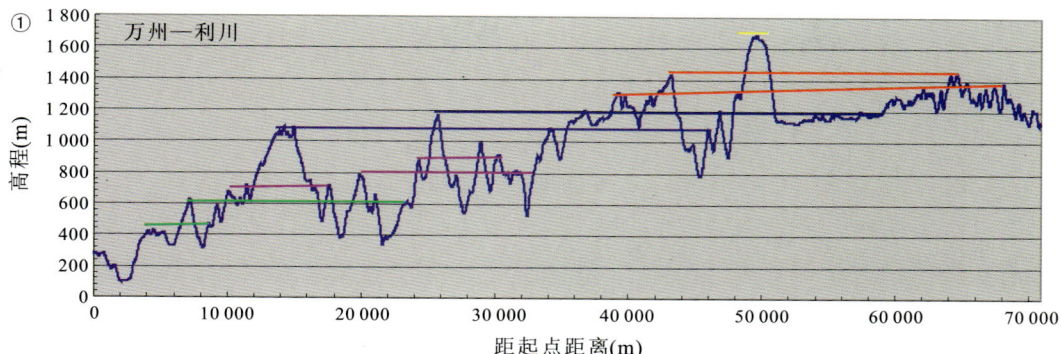

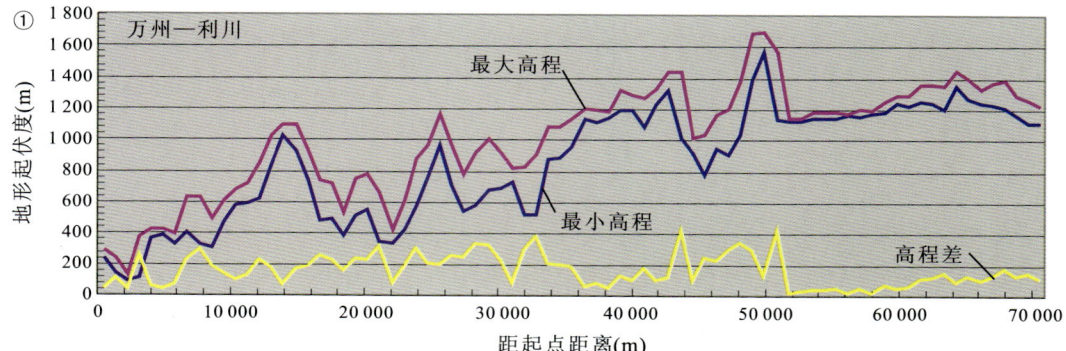

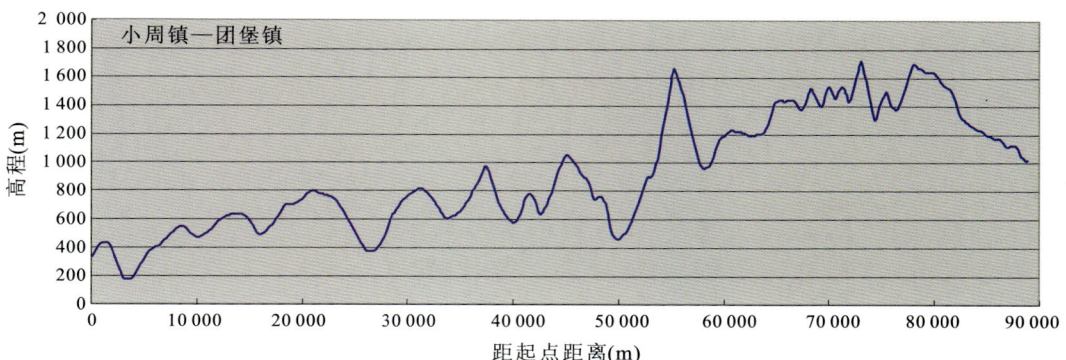

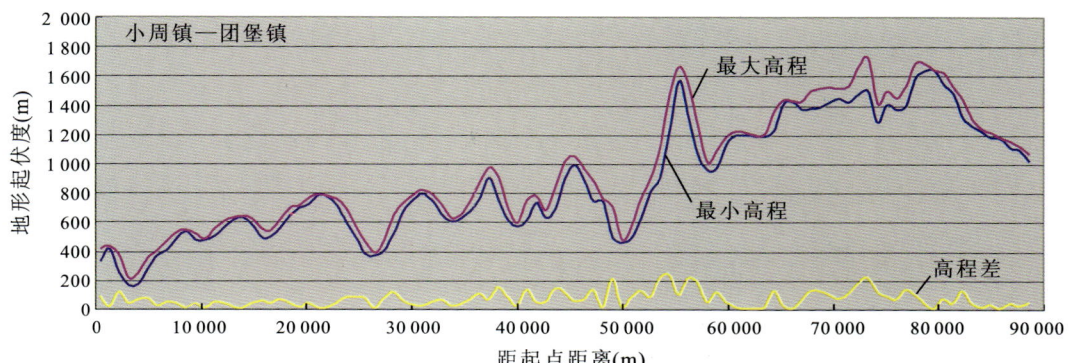

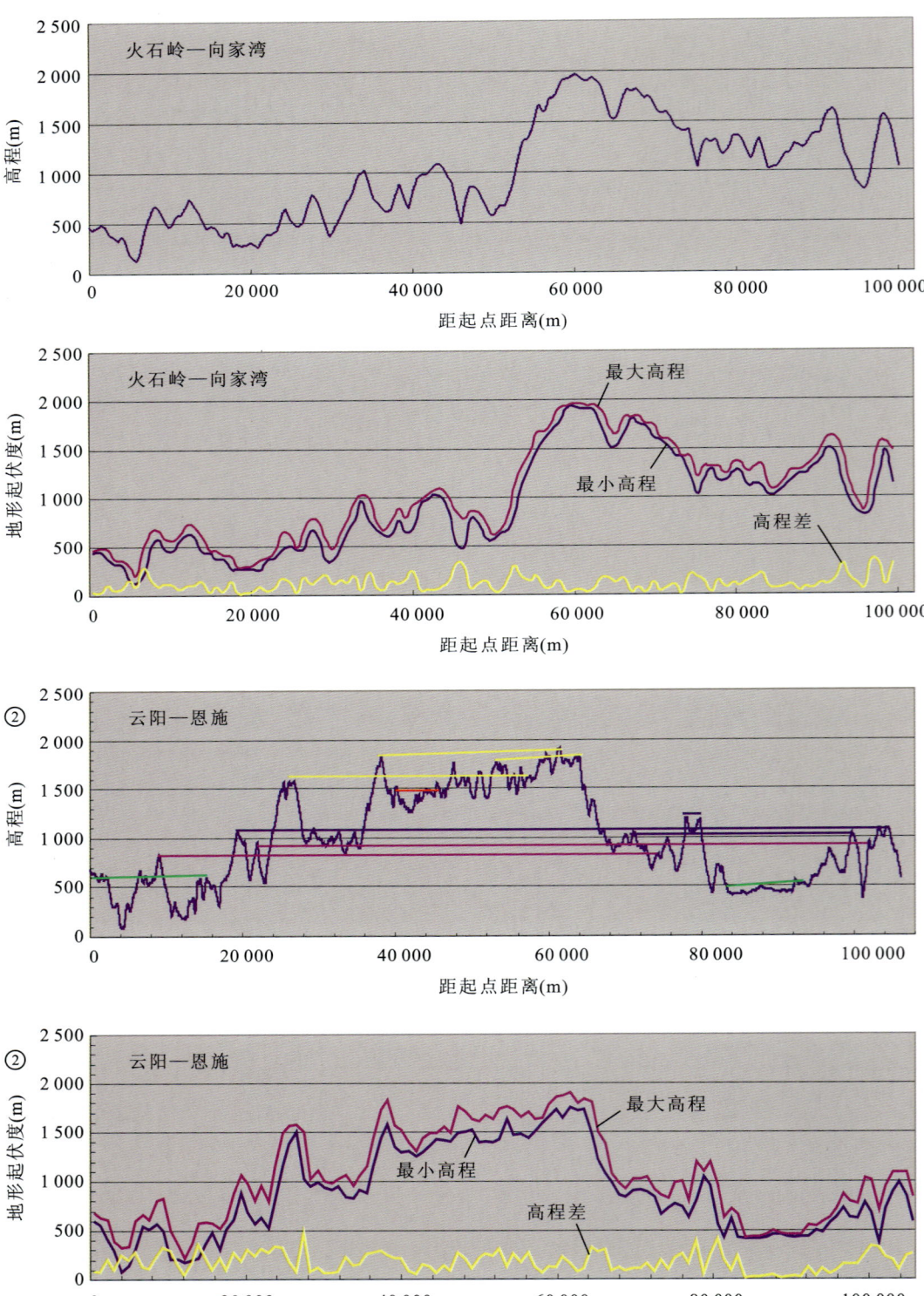

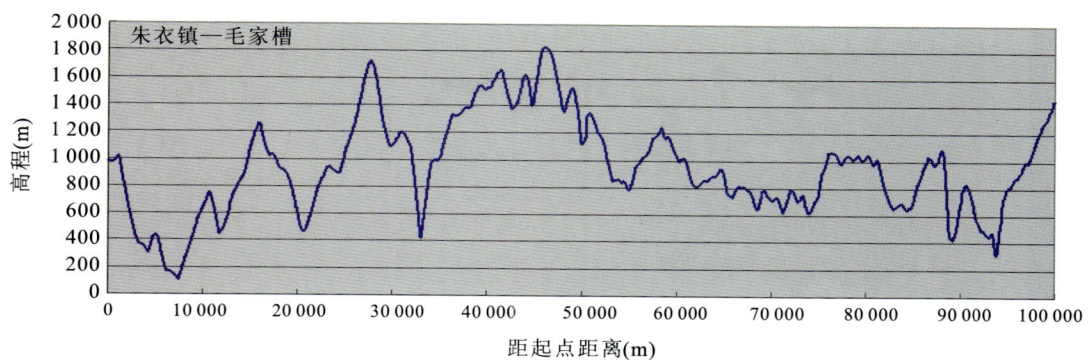

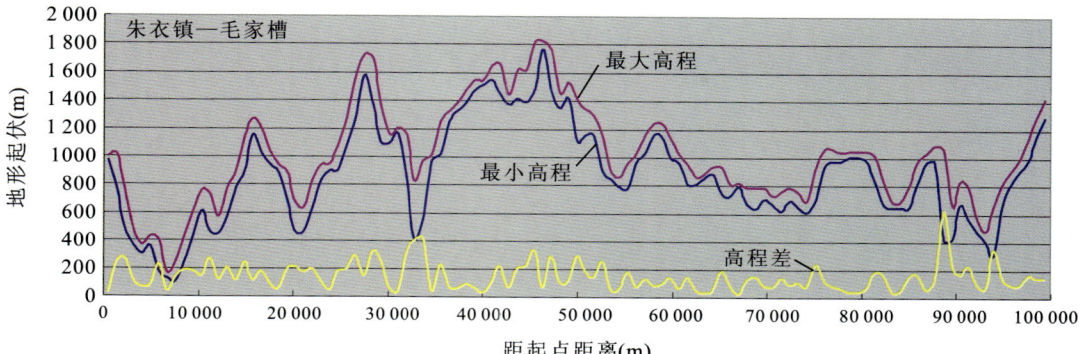

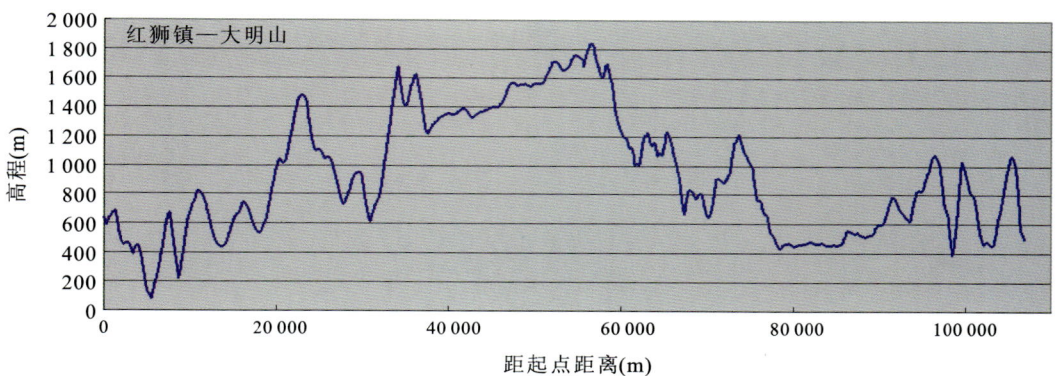

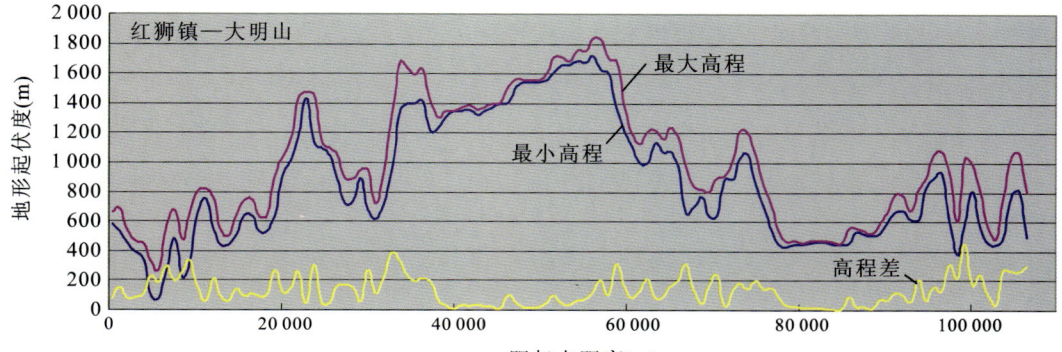

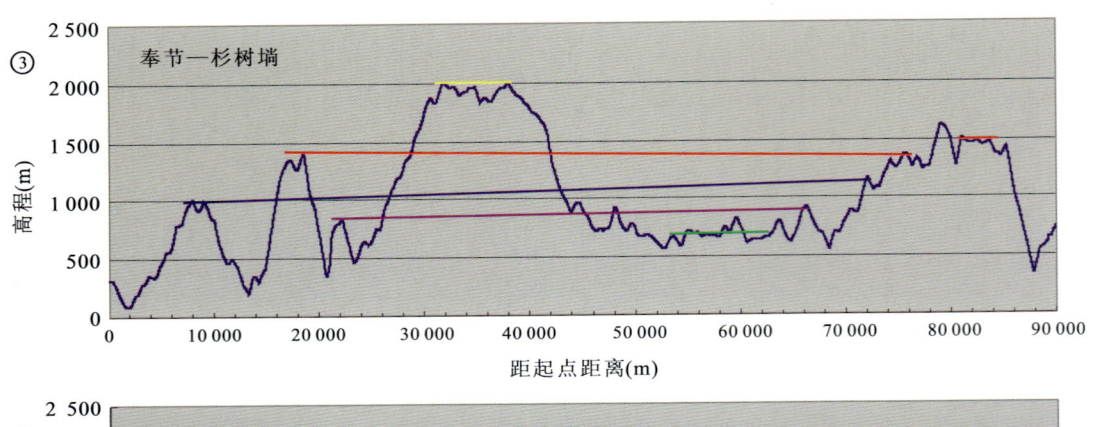

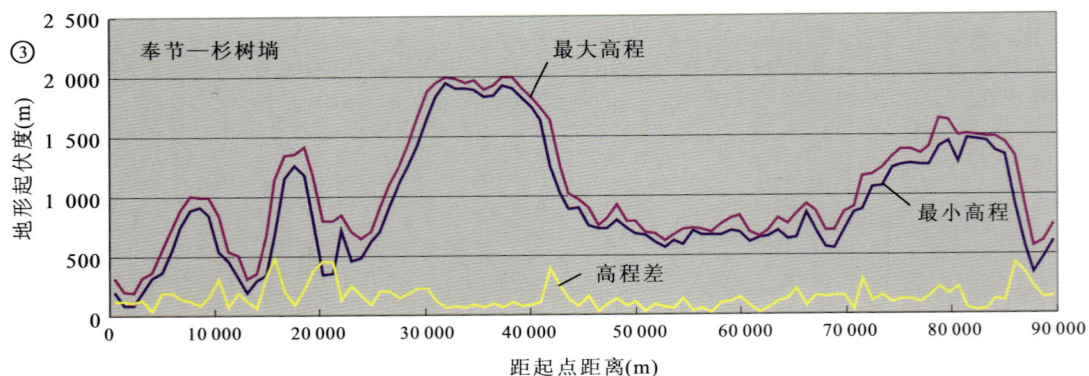

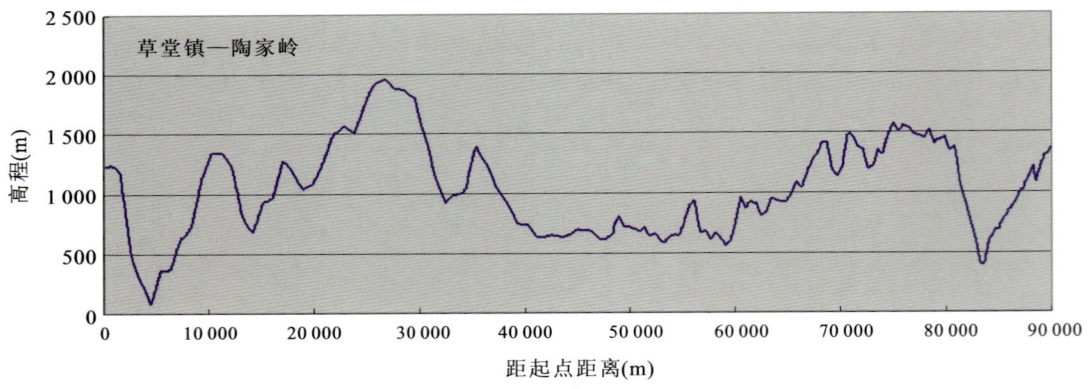

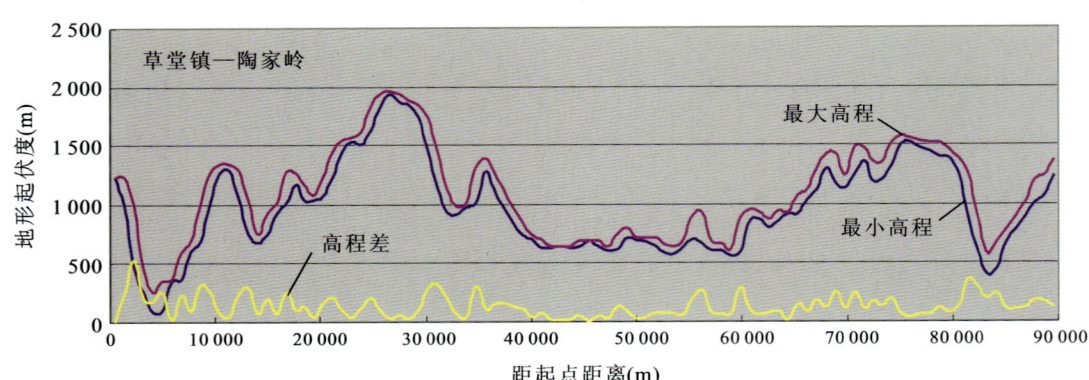

第五章 地貌及第四纪地质

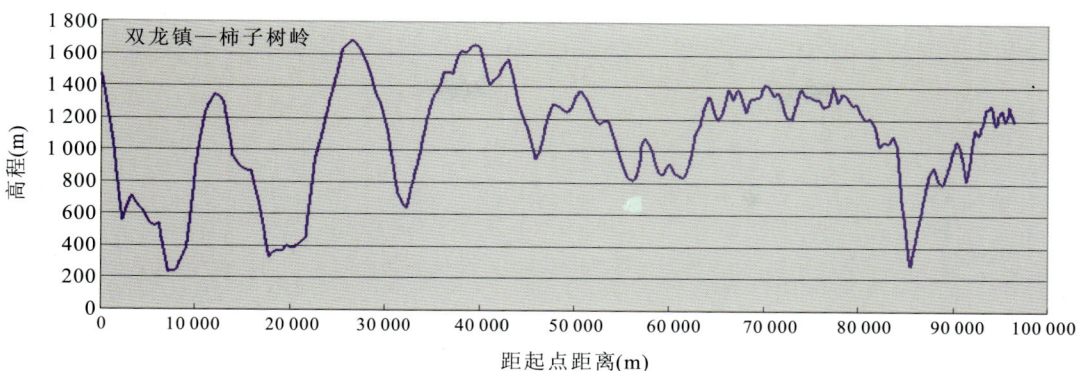

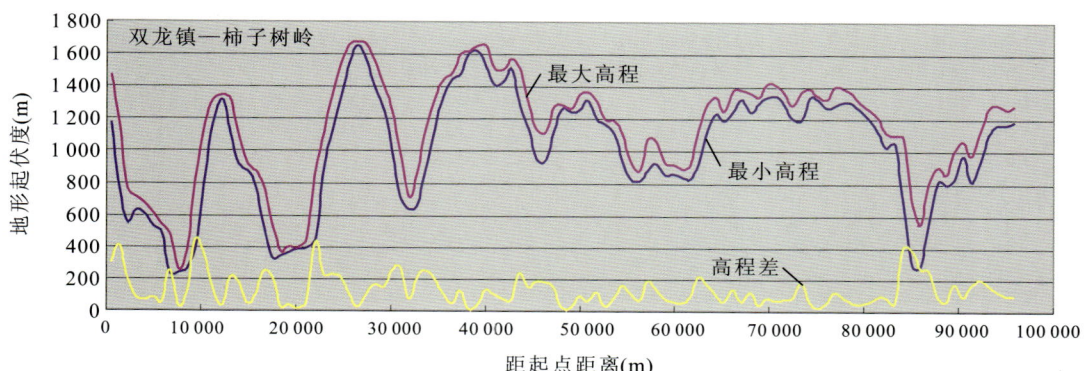

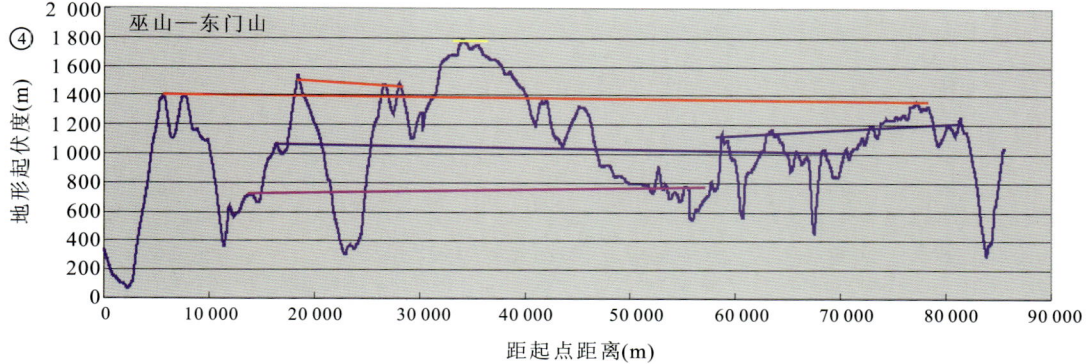

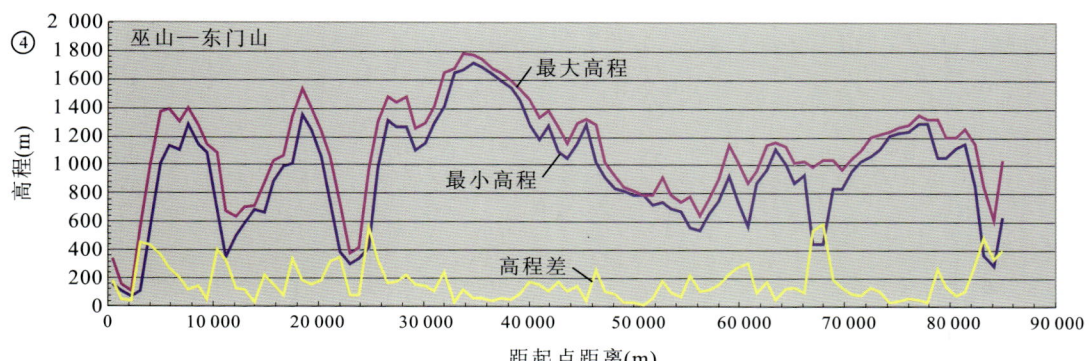

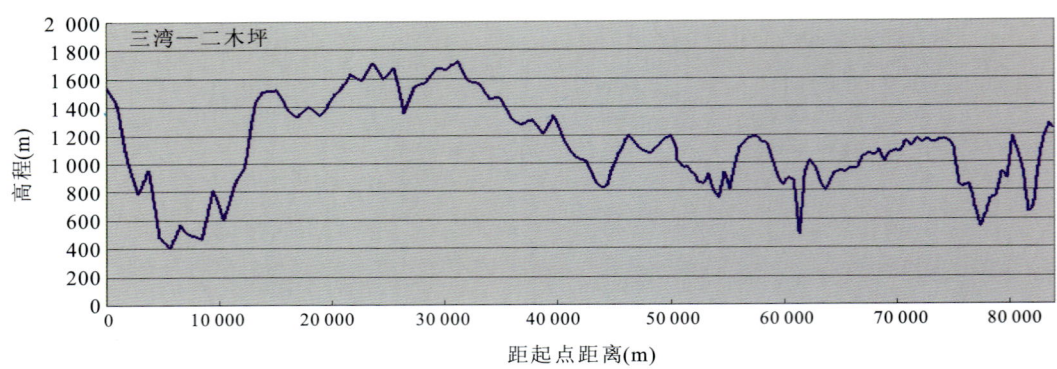
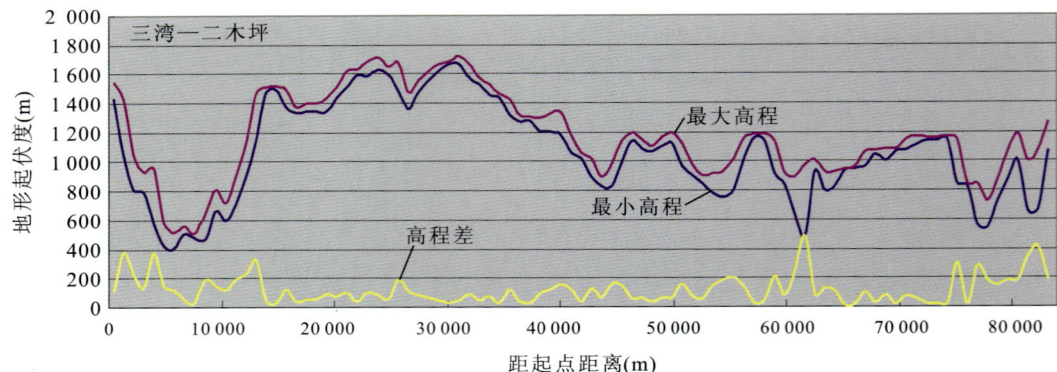
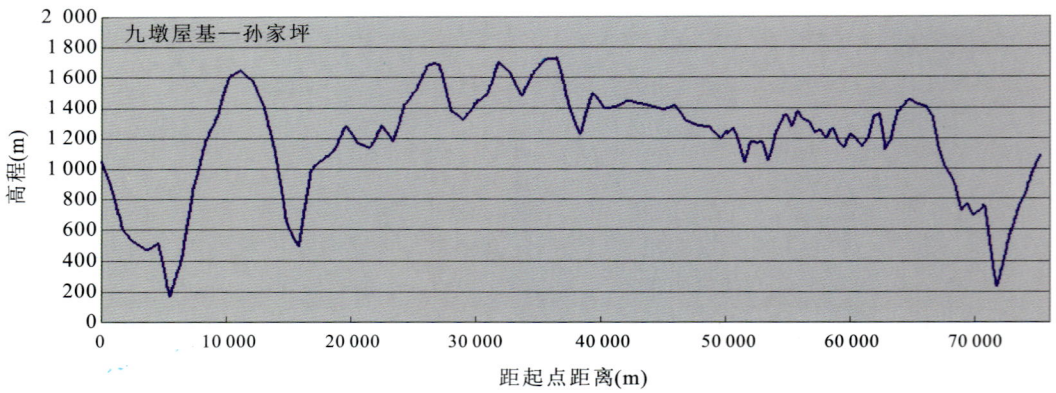
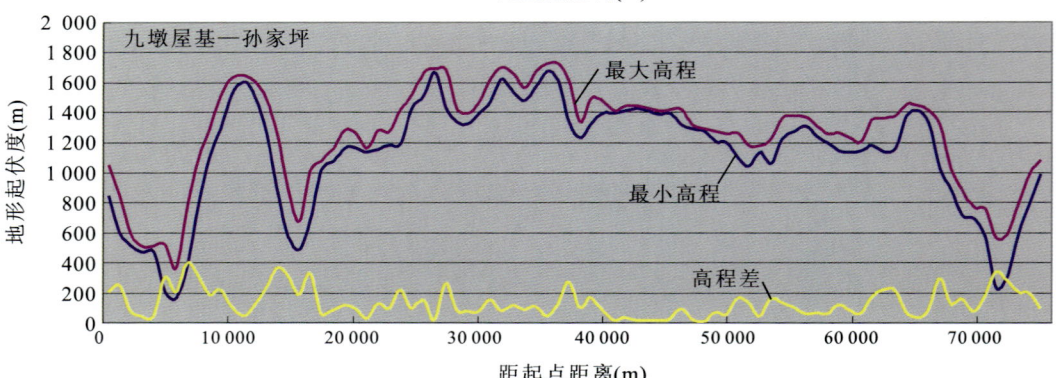

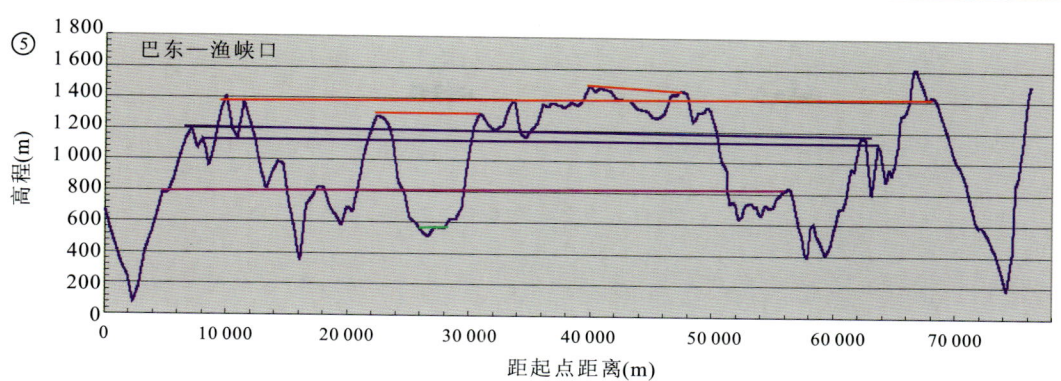

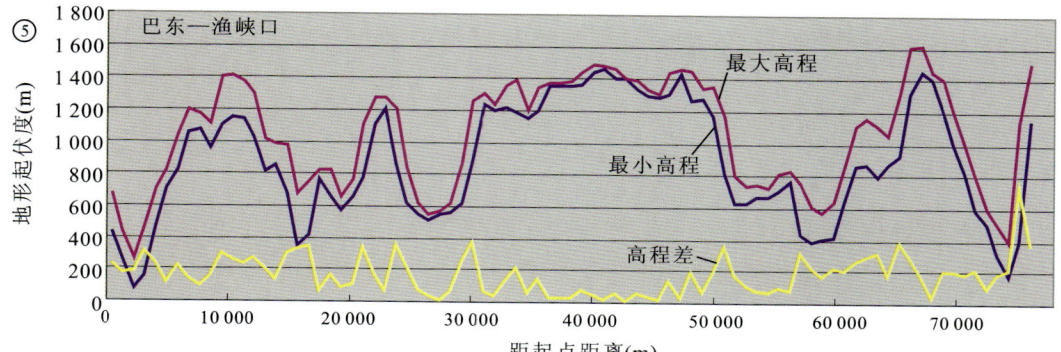

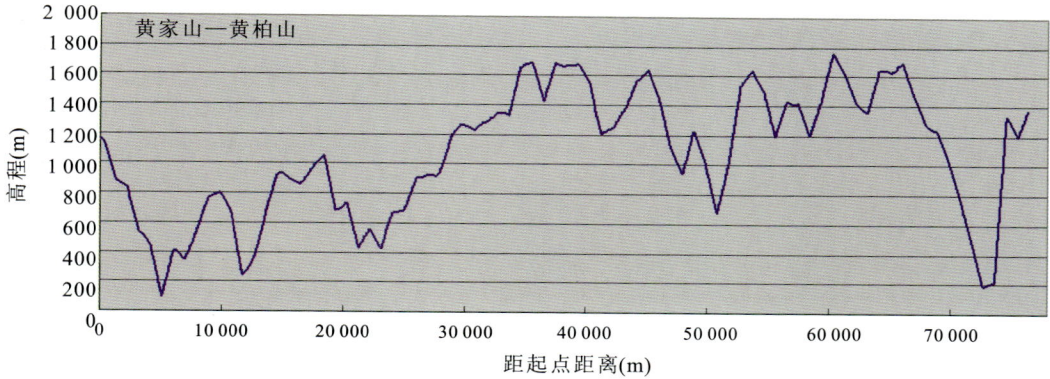

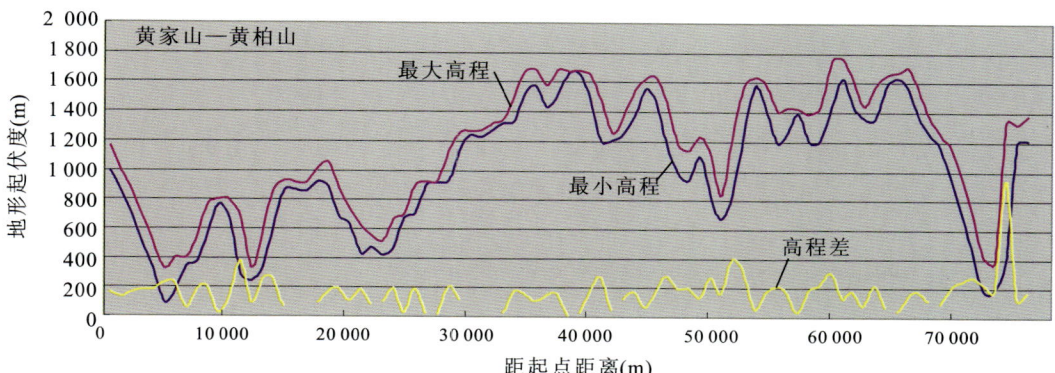

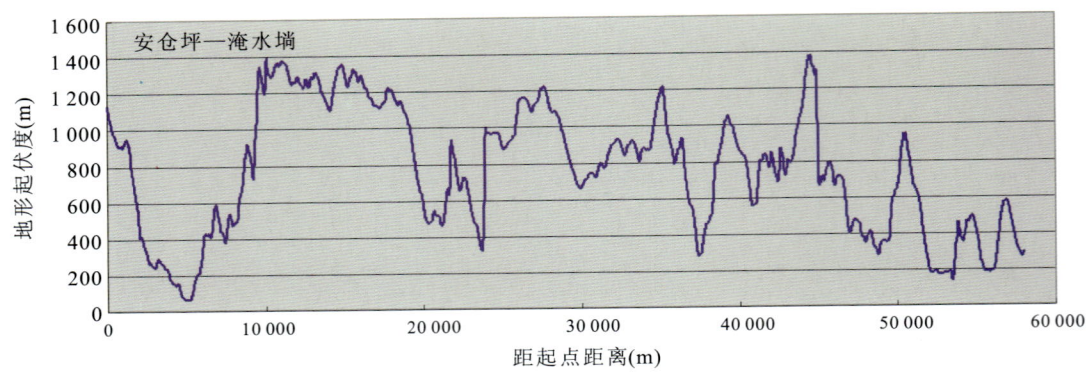

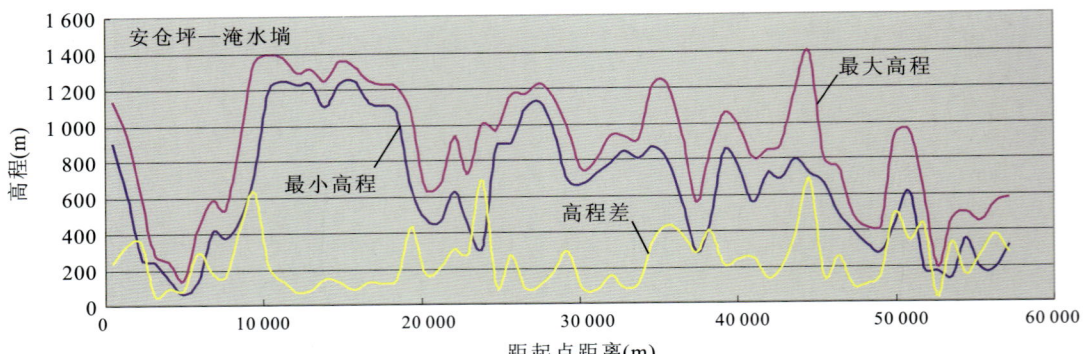

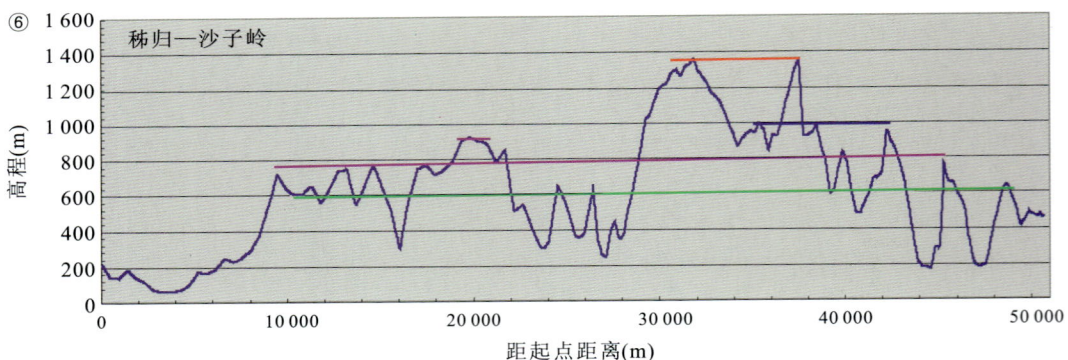

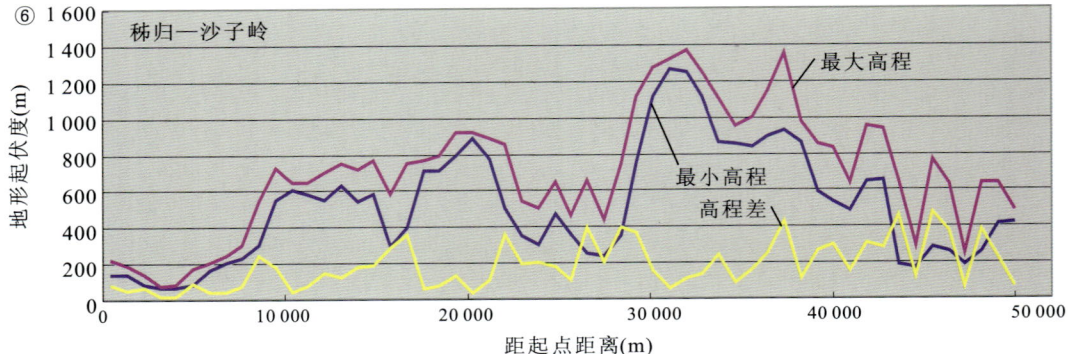

第五章 地貌及第四纪地质

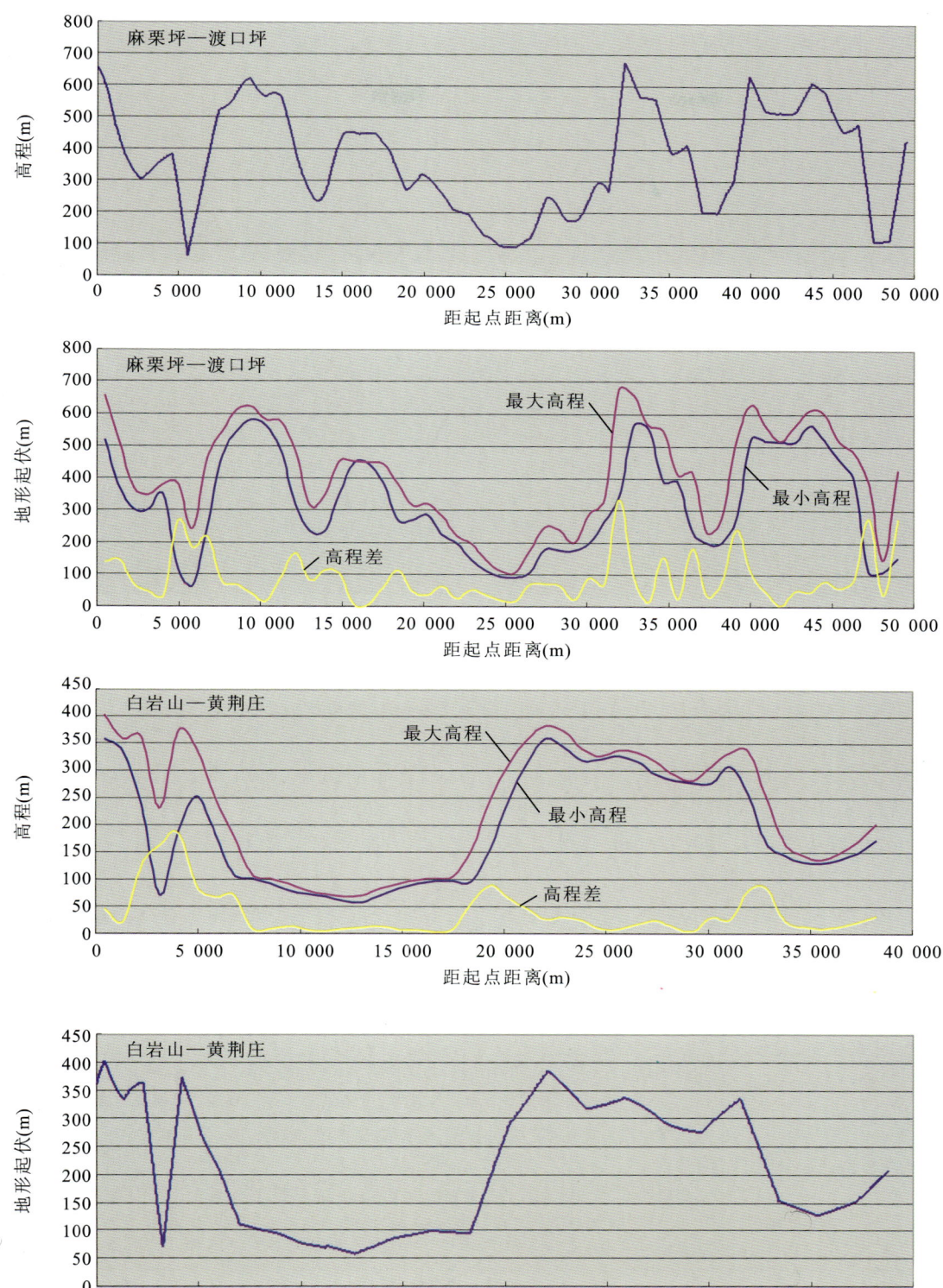

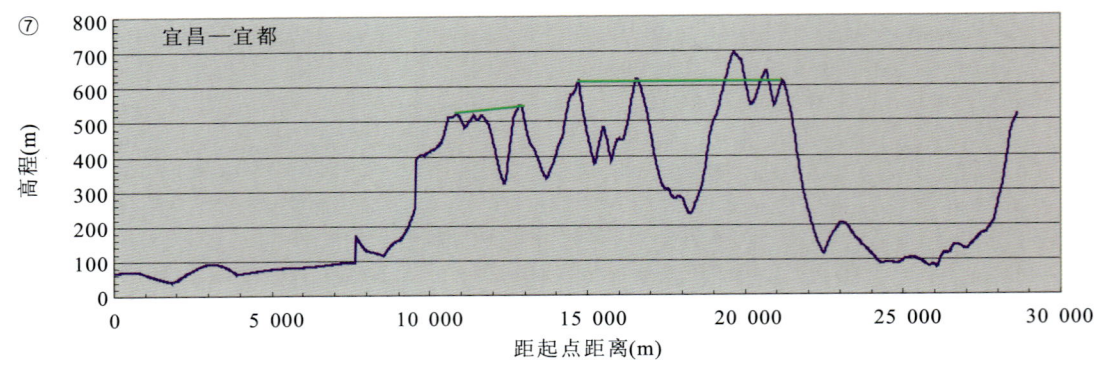

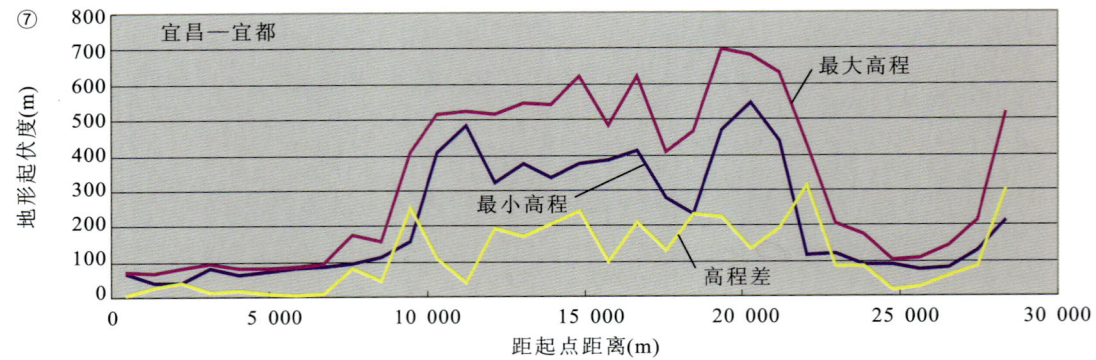

图 5-3 研究区地形剖面分析

注：①、②、③、④、⑤、⑥、⑦为 7 条一级剖面

根据图 5-3，比照剖面横跨区域地貌图分析，对比结果表明，三峡地区存在五级夷平面，其分布高度分别为：1 700～2 000m（Ⅰ级夷平面）、1 300～1 500m（Ⅱ级夷平面）、1 000～1 200m（Ⅲ级夷平面）、800～900m（Ⅳ级夷平面）和 500～600m（Ⅴ级夷平面）（表 5-3）。各级夷平面的特征如下。

表 5-3 三峡地区夷平面分布

夷平面	高程范围(m)	主要分布区域
Ⅰ	1 700～2 000	在区域内云台荒、南荒、茅坪坝、龙潭坪、绿葱坡、天鹅池、摩天岭、天宝山等地均可见
Ⅱ	1 300～1 500	较典型的地段有九畹溪东姚家包，大溪南侧大山顶、桃花山、何家包、庙湾、石佛寺、南陵关、石路漕、大面山、召风台等地。这级夷平面与低级夷平面呈陡坡或缓坡相接
Ⅲ	1 000～1 200	较典型地段主要有周家垴、谢家坝、陈家河、望坪、黑槽、野三关、凤凰岭大凉子、白沙坪、唐坪等
Ⅳ	800～900	分布较零星，夷平面分布的典型地区主要有秭归白果园、范家坪东凤凰、王家坪、高坪、凤尖头、长乐坪、香溪下游右岸一带、沙镇溪与长江分水岭间、荒口、袁家坪、黄粮坪、竹园坪、吐祥坝、庙宇等
Ⅴ	500～700	多见于长江两侧，常呈带状或片状穿插、展布于高山峻岭之间，另外于秭归盆地也有分布

第一期：该期夷平面主要分布在峡区西部，而峡区东部和盆地区分部比较零星。其分布高

程一般为 1 700～2 000m,即为Ⅰ级夷平面。该夷平面在长江两岸附近分布范围较小,多见于远离长江的近分水岭地带及背斜轴部,且延伸方向与背斜轴向一致,在区域内云台荒、南荒、茅坪坝、龙潭坪、绿葱坡、天鹅池、摩天岭、天宝山等地均可见到它的分布。一般来说,碳酸盐岩地区的夷平面不易完全破坏,经长期作用后,目前仍保存完好,表现为较广阔展布的岩溶台面;而非碳酸盐岩的夷平面则相对较易破坏掉,即使残存下来,范围亦较狭小,这也导致该夷平面在碳酸盐岩广布的南岸较北岸发育。该夷平面沿背斜轴部与下一级夷平面呈过渡缓坡相接,但在垂直背斜轴向上却因断裂岩性组合经常以陡坡形式转为低级夷平面。该夷平面形成后经历了长期的改造,碎屑岩区夷平面渐趋解体,成为狭窄的山脊,碳酸盐岩区夷平面上负地形增加,发育垂直岩溶形态,出现岩溶形态叠加现象。

第二期:该期夷平面在分布上仍然是峡区西部最为发育,南岸较北岸更为发育,多见于背斜轴部碳酸盐岩区,延伸方向与褶皱轴向一致。其分布高程一般为 1 300～1 500m,即为Ⅱ级夷平面。较典型的地段有九畹溪东姚家包,大溪南侧大山顶、桃花山、何家包、庙湾、石佛寺、南陵关、石路漕、大面山、召风台等地。该夷平面或分布于山顶,构成分水岭之岭脊;或分布于上一级夷平面周围;部分镶嵌于上一级夷平面之间,成为其中的低凹地面。该夷平面上许多地点均发现有经过磨圆的冲积砾石(层)残存,但砾石砾径一般较小,砾石成分较为单一(王令占等,2010),反映出峡区内水系较为密集,但河段规模不大。该夷平面形成以后受后期河流切割作用影响较大,夷平面顺延伸方向经常被深切河切断开,致使其残余面积一般较前一亚期夷平面要小得多。

第三期:该夷平面分布高程为 1 000～1 200m。主要沿次级褶皱或向斜核部分布,常展布于长江两岸各支流间的平坦分水岭地带,远离长江则多呈溶盆或溶洼镶嵌于上一级夷平面中。较典型的地段主要有周家垴、谢家坝、陈家河、望坪、黑槽及长江两侧、野三关、凤凰岭大凉子、白杨坪—九树槽、白沙坪、唐坪等。该夷平面在峡区具有由西向东倾斜的现象,由峡区西部至宜昌附近,高程从 1 000 余米逐渐下降为 700m、600m、500m 以至 200m 左右,这级夷平面上残丘高程差一般都不大,夷平程度较高,在一定程度上反映出其经历的侵蚀基准稳定时期较长。这级夷平面与低级夷平面呈陡坡或缓坡相接。

第四期:该期夷平面在峡区分布比较零星。高程为 800～900m。分布的典型区主要有秭归白果园、范家坪东凤凰、王家坪、高坪、凤尖头、长乐坪、荒口、袁家坪、黄粮坪、竹园坪、吐祥坝、庙宇等。它常常插到上一级夷平面中成为残丘间的宽谷,有时亦以条状山脊、岛状尖棱山峰等形态独立存在。该夷平面与上一级夷平面之间的高差由西向东逐渐变小,在西部川东褶皱区二者有明显高差,至东部高差可降至 100m 以下。

第五期:该夷平面定型时代为早更新世末,在此之后,地壳全面隆升,水流下切能力增强,造就了区内广泛分布的峡谷地形。该期夷平面在三峡分布较零星,表现为现代长江的上位宽谷,常呈带状或片状穿插、展布于高山峻岭之间,其高程 500～700m,即为Ⅴ级夷平面。该夷平面在峡区断续分布,延续向东西两侧并逐渐降低。它在一些较宽展的谷地段具典型的夷平面性质。

根据上述确定的各级夷平面分布高程范围,通过栅格计算及重新分类,将 DEM 进行高程分级。对不同高程区间设置不同的起伏度参数,为了保证夷平面的宏观特征能够得到最好的表达,通过多次试值的方法确定起伏度指标:500～700m 高程范围对应的起伏度为 200m;800～900m 高程范围对应的起伏度为 100m;1 000～1 200m 高程范围对应的起伏度为 200m;1 300～1 500 高程范围对应的起伏度为 200m;1 700～2 000m 高程范围对应的起伏度为 300m。在此分类标准下,得到三峡地区的夷平面分布图(图 5-4)。

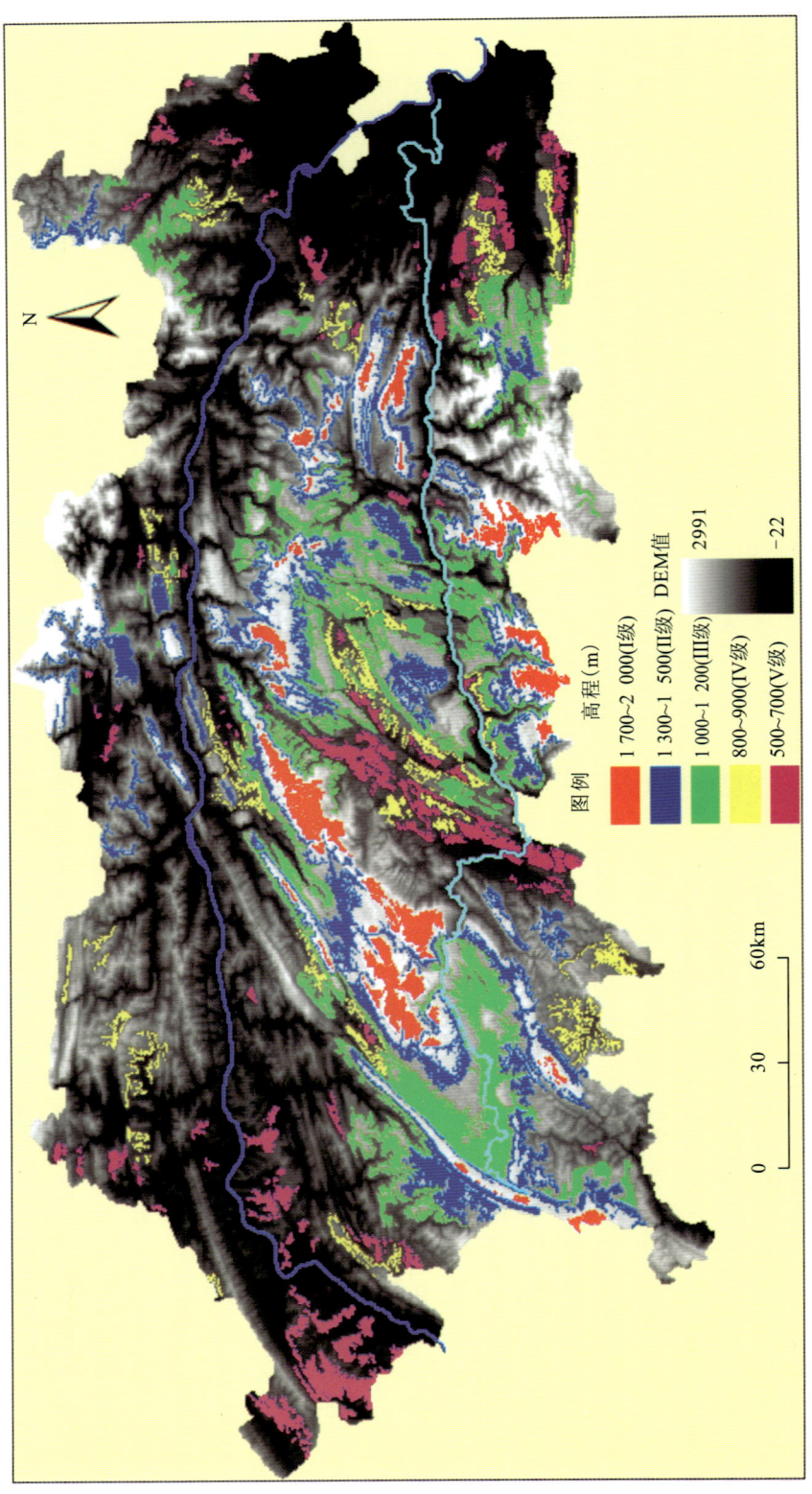

图5-4 研究区各级夷平面地理分布

三、三峡地区夷平面构造—地貌过程分析

古近纪至第四纪早期主要为剥蚀地貌,缺少地质时代的确定依据。结合前人的研究及与中国第二地貌阶梯夷平面的对比,三峡地区的夷平面形成时代大致为:第一、二期夷平面大致形成于古近纪,第三、四期夷平面大致形成于新近纪,第五期夷平面大约形成于早更新世早中期。

研究区在白垩纪燕山运动大面积隆升以来,一直处于整体性和低频震荡的间歇性抬升状态,即快速的抬升与较长时间平稳—剥蚀的交替。因此,形成了具有明显的阶梯状的地貌特征。

1. 古近纪地貌过程

三峡在燕山运动第二期以后,地壳处于相对稳定状态,此时溶蚀、剥蚀和侧向侵蚀作用十分活跃。燕山运动所造成的褶皱山地逐渐被夷平,而剥蚀下来的物质则堆积于鄂西山地的湖盆中以及江汉盆地西缘和四川盆地的一些山前盆地中,形成了一套白垩系碎屑沉积,至白垩纪末,形成了第一亚期夷平面。之后,本区有一次较强的构造隆升,致使第一亚期夷平面遭受分解破坏,至古近纪末最终形成了第二亚期夷平面。在这之后,由于新的地壳隆起(喜马拉雅运动),本期的发育历史结束。

2. 新近纪—第四纪早期地貌过程

该夷平面同样分为两个亚期,时代为晚第三纪至早更新世。早第三纪始新世末开始的喜马拉雅运动,在本区表现为间歇性的大面积抬升,同时使鄂西期所形成的平坦地面抬升破坏。当地壳又趋于相对稳定时,伴随着长期的溶蚀、剥蚀和侵蚀作用,于晚第三纪末、更新世初形成了第一亚期夷平面。第一亚期夷平面形成以后,地壳运动从较长期的相对稳定逐渐转为缓慢抬升,开始对前一亚期夷平面进行分解,形成了套生其间的许多宽敞平坦的岩溶谷地,即第二亚期夷平面。从夷平面上发现巫山庙宇镇猿人化石的古地磁年龄(201万~204万年)资料推测,第二亚期夷平面形成早于200万年。

第二节 长江三峡地区阶地研究

长江贯通三峡是长江发展演化的一次重大地貌事件,也是三峡地区新生代地质环境的一次重要转型。即由短期活动隆升—长期稳定剥蚀的低频构造旋回,转为隆升—稳定的间歇性抬升。其直接而明显的地貌表现就是由夷平面(宽谷)发育转为阶地演化阶段。根据近年来的研究(李吉均,2001;杨达源,2006),长江贯通三峡大约发生于第四纪早更新世中晚期。阶地成了这一时期以来该区地貌演化的主要证据。

一、长江三峡地区阶地的一般特征

1. 阶地的级次

三峡地区河流阶地可以说是三峡地区地质环境研究中学者们最关注的问题,从三峡研究开始一直持续至今,长达上百年的历史。同时也是长江三峡研究中最复杂的科学问题,仅仅阶地的级次这一最基础的问题,就观点各异,如从初期三峡无阶地,到后来的10级阶地、8级阶地、7级阶地、6级阶地和4~5级阶地(图5-5)。据野外调查,并结合前人的研究,我们认为三峡真正的阶地不会超过5级。

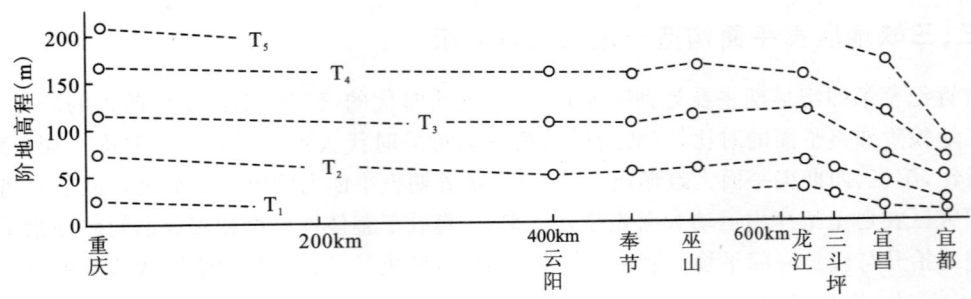

图 5-5 长江三峡的阶地位相图的比较(据杨达源,1987)
(阶地相对高度以一般洪水位起算)

2. 阶地特征及空间分布

长江三峡地段河谷从第四纪以来一直处于间歇性上升,普遍存在 4～5 级阶地,这些阶地一般都为基座阶地,个别地段也有堆积阶地。为了方便研究,将各地段阶地空间分布及特征分述如下(表 5-4)。

表 5-4 三峡地区阶地分布

地区	级数	分布地点	特征
奉节	T_1	奉节县城发育最为良好	相对高度 45m,多为堆积阶地,局部为基座阶地。粉砂质亚黏土、卵砾石层,支流可见二元结构
	T_2	县城后缘地带	相对高度 55～65m,为基座阶地,局部为堆积阶地。黄色粉砂质亚黏土,有时夹杂砾石层
	T_3	左岸营盘堡一带	相对高度 85～105m,为基座阶地,黄土状黏土夹杂砾石层透镜体,含钙质结核
	T_4	草堂河口白帝城右侧	相对高度 145～155m,属侵蚀阶地
	T_5	陈家湾一带	相对高程 255m,褐黄色亚黏土夹砂层堆积
巫山	T_1	旧县城所在地	相对高度 50～65m。阶面基本特征表现为"巫山黄土"直接覆盖在基岩平台之上
	T_2	巫山中学所在黄土残丘	相对高度 80～100m。阶地已基本被建筑物覆盖,从一些零星露头观察,表层为黄色黏土,在黄色黏土层中,时常可见钙质结核。下伏巴东组地层
	T_3	江东咀、北门坡一带	相对高度 125～155m。表层为黄色黏土,土质细腻不透水,厚 17～25m,黄土底部发现细砂
	T_4	下西坪、高唐观、秀峰乡一带	相对高度 185～195m。属侵蚀堆积型基座阶地,阶面向南倾,被头道沟、二道沟、三道沟切割为四块。阶地面表层为含砾黄土状粉质土(巫山黄土),厚 4～9m。该级阶面与巫峡口陆游洞的第三层水平洞等高
	T_5	太楼坪一带	相对高度 265m。有重力堆积,其上发育红色黏土。该级阶地面已被破坏,属侵蚀阶地
重庆	T_1	重庆长江南岸李家沱一带	相对高度约 30m。砾石层厚 12～15m,上部为富含钙质棕黄色、灰黄色亚黏土、粉砂土层,其间含有砂姜层
	T_2		相对高度 50m。这级阶地在川东的大、小河流中都发育良好
	T_3		相对高度约 70m。砾石层厚近 20m,砾径一般 3～7cm,比较均一,磨圆良好,扁平砾石多倾向西面,属冲积成因
	T_4	重庆大学内的松林坡阶面	相对高度 100m 左右。该处砾石层厚达 20m 以上,砾石为石英岩、片麻岩、花岗岩、燧石等。砾石磨圆良好,砾径一般 10cm 以内,大者超过 30cm,砾石间为鲜红色黏土充填
	T_5	生态九龙坡王家大山	相对高度 155m。砾石层厚 8m,红色黏土充填

3. 阶地高程

一般情况下,河流阶地的相对高度是指阶地面在当地河水面以上的高度。但是一年四季河水面的高度是在变化着的,因此不同学者测量阶地面高度的起始点也有差别,沈玉昌(1965)建议从当地河流的平水位起算,刘兴诗(1983)建议从当地河流的枯水位起算。长江三峡水流湍急,水位的年变幅都特别大,而且不同地点之间的差别也很大,因此,在对阶地高度进行测量时,若分别以平水位、枯水位、一般洪水位起算,同一级阶地的高度测得的数据差距可能非常大。为了达到统一性的目的,我们采用了海拔高度,数字均以米为单位,对前人的资料进行了整理,加上通过重点河段的野外调查,我们对三峡库区的河流阶地高程进行了梳理与汇总(表5-5)。

表 5-5 三峡地区不同江段阶地级次与高程(m)对比

江段\级次	T_1	T_2	T_3	T_4	T_5
三斗坪	77	95			
秭归	80	105	135	156~166	
新滩	80~82	100~105	135	156~166	
巫山	115~130	130	190~220	250~260	330
奉节	120	140	170	200	
云阳		140	175	207	
万县	140~150	160~170	210~260	268~278	312~320
重庆	180~190	203~213	225~230	258~273	295

4. 阶地形成的时代

阶地的形成年代一直是三峡地区阶地研究的难点问题。近年来,除了传统的地质地层、地貌地层对比外,铀系、古地磁、ESR、热释光、光释光和 ^{14}C 等方法均被运用,但目前尚不能取得一致认可。不同的学者、不同的测年方法之间甚至存在着巨大的差异,例如杨达源认为宜昌二级阶地形成于晚更新世中晚期,其中的钙质结核 ^{14}C 年代为 24 490±840a B.P.;第三阶地形成于上次间冰期,而谢明(1990)运用热释光(TL)年代测定法将宜昌三级阶地形成年代定位为 0.2Ma B.P.。鉴于目前阶地形成年代研究中存在的巨大差异,我们在汇总前人研究资料的基础上,提出三峡阶地形成时代框架(表 5-6)。

对于低级阶地来说,虽然由于采样位置、样品类型以及定年方法的差异,同一级阶地的年龄数据上存在一定范围的偏差,但总体仍然可以进行对比。但是对于高级阶地来说,由于阶地划分的不同,同级阶地的年龄值就存在很大的差异,彼此难以很好地对应。尽管如此,在不同的年龄数据中却都可以找到 0.7Ma 左右的高级阶地年龄。如:谢明、陈宝冲、杨达源的阶地年龄数据中,最老的阶地年代为 0.73Ma;田陵君等提供的最老 T_5 阶地年龄为 0.70~0.81Ma;李吉均等总结得到的四川东部盆地中 T_5 的年龄为 0.73Ma;宜昌—宜都所能获得的 T_5 阶地年龄为 0.7Ma。由此可以认为,0.7Ma 应该为一个重要的高级阶地年龄对比界限。

表 5-6　长江三峡阶地年代对比

阶地级数及时代	定年方法	资料来源
T_1：更新世晚期 $T_2 \sim T_4$：更新世初期—晚期 T_5 以上：更新世初期或稍晚	地层对比法	沈玉昌，1965
T_1：上更新统—全新世 T_3：中更新统 T_4：中更新统	T_1：^{14}C 测年，化石证据 T_3：化石及地层对比 T_4：地层对比	刘兴诗，1983
T_1：中更新世—晚更新世晚期 T_2：0.024 5Ma，晚更新世中期 T_3：0.09～0.11Ma $T_4 \sim T_6$：中更新世 0.73Ma 以来	T_1：^{14}C，热释光，古地磁 T_2：钙质结核 ^{14}C 测年 T_3：热释光 $T_4 \sim T_6$：古地磁测年限定	刘东生等，1990
T_1：6 500 年前 T_3：0.2Ma T_4：0.73Ma	T_1：^{14}C T_3：热释光 T_4：古地磁年龄限定	谢明，1991
T_1：0.011Ma，全新世 T_2：0.02～0.031Ma，晚更新世晚期 T_3：0.07～0.11Ma，晚更新世早期 T_4：0.34～0.54Ma；中更新世中期 T_5：0.70～0.81Ma；早更新世晚期	T_1：^{14}C $T_2 \sim T_5$：ESR	田陵君等，1996
T_1：0.01Ma T_2：0.024Ma T_3：0.09Ma T_4：0.11Ma T_5：0.73Ma	$T_1 \sim T_2$：^{14}C $T_3 \sim T_4$：热释光 T_5：古地磁年龄限定	陈宝冲，1996
T_1：6 570±110 年 T_2：24 490±840 年 T_3：9.09 万±0.45 万年 T_4：11.2 万±0.56 万年 T_5：距今 73 万年	$T_1 \sim T_2$：^{14}C $T_3 \sim T_4$：TL T_5：古地磁	长江水利委员会，1997
T_1：6 510±100(a)，Qh T_2：24 490±840(a)，Qp^3 晚期 T_3：0.909Ma，Qp^3 早期 T_4：0.112Ma，Qp^3 早期 $T_5 \sim T_6$：73～40 万年，Qp^2 早期	$T_1 \sim T_2$：^{14}C $T_3 \sim T_4$：热释光 $T_5 \sim T_6$：古地磁	邓清禄，2000
T_1：0.009～0.031Ma T_2：0.056～0.059Ma T_3：0.011～0.15Ma T_4：0.49Ma T_5：0.70～0.73Ma T_6：0.86Ma T_7：0.95～1.16Ma	T_1：^{14}C T_2：铀系法 T_3：热释光，电子自旋共振 $T_4 \sim T_7$：电子自旋共振	Li Jijun et al.，2001
T_1：0.01Ma，Qp^3 晚期—Qh 早期 T_2：0.03～0.05Ma，Qp^3 中晚期 T_3：0.09～0.11Ma，Qp^3 早中期 T_4：0.3～0.5Ma，Qp^2 早—中期 T_5：0.70～0.73Ma	T_5：ESR	向芳等，2005

从上述各位学者对三峡地区河流阶地的年代研究结果来看,第 T_6~T_5 级阶地大致形成于早更新世的后期,第 T_4~T_3 级阶地形成于中更新世,其中第 T_3 级阶地的上部细颗粒堆积可能是在中更新世末至晚更新世初期形成,第 T_2 级阶地形成于晚更新世早期或末次间冰期,而第 T_1 级阶地形成于晚更新世末期至全新世早期。

二、三峡地区长江深切(第四纪构造抬升)速率估算

第四纪以来的构造抬升和河流下切是一个问题的两个方面。从长江河谷—峡谷特征与河流阶地发育较差的特点来看,第四纪时期三峡地区以构造抬升间以短暂稳定为特点。若以河流的深切幅度除以河流的下切时间(该点阶地堆积物的 TL 年龄),可得到不同河段的下切速率(表 5-7)。用上述方法计算得出该河段该时段的平均下切速率:重庆河段 84.56cm/ka,涪陵河段为 93.9cm/ka,丰都河段为 69.8cm/ka,忠县河段为 77.65cm/ka,万州河段为71cm/ka,奉节河段为 83.8cm/ka,宜昌河段为 74.2cm/ka(杨达源,1988b)。整个三峡河段的平均下切速率为 81.2cm/ka。

表 5-7 长江三峡各段河流下切速率

河段	地点	河流下切幅度(m)	TL 年龄(ka B.P.)	下切速率(cm/ka)
重庆	李家沱黄家咀(T_2)	37	492 ± 3.90	77.7
	广阳坝大旗寺(T_4)	84	104.71 ± 8.90	80.2
	广阳坝大旗寺(T_2)	25	28.25 ± 2.40	88.5
	广阳坝大旗寺(T_2)	16	17.42 ± 1.48	91.85
涪陵	涪陵焦岩(T_2)	36	38.33 ± 3.26	93.9
丰都	丰都镇江镇(T_3)	56.8	81.34 ± 6.91	69.8
忠县	水平小区(T_1)	5	7.22 ± 0.61	76.2
	水平小区(T_2)	49	61.93 ± 26	79.1
万州	五桥寨子宝(T_4)	95	126.58 ± 10.67	71
奉节	白帝镇(T_3)	56.3	713 ± 6.39	74.9
	白帝镇(T_4)	93	102.86 ± 8.74	92.7
宜昌	三斗坪中堡岛	15	20.21 ± 0.9	74.2
长江三峡河段的平均下切速率				81.2

三、基于河流阶地的第四纪地质环境特征

大约于早更新世中晚期,三峡地区的地质环境进入了一个新的发展阶段。伴随着长江贯通三峡,即长江的形成,三峡地区的地貌环境由新生代早期(古近纪—新近纪)的夷平面发展阶段转为河流阶地发展阶段,共发育了 5 级阶地;从该时期三峡地区最主要的地质记录——河流阶地的发育特征来看,三峡地区的地壳构造活动由前期的以地壳较长时期稳定的夷平—较短时间的强烈抬升的低频间歇性构造运动转为以抬升为主的高频抬升—稳定的地壳活动。总的构造抬升速率约为 81cm/ka。受强烈的间歇性构造抬升,长江三峡段形成峡谷河段。随着河流的深切和两岸谷坡陡峻,为滑坡的发育提供了条件,三峡地区已有的滑坡测年资料也表明了

这一点(表 5-8)。

表 5-8 三峡库区古滑坡体的发生年龄

序号	滑坡名称	测试物质	滑坡年龄(10^4a)			资料来源
			TL	ESR	^{14}C	
1	新滩滑坡	平洞滑带土		4.46+0.89		张年学等,1993
2	大坪滑坡	滑带土	19.0 27.7+1.39			张年学等,1993
3	黄蜡石大石板滑坡	平洞滑带土	10.58+2.68 12+3.6	8.58+2.57 8.60+2.58		张年学等,1993; 长江水利委员会,1990
4	黄蜡石石榴树包		29.55+2.36	6.89+2.06		长江水利委员会,1990
5	黄蜡石谭家湾滑坡		7.48+2.24			长江水利委员会,1990
6	杨家岭滑坡	平洞滑带土	2.7			长江水利委员会 勘测总队,1990
7	白衣庵滑坡	滑带土	25.17+1.17 46.7+4.6			李玉生等
8	台子角滑坡		10~17	8.58+2.57 8.06+2.58		崔政权等,1999; 长江水利委员会,1990
9	黄土坡滑坡(上部)	滑带土石英	39.25 41.2 37.29			钟立勋等,1992
10	刘家屋场滑坡				3~4	崔政权等,1999
11	茨草沱滑坡	滑带土	26.6+1.33			张年学等,1993
12	百换坪滑坡	滑带土	33.14+1.65			张年学等,1993
13	旧坪主滑体	方解石脉		5.61+1.68		张年学等,1993
14	旧坪西滑体	滑带土	2.29+0.14			张年学等,1993
15	赵树岭、云沱滑坡		11.68+0.9			崔政权等,1999
16	曲尺盘滑坡	滑带土		9.1+1.8		张年学等,1993
17	藕塘滑坡		16~17			长江水利委员会勘测总队,1996
18	故陵滑坡		12.6+0.63 12.28+1.20	10~14 12.46+1.03		张年学等,1993; 长江水利委员会,1996
19	西城滑坡	滑带土		2.7+0.41		张年学等,1993
20	玉皇观滑坡				3.1	苏爱军等,2005
21	草街子、安乐寺滑坡		31~38			崔政权等,1999
22	太白岩、吊岩坪、枇杷坪滑坡		23~29			崔政权等,1999
23	巫山新城老滑坡				2~4	何满潮等,1996

第三节 三峡地区的水系特征与地貌演化分析

一、三峡地区的水系特征

1. 河流流域提取与划分

利用 DEM 数据在 Grass GIS 中使用 r. watershed 命令提取河网,河流长度阈值设置为 50m。然后使用 r. stream. order 脚本对各条河流进行分级。从中提取了 23 个流域,长江北岸的河流使用编号为 N1 至 N12,南岸的河流使用编号为 S1 至 S11(图 5-6)。

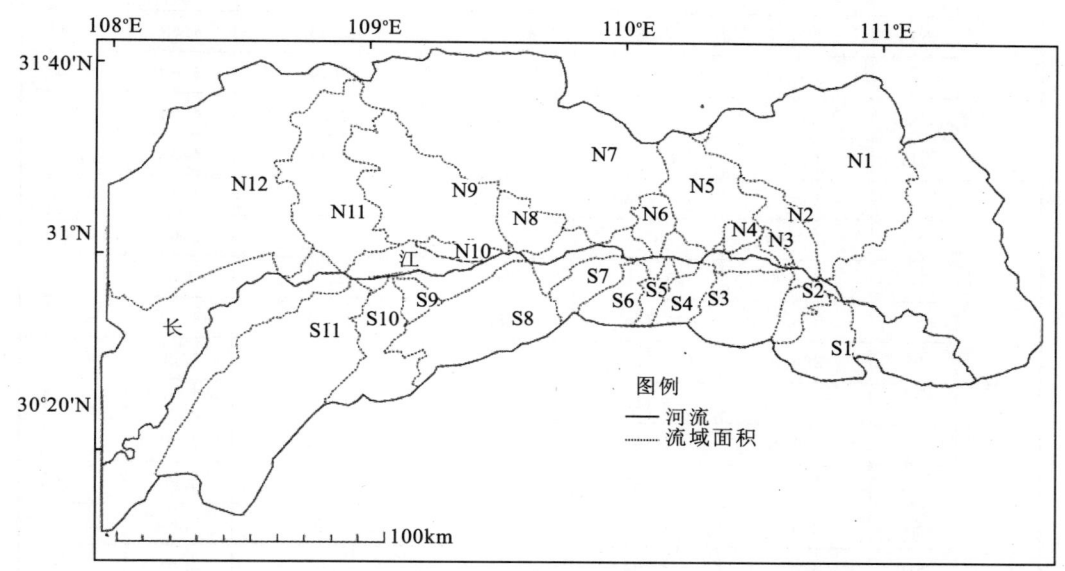

图 5-6 三峡地区河流流域

我们将 23 个流域划分成 4 组:3 个 8 级流域,6 个 7 级流域,10 个 6 级流域和 4 个 5 级流域。各个流域的编号及特征参数表如表 5-9 所示。

总的来说,三峡地区的河流可以分为四个等级,8 级至 5 级河流。北岸的河流要比南岸的河流古老些,因为所有的 8 级河流以及绝大部分的 7 级河流都位于北岸。南岸只有一条 7 级河流,并且还有大量的 6 级河流。

2. 地貌演化分析

上述结果显示,研究区地貌成熟度差异较大。西陵峡至瞿塘峡段长江两侧支流流域地貌成熟度比瞿塘峡至重庆段要年轻许多,巴东至巫峡段的河流地貌成熟度是最年轻的,这对我们理解这一地区的地貌演化历史提供了重要信息。一般认为,现代意义上的长江是川江与峡江之间通过河流袭夺方式形成的(Liu, 2009; Zhao, 1996)。关于分水岭的争论由来已久,有人认为黄陵穹窿是峡江与古长江的分水岭,有人认为是巫山。本研究显示,如果从河流地貌成熟度的角度来考虑,我们支持第二种假设,即巫山为三峡的分水岭。川江和古长江的边界应该在巴东至巫山之间,因为河流地貌成熟度研究显示这一地区的河流最为年轻。在各个支流流域中,N11、N12、S10 和 S11 的地貌成熟度是最为古老的四个。我们可以肯定地说巫峡是三峡的三个峡谷中最后一个被切穿的峡谷。

表 5-9 研究区流域特征参数

级次	流域	面积(km²)	河流总数(条)	总长度(km)	河网密度(km/km²)	河流频数	分叉比
8级	N1	3 224.0	15 599	8 593.1	2.67	4.84	3.88
	N7	4 147.7	19 174	10 809.6	2.61	4.6	4.08
	N12	4 625.0	21 989	12 177.7	2.63	4.76	4.16
7级	N5	1 024.7	4 661	2 648.9	2.58	4.55	4.08
	N9	1 930.8	9 008	5 193	2.69	4.67	4.37
	N11	1 634.54	7 664	4 217.5	2.58	4.69	4.3
	N8	401.33	1 958	1 101.51	2.74	4.88	3.49
	S8	1 233.71	5 746	3 313.3	2.69	4.66	4.33
	S11	2 959.58	12 593	7 306.5	2.47	4.38	4.66
6级	N2	385.6	1 708	942	2.44	4.43	4.23
	N4	120.66	560	293.7	2.43	4.64	3.43
	N6	258.6	1 215	697.1	2.7	4.7	4
	S1	576.7	2 726	1522.1	2.64	4.73	4.66
	S2	266.5	1 171	679.5	2.55	4.39	4.09
	S3	739.83	3 142	1 834.2	2.48	4.25	4.8
	S4	261.8	1 163	666.2	2.54	4.44	4.09
	S6	323.2	1 357	856.2	2.65	4.76	4.19
	S7	295.9	1 389	798.4	2.7	4.69	4.27
	S10	800.8	3 702	2 106.1	2.63	4.62	4.93
5级	N3	84.4	331	203.2	2.4	3.92	4.07
	N10	151.7	661	379.4	2.50	4.36	5.75
	S5	170.1	784	452.4	2.66	4.61	6.50
	S9	158.1	653	391.8	2.48	4.13	4.79

二、三峡地区各支流流域面积高程积分分析及地貌意义

1. 面积高程积分

面积高程积分是某一地区地形成熟度的一个量度,三峡地区面积高程积分值为 0.29,这表明这一地区处于老年期早期。但是在不同的流域间面积高程积分差别较大;表明他们的地形成熟度差异较大(表 5-10)。三峡地区大部分的流域都处于壮年期,其他流域差别较大。在 23 个流域中有 20 个流域是处于壮年期,它们的面积高程积分值处于 0.22~0.52 之间。在这些壮年期的流域中,4 个流域的面积高程积分值为 0.40,其中有三个流域位于长江北岸。有两个流域——S4 和 S5——的面积高程积分值为 0.62 和 0.67。一个流域(N12)处于老年

期,它的面积高程积分值为 0.27。这些数据同样指示了长江北岸的河流要比南岸的河流古老。而南岸中具有较高面积高程积分值的流域都位于巴东和齐岳山之间。三峡的北部和西部地区是最为古老的。

2. 面积高程积分曲线

面积高程积分曲线反映了流域高程的发展阶段,可分为三种类型:凸形显示流域地形处于青年期,S 形显示流域地形较为成熟,凹形显示流域地形已经进入了老年期(Strahler,1945)。三峡地区河流的成熟度和面积高程积分曲线(图 5-7)特征如下。

表 5-10 面积高程积分和流域高程参数

流域	级数	最大高程 H_{max}(m)	最低高程 H_{min}(m)	平均高程 H_{mean}(m)	坡度(°)	高程指数 H_i	地貌成熟度
N1	8	3 088.71	35.01	122.43	19.91	0.39	壮年期晚期
N5	7	2 952.88	76.03	115.36	25.05	0.36	壮年期晚期
N7	8	2 795.77	77.84	1 191.86	22.91	0.41	壮年期
N9	7	2 468.67	100.14	973.79	16.25	0.46	壮年期
N11	7	2 566.03	100.18	908.94	18.94	0.33	壮年期晚期
N12	8	2 554.54	58	743.59	16.06	0.27	老年期
N2	6	2 389.75	98.96	1 005.1	19.78	0.4	壮年期
N3	6	1 669.95	111.84	906.83	20.28	0.51	壮年期
N4	6	1 587.9	81.5	801.69	18.8	0.48	壮年期
N6	6	2 141.2	97.47	1 051.51	18.37	0.47	壮年期
N8	7	1 788.85	101.98	881.37	17.96	0.42	壮年期
N10	5	1 525.24	114.57	692.07	18.61	0.41	壮年期
S1	6	1 848.81	101.41	1 009.96	18.62	0.52	壮年期
S2	6	2 000.95	56.41	808.62	21.37	0.39	壮年期晚期
S3	6	1 878.94	97.44	912.39	18.5	0.46	壮年期
S4	6	1 874.02	97.42	1 167.85	18.91	0.62	青年期
S5	6	1 924.38	37	1 294.3	18.9	0.67	青年期
S6	6	1 969.94	101.3	1 081.64	22.66	0.52	壮年期
S7	6	1 801.18	90.5431	862.85	17.27	0.45	壮年期
S8	7	2 115.05	53.67	1 050.38	16.84	0.48	壮年期
S9	5	1 807.16	103.35	790.77	17.38	0.4	壮年期
S10	6	2 123.9	104.137	982.77	21.54	0.44	壮年期
S11	7	1 853.59	83.23	919.164	14.32	0.47	壮年期
总面积(km²)		3 088.71	10.56	895.78		0.29	老年期早期

(1)大多数流域的面积高程积分曲线为 S 形,显示了其河流成熟度较高。

(2)N12 和 N11 流域是研究区中最古老的河流,它们位于齐岳山背斜,即瞿塘峡的西侧,这两个流域中的河流出现的时间早于其他地区的河流。

(3)不同流域间的 S 形曲线也是不同的:N1、N9、N6、N4、S8 和 S9 的 S 形曲线形状是最好的。位于北部地区以及在巫山和黄陵岩体间的河流，比如 N3、N8、N10、S1、S2、S3 和 S7，它们的 S 形曲线显示了这些河流处于成熟期的早期。S4、S5 和 S6 显示为一个凸形的曲线，表明河流还处于一个较为年轻的时期。S10、S11 的形状比较复杂，显示了上凹下凸的特征。这可能与它们处于一个特殊的地貌成因阶段或者侵蚀循环有关。这些河流都位于长江南岸。

（4）从西陵峡到巴东地区河流成熟度逐渐变老；从巴东到巫峡，河流非常年轻；从瞿塘峡至重庆的河流又变得非常古老。

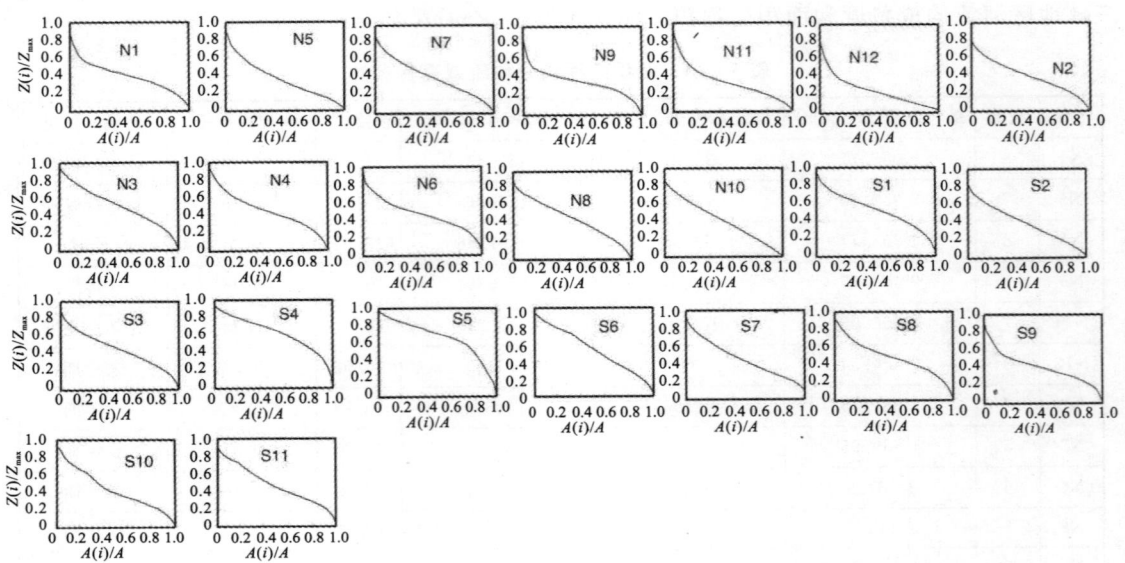

图 5-7 研究区各流域面积高程曲线

（$Z(i)$ 为流域内某个点的高程值，Z_{max} 为流域内最高点的高程，二者的比值为面积高度积分曲线，代表流域成熟度）

三、三峡分水岭（横石溪背斜）水系基线图分析及地貌意义

（一）制作等基线图

利用 ASTER GDEM 30m 分辨率图像，在 Linux 系统下使用 GRASS GIS 软件完成了研究区的等基线图制作。在所有的河流流域中，有两个水系切穿了横石溪背斜。我们重点分析这两个水系的特征。将按照 Strahler 的理论所得到的栅格图像转换成向量图，然后提取 2~3 级河流所对应的水系流域范围。在这两个流域中可以得到 40m 的等高线，然后将等高线叠置在 2~3 级河流的栅格图像之上。2~3 级河流流域与等高线相交的地方会生成一个向量点。使用 spline 方法将这些点转换成栅格图和等基线平面。对 3~4、4~5 级河流采用同样的方法。在高程栅格图中提取高程剖面，2~3 级和 3~4 级等基线图用来分析侵蚀面的变化。

此外，我们也做了其他一些地貌学分析。向量等高线图转换成 3D 向量图后，将高程图像覆盖在这些 3D 图像之上，这样可以得到背斜和峡谷的三维地形。我们可以对这些峡谷进行判别和测量。沿着西南到东北的方向，将横石溪上的峡谷标定为 V1~V9。与此同时，按照如下标准制作了研究区的坡度图：0°~10°，10°~30°，大于 30°（图 5-8）。制作坡度图的目的是判断背斜的对称度，这样可以判断背斜的两翼是不是具有相同的坡度。

(二) 横石溪背斜各个峡谷及其对应流域特征分析

南西—北东走向(∠65°)的横石溪背斜长100km。背斜上共有9个峡谷,它们的特征参数如表5-11。这些峡谷都非常大,最长的一个峡谷(V6)就是三峡中的巫峡。其他峡谷分别位于长江南、北两岸;V1~V5属于长江南岸的峡谷,V7~V9属于北岸。这些峡谷沿着南北向,或者北西—南东向垂直切穿横石溪背斜。

表 5-11 横石溪背斜9个峡谷特征参数

峡谷编号	V1	V2	V3	V4	V5	V6	V7	V8	V9
长度	4 786	3 846	5 504	4 829	4 997	11 998	8 678	3 623	5 076
走向	154°	158°	131°	167°	148°	135°	160°	199°	174°
河流级数	1	5	5	3	3	6	5	2	5
左侧高程(m)	1 540	1 300	1 350	1 350	1 225	1 300	1 750	1 295	930
右侧高程(m)	1 530	1 420	1 350	1 350	1 190	1 890	1 625	1 260	870

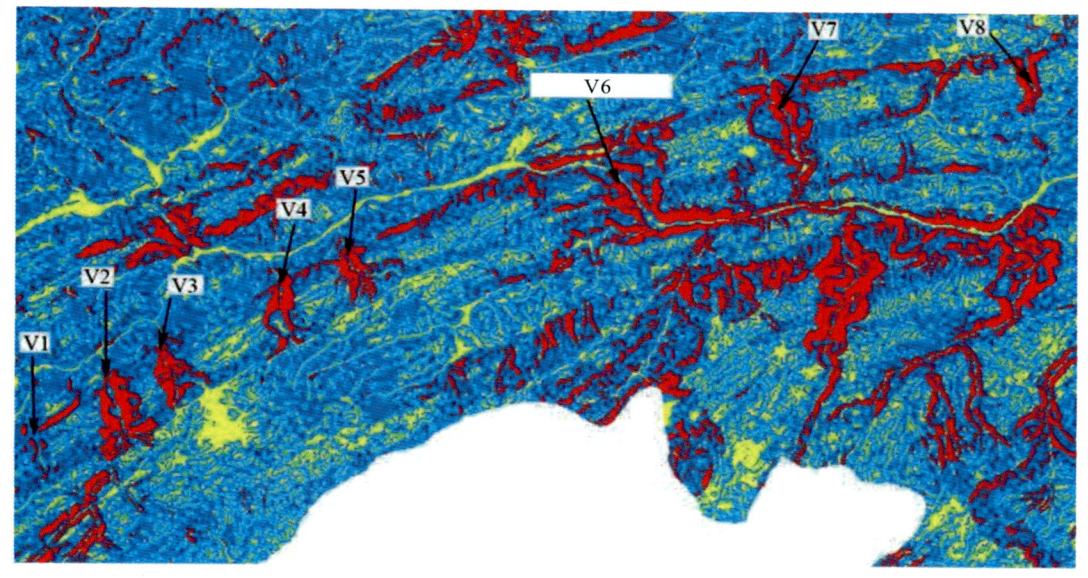

图 5-8 横石溪背斜坡度(黄色=0°~10°,蓝色=10°~25°,红色≥25°)

峡谷中的河流具有不同的河流等级、长度以及流域面积。V6中的河流就是长江,它的河流等级最高。其余的有4个峡谷中的河流是5级河流,2个峡谷中的河流是3级河流,以及1个1级河流和1个2级河流。南岸的河流明显更长,更有继承性,河流成熟度更高,南岸河流的长度几乎为北岸河流的4倍,流域面积几乎为北岸河流的5倍,甚至更多。

(三) 等基线图分析

1. 长江北岸各个支流流域

等基线图揭示了河流在不同时间段的等基线变化。对比2~3级河流和3~4级河流的等基线图可知,随着流域内河流的正常侵蚀,流域的最低点从144m降低到96m。从2~3级河流到现在,流域内最低点在构造抬升的作用下持续上升。由于我们无法得到三峡地区的抬升高度数据,无法证实以上观点。但是通过分析,从2~3级河流到现在,三峡地区至少抬升了1m。这些等基线图也同时显示了流域内一些地区,比如河流的源头和峡谷地区发生了大规模的侵蚀,高程明显降低。与此同时,一些地区形成了湖泊。如果继续做更高等级的等基线图,峡谷V7会发生关闭,在其上游会出现盆地形状的凹陷(图5-9)。如果在V7峡谷上游有一个湖泊,切穿背斜的河流抵达湖泊后,水量大增,其侵蚀能力增强,V7可以快速形成——即便是这个河流非常小。关于这个湖泊的成因,我们认为是河流袭夺的结果。河流被袭夺后,其上游因为流域面积小,降水量小,这个断头河可能会在一些相对低的地方形成小型湖泊。在构造运动或者其他因素的影响下,湖泊的水可能会溢出,这时这个湖泊周缘的水系会发生重新调整(Douglass et al,2009)。

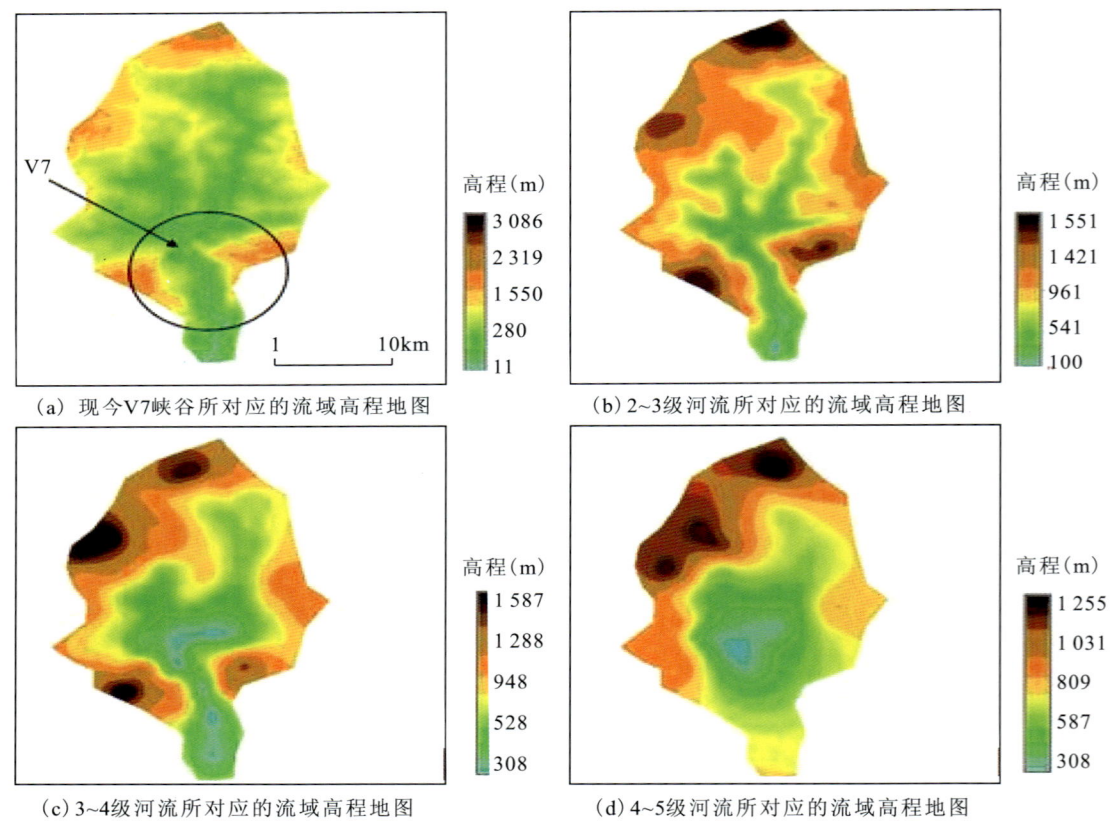

图5-9 长江北岸各个支流等基线图

我们在V7峡谷所对应的流域内做南北向的剖面图,揭示了另外一个很奇特的现象:基于3~4级和2~3级河流等基线图中出现了比较大的波动(图5-10)。从源头至背斜之上,3~4级河流的剖面线与其他几条剖面线同步变化。在背斜往下至长江,即峡谷V7往下,3~4级河流与其他两条剖面线反向。出现这种现象的原因目前我们还不清楚。我们推测,这可能与这条支流切穿背斜后,河流流域面积迅速变大,水系大规模调整有关。

2. 长江南岸各个支流流域

与北岸的各个支流相比,南岸的支流发展更有继承性。但是从等基线图上可以看出,不同

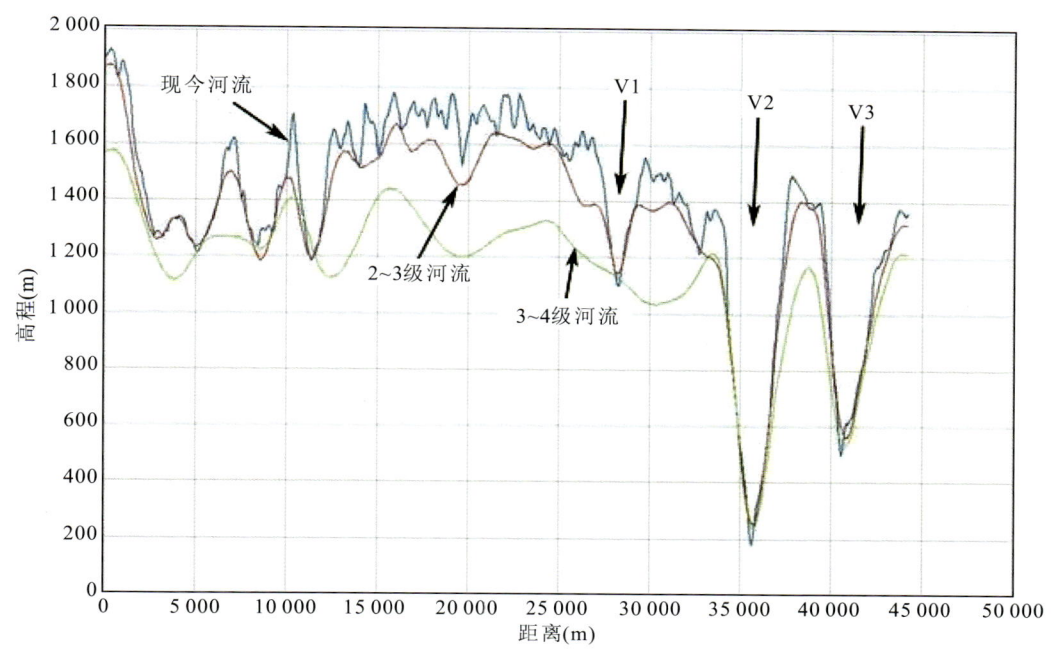

图 5-10 河流高程剖面图
现今河流高程剖面(蓝线),2~3级河流高程剖面(红线),3~4级河流高程剖面(绿线)

支流又稍有些不同。峡谷 V1 是横石溪背斜上最小的峡谷,但是在高程地图上可以清晰地识别出它的位置。

在 2~3 级河流等基线图上,峡谷 V1 中的一条河流变成了分水岭两侧的两条河流,峡谷中出现了分水岭。在 3~4 级河流等基线图上,V1 已经完全消失了,V2 和 V3 这两个峡谷的面积和长度也变小了。我们推测,位于长江南岸的各个支流的发展主要以河流的溯源侵蚀和袭夺为主。

在河流的高程剖面图上,我们可以看到流域的高程并没有太大的变化,只是在个别地区有一些微小的变化(图 5-10,图 5-11)。

(四)三峡分水岭(横石溪背斜)水系基线图分析所指示的地貌意义

本书利用等基线图分析了横石溪背斜(巫山)上的两个流域内的侵蚀地貌特征,尤其是背斜上的支流所形成的峡谷的等基线图分析,对我们了解川江和峡江的形成过程有重要的指导意义。研究结果显示,不同峡谷的成因并不相同。南侧的峡谷(V1、V2、V3)是由于河流的溯源侵蚀和袭夺形成的;而 V7 可能是由于河流的溢流作用形成的。河流溯源侵蚀及袭夺方式的差异是背斜两侧不同的坡度所造成。前人已经对不对称背斜上的河流演化过程进行过研究(Gregory,2004;Humphrey et al,2000;Stokes et al,2003;Strahler,1945)。

背斜中的河流称为走向河。在非对称背斜上走向河的支流可以分成两种河流:一种为倾向河,另一种为逆倾向河。倾向河发育在坡度较缓的一侧,以地表径流所产生的面状侵蚀为主;逆倾向河发育在坡度较陡的一侧,以向下侵蚀为主。横石溪背斜上的大多数峡谷均为这两种河流的袭夺所形成。V7 可能是个特例,它是由于河流的溢流作用所形成。在流域上游地区

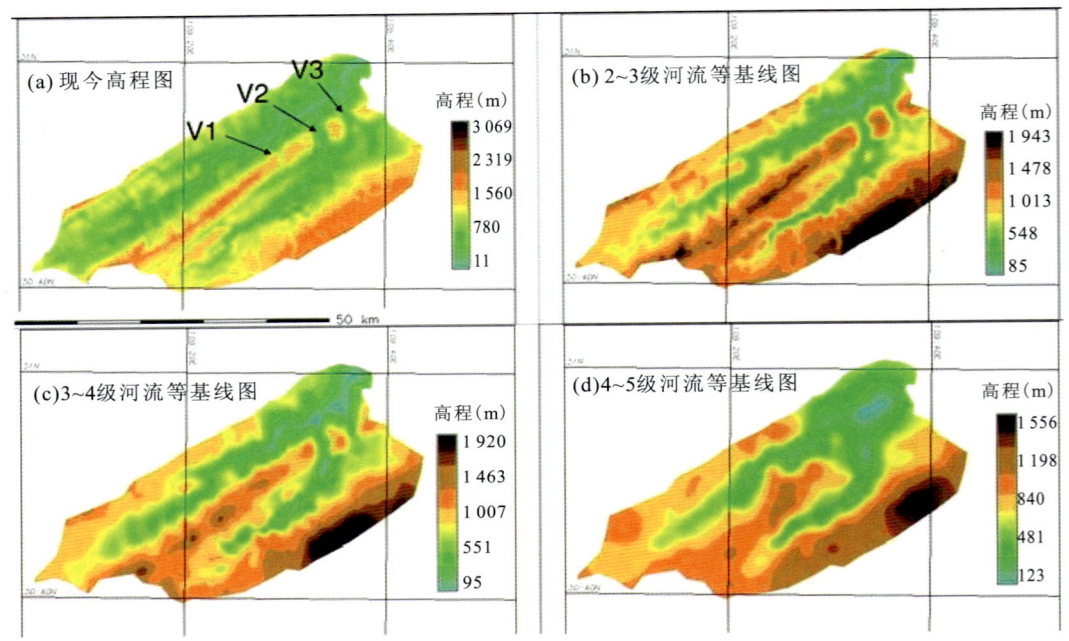

图 5-11　长江南岸各支流等基线图

曾经有一个湖泊,如图 5-12 所示,背斜右侧的河流通过溯源侵蚀作用切穿了背斜,与湖泊相连接后水量大增,峡谷被迅速切开。

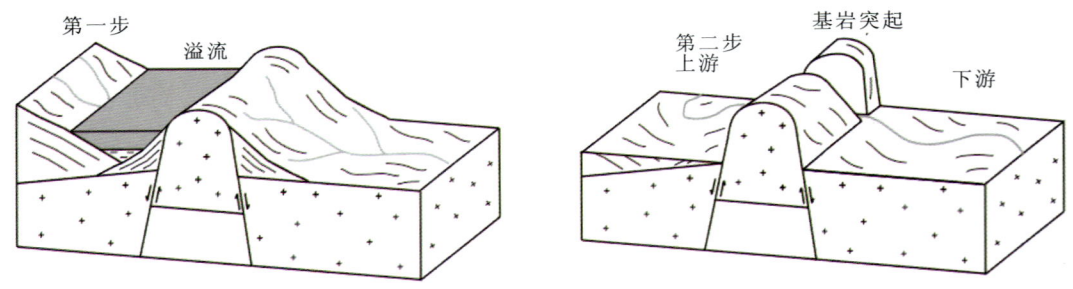

图 5-12　河流溢流过程示意(Douglas et al,2009)

以上这些结论对长江的形成有着重要的意义。推断川江和峡江的袭夺分为如下三个步骤(图 5-13)。

(1)三峡地区构造地貌是由一系列的背斜与向斜组成。起初三峡地区的河流主要分布在向斜内(Bishop,1995;Gregory,2004;Twidale,2004)。

(2)向斜里的河流沿着向斜内部发生河流溯源侵蚀。因为河流两侧的坡度不同,形成倾向河和逆倾向河两种河流发展模式。

(3)最后,逆倾向河袭夺了倾向河,形成了新的河流。

也就是说,长江并不是一条先成河或者叠置河,而是通过背斜两侧河流的溯源侵蚀和袭夺而形成的。V7 峡谷的成因可能与其他峡谷不同,是通过河流的溢流作用形成。

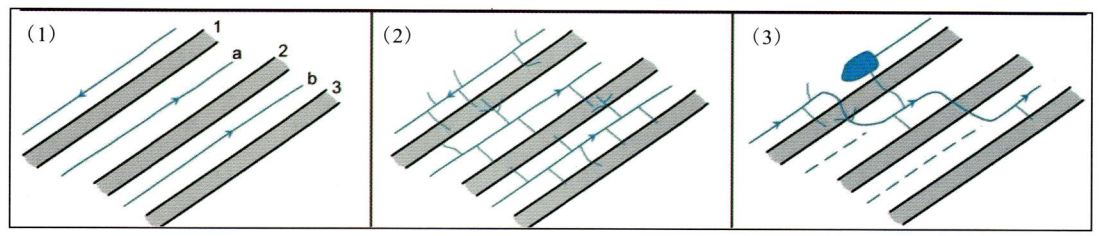

图 5-13 巫峡袭夺过程示意
1、2、3-背斜；a、b-河流

第四节 "巫山黄土"的研究

三峡地区第四纪时期以间歇性构造隆升为主，地质作用以水系侵蚀作用占主导，除了滑坡等边坡重力堆积外，区内第四系发育较差。本次调查新发现了两处厚度较大、土状堆积剖面——巫山剖面和势大岭剖面，这是迄今为止三峡地区出露最好、厚度较大的第四纪堆积剖面，对三峡地区第四纪研究具有重要意义，故本次工作将其作为研究重点进行了较系统的调研。

黄土是大气环流作用的直接产物，因而是研究过去大气环流演化过程和机理的理想地质材料。位于川东高原三峡地区的"巫山黄土"（刘兴诗，1981），是黄土高原之外的一处重要黄土堆积。由于该黄土处于东亚冬季风和青藏高原季风的风尘物质"外延"区域，具有重要的研究价值，自发现以来一直为我国地学工作者所关注。但由于该黄土位于长江峡谷区，受地形影响呈零星点状分布，厚度常依其地貌位置的不同而差异较大，且受堆积之后强烈的边坡地质作用的改造和掩埋，剖面出露较差。前人所研究的"巫山黄土"剖面大都厚度较小（一般仅数米），且出露不完整。寻找沉积连续、厚度大、出露完整的剖面，一直是我们努力的方向。本次调查在新巫山县城南发现的黄土剖面厚度达15m，顶底清楚，出露完整，被认为是目前发现的最好的"巫山黄土"剖面，是一个重大的发现。本次工作针对"巫山黄土"形成时代与成因进行了系统研究。

一、"巫山黄土"沉积物岩性地层特征研究

1. "巫山黄土"岩性特征

此次新发现的"巫山黄土"剖面位于巫山县客运港附近的长江左岸，该剖面为一建筑工地人工新开挖的露头剖面，厚达15m，剖面不但新鲜，且顶底清楚，出露完整（图5-14）。从出露条件和厚度来看，这是迄今为止"巫山黄土"研究最理想的剖面。剖面的岩性较均一，主要由褐黄色和黄色的粉砂和砂质黏土组成，含有少量的钙质结核；剖面无层理，垂直节理发育，大孔隙明显，未见明显的古土壤层，岩性剖面特征见图5-15。根据研究剖面不同深度物性、成分等差异，将剖面进行了初步分层，剖面厚度约为15.4m，依据野外观察从下至上可以分为四层。

第四层，耕植土层：暗灰色，土质疏松多孔，含较高的腐殖质，其中的根系和虫孔较多，水

分含量较高，手搓能够成条状。厚约1m。

第三层，棕黄色黄土层：棕黄色粉砂质黏土。上部2m部分质地均匀、疏松多孔，有少量碳酸盐白色小点分布，偶见植物根系和钙质结核。下部4.5m的颜色较上部要深，含水量少，坚硬，成团块状，其中存在一定量的虫孔。厚约6.5m。

第二层，褐黄色古土壤。亚黏土层，质地坚硬，并呈现出从上往下变硬的趋势，水分含量很少，底部含有一定量的钙质结核。厚约2.6m。

第一层，棕黄色黄土层：亚黏土，质地较为均一，上部3m水分含量较少，土质较为硬实；下部2.3m水分含量较高，颜色较上部深，偏灰色，土质较黏，手搓能够成2cm长的条状。厚约5.3m。

图5-14 巫山地区地理及研究剖面位置

2. "巫山黄土"地层划分与对比

"巫山黄土"共由四层组成。通过区域岩石地层特征对比，"巫山黄土"应为马兰期黄土，其中第2层为黄土高原的L1，第3层为S1，第4层为L2。

根据第四纪气候地层学划分方案，"巫山黄土"基本上属于末次冰期旋回沉积。其中第2层为末次冰期沉积，相当于深海氧同位素阶段2至阶段4；第3层为末次间冰期沉积，相当于深海氧同位素阶段5。

3. "巫山黄土"沉积物年代学特征

为了研究"巫山黄土"的年代特征，对"巫山黄土"进行了OSL年龄样品的采集和测试，在剖面不同位置先后共采集OSL样品13个，具体的采样位置如表5-12和图5-15所示。

表5-12 "巫山黄土"剖面释光年龄数据

深度(m)	样品号	实验室号	α系数	剂量率(Gy/ka)	等效剂量(Gy)	年龄(ka)
1.0	WS-OSL-0	IEE3111	0.04±0.01	3.21±0.13	113.3±1.2	35.3±1.4
2.4	WS-OSL-1	IEE3112	0.04±0.01	4.01±0.16	175.5±2.2	43.8±1.8
2.8	WS-ESR-③	IEE2539	0.04±0.01	3.342±0.13	148.1±3.3	44.3±1.9
4.0	WS-OSL-2	IEE3113	0.04±0.01	2.87±0.11	153.6±2.1	53.6±2.2
6.0	WS-OSL-3	IEE3114	0.04±0.01	3.40±0.14	212.0±3.3	62.4±2.7
8.0	WS-OSL-4	IEE3115	0.04±0.01	3.45±0.14	238.2±2.5	69.0±2.9
8.5	WS-ESR-②	IEE2538	0.04±0.01	3.73±0.23	277.7±5.0	74.4±4.8
10.0	WS-OSL-5	IEE3116	0.04±0.01	3.36±0.14	336.5±4.4	100.2±4.3
12.0	WS-OSL-6	IEE3117	0.04±0.01	3.75±0.15	225.0±2.6	60.0±2.5*
13.5	WS-ESR-①	IEE2537	0.04±0.01	3.67±0.15	163.4±3.4	44.5±2.0*
14.5	WS-OSL-8	IEE3118	0.04±0.01	3.47±0.14	258.4±4.8	74.5±3.2*

注：年龄数据标*者与真实年龄有出入。

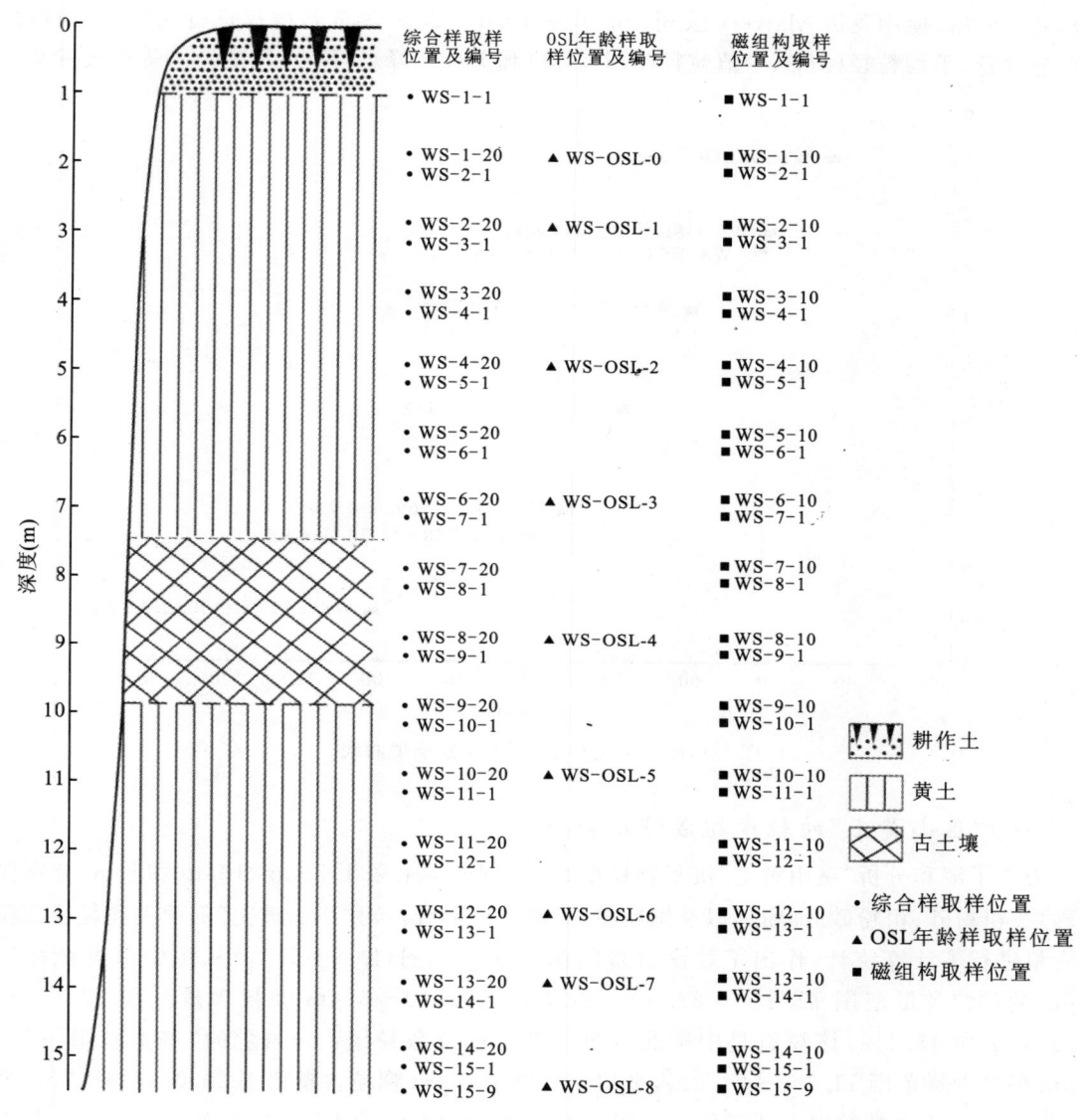

图 5-15 "巫山黄土"岩性剖面

OSL 年龄样品由中国科学院西安地球环境研究所黄土和第四纪年代学国家重点实验室测试,结果见表 5-12,图 5-16 为不同深度段的年龄插值曲线。通过线性插值得到整个剖面各个样品深度处的相应年龄和沉积速率。1~2.4m 沉积速率为 0.16m/ka,2.4~2.8m 沉积速率为 0.8m/ka,2.8~4m 沉积速率为 0.13m/ka,4~6m 沉积速率为 0.23m/ka,6~8m 沉积速率为 0.3m/ka,8~8.5m 沉积速率为 0.09m/ka,8.5~10m 沉积速率为 0.06m/ka。

二、"巫山黄土"的粒度特征

黄土的粒度组成对成因分析和古气候恢复具有重要意义,是黄土研究的基础(刘东生等,1985;刘东生,2009)。本次调研以 5cm 间隔在剖面上连续取样,共采集粒度样品 289 个。样品预处理好后，使用英国 Malvern 公司产的 Mastersizer 2000 激光粒度仪进行测试，得到各粒级百分含量、平均粒径（Mz）、中值粒径（Md）、标准偏差（σ）、峰态（K_G）、偏度（S_K）等粒度参数。

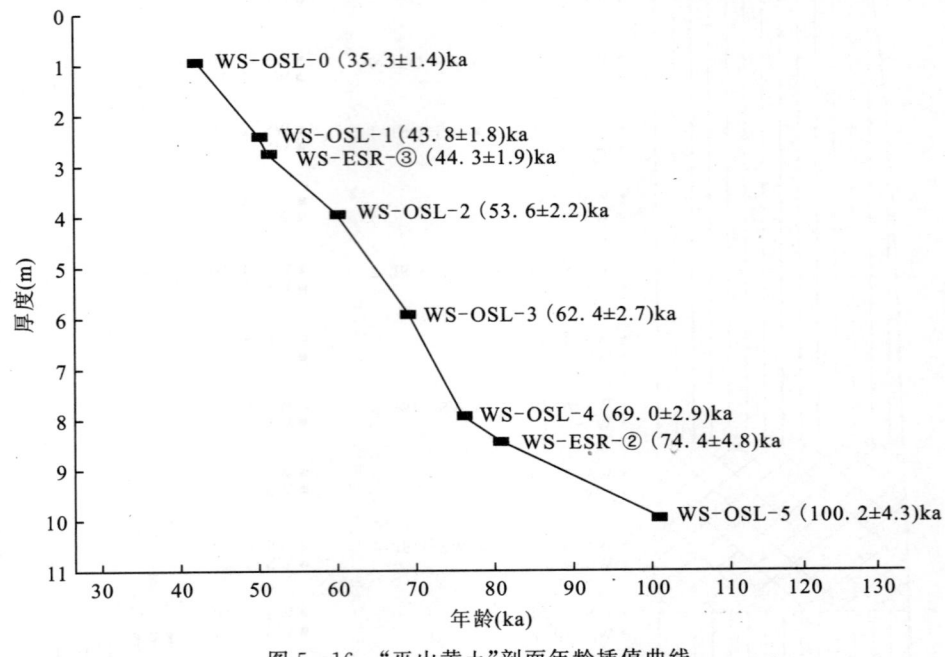

图 5-16 "巫山黄土"剖面年龄插值曲线

（一）"巫山黄土"的粒度组成特征分析

为了了解和分析"巫山黄土"沉积物粒度组成特征，本书采用 50μm、10μm 和 5μm 分别作为砂粒/粗粉砂、粗粉砂/细粉砂以及细粉砂/黏粒的分界线。对"巫山黄土"剖面不同粒径沉积物含量进行了计算统计，作出了粒度含量随深度的变化图（图 5-17）。从图中可见粒径＞50μm 的颗粒含量范围 12.4%～22.6%，平均 16.9%；10～50μm 颗粒含量范围 33.6%～48.2%，平均 43.1%，该粒组是中国北方典型黄土的众数粒组，为风尘的"基本粒组"；5～10μm 颗粒含量范围 11.7%～21.2%，平均 14.5%；＜5μm 颗粒含量范围 20.0%～32.2%，平均 25.4%，为次众数粒组。从沉积物三因分类法来看，"巫山黄土"剖面的样品全部属于黏土质粉砂（图 5-18），与西部典型风尘黄土（刘东生等，1985）和安徽的下蜀土相比，表现出非常相近的组成，都以粉砂级组分为主，黏土级组分次之，砂级组分较少。由于＞50μm 的颗粒一般不易被风力作长距离搬运，我国各地黄土＞50μm 的含量一般不超过 10%（刘东生等，1985），而"巫山黄土"沉积物中砂粒含量比西部黄土多，且跨度较大，这可能与一部分的近源物质混入有关。

（二）"巫山黄土"的粒度参数特征分析

沉积物的粒度参数与形成环境及搬运动力条件具有密切的关系。粒度组成的粒级划分按照 Udden-Wentworth 标准，并根据 Folk 和 Ward 的算法公式计算了沉积物各样品的粒度参数（平均粒径、分选系数、偏度和峰度），结果示于图 5-19 中。下面分别讨论粒度参数特征。

1. 中值粒径和平均粒径分布特征

中值粒径（Md）又叫中位数直径，是粒度累积频率曲线上坐标为 50% 处所表示的颗粒粒

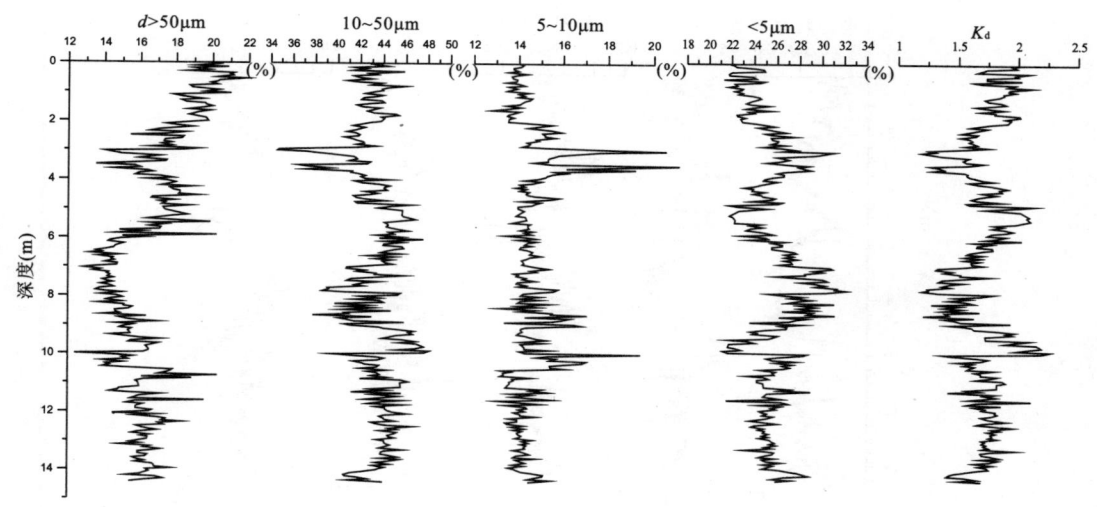

图5-17 "巫山黄土"剖面粒度含量随深度变化曲线

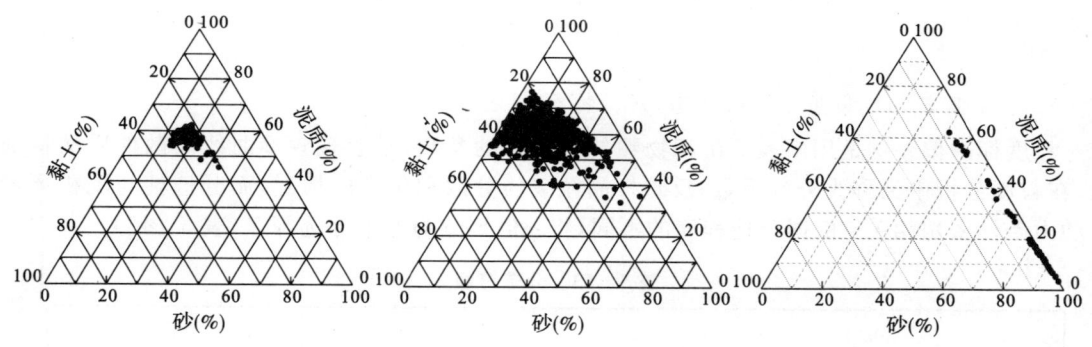

图5-18 "巫山黄土"、巢湖下蜀土、现代河流沉积物粒度组成三角图

径的大小,是反映沉积物颗粒平均大小的一种指标;平均粒径(Mz)采用了累积百分比16%、50%和84%三处的中值粒径,它代表了粒度分布的集中程度,表达了沉积介质的平均动能,反映的是沉积物粒度组成的平均状况。在剖面上系统研究平均值的变化情况,可了解物质来源及沉积环境变化。平均粒径是沉积物最主要的粒度特征之一,这一参数指标常被用来作沉积韵律剖面图或平面等值线图,用以表示沉积物在纵向上或横向上的粒度变化规律。中值粒径(Md)和平均粒径(Mz)都是随着搬运距离的增加而减小,随着沉积动力条件的增减而发生对应的变化,因此,中值粒径(Md)和平均粒径(Mz)能够敏感地反映沉积动力条件的变化。

从图5-19可以看出,整个"巫山黄土"剖面沉积物的中值粒径(Md)和平均粒径(Mz)在纵向上波动比较小,这与在野外观察的"巫山黄土"岩性在剖面上变化不大相一致,反映了"巫山黄土"沉积时动力条件变化不是很大。中值粒径(Md)最小值为5.58Φ,最大值为6.64Φ,平均值为5.97Φ;平均粒径(Mz)最小值为6.09Φ,最大值为6.65Φ,平均值为6.38Φ,属于细粉砂粒级,是典型的风尘物质堆积粒级范围。

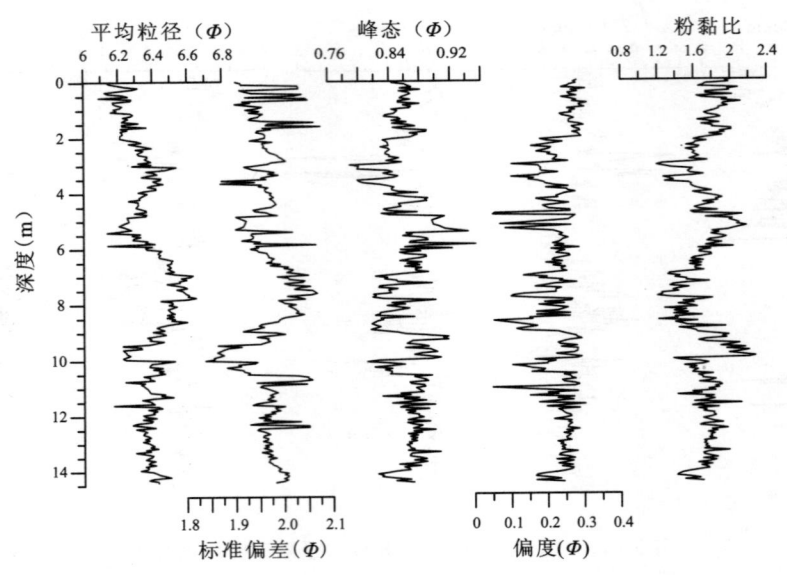

图 5-19 "巫山黄土"沉积物粒度参数随深度变化曲线

注：$\Phi=-\log_2 d$（d 为毫米粒径值）

2. 标准偏差(σ)、偏度(S_K)、峰态(K_G)特征

粒度标准偏差 σ 是用来表征沉积物颗粒均匀性的参数，是表现频率曲线离散性质的特征数，在粒度分析中又称为分选系数，反映样品粒级的分散和集中的情况，而分选性与沉积环境水动力条件密切相关。依据分选程度的不同，将 σ 值划分为七个分选等级（表 5-13）。

表 5-13 分选等级

σ	<0.35	0.35~0.50	0.50~0.71	0.71~1.00	1.00~2.00	2.00~4.00	>4.00
分选等级	分选极好	分选好	分选较好	分选中等	分选较差	分选差	分选极差

若粒级少，主要粒级很突出，百分含量高，分选就好，σ 的数值就小；反之，粒级分布范围很大，主要粒级不突出，则分选就差，σ 的数值就大。运用此参数的重要原因在于：沉积物的分选程度与沉积环境的水动力条件和自然地理条件有密切关系。水动力条件强的环境，沉积物的分选程度就高，反之，分选程度就低。因此，通过计算样品的 σ 值可以判断沉积环境。

偏度 S_K 用以度量频率曲线的不对称程度，即表示非正态性特征。按频率曲线对称的性质分为五类：极正偏、正偏、近对称、负偏和极负偏（表 5-14）。

表 5-14 偏度等级

S_K	-1.00~-0.30	-0.30~-0.10	-0.10~+0.10	+0.10~+0.30	+0.30~+1.00
偏度	极负偏	负偏	近对称	正偏	极正偏

频率曲线的偏度与分选有密切的关系：单峰对称，表明沉积物很纯，且分选很好；双峰对称，表明沉积物中含有两个主要组分且这两组分的百分含量相等，此沉积物分选最差。正偏态

与负偏态界于这两种情况之间,表明沉积物以某一粗粒组分或细粒组分为主,分选为中等、差或较差,在频率曲线上表现为除了有一明显的主峰外,还有一个微弱的次峰,居于另一侧的尾部。不同沉积环境形成的沉积物的频率曲线的形态是不同的,而且频率曲线的偏度又与分选有密切的关系,可以与粒度标准偏差 σ 相互对照,共同判断沉积物的形成环境。

峰态 K_G 又称尖度,是频率曲线尾部展开度与中部展开度之比。可用以说明与正态分布曲线相比时分布曲线峰的宽窄度和尖锐程度。1957 年福克和沃德一并订出了峰态等级的数据界限(表 5-15)。

表 5-15 峰态等级

K_G	<0.67	0.67~0.90	0.90~1.11	1.11~1.50	1.50~3.00	>3.00
峰态	很平坦	平坦	中等(正态)	尖锐	很尖锐	非常尖锐

沉积物中出现极端的峰态值(极高或极低),说明该沉积物中某些组分的早先沉积环境的分选能力很强,后期沉积环境的分选能力很弱。这是因为,该沉积物中的某些组分已经在早先分选能力较强的沉积环境中得到了很好的分选。当环境改变时,如果新环境的水动力条件较弱,则分选效能就下降,那么这两种环境中形成的两组沉积物就会各自保留原来的粒度特点,以致混合沉积物频率曲线呈现明显的双峰性质并具有极端的峰态值。

从"巫山黄土"剖面沉积物粒度数据的粒度分选系数(σ)、偏度(S_K)和峰态(K_G)统计图表中(表 5-16,图 5-19)可以看出,分选系数的变化范围是 1.83Φ~2.08Φ,平均值为 1.97Φ,表现为两个分选等级,其中分选较差的含量为 79.86%,分选差的含量为 20.14%,这说明其物源距离沉积区较远;偏度的变化范围是 -0.09Φ~+0.31Φ,平均值为 0.22Φ,偏度等级分布于三个等级标准,以正偏为主,占 94.24%,近对称的占 4.68%,极正偏的占 1.08%,这表明粒度的平均值基本上都大于粒度的中位数,细粒占优势,这是风积成因的主要特点——由于风力难以搬运粗碎屑物质,因此粗尾比细尾排除得更加彻底;峰态的变化范围是 0.79Φ~0.95Φ,平均

表 5-16 "巫山黄土"剖面沉积物粒度参数统计

参数	最小值(Φ)	最大值(Φ)	平均值(Φ)	标准偏差(Φ)	变异系数
中值粒径(Md)	5.58	6.64	5.97	0.19	0.03
平均粒径(Mz)	6.09	6.65	6.38	0.11	0.02
分选系数(σ)	1.83	2.08	1.97	0.04	0.02
偏度(S_K)	-0.09	0.31	0.22	0.06	0.27
峰态(K_G)	0.79	0.95	0.86	0.03	0.03
分选等级(σ)	分选极好	分选好	分选较好	分选中等	分选较差	分选差	分选极差
	0	0	0	0	79.86%	20.14%	0
偏度等级(S_K)	极负偏		负偏		近对称	正偏	极正偏
	0		0		4.68%	94.24%	1.08%
峰态等级(K_G)	很平坦	平坦	中等(正态)	尖锐	很尖锐	非常尖锐
	0	96.04%	3.96%	0	0	0

值为0.86Φ,峰态等级分布得比较窄,仅分布于平坦和中等(正态)两个峰态等级,其中平坦峰态样品占绝大多数,属于宽峰态,占96.04%,中等(正态)等级占3.96%,没有窄峰态的样品,含平坦峰态的样品表明分选差,中等峰态的样品表明分选一般。

3. 粒度参数组合特征

粒度参数一般都具有一定的成因及沉积环境的判别意义,但鉴于沉积环境是非常复杂的,且影响因素也很多,用单一的粒度参数判别沉积环境往往是不确切的,常常需要对各种粒度参数进行综合分析,才能得出比较可靠的结论,为此作出了"巫山黄土"剖面不同粒度参数组合图(图5-20)。

由 $\sigma-Mz$ 散点图、S_K-Mz 散点图、K_G-Mz 散点图以及 $S_K-\sigma$ 散点图(图5-20)可以看出,沉积物的分选系数主要分布在1.8Φ～2Φ,平均粒径主要集中分布在6Φ～6.6Φ,偏度的变化范围主要在－0.1Φ～0.3Φ,峰态的变化范围主要集中在0.8Φ～0.95Φ。

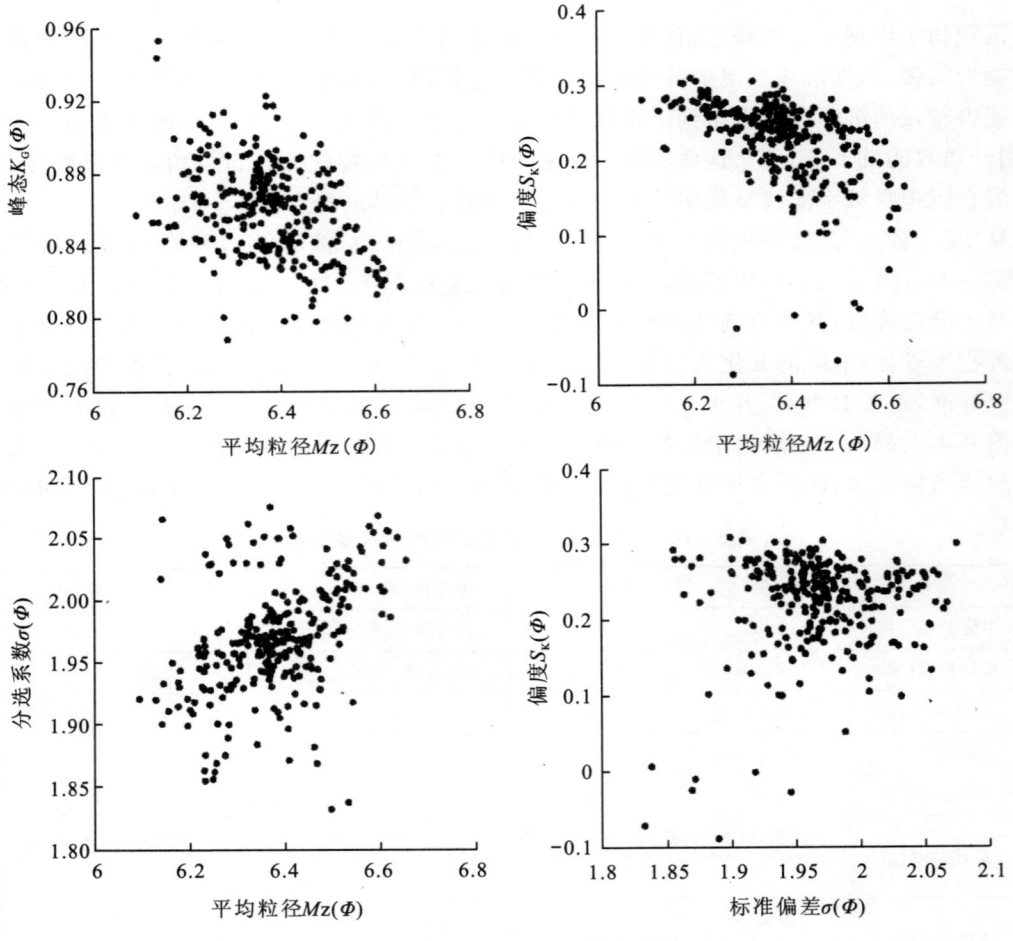

图5-20 "巫山黄土"沉积物粒度参数散点

4. 粒度频率和累积概率曲线特征

以粒径区间为横坐标、频率为纵坐标,从而作出频率曲线图。频率曲线图可以很好地表示出样品粒度的变化、众数的位置和移动情况。沉积物的频率曲线特征是判断沉积作用形式的重要手段之一。频率曲线的峰态变化常反映沉积作用形式的变化。若单峰高而窄,表示分选好,粒级比较集中;若是单峰矮而宽,说明分选差。单峰的频率曲线一般出现在只有单一的碎屑物来源,且经过较长距离搬运的沉积中,当频率曲线出现双峰或多峰时,其形成的原因可以不同。譬如从具有季节韵律的湖相纹层中采集的样品、从由不同风速堆积成的层状风成砂中采集的样品等都可以形成多峰的频率曲线,另外沉积物在搬运过程中如果有大量新的碎屑物加入也会导致单峰的频率曲线变为双峰。

"巫山黄土"的粒度频率曲线(图 5-21)变化不大,多表现为不对称的双峰或多峰态,主峰都以粉砂颗粒为主,且粗粉砂含量最多,多数频率曲线的众数和主峰在 $4\Phi \sim 6\Phi$,众数粒径向粗粒端减小的速率比向细粒端快。大量资料表明,$5\Phi \sim 6\Phi$ 粒级颗粒在空气中最易浮动,为主要的风力悬浮搬运对象,而随粒径变大,搬运系数变小,在空气中的浮动性能越来越差,小于 4Φ 粒径的颗粒就基本上不能在空气中悬浮,一般只能以跃移形式搬运(张云翔等,1998)。曲线上所表现的以粉砂粒径含量为主的特点相应地说明了它的风成成因(孙东怀等,2000)。在剖面 3~4m、11m 附近部分样品细粉砂和黏土的含量明显增加,可能与风力较小或成壤作用有关;剖面 6m 附近的个别样品在 0Φ 处出现了一个小峰,可能是因风力较强时近源物质混入引起的。

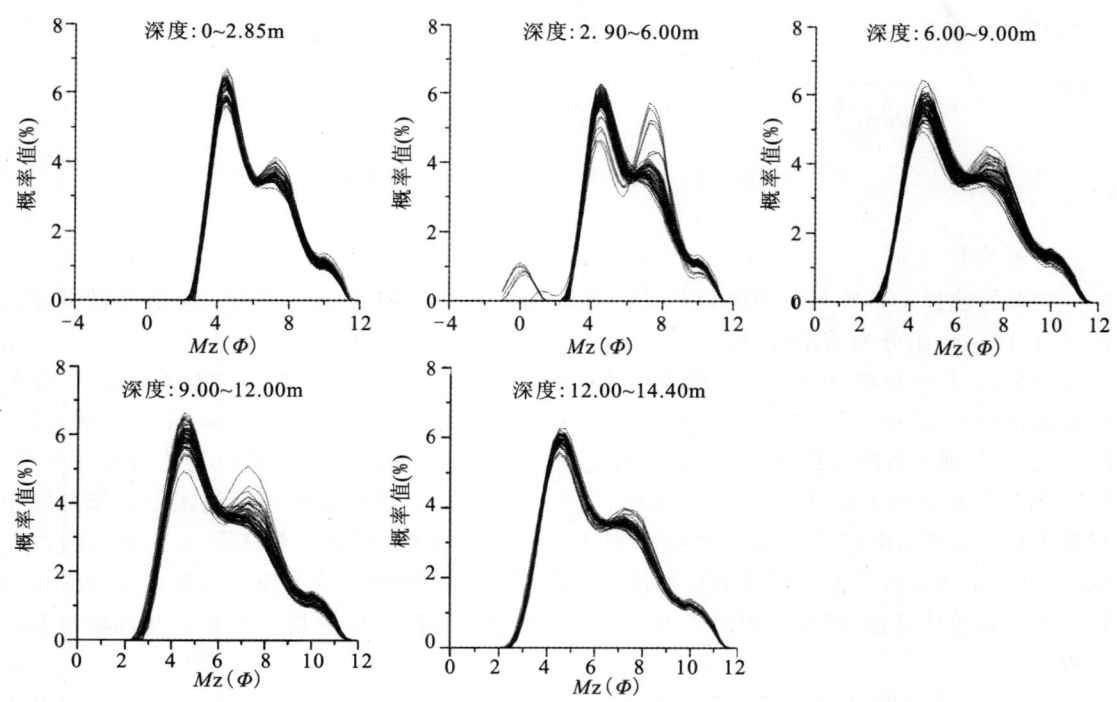

图 5-21 "巫山黄土"沉积物粒度频率曲线

沉积学中常用概率累积曲线来分析碎屑沉积物的形成环境,它可以区分搬运方式和搬运动力,每一种搬运方式所形成的砂质沉积物在概率累积曲线图上均呈一直线。在概率累积频率曲线上,经常存在两三条或者更多的直线段,每条线段的斜率都不同,而且被线段之间明显的转折点分开。每一线段的斜率和线段间的转折点的位置反映不同的沉积作用机制。"巫山黄土"剖面沉积物大多数样品的概率累积曲线图呈三段式(图5-22),小于3Φ粒径的粗颗粒含量很少,一般在2%以下,其曲线的波动趋势更多的是指示出一种单一动力的沉积环境。

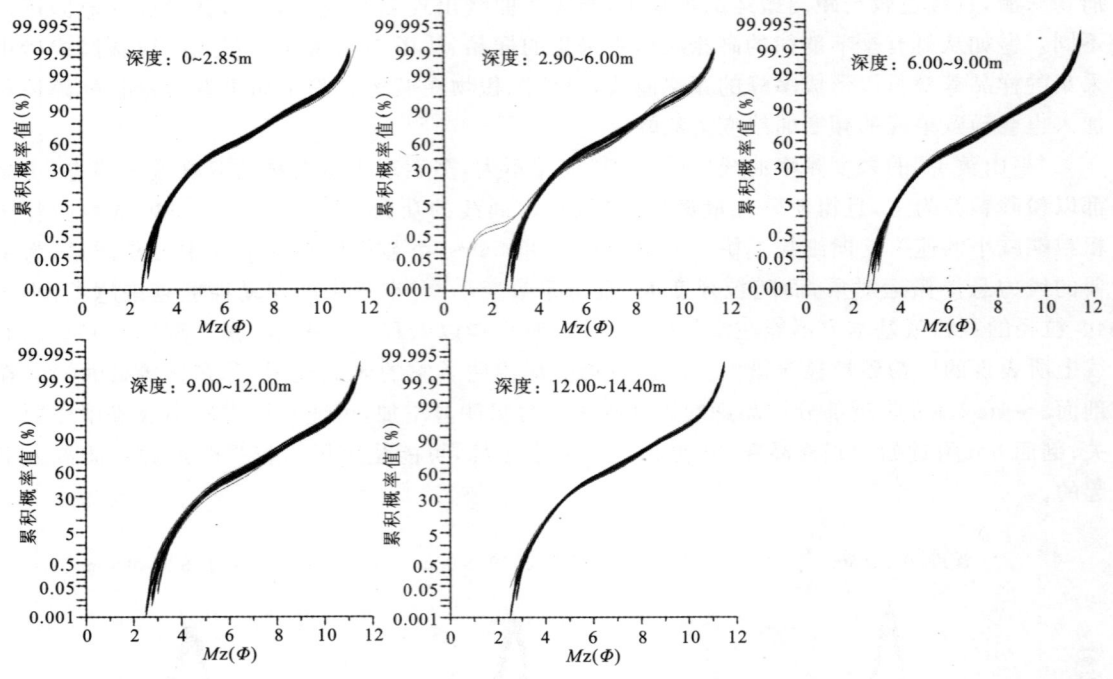

图5-22 "巫山黄土"沉积物概率累积曲线

5. 粒度像特征

帕塞加选择了一些与沉积搬运有密切关系的粒度参数,如 C(代表百分之一含量的粒度)、F(小于 $125\mu m$ 组分的重量百分数)、L(小于 $31\mu m$ 组分的重量百分数)、A(小于 $4\mu m$ 组分的重量百分数)、M(中位数、中值粒径,即 50% 的粒度)。以 C 对 M、F 对 M、L 对 M 以及 A 对 M 分别地作成 C-M 图、F-M 图、L-M 图和 A-M 图。这些图均以 M 值为横坐标,单位为微米;C、F、L 及 A 分别为各图的纵坐标,其中 C 的单位为微米,而 F、L 及 A 的单位均为含量百分数。C-M 图是在双对数坐标纸上作的图(即横、纵坐标均表示为对数坐标),其他图一般都是在单对数坐标上成图(用 M 值作的横坐标一般表示为对数坐标,而纵坐标表示为正常的线性坐标)。这个由所有样品的粒度参数所构成的图像即称为沉积物的粒度像。粒度像反映了沉积物粒度分布总体特征,间接地指示了沉积环境。通过对粒度像的分析可了解未知环境沉积物的成因。

Passega曾经对已知环境的现代和古代沉积物进行了大量的研究,总结出了两种最基本的 C-M 图,即浊流型 C-M 图与牵引流型 C-M 图。河流、海流、浅水波属于牵引流;泥石流、含沙量很高的河流及大陆坡上的高密度流属于浊流。C-M 图可以有效地区分出浊流和牵引流形成的沉积物。C-M 图也被广泛地应用于风成沉积的研究中(郭正堂等,1999;鹿化煜等,1999;郝青振,2001),主要是通过未知样品在 C-M 图中的投影区域与已知成因样品投影区域的比较来确定未知样品的成因及沉积环境。依据上述原理对"巫山黄土"剖面样品进行

了 C、F、L 及 A 参数的计算和提取,并绘制出了相应的 C-M 图、L-M 图和 A-M 图(图 5-23)。

从粒度像图(图 5-23)可见,"巫山黄土"剖面沉积物粒度主要分布于粒径比较小的区域,表明"巫山黄土"沉积物粒度总体偏细。其中 C-M 图(图 5-23a)上的点集中分布于 C(80~2 000 μm)与 M(9~30 μm)的交错区域,A-M 图(图 5-23b)上的点集中分布于 A(15%~30%)与 M(0~40 μm)的交错区域,L-M 图(图 5-23c)上的点集中分布于 A(50%~80%)与 M(0~40 μm)的交错区域。在与长江现代河流沉积物进行对比的过程中,"巫山黄土"沉积物与河流沉积物投影的区域分属完全不同的地区,说明了它们的成因是不同的。

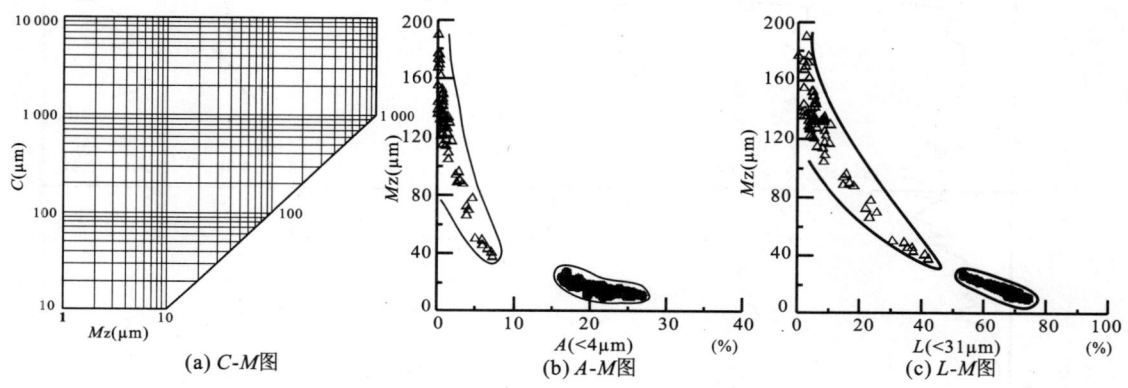

图 5-23 "巫山黄土"与河流沉积物粒度像特征比较
● "巫山黄土";△ 长江现代河流沉积物

三、"巫山黄土"沉积物常量元素特征

从剖面顶部开始,以 20cm 间隔连续取样,共采集 73 组样品。地球化学样品测试是在国土资源部合肥矿产资源监督检测中心使用 X 射线荧光光谱仪完成,共测试了 12 种主量元素(SiO_2、Al_2O_3、TFe_2O_3、Fe_2O_3、FeO、K_2O、Na_2O、CaO、MgO、MnO、TiO_2、P_2O_5)和烧失量(LOI),得出分析的相对偏差除 FeO 误差大于 10%外,其他氧化物误差均小于 2.5%。

1. 常量元素组成特征

"巫山黄土"沉积物样品常量元素含量随深度变化均有不同程度的波动(图 5-24,表 5-17)。SiO_2 质量分数范围在 59.62%~70.49%,平均 66.20%;Al_2O_3 质量分数范围在 11.83%~15.28%,平均为 13.35%;TFe_2O_3 质量分数范围 4.85%~6.15%,平均为 5.29%;FeO 质量分数范围 0.35%~1.30%,平均为 0.69%;Fe_2O_3 质量分数范围 3.82%~5.80%,平均为 4.60%;Na_2O 质量分数范围 0.84%~1.38%,平均为 1.23%;MgO 质量分数范围 1.37%~1.83%,平均为 1.60%;CaO 质量分数范围 0.93%~12.20%,平均为 3.66%;P_2O_5 质量分数范围 0.08%~0.20%,平均为 0.13%;K_2O 质量分数范围 2.17%~2.40%,平均为 2.32%;TiO_2 质量分数范围 0.78%~0.89%,平均为 0.84%;MnO 质量分数范围 0.07%~0.13%,平均为 0.09%。

2. 常量元素标准化曲线

在研究常量元素特征时,人们通常以上陆壳平均值作为标准,将常量元素与上陆壳平均值

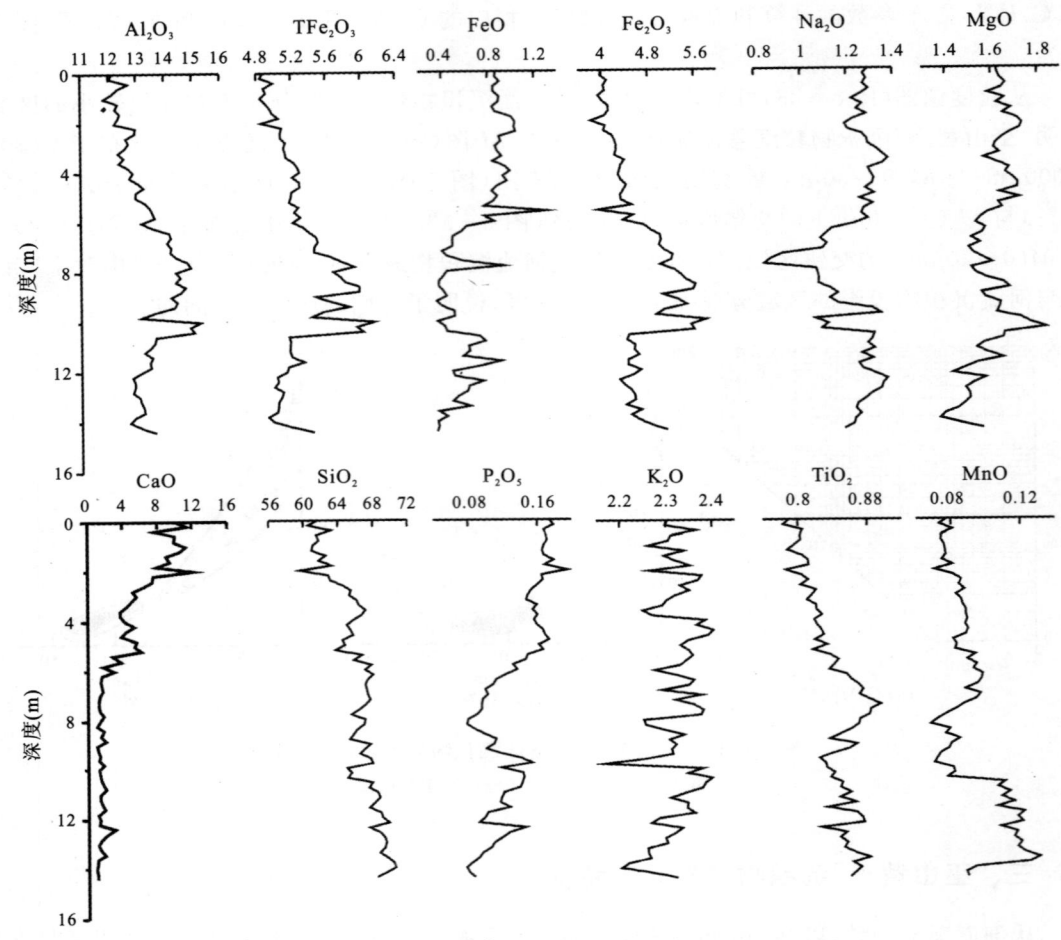

图 5-24 氧化物含量(%)随深度变化曲线

相比,即所谓的常量元素 UCC 标准化。图 5-25 为"巫山黄土"常量元素 UCC 标准化后结果,由图可见,"巫山黄土"除 Na 和 P 以外的常量元素的分布曲线近于平坦线型且靠近 UCC 分布曲线,表明"巫山黄土"与 UCC 的化学组成是比较接近的,也说明了"巫山黄土"来源可能很广泛,并经过了充分混合,从而使之趋近于上部陆壳的平均成分。Na 和 P 元素的数据点则显著偏离了上部陆壳的平均组成,与 UCC 相比表现出较明显的亏损特征,这可能是大陆化学风化的效应。并且在剖面上部(0～5m)和剖面下部(5～14m)"巫山黄土"UCC 标准化曲线形态还有些差异,主要是 Ca 的含量,上部为轻微富集,而下部却表现为有所亏损,说明上部剖面沉积时气候较下部要干冷。"巫山黄土"常量元素 UCC 标准化后结果与洛川黄土、甘孜黄土及西峰红黏土具较好的相似性,也指示了其具有风积成因的特点。

3. 常量元素分子比

在岩石和沉积物常量元素研究中,元素氧化物的分子比常被用来作为风化程度的度量。它们包括常用的退碱系数 $(Na_2O+CaO)/Al_2O_3$、残积系数 $(Al+Fe)/(RO+R_2O)$、硅铝率 SiO_2/Al_2O_3、硅铝铁率 $SiO_2/(Fe_2O_3+Al_2O_3)$、钾钠比 K_2O/Na_2O、钠钙比 Na/Ca 和化学风化指数 CIA 等。

表 5-17 "巫山黄土"与其他沉积类型常量元素含量(%)对比

采样位置		SiO_2	Al_2O_3	TFe_2O_3	FeO	Fe_2O_3	K_2O	Na_2O	CaO	MgO	MnO	TiO_2	P_2O_5	LOI	CIA
"巫山黄土" ($n=73$)	最小	59.62	11.83	4.85	0.35	3.82	2.17	0.84	0.93	1.37	0.07	0.78	0.08	3.40	43.76
	最大	70.49	15.28	6.15	1.30	5.80	2.40	1.38	12.20	1.83	0.13	0.89	0.20	10.90	76.76
	平均	66.20	13.35	5.29	0.69	4.60	2.32	1.23	3.66	1.60	0.09	0.84	0.13	5.78	66.16
洛川黄土($n=12$)		66.40	14.20	4.81			3.01	1.66	1.02	2.29	0.07	0.73	0.15		63.73
洛川古土壤($n=13$)		65.18	14.79	5.12			3.15	1.41	0.83	2.21	0.08	0.75	0.11		67.36
西峰红黏土($n=5$)		63.75	15.05	5.28			3.00	1.16	0.9	2.89	0.04	0.76	0.15		69.11
宣城风成红土($n=64$)		68.77	13.71	6.52			1.38	0.14	0.11	0.54	0.04	1.06	0.06		87.55
镇江下蜀土($n=54$)		68.07	13.32	5.30			2.35	0.92	1.00	1.61	0.09	0.81	0.18		70.45
上陆壳(UCC)		66.00	15.2	5.00			3.40	3.90	4.20	2.2	0.06	0.5	0.50		47.92
陆源页岩		62.80	18.9	7.22			3.70	1.20	1.30	2.2	0.11	0.16	1.00		70.36
甘孜剖面 ($n=70$)	最小	44.37	10.25			3.79	2.03		2.54	1.57	0.08	0.58			
	最大	66.00	15.68			5.40	2.90		14.83	2.24	0.12	0.83			
	平均	57.52	13.49			4.78	2.56		6.84	1.95	0.10	0.74			
长江河漫滩($n=28$)		58.37	12.56	4.55	1.85	6.01	2.31	1.40	2.99	3.06	0.08	0.70	0.14	9.32	
武威($n=18$)		58.37	11.37		1.85	2.7	2.16	1.77	7.91	2.86	0.08	0.7	0.14		48.99

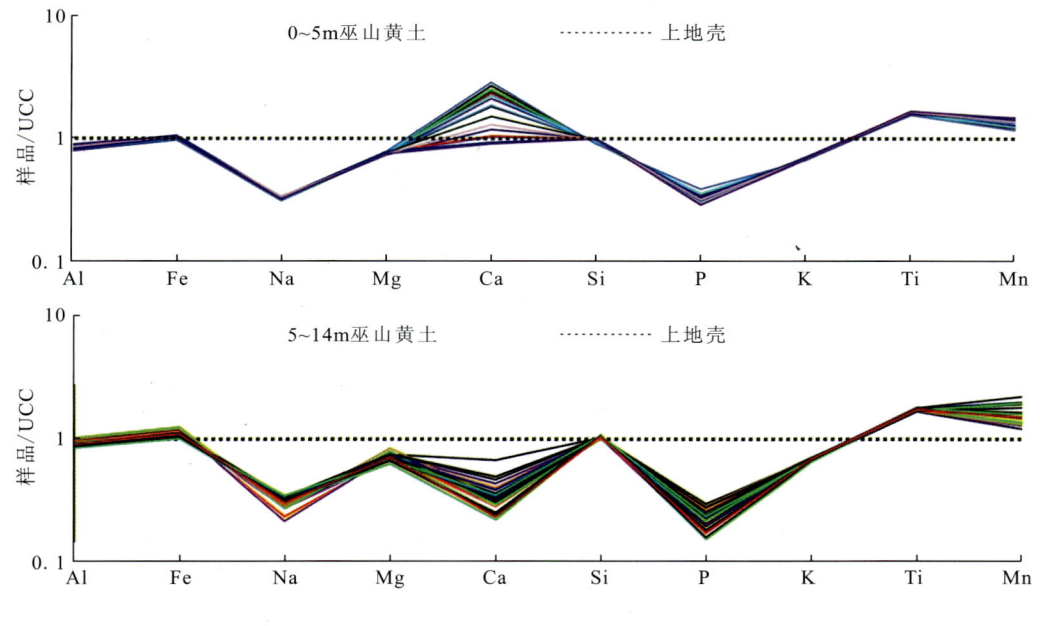

图 5-25 "巫山黄土"部分样品常量元素 UCC 标准化曲线

图 5-26 为"巫山黄土"沉积物部分风化参数随深度变化曲线图。根据图中曲线变化,这个剖面的硅铝比都大于 2,说明剖面所处的环境属于偏碱性。随着深度变浅,退碱系数表现出来的变化为整体持续增大,局部有小的波动,根据这一特点可以说明剖面渐渐趋于干旱;CIA 值表现为持续减小,说明剖面的化学风化强度从底部到顶部呈现一种减弱的趋势;残积系数曲

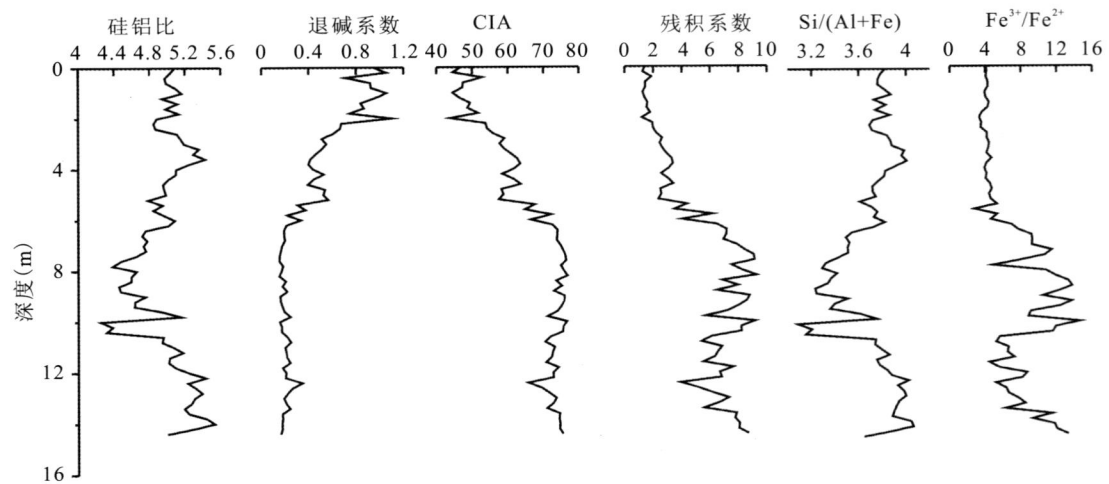

图 5-26 "巫山黄土"沉积物部分风化参数随深度变化曲线

线深部波动比较多,但整体数值变化不大,在深度为 8m 处此曲线开始出现较大的减小趋势,说明由此时开始气候变得干旱起来。

高、低价铁的消长关系在很大程度上反映了古气候的演化史,一些学者已利用地层中 Fe^{3+}/Fe^{2+} 的比值变化规律来推算第四纪时期古温度的变化(朱诚,1994)。地层中 Fe^{3+} 和 Fe^{2+} 的增减都与氧有关。在间冰期,气候相对湿热,植物增多,游离氧多,氧化能力强,高价铁增多;而在冰期,生物活动和植物减少,游离氧减少,还原能力强,低价铁增多。因此,地层中 Fe^{3+}/Fe^{2+} 比值可作为相对温度变化的替代性指标,并将其定义为"氧化度"。它的值越高,反映气候越趋于温热,反之则趋于寒冷。由"巫山黄土"剖面的 Fe^{3+} 和 Fe^{2+} 比值图(图 5-26)可知,在剖面深度约 6m 附近该区气候发生了较大的转变,由早期比较湿热的气候转为较为干冷的气候环境。

CIA 指数有效地指示了样品中长石风化成黏土矿物的程度,与样品中黏土矿物/长石比值呈正比,故可以很好地定量表示硅酸盐矿物的化学风化强度。未风化的长石 CIA 为 50,伊利石和蒙脱石为 75~85,高岭石和绿泥石则接近 100。化学风化越强,则 CIA 值越大。一般地,CIA 值介于 50~65,反映寒冷干燥的气候条件下低等的化学风化程度;CIA 值介于 65~85,反映温暖、湿润条件下中等的化学风化程度;CIA 介于 85~100,反映炎热、潮湿的热带、亚热带条件下的强烈的化学风化程度(李徐生等,2007)。"巫山黄土"CIA 值集中分布于 70~77,反映了温暖、湿润条件下中等的化学风化程度。

Na/K 比(分子摩尔比)是衡量样品中斜长石风化程度的指标,同样可以用于表征堆积物的化学风化程度。长石特别是斜长石富含 Na,而钾长石、伊利石和云母富含 K,由于斜长石的风化速率远大于钾长石,因此,风化剖面中的 Na/K 比值与其风化程度呈反比(陈旸等,2001)。我们将"巫山黄土"和其他地区黄土的 CIA 值以及 Na/K 比值投点到坐标系中,结果如图 5-27 所示,图中 UCC 平均值反映了基本未受化学风化的状态,相比之下武威黄土处于未受风化进入到初等化学风化的阶段;镇江下蜀土、洛川黄土处于中等化学风化阶段;巫山望天坪处于中等化学风化进入到强烈化学风化阶段;皖南风尘已经完全是强烈化学风化;而我们这

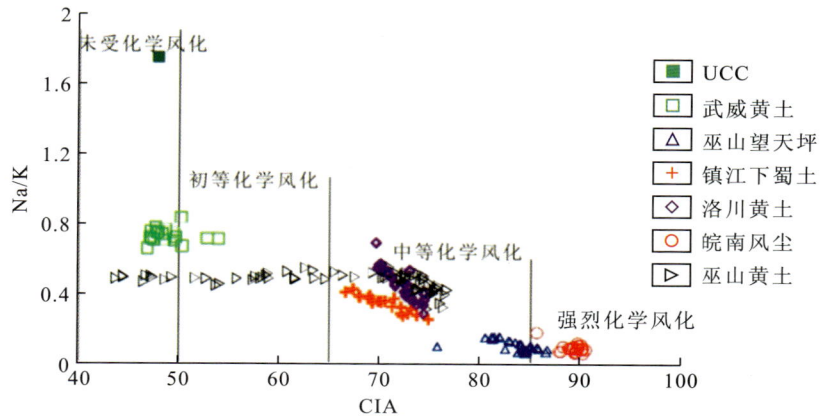

图 5-27 "巫山黄土"化学风化参数 CIA 与 Na/K 关系散点图

次研究的"巫山黄土"剖面散落分布于三个化学风化阶段,主要分布于初等化学风化和中等化学风化阶段,未受化学风化的剖面点很少,且处于剖面上部位置。

4. 主量元素对物源的指示

相关性较好、化学性质稳定、主要受物源影响、相对独立于沉积环境和成岩作用,在搬运和沉积过程中其含量基本保持不变的两种特征元素含量比值,可作为物源对比的示踪指标。

Mg、Mn、Al 三元素在物源区和沉积区绝对含量变化较大,但 Al 与 Mg、Mg 与 Mn 的含量变化具有较强的一致性,其比值在物源区与沉积区基本保持不变,因此 Mg/Mn、Al/Mg 可作为良好的物源示踪指标。

Fe、Al、K 在化学风化时活动性较小,迁移较少,含量变化不大,Fe/K 可以作为物源对比的示踪指标。

Ca 和 Mg 主要富存在碳酸盐矿物和硅酸盐矿物中,其具有相近的淋失和富集规律,因此 Mg/Ca 可以作为物源对比的示踪指标。

Mg/Al、Al/Na 反映了活动组分(碱土和碱金属)与惰性组分 Al 之间的关系,也可以作为物源示踪指标。

将"巫山黄土"的物源示踪指标与其他风成黄土(王玲等,2010)的指标进行比较(图 5-29,表 5-18):"巫山黄土"的物源示踪指标和甘孜黄土的指标相近,而与洛川黄土相差较大。具体体现在洛川黄土的 Mg/Mn 和 Mg/Ca 的比值明显较大。因此我们可以大概地判断出"巫山黄土"的物源更接近于西部的甘孜黄土。

综上所述,"巫山黄土"应为晚更新世时期较为干冷气候环境下的沉积产物,其成因类型为风积成因,其物源主要来自西部的川西地区。

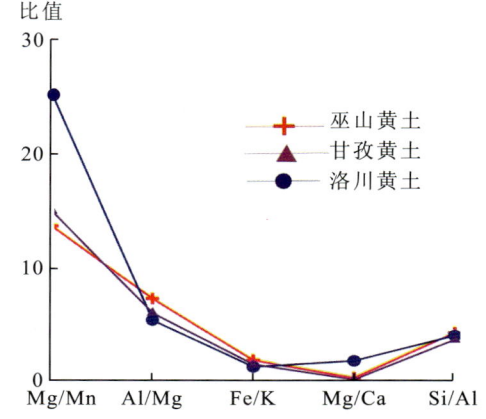

图 5-28 "巫山黄土"与洛川、甘孜黄土比值比较

表 5-18 物源示踪指标对比

示踪指标	Mg/Mn	Al/Mg	Fe/K	Mg/Ca	Si/Al
"巫山黄土"	13.77	7.36	1.92	0.37	4.37
洛川黄土	25.34	5.47	1.35	1.89	4.12
甘孜黄土	15.10	6.10	1.58	0.24	3.76

四、"巫山黄土"沉积物微量元素特征

在剖面上不等间采集地球化学微量元素样品 25 件,样品由国土资源部合肥矿产资源监督检测中心使用等离子体质谱仪和等离子体光谱仪测试完成,结果见表 5-19。

表 5-19 "巫山黄土"剖面沉积物微量元素含量(%)测试结果(单位:×10^{-6})

原样号	深度(m)	Ba	Ti	Cs	Rb	Sr	Y	Zr	Nb	Pb	Sc	Th	U	Hf	Ta
WS-LD-2	0.05	414.1	3 980	6.25	91.25	132.0	26.16	322.12	16.50	20.58	11.12	13.88	2.45	9.21	1.61
WS-LD-14	0.65	401.7	3 838	6.21	93.74	138.8	25.62	315.33	15.85	19.60	11.23	13.45	2.39	8.66	1.30
WS-LD-26	1.25	385.3	3 640	6.16	88.73	131.5	25.73	313.72	15.43	18.55	10.50	13.21	2.27	8.78	1.21
WS-LD-38	1.85	400.5	4 037	6.16	94.23	131.6	27.44	341.67	16.58	19.29	11.40	13.83	2.33	9.75	1.41
WS-LD-50	2.45	396.3	4 020	6.03	81.40	125.0	28.12	340.52	16.93	19.81	10.18	12.99	2.26	9.59	1.38
WS-LD-62	3.05	374.0	4 152	5.36	69.78	121.6	28.29	352.13	17.77	19.64	9.24	12.71	2.45	10.03	1.37
WS-LD-74	3.65	428.9	4 622	6.27	87.53	114.7	29.93	367.20	17.83	22.11	11.62	14.70	2.74	10.46	1.30
WS-LD-86	4.25	445.1	4 600	5.81	82.94	128.3	29.05	363.86	17.64	20.07	10.07	12.82	2.39	10.13	1.66
WS-LD-98	4.85	400.1	4 111	5.79	85.00	134.6	27.89	343.97	16.87	18.93	10.19	12.81	2.52	9.62	1.33
WS-LD-110	5.45	429.4	4 266	5.90	78.49	113.1	29.32	376.40	18.17	20.03	10.01	12.82	2.74	10.33	1.47
WS-LD-122	6.05	447.5	4 636	6.10	91.97	117.4	28.55	369.15	18.40	20.52	11.13	13.50	2.39	10.25	1.56
WS-LD-134	6.65	458.5	4 642	6.44	88.08	106.8	28.10	369.04	18.61	20.99	11.54	13.34	2.49	10.01	1.33
WS-LD-146	7.25	455.4	4 778	6.53	92.91	103.9	29.45	376.97	18.49	20.96	11.81	13.13	2.34	9.87	1.46
WS-LD-158	7.85	449.0	4 716	6.23	80.76	100.7	28.90	357.88	18.57	21.10	10.98	12.57	2.35	9.60	1.41
WS-LD-170	8.45	474.8	4 727	7.37	100.40	108.4	32.53	370.53	18.91	22.18	13.25	13.66	2.42	9.89	1.40
WS-LD-182	9.05	434.6	4 564	6.78	96.21	103.8	31.47	370.07	18.73	20.33	12.27	13.30	2.17	9.24	1.34
WS-LD-194	9.65	457.3	4 384	5.94	71.74	112.9	31.26	360.07	18.44	20.66	9.73	12.91	2.21	9.52	1.32
WS-LD-206	10.25	482.7	4 550	7.02	89.78	113.9	31.33	349.26	18.04	22.29	12.26	14.75	2.48	9.51	1.36
WS-LD-218	10.85	482.2	4 622	6.87	104.80	127.8	29.08	358.57	17.90	21.22	12.47	14.57	2.61	9.83	1.32
WS-LD-230	11.45	480.9	4 520	6.72	101.00	123.4	30.75	360.41	18.22	20.46	11.73	14.17	2.53	9.56	1.43
WS-LD-242	12.05	526.6	5 063	7.29	108.70	124.3	29.60	364.32	18.77	21.86	12.42	15.43	2.81	9.06	1.37
WS-LD-254	12.65	498.2	5 061	7.36	112.60	130.4	34.68	382.15	22.15	22.25	12.62	15.91	2.87	8.66	1.72
WS-LD-266	13.25	507.6	5 033	7.19	108.90	128.3	35.37	448.96	21.20	21.65	12.89	15.33	2.77	11.76	1.76
WS-LD-278	13.85	477.3	4 816	6.73	103.80	116.3	32.63	412.74	19.28	20.50	12.21	14.57	2.59	11.06	1.56
WS-LD-288	14.35	501.0	4 895	7.22	107.30	123.1	31.88	442.98	20.21	21.40	13.07	15.29	2.62	11.50	1.81
最大值		526.6	5 063	7.37	112.6	138.8	35.37	448.96	22.15	22.29	13.25	15.91	2.87	11.76	1.81
最小值		374	3 640	5.36	69.78	100.7	25.62	313.72	15.43	18.55	9.24	12.56	2.17	8.66	1.21
平均值		448.36	4 490.82	6.47	92.48	120.49	29.73	365.20	18.22	20.66	11.44	13.82	2.49	9.84	1.45

从微量元素含量比较曲线来看(图 5 − 29),Ba 取值范围为 $374×10^{-6} \sim 526.6×10^{-6}$,平均值为 $448.36×10^{-6}$;Ti 取值范围为 $3\,640×10^{-6} \sim 5\,063×10^{-6}$,平均值为 $4\,490.82×10^{-6}$;Cs 取值范围为 $5.36×10^{-6} \sim 7.37×10^{-6}$,平均值为 $6.47×10^{-6}$;Rb 取值范围为 $69.78×10^{-6} \sim 112.6×10^{-6}$,平均值为 $92.48×10^{-6}$;Sr 取值范围为 $100.7×10^{-6} \sim 138.8×10^{-6}$,平均值为 $120.49×10^{-6}$;Y 取值范围为 $25.62×10^{-6} \sim 35.37×10^{-6}$,平均值为 $29.73×10^{-6}$;Zr 取值范围为 $313.72×10^{-6} \sim 448.96×10^{-6}$,平均值为 $365.20×10^{-6}$;Nb 取值范围为 $15.43×10^{-6} \sim 22.15×10^{-6}$,平均值为 $18.22×10^{-6}$;Pb 取值范围为 $18.55×10^{-6} \sim 22.29×10^{-6}$,平均值为 $20.66×10^{-6}$;Sc 取值范围为 $9.24×10^{-6} \sim 13.25×10^{-6}$,平均值为 $11.44×10^{-6}$;Th 取值范围为 $12.56×10^{-6} \sim 15.91×10^{-6}$,平均值为 $13.82×10^{-6}$;U 取值范围为 $2.17×10^{-6} \sim 2.87×10^{-6}$,平均值为 $2.49×10^{-6}$;Hf 取值范围为 $8.66×10^{-6} \sim 11.76×10^{-6}$,平均值为 $9.84×10^{-6}$;Ta 取值范围为 $1.21×10^{-6} \sim 1.81×10^{-6}$,平均值为 $1.45×10^{-6}$。总体上,"巫山黄土"沉积物各样品的微量元素含量相差不大,并具有同步变化的特点。

Rb/Sr 是另一个较常用的指示化学风化程度的指标(陈骏等,2001)。在风化成壤过程中,Rb、Sr 的地球化学行为不同,Rb/Sr 比值大小与风化程度呈明显的正相关关系。由于 Rb 的离子半径较大,具有较强的被吸附性能,被黏土矿物吸附而保留在原位;相比之下离子半径较小的 Sr 则主要以游离态形式被地表水或地下水带走,造成风化产物中 Rb/Sr 比值升高。Rb/

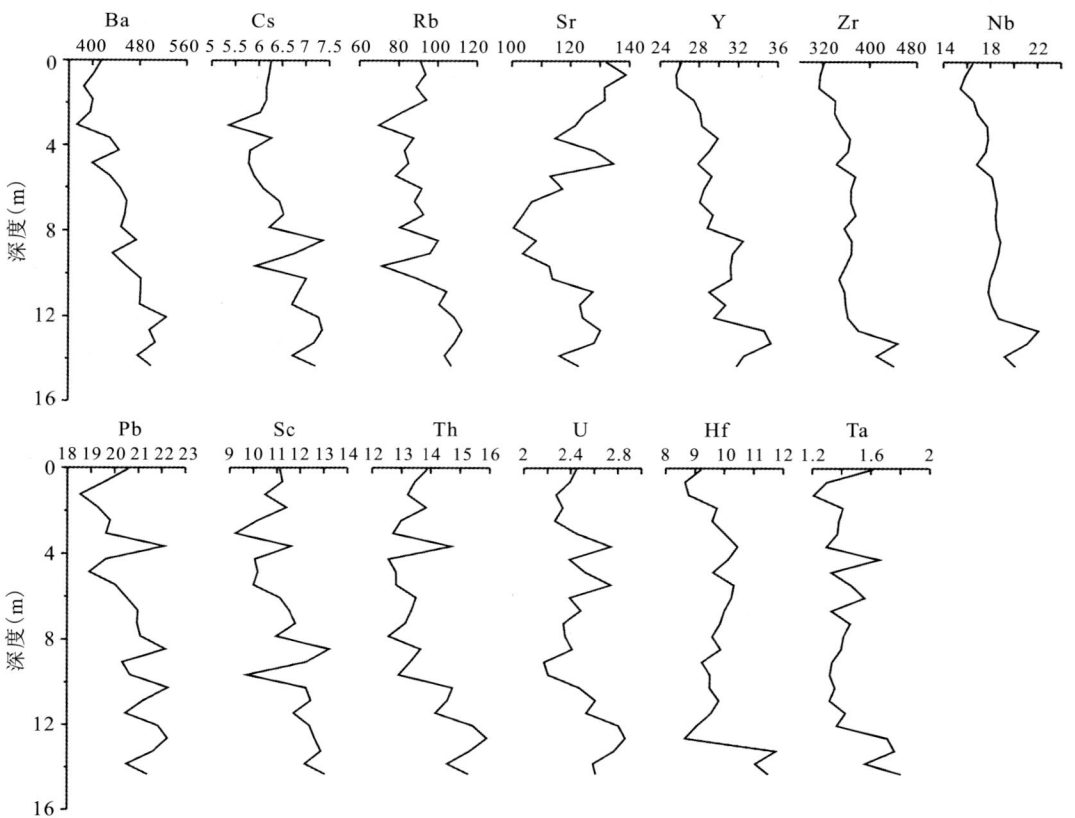

图 5 − 29 "巫山黄土"微量元素随深度变化曲线(单位:$×10^{-6}$)

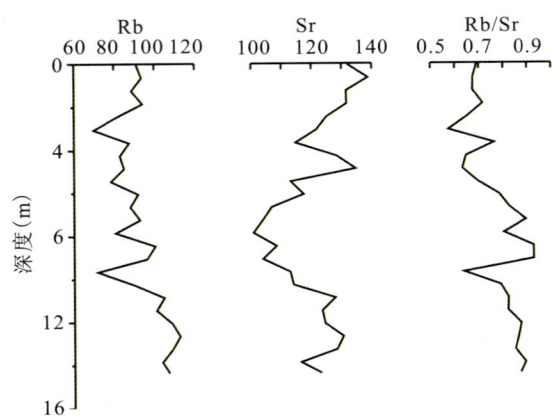

图 5-30 "巫山黄土"剖面沉积物微量元素不同元素的比值随深度变化曲线

Sr 大小实际上反映了降水量的变化,指示了成壤作用的强度。降水量的增加会促进植被发育,生物风化作用增强,导致土壤的淋溶作用加强,可溶物质的迁移加剧,Rb/Sr 比值升高;反之,降水量的减少会导致地表植物量的降低,可溶物质在土壤中富集,Rb/Sr 比值则会降低。由"巫山黄土"剖面沉积物微量元素不同元素的比值随深度变化曲线图可见,整个剖面微量元素比值变化不是很大,但大致以 8~9m 为界,上部比值较小、变化幅度偏小,下部相对而言比值较大、变化明显(图 5-30)。

在研究微量元素特征时,人们通常以上陆壳平均值作为标准,将微量元素与上陆壳平均值相比,即所谓的微量元素 UCC 标准化。"巫山黄土"微量元素 UCC 标准化后(图 5-31),除 Sr 和 Zr 以外的微量元素的分布曲线近于平坦线型且靠近 UCC 分布曲线,表明"巫山黄土"与 UCC 的微量元素组成是比较接近的。

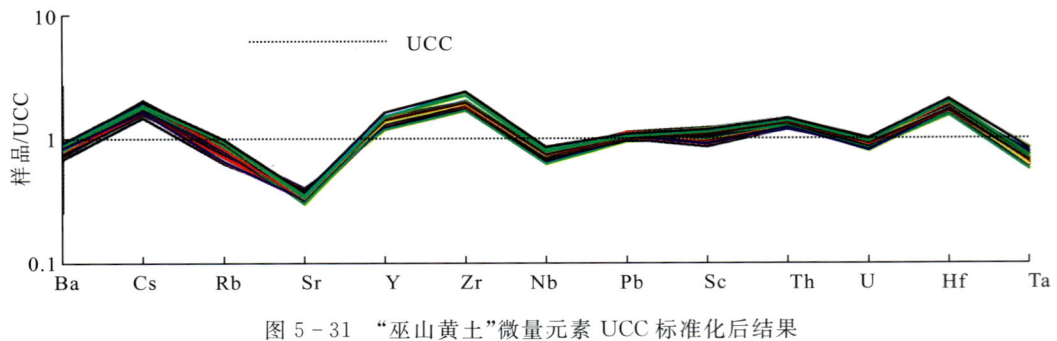

图 5-31 "巫山黄土"微量元素 UCC 标准化后结果

将"巫山黄土"以及其他典型风成黄土与上部陆壳(UCC)平均化学成分对比(图 5-32)表明,"巫山黄土"中除了 Cs、Sr、Zr 和 Hf 以外的微量元素的分布曲线近于平坦线型且靠近 UCC 分布曲线,表明"巫山黄土"与 UCC 的化学组成是比较接近的,也表明了"巫山黄土"来源广泛,并经过充分混合,使之趋近上部地壳的平均化学成分。Cs、Zr 和 Hf 的数据点显著偏离了上部陆壳的平均成分,与 UCC 相比表现出比较明显的富集特征,这可能与大陆风化沉积有关。而 Sr 数据点与 UCC 相比则表现出比较明显的亏损特征,这应该是大陆化学风化的效应。与不同地区的风成黄土相比,"巫山黄土"所表现出来的微量元素变化规律大体一致,表明它们具有相似的沉积环境和成因类型,也就是说"巫山黄土"也为风积成因。

五、"巫山黄土"沉积物稀土元素特征

由于稀土元素在沉积过程中地球化学行为具有独特性,其含量、分布模式和特征比值等常常被用于沉积环境、物质来源、成因和风化强度等地质问题的研究(叶玮等,2008;杨元根等,

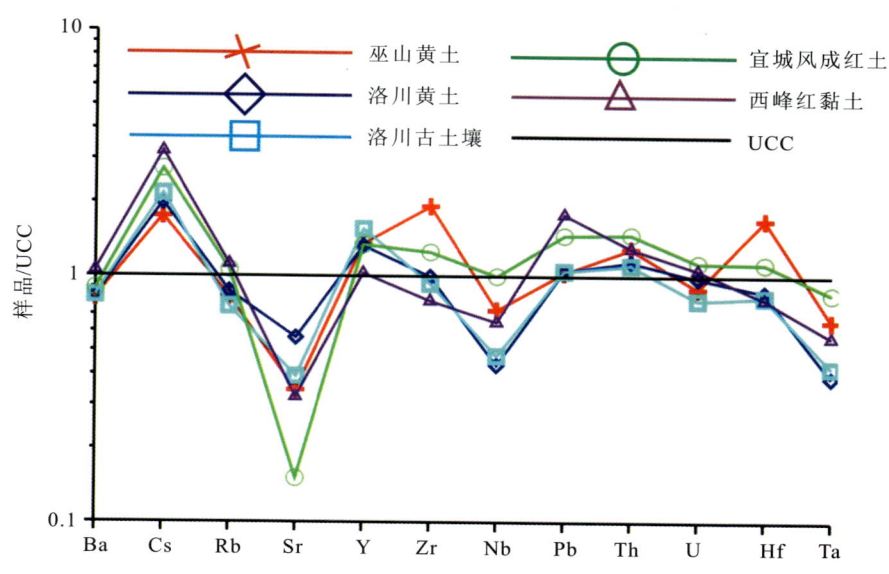

图 5-32 "巫山黄土"及其他典型风成黄土与上部陆壳(UCC)平均化学成分对比

2000;李福春等,2004;文启忠等,1984;刁桂仪等,2000;曹军骥等,2001)。本次研究在剖面上以10cm间隔连续采集地球化学样品146组,室内根据岩性变化特征不等间距送测25件微量元素,样品由国土资源部合肥矿产资源监督检测中心使用等离子体质谱仪和等离子体光谱仪测试完成,结果如表5-20,表5-21所示。

"巫山黄土"稀土元素含量比较曲线显示(图5-33),"巫山黄土"沉积物各样品的稀土元素含量相差不大,并具有同步变化的特点。同时轻稀土(LREE)含量远远高于重稀土(HREE)含量,表现为轻稀土富积、重稀土亏损的特点。"巫山黄土"沉积物呈现出从老到新$\sum$REE逐渐减小的趋势,这一特点可能与黄土的风化成壤作用的强度有关。结合常量元素的分析结果可知,11~25号序列(对应剖面深度6~14.35m处)样品对应时期的气候为夏季风较强盛的温暖湿润气候,从10号序列(对应剖面深度0.35~6m处)样品以后朝着干冷方向发展,从而引起下部黄土的风化成壤作用较上部黄土强,因而引起稀土元素含量的增高。同时,在风化成壤过程中,随着黏土化作用的增强,$\sum$REE 也有增加的趋势。

由"巫山黄土"沉积物稀土元素配分曲线(图5-34)可以看出,"巫山黄土"沉积物位于不同深度的25个样品的REE分布模式具有相似性:曲线为右倾斜,La-Eu曲线较陡,Eu-Lu曲线较平缓,即表现为斜率为负的分布模式,轻稀土元素富集,重稀土组分变化微小,曲线波折不大;轻稀土元素特别是La富集,Ce为轻微亏损,在Eu处呈"V"形,显示中等程度的Eu负异常(亏损)。沉积物的稀土元素配分曲线说明虽然黄土堆积的时代不同,但是它们有着相同的物质来源。

巫山、马兰、洛川黄土及长江中下游下蜀土具有相似或相近的稀土元素分布模式:分布曲线均为负斜率,La-Eu曲线较陡,Eu-Lu曲线较为平缓,均为LREE相对HREE富集,Eu呈较明显的负异常,说明了这四个地区黄土物质来源和成因的一致性。

表 5-20 "巫山黄土"剖面沉积物稀土元素(REE)含量(单位:$\times 10^{-6}$%)

样品编号	La	Ce	Pr	Nd	Sm	Eu	Gd	Tb	Dy	Ho	Er	Tm	Yb	Lu	REE 总量
WS-LD-2	45.22	79.65	9.05	38.83	6.98	1.24	5.89	0.97	5.31	1.05	2.71	0.46	2.66	0.42	200.446 1
WS-LD-14	44.98	80.31	8.66	40.24	6.69	1.21	5.71	0.94	5.12	1.01	2.74	0.45	2.63	0.40	201.094 1
WS-LD-26	43.31	73.49	8.61	41.66	6.56	1.17	5.79	0.93	5.12	1.00	2.79	0.44	2.61	0.41	193.900 8
WS-LD-38	43.41	76.48	9.51	44.17	7.23	1.32	6.34	1.04	5.58	1.11	3.01	0.50	2.88	0.44	203.012 4
WS-LD-50	41.67	74.43	9.70	43.67	7.33	1.34	6.44	1.04	5.62	1.12	2.94	0.50	2.85	0.45	199.084 7
WS-LD-62	37.24	71.27	10.16	43.19	7.78	1.38	6.63	1.07	5.80	1.15	2.97	0.51	2.95	0.46	192.560 2
WS-LD-74	43.81	81.59	10.81	48.24	8.24	1.47	7.08	1.16	6.23	1.28	3.27	0.57	3.24	0.50	217.492 7
WS-LD-86	40.86	74.75	10.19	50.94	7.95	1.41	6.96	1.10	5.94	1.17	3.26	0.52	2.99	0.48	208.504 1
WS-LD-98	40.75	75.97	9.60	47.92	7.29	1.34	6.53	1.04	5.57	1.13	3.15	0.49	2.87	0.45	204.080 5
WS-LD-110	39.74	76.24	9.82	47.19	7.38	1.35	6.62	1.08	5.85	1.17	3.17	0.52	2.98	0.47	203.586 9
WS-LD-122	39.99	81.84	9.60	46.19	7.35	1.34	6.44	1.02	5.68	1.11	3.11	0.52	3.00	0.47	207.664 6
WS-LD-134	38.35	82.07	10.20	47.51	7.82	1.48	6.65	1.07	5.73	1.16	3.15	0.53	3.02	0.47	209.208
WS-LD-146	39.38	83.88	10.71	51.68	8.18	1.44	7.22	1.13	6.09	1.22	3.34	0.54	3.16	0.50	218.447 2
WS-LD-158	36.74	82.23	10.08	49.07	7.85	1.49	6.90	1.12	5.97	1.20	3.28	0.54	3.16	0.49	210.108 4
WS-LD-170	46.38	91.58	11.25	54.07	8.63	1.59	7.63	1.25	6.58	1.30	3.52	0.58	3.32	0.52	238.187 4
WS-LD-182	43.71	87.91	10.67	51.59	8.25	1.60	7.23	1.15	6.28	1.25	3.40	0.56	3.26	0.51	227.371 9
WS-LD-194	39.20	77.85	10.62	49.68	8.27	1.48	7.19	1.15	6.26	1.24	3.34	0.55	3.18	0.49	210.49
WS-LD-206	44.09	84.41	10.49	49.66	8.17	1.52	7.19	1.16	6.29	1.26	3.35	0.56	3.15	0.50	221.793 5
WS-LD-218	46.27	86.79	9.91	44.29	7.55	1.44	6.61	1.06	5.79	1.17	3.08	0.51	3.05	0.47	217.979 2
WS-LD-230	44.86	82.86	10.28	48.29	7.87	1.45	7.08	1.13	6.13	1.23	3.32	0.57	3.15	0.48	218.712 6
WS-LD-242	48.72	92.51	10.65	50.44	7.91	1.46	7.09	1.13	6.01	1.22	3.28	0.54	3.17	0.49	234.642 4
WS-LD-254	49.41	91.40	12.13	50.93	9.20	1.67	7.87	1.28	7.01	1.41	3.65	0.64	3.59	0.56	240.749 4
WS-LD-266	49.34	89.97	11.83	65.30	9.19	1.69	8.16	1.29	6.85	1.41	4.07	0.64	3.54	0.57	253.856 2
WS-LD-278	48.37	86.71	10.69	54.72	8.25	1.55	7.29	1.18	6.35	1.28	3.51	0.59	3.25	0.52	234.277
WS-LD-288	47.16	88.41	11.17	60.71	8.53	1.57	7.76	1.22	6.47	1.30	3.73	0.60	3.35	0.54	242.511 3
最大值	49.41	92.51	12.13	65.3	9.2	1.69	8.16	1.29	7.01	1.41	4.07	0.64	3.59	0.57	253.856 2
最小值	36.74	71.27	8.61	38.83	6.56	1.17	5.71	0.93	5.12	1	2.71	0.44	2.61	0.4	192.560 2
平均值	43.32	82.18	10.26	48.81	7.86	1.44	6.89	1.11	5.98	1.2	3.25	0.54	3.08	0.48	216.39
武都黄土	39.7	78.3	8.18	34.5	5.97	1.1	4.77	0.82	4.93	1.06	2.47	0.38	2.29	0.3	184.77
洛川黄土	35.43	62.37	8.10	30.20	5.80	1.15	5.37	0.82	4.53	0.96	2.65	0.44	2.52	0.39	160.74

表 5-21 "巫山黄土"沉积物球粒陨石标准化后的稀土元素(REE)参数值

样品编号	深度(m)	δCe	δEu	La/Yb	Gd/Yb	Eu/Sm	Sm/Nd	La/Sm	La/Lu	Pr/Yb	Nd/Lu	REE总量($\times 10^{-6}$)	LREE/HREE
WS-LD-2	0.05	0.97	0.59	12.19	1.83	0.47	0.55	4.18	11.68	6.09	5.09	200.45	9.29
WS-LD-14	0.65	1.00	0.60	12.25	1.79	0.48	0.51	4.34	11.97	5.89	5.43	201.09	9.58
WS-LD-26	1.25	0.93	0.58	11.90	1.84	0.47	0.48	4.26	11.30	5.91	5.51	193.90	9.16
WS-LD-38	1.85	0.92	0.60	10.82	1.82	0.48	0.50	3.88	10.65	5.92	5.50	203.01	8.72
WS-LD-50	2.45	0.91	0.60	10.49	1.87	0.48	0.51	3.67	9.94	6.09	5.29	199.08	8.50
WS-LD-62	3.05	0.90	0.59	9.05	1.86	0.47	0.55	3.09	8.67	6.16	5.10	192.56	7.94
WS-LD-74	3.65	0.92	0.59	9.69	1.81	0.47	0.52	3.43	9.36	5.97	5.23	217.49	8.32
WS-LD-86	4.25	0.90	0.58	9.81	1.93	0.47	0.48	3.32	9.16	6.11	5.80	208.50	8.30
WS-LD-98	4.85	0.94	0.59	10.19	1.88	0.49	0.46	3.61	9.66	5.98	5.76	204.08	8.62
WS-LD-110	5.45	0.95	0.59	9.57	1.84	0.48	0.48	3.48	9.15	5.90	5.51	203.59	8.31
WS-LD-122	6.05	1.02	0.59	9.56	1.78	0.48	0.49	3.51	9.17	5.73	5.37	207.66	8.73
WS-LD-134	6.65	1.02	0.63	9.10	1.82	0.50	0.50	3.17	8.71	6.04	5.48	209.21	8.61
WS-LD-146	7.25	1.00	0.57	8.95	1.82	0.46	0.48	3.11	8.50	6.07	5.66	218.45	8.42
WS-LD-158	7.85	1.05	0.62	8.35	1.81	0.50	0.49	3.02	8.07	5.71	5.47	210.11	8.28
WS-LD-170	8.45	0.98	0.60	10.02	1.90	0.49	0.49	3.47	9.63	6.06	5.70	238.19	8.64
WS-LD-182	9.05	0.94	0.63	9.62	1.83	0.51	0.49	3.42	9.21	5.86	5.51	227.37	8.62
WS-LD-194	9.65	0.94	0.59	8.85	1.87	0.47	0.51	3.06	8.64	5.98	5.56	210.49	8.00
WS-LD-206	10.25	0.96	0.60	10.05	1.89	0.49	0.50	3.48	9.44	5.97	5.40	221.79	8.46
WS-LD-218	10.85	0.99	0.62	10.90	1.79	0.50	0.52	3.96	10.44	5.82	5.07	217.98	9.03
WS-LD-230	11.45	0.95	0.59	10.21	1.86	0.49	0.50	3.68	9.95	5.84	5.44	218.71	8.47
WS-LD-242	12.05	1.00	0.60	11.02	1.85	0.49	0.48	3.98	10.63	6.01	5.58	234.64	9.23
WS-LD-254	12.65	0.92	0.60	9.87	1.81	0.48	0.55	3.47	9.50	6.04	4.97	240.75	8.26
WS-LD-266	13.25	0.91	0.60	10.01	1.91	0.49	0.43	3.47	9.20	5.99	6.18	253.86	8.57
WS-LD-278	13.85	0.93	0.61	10.66	1.85	0.50	0.46	3.79	9.95	5.88	5.71	234.28	8.77
WS-LD-288	14.35	0.94	0.59	10.10	1.92	0.49	0.49	3.57	9.44	5.97	6.17	242.51	8.71
最大值		1.05	0.63	12.25	1.93	0.51	0.55	4.34	11.97	6.16	6.18	253.86	9.58
最小值		0.9	0.57	8.35	1.78	0.46	0.43	3.02	8.07	5.71	4.97	192.56	7.94
巫山平均		0.96	0.60	10.13	1.85	0.48	0.49	3.56	9.64	5.96	5.51	216.39	8.62
武都黄土[a]		1.07	0.63	12.44	1.72	0.49	0.53	4.29	14.18	6.39	6.25	184.77	9.85
洛川黄土[b]		0.90	0.63	10.07	1.76	0.52	0.59	3.94	9.82	5.75	4.25	160.74	8.09

注:a)为晚更新世以来黄土,资料来源于张虎才,1996;b)为晚更新世以来黄土,资料来源于陈骏,1996。

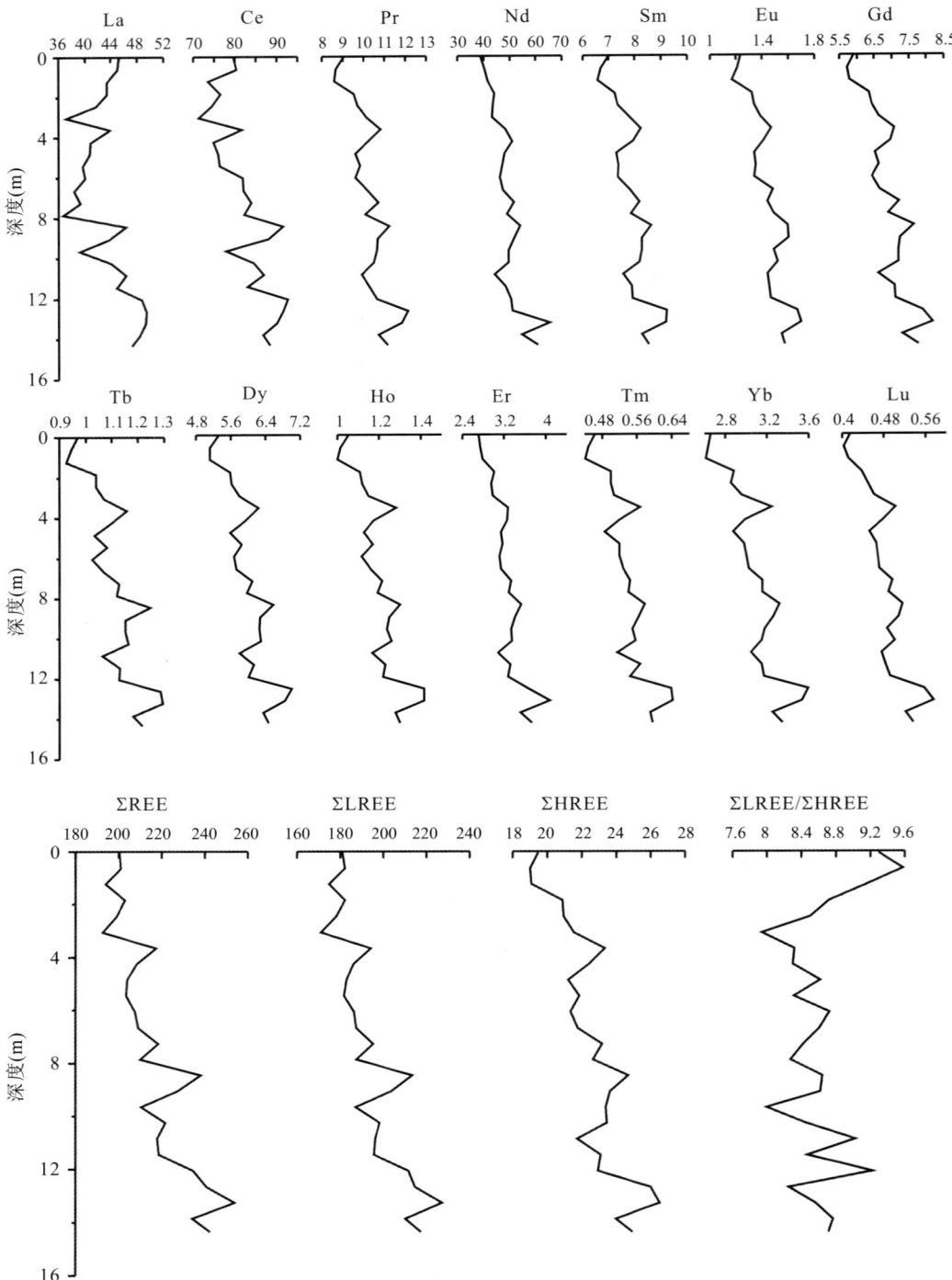

图 5-33 "巫山黄土"沉积物稀土元素含量(ppm)随深度变化曲线(单位:×10⁻⁶)

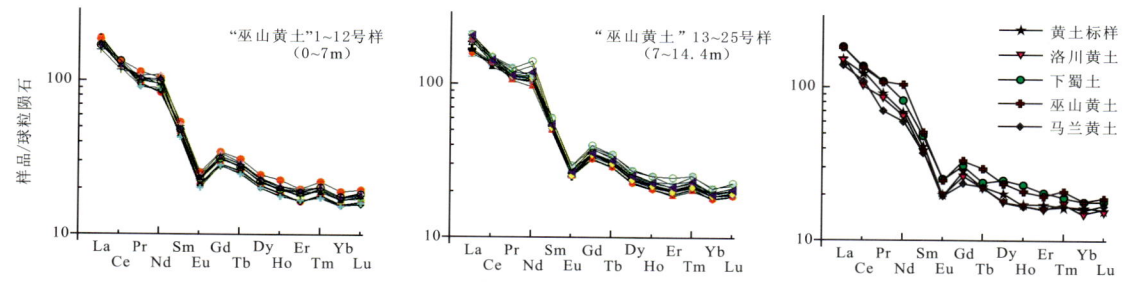

图 5-34 "巫山黄土"沉积物稀土元素配分曲线与其他黄土的对比

研究表明,稀土元素中 δCe、δEu、Eu/Sm、Sm/Nd 和 $\Sigma LREE/\Sigma HREE$ 等值可以揭示黄土来源物质的特性(文启忠等,1984;张虎才等,1991)。从"巫山黄土"沉积物稀土元素特征值(表5-22)及其随深度变化曲线(图5-35)可以看出:"巫山黄土"沉积物样品的 δCe、δEu、La/Yb、Gd/Yb 和 ΣREE 特征值非常相近,说明其物源的一致性。其中,$La/Yb_{(CN)}$ 平均值为 10.13,远远大于1,说明沉积物明显富集轻稀土元素。$Gd/Yb_{(CN)}$ 平均值为1.85,比1稍大,说明沉积物中重稀土元素分馏不明显。

表 5-22 "巫山黄土"Sr-Nd 同位素数据

样品编号	$^{87}Sr/^{86}Sr$	$2\sigma(\times 10^{-6})$	$^{143}Nd/^{144}Nd$	$2\sigma(\times 10^{-6})$	$\varepsilon_{Nd}(0)$
WS-3-9	0.718 035	8	0.512 081	8	-10.9
WS-4-13	0.718 355	3	0.512 099	2	-10.5
WS-5-17	0.717 958	7	0.512 119	3	-10.1
WS-6-9	0.717 411	9	0.512 062	6	-11.2
WS-7-13	0.717 770	4	0.512 046	5	-11.5
WS-8-17	0.719 163	4	0.512 063	6	-11.2
WS-10-1	0.718 253	5	0.512 037	3	-11.7
WS-11-5	0.717 549	4	0.512 083	6	-10.8
WS-12-8	0.717 964	6	0.512 047	7	-11.5

球粒陨石标准化计算的沉积物 δEu 平均值为 0.598,表现出明显的负 Eu 异常,表明相对于球粒陨石,沉积物已经产生了明显的分异,且分异程度接近大陆地壳。由于 Eu 异常的产生常与斜长石和钾长石的结晶有关,说明沉积物的物源区分布有长英质岩石。该地区呈现出从老到新 Eu 异常值逐渐减小的趋势,这一特点可能与 Eu^{2+} 的淋溶有关。当古气候波动,演变为温暖湿润时期,可能引起 Eu^{2+} 的淋溶,导致 Eu 异常值升高(文启忠等,1984)。结合常量元素的分析结果可知,11~25 号样品(对应剖面深度 6~14.35m 处)对应的时期,为夏季风较强盛的温暖湿润气候,从 10 号样品(对应剖面深度 0.35~6m 处)以后朝着干冷方向发展,从而引起下部黄土 Eu^{2+} 的淋溶强度较上部黄土强,因而呈现出从老到新 Eu 异常值逐渐减小的趋势。

在球粒陨石标准化情况下计算的沉积物 δCe 平均值为 0.958,没有明显的 Ce 异常,这说明本区沉积物遭受的风化作用并不强烈,因此其特征可基本代表源区特征。

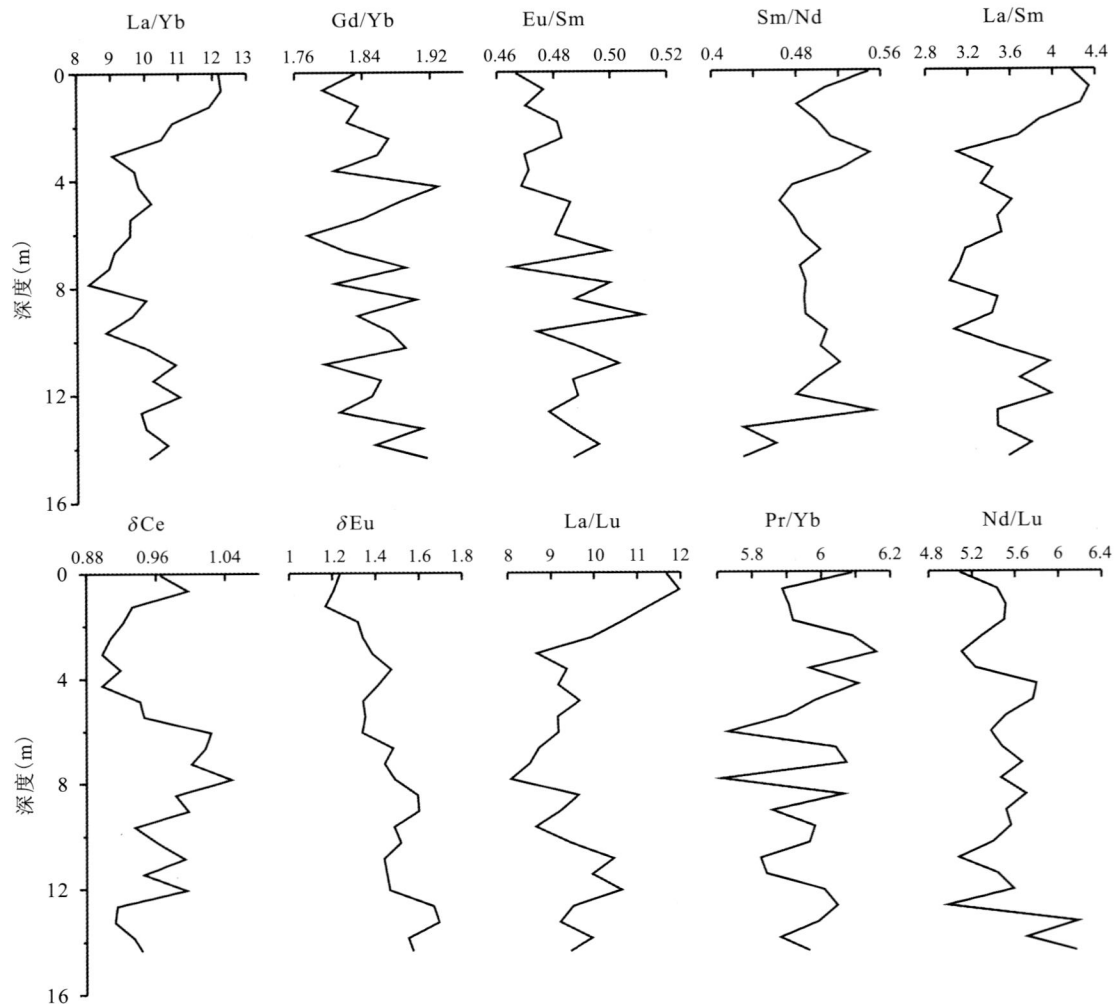

图 5-35 "巫山黄土"沉积物稀土元素参数特征值随深度变化曲线

六、"巫山黄土"Sr-Nd 同位素特征

在剖面从上到下以近等间距采集 Sr-Nd 同位素样品 10 件。前人研究表明,风尘物质在搬运、堆积及成壤过程中所遭受的粒度分选及风化成壤作用对其 Nd 同位素组成无明显影响,而对其 Sr 同位素组成则有较大影响(杨杰东等,2009)。该剖面沉积物粒度组成与黄土高原类似,而本研究着重比较"巫山黄土"与黄土高原同位素组成有无差异,因此未对其分粒级测试。Sr-Nd 同位素比值在中国地质大学地质过程与矿产资源国家重点实验室采用热电离质谱仪(TIMS)分析,测试结果见表 5-22。

"巫山黄土"$^{87}Sr/^{86}Sr$ 介于 0.717 4 和 0.719 2 之间,平均值为 0.718,样品间最大差异为 0.001 8。由 Sr 同位素组成随深度变化曲线可知,"巫山黄土"剖面 2~5m 及 7~9m 处 $^{87}Sr/^{86}Sr$ 值较高(图 5-36),其余样品的 $^{87}Sr/^{86}Sr$ 值均较低且较为稳定。2~5m 处高 $^{87}Sr/^{86}Sr$ 值,

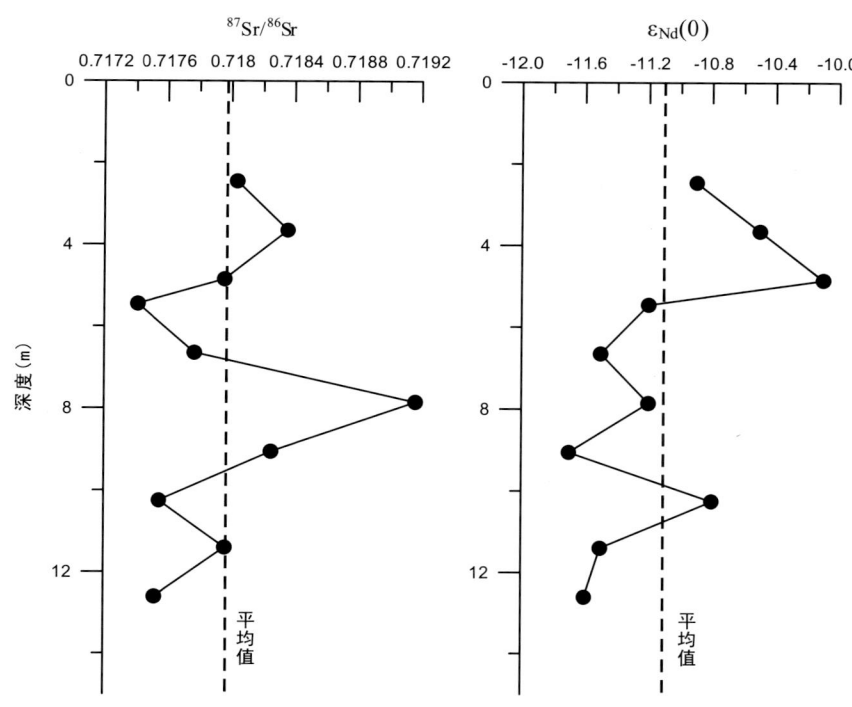

图 5-36 "巫山黄土"Sr-Nd 同位素组成变化曲线

可能与该段具有不同的物质来源有关;7~9m 处高 $^{87}Sr/^{86}Sr$ 值,可能与风尘堆积物的粒度组成及沉积物所经历的化学风化作用强度有关。黄土分粒级实验表明,<2μm 组分的 $^{87}Sr/^{86}Sr$ 值明显高于其他组分,因此可以认为风尘堆积物中<2μm 组分的含量是影响其 $^{87}Sr/^{86}Sr$ 值的重要因素。"巫山黄土"粒度组成显示,该段堆积物<2μm 组分的含量较高,表明粒度组成可能是该段堆积物 Sr 同位素组成的重要控制因素。此外,该段风尘堆积物中含较多的铁锰结核,表明其受到较强的化学风化作用。灵台剖面 Sr 同位素组成变化表明,$^{87}Sr/^{86}Sr$ 值是化学风化强度的良好替代指标,且与化学风化强度呈正相关(杨杰东等,2003),这与本研究取得的认识基本一致。

"巫山黄土" $^{143}Nd/^{144}Nd$ 值介于 0.512 037 和 0.512 119 之间,平均值为 0.512 071,样品间最大差异为 0.000 08。其 $\varepsilon_{Nd}(0)$ 值介于 -10.1 和 -11.7 之间,平均值为 -11.1,样品间最大差异为 1.6。由 Nd 同位素组成随深度变化曲线可知,"巫山黄土"Nd 同位素组成曲线可明显分为两段,大致以深度 5m 为界。该界线以上的 $\varepsilon_{Nd}(0)$ 值介于 -10.9 和 -10.1 之间,界线以下的 $\varepsilon_{Nd}(0)$ 值介于 -11.7 和 -10.8 之间,界线以上明显高于界线以下。

将"巫山黄土"Sr-Nd 同位素组成与黄土高原马兰黄土比较发现,两者 Sr 同位素组成较为接近,"巫山黄土" $^{87}Sr/^{86}Sr$ 值位于黄土高原马兰黄土 $^{87}Sr/^{86}Sr$ 值变化范围之内,而其 Nd 同位素组成则比黄土高原马兰黄土复杂。依据前文描述,"巫山黄土"上部 $\varepsilon_{Nd}(0)$ 值介于 -10.9 和 -10.1 之间,与黄土高原马兰黄土几乎一致;而其下部 $\varepsilon_{Nd}(0)$ 值介于 -11.7 和 -10.8 之间,略低于黄土高原马兰黄土。表明"巫山黄土"物源可能以源自黄土高原为主,界线以下低 $\varepsilon_{Nd}(0)$ 值可能为近源物质的加入使得源自黄土高原的粉尘所占比例下降所致。

七、磁组构特征

为了探讨"巫山黄土"的成因类型,对新近发现的"巫山黄土"进行了磁组构测试和磁化率主轴特征分析,并与长江现代沉积物以及长江中游一带分布的风积黄土和"砂山"的磁组构特征进行了对比。

1. 单个磁组构参数特征

"巫山黄土"样品的磁组构参数量值与长江一带风积成因的"砂山"极为相近,而与长江现代河流沉积物存在着较大的差异(表5-23)。"巫山黄土"样品的 κ、P、F、L 值分别为 361.4(10^{-6}SI)、1.007 3、1.004、1.003 4,分布于长江一带的风成"砂山"(武汉青山)相应的值分别为 657(10^{-6}SI)、1.016 4、1.010 7、1.005 7,而长江现代河流沉积物(长江宜昌江段)相应的值却分别为 2 009.1(10^{-6}SI)、1.027 6、1.022 5、1.005 1。一般来说,水成沉积物的 P 值和 F 值多数大于 1.02,E 值绝大多数大于 1.01,而风成沉积物的 P 值和 F 值多数小于 1.02,E 值小于 1.01(张玉芬等,2003;张玉芬等,2008)。本书测试的 146 个"巫山黄土"样品的 P 值和 F 值均小于 1.02,E 值均小于 1.01,且全部样品的平均值仅为 1.007 3、1.004 和 1.000 4 左右。它们与长江中游一带风成砂和风成黄土的 P、F 和 E 值非常接近(表5-23)。另外,"巫山黄土"的 q 值(平均值为 0.672 1)与长江一带风成沉积物的 q 值(0.535 6~0.739 7)比较接近,而与长江现代河流沉积物的 q 值(0.121 9~0.400 1)差异较大,也反映出"巫山黄土"可能为风积成因。

表 5-23 不同沉积类型的磁组构参数

沉积类型与沉积环境		采样地点	样品数	κ	P	F	L	q	T	E	$I_{max}(°)$	$I_{min}(°)$
水成沉积	现代河流	长江宜昌	34	2 009.1	1.027 6	1.022 5	1.005 1	0.225 5	0.608 4	1.017 3	8.5	74.7
		长江簰洲湾	305	1 538.7	1.046 0	1.038 1	1.007 6	0.257 0	0.593 0	1.030 3	9.5	74.3
		长江武汉	47	1 403.3	1.039 2	1.036 4	1.002 7	0.121 9	0.821 6	1.033 6	5.8	80.5
		汉江仙桃	66	708.2	1.072 9	1.062 9	1.009 5	0.167 9	0.716 2	1.052 9	7.7	80.6
	高位砾石层	李家院砾石层	8	1 504.3	1.024 4	1.016 9	1.007 3	0.347 5	0.406 1	1.009 4	9.3	71.4
		白洋渡砾石层	26	355.0	1.025 5	1.021 7	1.004 5	0.202 8	0.644 5	1.016 7	6.0	80.1
	溃口扇	长江簰洲湾	307	782.2	1.041 2	1.028 1	1.010 3	0.400 1	0.361 6	1.015 3	17.9	68.4
风成沉积	风尘砂	武汉青山	312	657.0	1.016 4	1.010 7	1.005 7	0.535 6	0.214 2	1.005 0	21.3	55.9
		岳阳君山	53	106.0	1.006 1	1.003 0	1.003 1	0.739 7	-0.012 0	0.999 8	29.0	42.0
		江西新港	430	38..5	1.028 6	1.015 5	1.012 9	0.628 5	0.097 8	1.002 7	24.2	45.1
	风尘黄土	武汉青山	48	750.0	1.008 6	1.005 2	1.003 0	0.653 0	0.091 1	1.001 6	22.0	54.0
		江西新港	116	161.4	1.015 9	1.008 9	1.006 9	0.589 1	0.155 0	1.003 0	16.0	54.2
本研究的"巫山黄土"			146	361.4	1.007 3	1.004 0	1.003 4	0.672 1	0.049 9	1.000 4	37.34	38.0

注:表中参数 κ 为平均磁化率(总磁化率),单位为 10^{-6}SI;P 为各向异性度;F 为磁面理;L 为磁线理;q 为磁基质颗粒度;T 为形状因子;E 为扁率;I_{max} 和 I_{min} 分别为最大、最小主轴的倾角。

2. 磁组构参数组合特征

多个磁组构参数比单一参数能更为确切地反映沉积物的动力沉积状况,进而反映其成因类型。从长江中游风成沉积、水成沉积和"巫山黄土"磁组构参数组合关系对比分析图来看(图 5-37),在磁组构参数 $F-L$ 关系图上,"巫山黄土"样品的 F、L 值都很小,数据点主要集中于坐标原点附近;在 $P-T$ 组合图上,P 以小于 1.02 为主,T 介于 $-1\sim 1$ 之间;在 $Fs-q$ 组合图上,Fs 值均小于 1.02,q 值的变化范围都较大(图 5-37c)。与长江一带典型的风成沉积物的磁组构组合图(图 5-37b)特征类似,表明两者具有相同的沉积类型和沉积环境。而长江现代河流沉积物的数据点主要集中于 P、F 和 T 的高值区,L 和 q 的低值区(图 5-37a),在 $F-L$ 组合图上,数据点主要分布于 F 轴附近(F 大于 L),在 $P-T$ 组合图上主要分布于 T 的正半轴,表现出水成沉积物的 F 较 L 发育(沉积层理发育)的特点。与"巫山黄土"相比,明显形成于不同沉积类型和沉积环境。

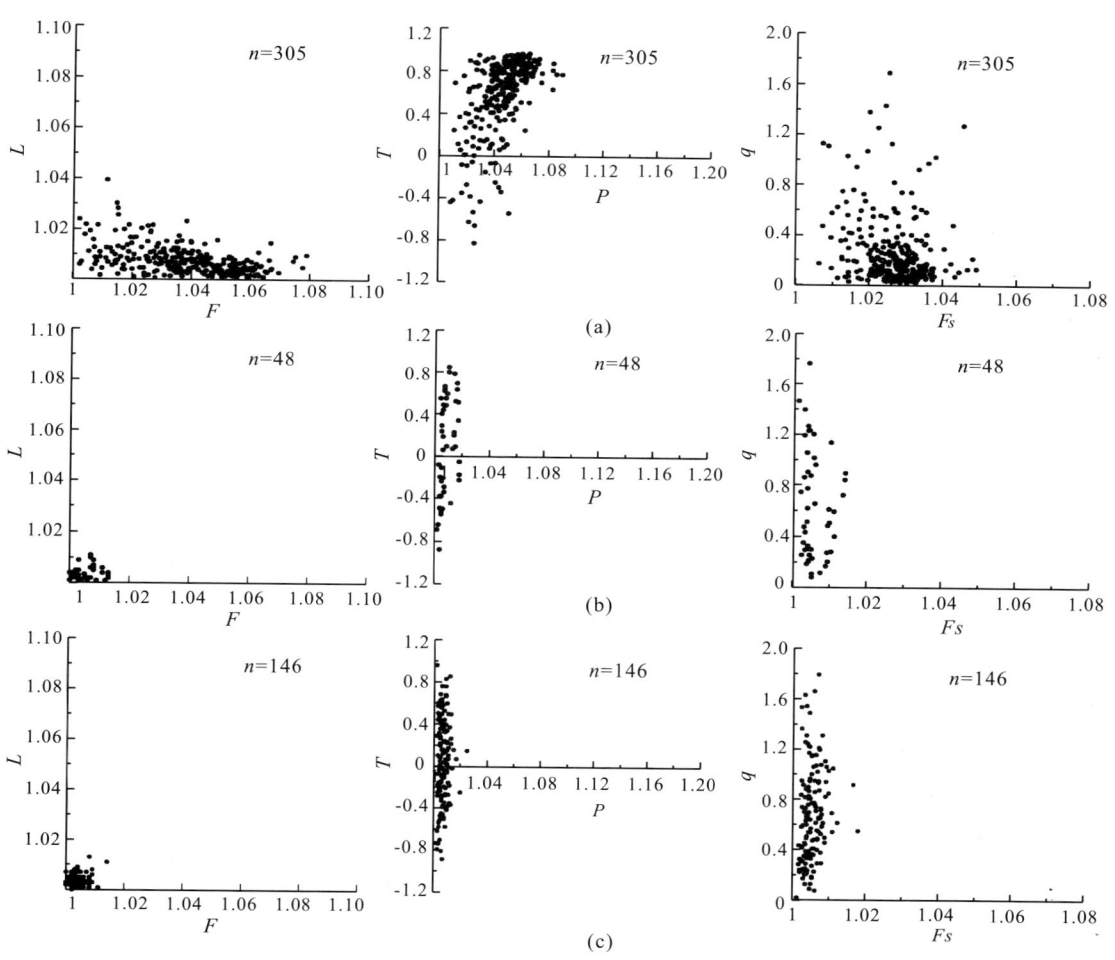

图 5-37 长江中游部分沉积物磁组构参数组合(图中 n 是样品数)
(a)长江现代河漫滩沉积(张玉芬等,2008);(b)武汉青山风成黄土(下蜀黄土);(c)"巫山黄土"

3. 磁化率各向异性量值椭球主轴的特点及其成因的指示

磁化率各向异性椭球体三主轴空间分布的等面积赤平投影点能够更直观地反映出沉积物中颗粒的有序分布,可以被用来区别不同环境的沉积物(吴海斌等,1998;吴汉宁等,1997)。从

"巫山黄土"样品与长江武汉江段河流沉积物以及武汉青山"砂山"样品的磁化率各向异性量值椭球主轴的赤平投影(图5-38)可见:"巫山黄土"样品的磁化率椭球体轴向分布规律性较差且与武汉青山"砂山"的特征类似,而与长江河流沉积的特征不同。不论是"巫山黄土",还是武汉青山"砂山"沉积物的κ_{max}、κ_{int}和κ_{min}分布都比较散乱,倾角变化也较大,表明它们沉积物颗粒有序性较差,这一特征也正好说明风的搬运能力远小于水的搬运能力,且常伴有气旋涡流导致风向不稳定的特点。

研究表明(张玉芬等,2008),风成沉积较正常的水成沉积而言,不仅具有磁化率最大、主轴偏角的方向比较分散的特点(图5-38),而且具有长轴的倾角偏大,短轴的倾角偏小的特点(表5-23)。由表5-23可见,"巫山黄土"样品的最大主轴的倾角I_{max}的平均值约为37.34°,最小主轴的倾角I_{min}的平均值约为38.0°,与长江一带风成沉积比较接近。而与水成沉积的磁化率最大主轴偏角的方向比较稳定,一般长轴的倾角小于10°,短轴的倾角在80°左右的特征差别较大。

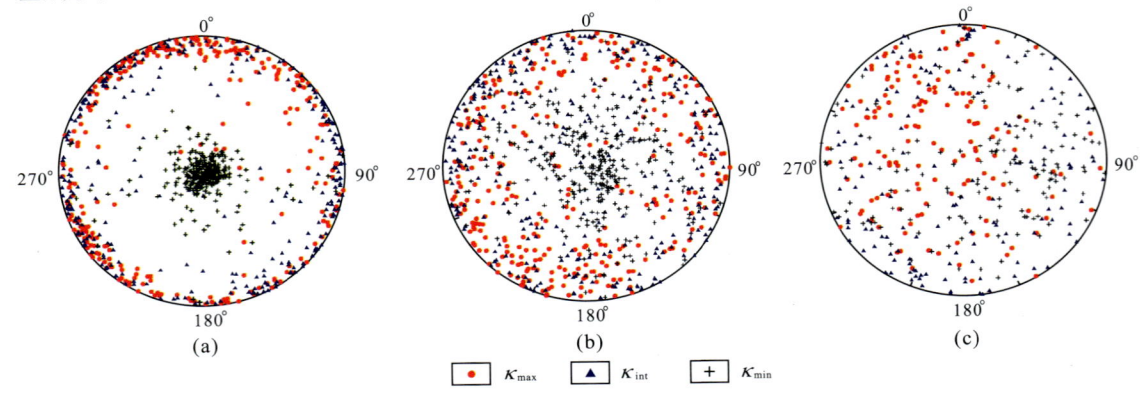

图5-38 不同沉积类型的AMS主轴等面积赤平投影
(a)武汉长江河漫滩($n=305$);(b)武汉青山风成砂($n=313$);(c)本研究的"巫山黄土"($n=146$)

综上所述,"巫山黄土"样品的测试结果,无论是单个磁组构参数特征,还是磁组构参数组合特征以及磁化率各向异性椭球体主轴特征,均反映出其成因类型为风成。

第五节 秭归势大岭黄土研究

一、势大岭剖面沉积物地层特征

1. 势大岭剖面的岩性特征

势大岭剖面位于宜昌市秭归县境内,坐标为:30°56′18″N,110°48′51″E,剖面为一人工开挖露头,厚约15.4m,依据岩性特征自下而上分成三层:厚度约2m的砾石层,厚约1.2m的亚砂土,厚约5m的亚黏土(图5-39)。各层的岩性特征具体描述如下:

褐黄色亚黏土层:厚约5m,土质松散,手搓能够成3cm长的条状,含水量较高,整个剖面的质地较为均一,上部约1m内含有较多的植物根系和虫孔,含有一定量的腐殖质,颜色略显

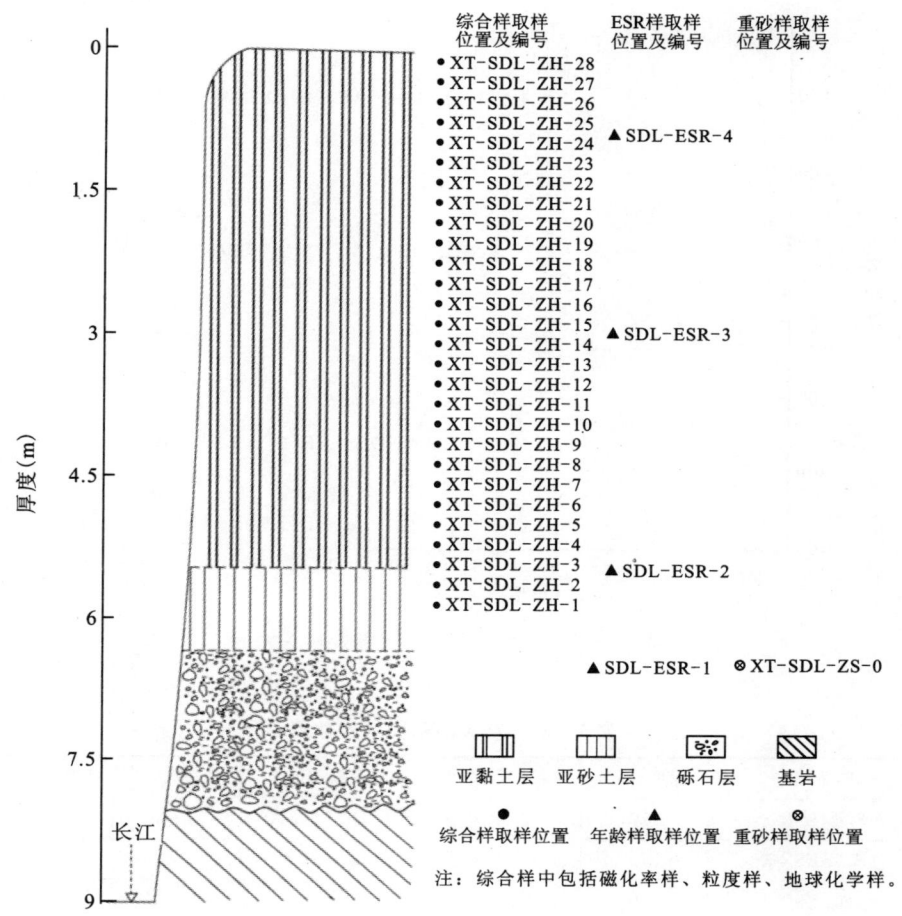

图 5-39 势大岭剖面柱状图

灰。

灰白色亚砂土层:厚约 1.2m,含水量较上部的亚黏土层少,土质较硬,团块状,压实较上部的亚黏土层紧密。依据其岩性特征初步判断该层可能是水成沉积物。

黄色砾石层:厚约 2m,砾石含量高,约可达 60%,以黄色砂岩为主,约占 90%。砾石直径以 3~7cm 为主,约占 50%,7~15cm 的约占 20%,小于 3cm 的约占 15%,大于 15cm 的约占 15%。砾石的定向性较差,磨圆度以刺棱为主,少部分能够达到次圆,球度较差。砾石层的分选性较差,砾石间以粗砂充填。砾石存在一定的风化,大部分为弱风化,部分中等风化。

2. 势大岭剖面沉积物年代

在剖面的 110cm、310cm、560cm 和 670cm 处分别取电子自旋共振样品:SDL-ESR-4~SDL-ESR-1。把样品送至成都理工大学核能物理实验室进行了年龄测定,结果校正之后获得的年龄分别为(6.8±0.68)万年、(7.6±1.0)万年、(9.8±1.0)万年和(11.3±1.0)万年。依据这些年龄数据采用线性内插法求得各个深度的年龄值,如图 5-40、表 5-24。从图中可以看出,自下而上沉积速率在增加,630~700cm 段的沉积速率是 44.07cm/万年,300~630cm 段的沉积速率是 118.18cm/万年,100~300cm 段的沉积速率是 250cm/万年。

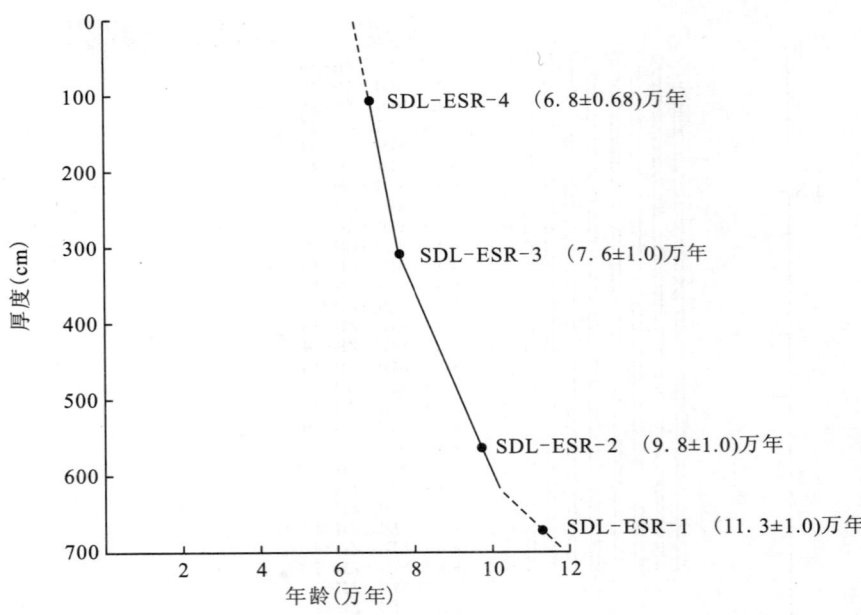

图 5-40 势大岭剖面深度与年龄关系

表 5-24 势大岭剖面测年数据

样品编号	深度(cm)	年龄(万年)	样品编号	深度(cm)	年龄(万年)
SDL-ESR-4	110	6.8±0.68	XT-SDL-LD-15	270	7.44
SDL-ESR-3	310	7.6±1.0	XT-SDL-LD-14	290	7.52
SDL-ESR-2	560	9.8±1.0	XT-SDL-LD-13	310	7.6
SDL-ESR-1	670	11.3±1.0	XT-SDL-LD-12	330	7.77
XT-SDL-LD-28	10	6.32	XT-SDL-LD-11	350	7.94
XT-SDL-LD-27	30	6.4	XT-SDL-LD-10	370	8.11
XT-SDL-LD-26	50	6.48	XT-SDL-LD-9	390	8.28
XT-SDL-LD-25	70	6.56	XT-SDL-LD-8	410	8.45
XT-SDL-LD-24	90	6.64	XT-SDL-LD-7	430	8.62
XT-SDL-LD-23	110	6.8	XT-SDL-LD-6	450	8.78
XT-SDL-LD-22	130	6.88	XT-SDL-LD-5	470	8.95
XT-SDL-LD-21	150	6.96	XT-SDL-LD-4	490	9.12
XT-SDL-LD-20	170	7.04	XT-SDL-LD-3	510	9.29
XT-SDL-LD-19	190	7.12	XT-SDL-LD-2	530	9.46
XT-SDL-LD-18	210	7.2	XT-SDL-LD-1	550	9.63
XT-SDL-LD-17	230	7.28	XT-SDL-LD-0	570	9.8
XT-SDL-LD-16	250	7.36			

二、势大岭剖面沉积物参数特征

(一)势大岭剖面沉积物粒度参数特征

1. 势大岭剖面的粒度组成特征

为了解和分析势大岭黄土沉积物粒度组成特征,采用50μm、10μm和5μm分别作为砂粒/粗粉砂、粗粉砂/细粉砂以及细粉砂/黏粒的分界线,对势大岭黄土剖面不同粒径沉积物含量进行计算和统计(表5-25,图5-41)。势大岭黄土各粒级组成具有如下特征。

表5-25 势大岭剖面粒度含量组成

样品编号	>50μm 细砂	10～50μm 粗粉砂	5～10μm 细粉砂	<5μm 黏土	<1μm 细黏土	砂黏比 K_d
JSK-LD-1-1	0.895	47.620	21.47	30.016	4.939	1.586
JSK-LD-1-2	2.743	47.122	20.24	29.891	4.97	1.576
JSK-LD-1-3	2.178	51.470	20.102	26.25	4.219	1.961
JSK-LD-2-1	1.61	44.525	20.178	33.687	5.731	1.322
JSK-LD-2-2	8.15	46.092	17.788	27.97	4.946	1.648
JSK-LD-2-3	2.921	49.973	18.332	28.774	5.057	1.737
LXX-LD-1-1	98.305	1.041	0.405	0.249	0	4.181
LXX-LD-1-2	93.731	2.439	1.398	2.432	0.264	1.003
LXX-LD-1-3	96.839	1.480	0.716	0.965	0	1.534
LXX-LD-2-1	96.728	1.473	0.752	1.047	0	1.407
LXX-LD-2-2	97.661	1.078	0.559	0.702	0	1.536
LXX-LD-2-3	95.464	1.570	1.015	1.951	0.147	0.805
ZJW-LD-1-1	96.762	1.913	0.704	0.621	0	3.081
ZJW-LD-1-2	95.896	1.994	0.962	1.147	0	1.738
ZJW-LD-1-3	83.067	7.341	3.784	5.807	0.99	1.264
ZJW-LD-2-1	94.682	2.379	1.27	1.669	0.049	1.425
ZJW-LD-2-2	77.651	8.560	4.296	9.493	2.176	0.902
ZJW-LD-2-3	88.025	5.158	2.708	4.109	0.638	1.255
XT-SDL-LD-0	89.775	6.613	1.41	2.203	0.286	3.002
XT-SDL-LD-1	63.757	28.397	3.394	4.451	0.962	6.380
XT-SDL-LD-2	61.718	28.783	4.173	5.325	1.015	5.405
XT-SDL-LD-3	64.599	27.330	3.514	4.557	0.945	5.997
XT-SDL-LD-4	68.773	24.168	3.062	3.996	0.805	6.048
XT-SDL-LD-5	62.891	29.752	3.145	4.213	0.98	7.062
XT-SDL-LD-6	65.166	26.459	3.577	4.797	0.938	5.516
XT-SDL-LD-7	10.347	52.454	14.797	22.402	3.84	2.341
XT-SDL-LD-8	17.034	50.239	12.497	20.23	3.548	2.483
XT-SDL-LD-9	18.661	49.668	11.591	20.08	3.666	2.474

续表 5-25

样品编号	>50μm 细砂	10~50μm 粗粉砂	5~10μm 细粉砂	<5μm 黏土	<1μm 细黏土	砂黏比 K_d
XT-SDL-LD-10	13.816	49.801	14.124	22.26	3.902	2.237
XT-SDL-LD-11	16.886	51.140	12.374	19.6	3.49	2.609
XT-SDL-LD-12	16.284	50.004	12.911	20.8	3.654	2.404
XT-SDL-LD-13	11.61	49.654	14.311	24.425	4.004	2.033
XT-SDL-LD-14	10.891	51.89	13.727	23.492	3.871	2.209
XT-SDL-LD-15	12.923	50.411	13.339	23.328	3.617	2.161
XT-SDL-LD-16	10.522	48.623	14.666	26.189	3.99	1.857
XT-SDL-LD-17	6.452	47.413	18.738	27.397	3.775	1.731
XT-SDL-LD-18	9.703	49.37	15.081	25.847	4.157	1.910
XT-SDL-LD-19	15.281	49.263	12.349	23.107	4.313	2.132
XT-SDL-LD-20	10.615	48.899	15.047	25.438	4.059	1.922
XT-SDL-LD-21	15.882	46.383	12.673	25.062	4.77	1.851
XT-SDL-LD-22	12.7	50.902	13.152	23.246	3.832	2.190
XT-SDL-LD-23	16.186	46.964	12.421	24.429	4.573	1.922
XT-SDL-LD-24	13.665	50.037	13.196	23.102	4.213	2.166
XT-SDL-LD-25	12.155	50.018	14.303	23.524	3.991	2.126
XT-SDL-LD-26	11.73	51.605	14.902	21.763	3.072	2.371
XT-SDL-LD-27	11.517	53.488	14.807	20.187	2.873	2.650
XT-SDL-LD-28	14.3	51.29	13.036	21.374	3.794	2.400
DST-CJ-LD-2	15.432	47.552	15.777	21.238	3.644	2.239
DST-CJ-LD-3	15.763	48.587	15.249	20.401	3.684	2.382
DST-CJ-LD-4	39.395	40.365	8.66	11.581	2.323	3.485
DST-CJ-LD-5	94.291	3.543	1.031	1.135	0	3.122
DST-CJ-LD-6	98.348	1.652	0	0	0	—
DST-CJ-LD-7	44.735	36.443	7.844	10.979	2.407	3.319
DST-CJ-LD-8	73.614	17.677	3.362	5.346	1.194	3.307
CJP-LD-1-1	83.802	8.296	3.09	4.811	0.901	1.724
CJP-LD-1-2	45.418	27.225	10.772	16.585	3.189	1.642
CJP-LD-1-3	19.224	41.908	15.479	23.388	4.565	1.792
XTDK-LD-1-1	14.566	32.774	19.457	33.203	5.301	0.987
XTDK-LD-1-2	7.45	35.291	20.2	37.058	5.93	0.952
XTDK-LD-1-3	5.055	34.216	21.531	39.198	5.732	0.873
DST-CJ-LD-1	13.94	47.378	16.882	21.8	3.567	2.173

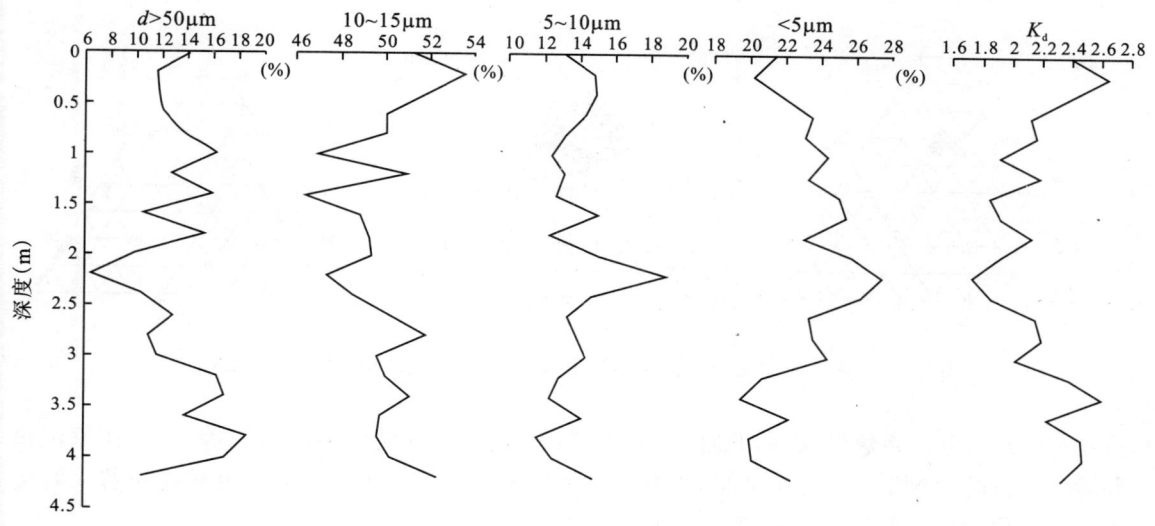

图 5-41 势大岭剖面粒度含量随深度变化曲线

势大岭黄土剖面的粒径>50μm 的颗粒含量范围为 6.45%～68.77%，平均为 24.15%；10～50μm 颗粒含量范围为 24.17%～53.49%，平均为 45.16%，为该段的众数粒组；5～10μm 颗粒含量范围为 3.06%～18.74%，平均为 11.60%；<5μm 颗粒含量范围为 4.00%～27.40%，平均为 19.09%。

势大岭剖面第Ⅰ层(4.4～5.4m)：粒径>50μm 的颗粒含量范围为 61.72%～68.77%，平均为 64.48%，为该段的众数粒组；10～50μm 颗粒含量范围为 24.17%～29.75%，平均为 27.48%；5～10μm 颗粒含量范围为 3.06%～4.17%，平均为 3.48%；<5μm 颗粒含量范围为 4.00%～5.33%，平均为 4.56%。

势大岭剖面第Ⅱ层(0～4.4m)：粒径>50μm 的颗粒含量范围为 6.45%～18.66%，平均为 13.14%；10～50μm 颗粒含量范围为 46.38%～53.49%，平均为 49.99%，为该段的众数粒组，10～50μm 的粉土级的含量对黄土至关重要，因为但凡是黄土必定以粉土颗粒为主，以此区别于其他沉积物。该粒组是风尘的"基本粒组"(刘东生等,1985)；5～10μm 颗粒含量范围为 11.59%～18.74%，平均为 13.82%，略高于洛川黄土(12%左右)(刘东生等,1985)；<5μm 颗粒含量范围为 19.2%～27.40%，平均为 23.05%，仅次于粗粉砂组分，为势大岭黄土的次众粒级。

依据沉积物三因分类法，势大岭黄土剖面第Ⅰ层剖面样品的粒级平均值以砂和粗粉砂为主，其中砂的含量平均值均大于 60%，与现代河流沉积物样品近似(图 5-42)，推测该层沉积物可能与河流沉积环境有关。第Ⅱ层的剖面样品全部属于黏土质粉砂，与西部典型风成黄土(刘东生等,1985)和安徽的下蜀土非常相近，其组成均以粉砂级组分为主，黏土级组分次之，砂级组分较少，推测该层沉积物可能是风成的。由于>50μm 的颗粒一般不易被风力长距离搬运，我国各地黄土>50μm 的含量一般不超过 10%(刘东生等,1985)，势大岭黄土第Ⅱ层粒径>50μm 的含量为 13.14%，这点稍有区别。

2. 粒度参数特征与分布曲线

沉积物粒度参数与沉积物的形成环境有很好的相关性，从粒度参数，如平均粒径(Mz)、中

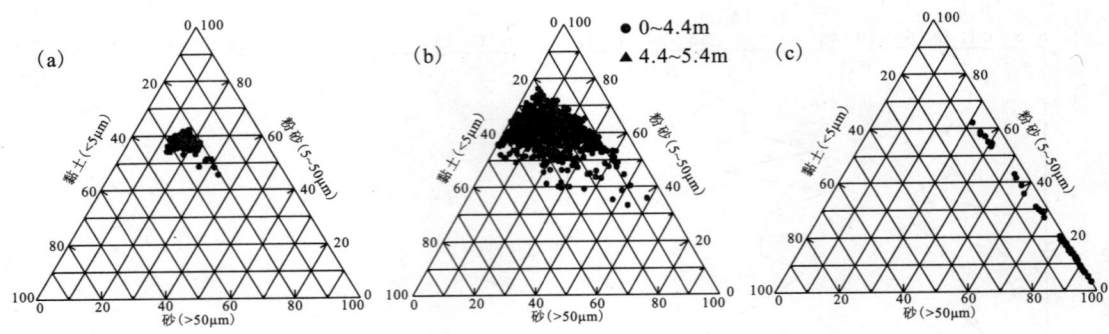

图 5-42 势大岭黄土(a)、巢湖下蜀土(b)及现代河流沉积物(c)岩性三角图

值粒径(Md)、分选系数(又称标准偏差 σ)、偏度(S_K)和峰态(又称尖度 K_G)等,分析还原沉积环境是可行的。根据粒度分析结果,绘制出粒度参数分布曲线(图 5-43),并统计出势大岭黄土剖面沉积物粒度参数特征表(表 5-26)。

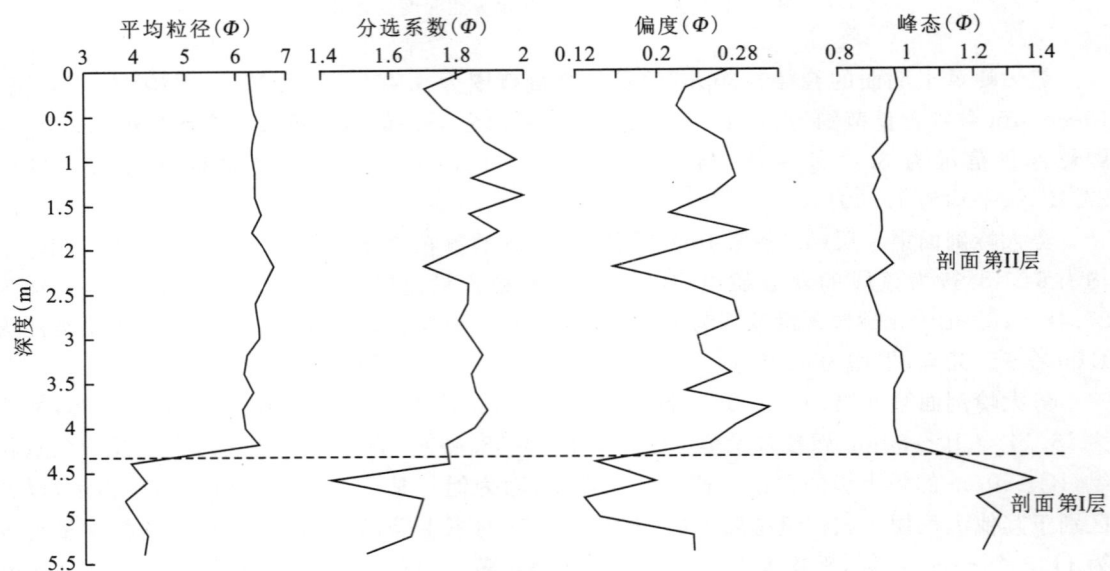

图 5-43 剖面沉积物粒度参数分布曲线

平均粒径(Mz):所有粒度的平均值,代表粒度分布的集中趋势,反映了搬运介质的平均动能和沉积环境的变化。势大岭剖面平均粒径为 $3.80\Phi \sim 6.72\Phi$,平均为 5.86Φ。由剖面粒度分布曲线可以看出,$0 \sim 4.4 m$ 的平均粒径为 $6.11\Phi \sim 6.72\Phi$,平均为 6.35Φ;$4.4 \sim 5.4 m$ 的平均粒径为 $3.80\Phi \sim 4.25\Phi$,平均为 4.06Φ;最底部 $5.6m$ 处的一个样品的粒径是 1.48Φ。

中值粒径(Md):它是粒度累计频率曲线上含量为 50% 时所对应的粒度值,能敏感地反映沉积动力条件的变化。势大岭剖面 $0 \sim 5.4m$ 的中值粒径为 $3.60\Phi \sim 6.47\Phi$,平均为 5.47Φ。

分选系数(σ):反映沉积物分选性的参数,势大岭黄土的变化范围在 $1.43\Phi \sim 2\Phi$,平均为 1.80Φ。根据 Folk 的 σ 分级标准属于分选较差。第 I 层($4.4 \sim 5.4m$)的变化范围为 $1.43\Phi \sim 1.78\Phi$,平均为 1.63Φ;第 II 层($0 \sim 4.4m$)的变化范围在 $1.70\Phi \sim 2\Phi$,平均为 1.80Φ。只集中在分选较差的一个分选等级,说明其物源距离沉积区较远。

表 5-26 势大岭黄土剖面沉积物粒度参数统计

参数	最小值(Φ)	最大值(Φ)	平均值(Φ)	标准偏差(Φ)	变异系数
中值粒径(Md)	3.60	6.47	5.47	0.91	0.17
平均粒径(Mz)	3.80	6.72	5.86	0.97	0.17
分选系数(σ)	1.43	2.00	1.80	0.12	0.07
偏度(S_K)	0.13	0.31	0.23	0.05	0.20
峰态(K_G)	0.88	1.37	1.01	0.13	0.13
分选等级(σ_1)	分选较差			分选差	
	100%			0%	
偏度等级	极负偏	负偏	近对称	正偏	极正偏
	0%	0%	0%	96.43%(27个)	3.57%(1个)
峰态等级	很平坦	平坦	中等(正态)	尖锐	很尖锐	非常尖锐
	0	10.71%(3个)	67.86%(19个)	21.43%(6个)	0	0

势大岭黄土的偏度(S_K)变化在 0.13Φ～0.31Φ，平均为 0.23Φ。第Ⅰ层(4.4～5.4m)偏度变化在 0.13Φ～0.23Φ，平均为 0.18Φ；第Ⅱ层(0～4.4m)偏度变化在 0.16Φ～0.31Φ，平均为 0.25Φ。研究偏度对了解沉积物的成因有一定作用，一般，海滩沙多为负偏，而沙丘沙及风坪沙则多为正偏。势大岭剖面偏度分布在 0.13Φ～0.31Φ，即由正偏到极正偏，属于风成成因的偏度值分布范围。

势大岭黄土的峰态(K_G)变化在 0.88Φ～1.37Φ，平均为 1.01Φ。第Ⅰ层(4.4～5.4m)峰态变化在 1.18Φ～1.37Φ，平均为 1.25Φ；第Ⅱ层(0～4.4m)峰态变化在 0.88Φ～0.99Φ，平均为 0.94Φ。峰态 K_G 是度量粒度分布曲线的峰凹程度，当 K_G 值很低或非常低时说明该沉积物未经改造就已进入新环境，而新环境对它的改造又不明显，其分布曲线则可能是宽峰或多峰。势大岭剖面粒度的峰态值 $K_G>0$，峰态的变化范围在 0.88Φ～1.37Φ，主体在 0.88Φ～0.99Φ 波动，平均值为 1.01Φ，峰态分布于平坦、中等(正态)和尖锐三个峰态等级，其中中等(正态)峰态样品占大多数，为 67.86%，其次是尖锐峰态等级，占 21.43%，属于窄峰态，平坦峰态等级较少，仅占 10.71%。平坦峰态表明样品分选差，中等峰态表明样品分选一般，尖锐峰态表明样品分选好。

势大岭黄土的粒度分布曲线变化随深度呈现出不同的特征(图 5-44)，剖面第Ⅰ层(4.4～5.4m)的粒度分布曲线主峰都以砂粒为主，众数出现在 4Φ 左右；第Ⅱ层(0～4.4m)表现为双峰态，次峰表现不明显，主峰以粉砂颗粒为主，且粗粉砂含量最多，众数出现在 5Φ～6Φ，众数粒径向粗粒端减小的速率比向细粒端快。大量资料表明，5Φ～6Φ(对应 10～50μm)粒级颗粒在空气中最易浮动，为主要的风力悬浮搬运对象，而随粒径变大，搬运系数变小，在空气中的浮动性能越来越差，小于 4Φ(大于 63μm)粒径的颗粒就基本不能在空中悬浮，一般只以跃移形式搬运(张云翔等，1998)。第Ⅰ层样品在曲线上所表现的以砂级粒径含量为主的特点说明它不是风成成因的；剖面最底部 5.6m 处为砾石层样，在 0Φ 处出现了一个小峰，可能是河流沉积环境下形成的，推测底部砾石层与上部的砂质粉砂层可能是河流作用形成的二元沉积结构。第Ⅱ层样品在曲线上所表现的以粉砂级粒径含量为主的特点，说明它可能是风成成因的(孙东怀等,2000),将势大岭黄土沉积物第Ⅱ层剖面样品曲线与"巫山黄土"沉积物0~5m样品的粒度频率曲线进行比较,发现它们的变化特征基本一致,说明了势大岭黄土剖面第一层沉积物与"巫山黄土"沉积物的成因是一样的。

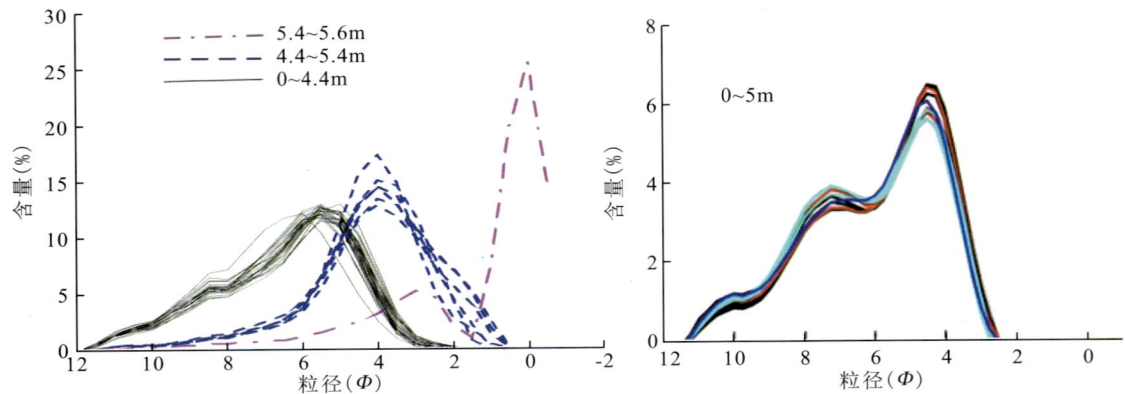

图5-44 势大岭黄土(左)与"巫山黄土"(右)沉积物粒度频率曲线

3. 粒度参数组合特征

粒度参数一般都具有一定的成因及沉积环境判别意义。但鉴于沉积环境非常复杂,且影响因素也很多,用单一的粒度参数判别沉积环境往往是不确切的,常需要对各种粒度参数进行综合分析,才能得出比较可靠的结论(李长安等,2010)。势大岭黄土沉积物粒度参数散点图(图5-45)与"巫山黄土"和河流沉积物粒度参数散点图(图5-46)对比结果表明,势大岭黄土剖面沉积物第Ⅰ层(4.4~5.4m)粒度参数散点图和现代河流沉积物基本相同,而第Ⅱ层(0~4.4m)与"巫山黄土"的分布区域基本一致,反映了势大岭黄土沉积物第Ⅰ层的成因与河流成因相同,而势大岭黄土沉积物第Ⅱ层的成因应与"巫山黄土"风积成因一致。

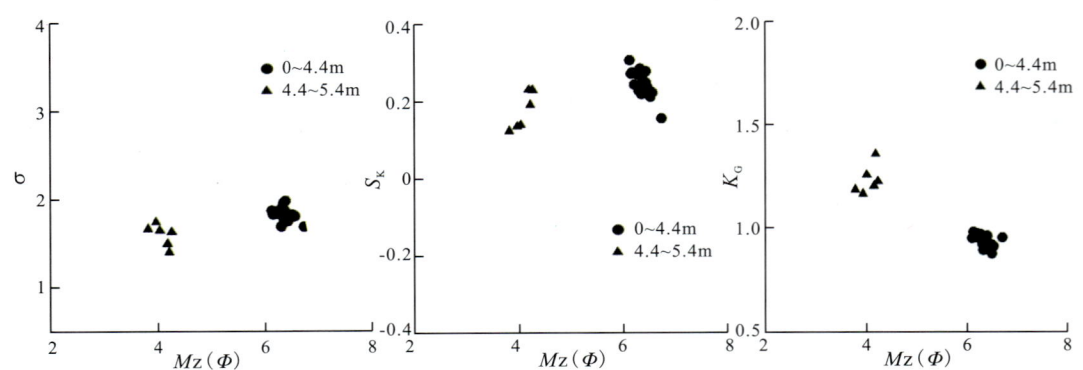

图5-45 势大岭黄土沉积物参数散点
▲势大岭黄土第Ⅰ层沉积物;●势大岭黄土第Ⅱ层沉积物

4. 粒度频率和累积概率曲线特征

势大岭黄土沉积物粒度频率曲线随深度变化呈现出不同的特征(图5-47),第Ⅰ层(4.4

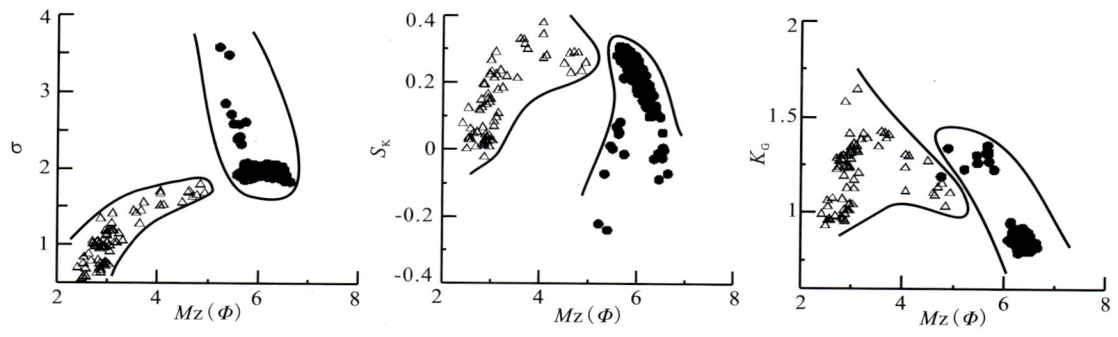

图 5-46 "巫山黄土"和河流沉积物参数散点（n 为样品数）
● "巫山黄土"（n=288）；△ 现代河流沉积物（n=67）

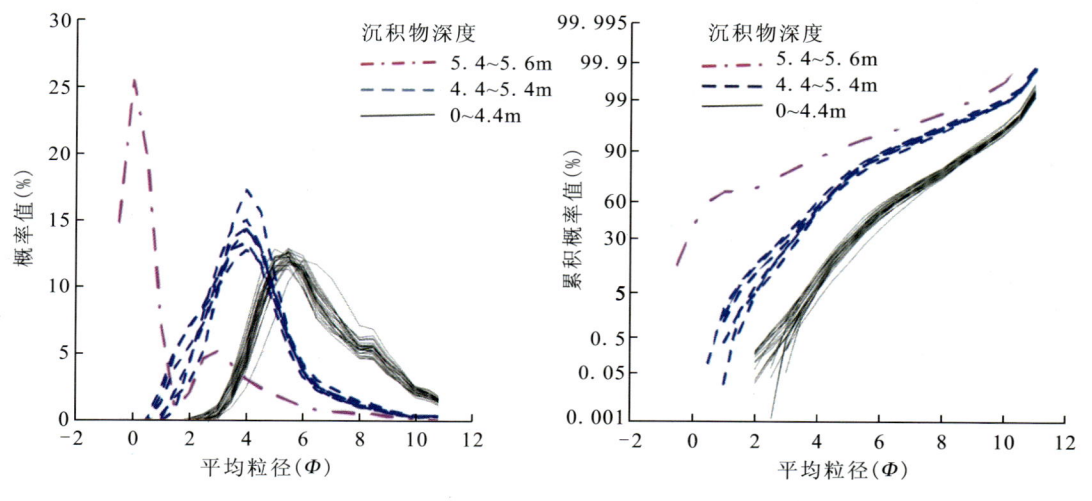

图 5-47 沉积物粒度频率曲线　　　　图 5-48 沉积物粒度累积概率曲线

～5.4m）表现为单峰态，主峰以砂粒为主，众数出现在 4Φ 左右；第Ⅱ层（0～4.4m）表现为双峰态，主峰以粉砂颗粒为主，且粗粉砂含量最多，众数出现在 5Φ～6Φ 区间，众数粒径向粗粒端减小的速率比向细粒端快。

从势大岭剖面沉积物的累积概率曲线上（图 5-48）可看到，剖面第Ⅰ层（4.4～5.4m）推移、跃移、悬移 3 种不同的组分之间的截点分别为 2Φ 和 6Φ，这 3 种组分的直线段所对应的粒度分布范围分别为 0～2Φ、2～6Φ、6～12Φ，反映在直线段上的斜率依次是推移组分斜率最大，跃移组分斜率次之，悬移组分斜率最小，说明该层剖面中推移组分分选性最好，悬移组分分选性最差；剖面第Ⅱ层（0～4m）以粉砂级粒径含量为主，在累积概率曲线上不见推移组分，说明该层剖面沉积物不是河流成因的，跃移组分与悬移组分所对应的截点为 6Φ，斜率上推移组分大于悬移组分，说明该剖面沉积物推移组分的分选性好于悬移组分。

5. 粒度像特征

粒度像的 C-M 图（C 为累积曲线上 1% 处所对应的粒径，M 为中值粒径）已被广泛地应用于风成沉积的研究中（鹿化煜等，1999）。我们将势大岭黄土 C-M 图、L-M 图和 A-M 图

(图5-49)(L、A 分别为小于 $4\mu m$、$31\mu m$ 的粒度百分含量)与"巫山黄土"与长江现代河流沉积物的 C-M 图、L-M 图和 A-M 图(图5-23)进行比较,从图中可以看出,势大岭黄土第Ⅰ层剖面样品与第Ⅱ层剖面样品分布投影于不同的区域,显示出了两者分属不同的成因,其中第Ⅰ层投影区域与长江现代河流沉积物相似,说明势大岭黄土沉积物第Ⅰ层是由河流沉积作用形成的,而第Ⅱ层投影区域与"巫山黄土"沉积物投影区域基本相同,说明势大岭黄土沉积物第Ⅱ层为风成成因。

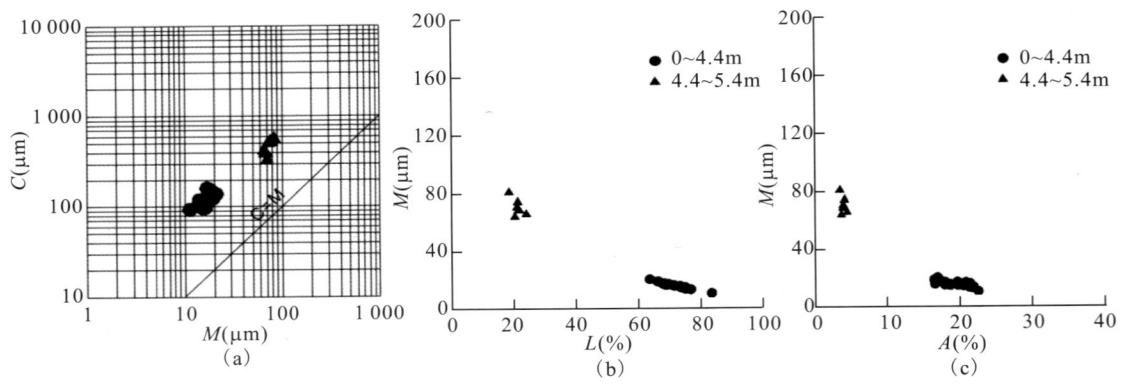

图5-49 势大岭沉积物粒度 C-M(a)、L-M(b)、A-M(c)图
▲势大岭黄土第Ⅰ层沉积物;●势大岭黄土第Ⅱ层沉积物

(二)势大岭剖面沉积物磁学特征

样品的环境磁学参数由华东师范大学河口海岸国际重点实验室选用英国产 Bartington MS2 磁化率仪,剩磁选用英国 Molspin 公司生产的交变退磁仪、脉冲磁化仪和 Minispin 旋转磁力仪,对所有样品的低频磁化率(χ_{lf},0.47kHz)和高频磁化率(χ_{hf},4.7 kHz)、非滞后剩磁(χ_{ARM} 交变磁场峰值 100mT,直流磁场 0.04mT)和等温剩磁,及经强度为 1T 磁场磁化后的剩磁(SIRM)以及具有饱和等温剩磁的样品在磁场强度-100mT、-300mT 磁场退磁后所带的剩磁进行测试,然后计算各磁性参数。测试结果见表5-27。

1. 磁性参数特征

势大岭沉积物的磁性参数 χ_{lf} 的最小值为 $10.6\times10^{-8}m^3 \cdot kg^{-1}$,最大值为 $33.2\times10^{-8}m^3 \cdot kg^{-1}$,平均值为 $20.9\times10^{-8}m^3 \cdot kg^{-1}$。$\chi_{lf}$ 在 0~1m 区间内相对较大,在 1~3.4m 区间内相对较小,在 3.5~6m 区间内又逐渐变大(图5-50)。

磁性参数 χ_{hf} 的最小值为 $11.0\times10^{-8}m^3 \cdot kg^{-1}$,最大值为 $32.9\times10^{-8}m^3 \cdot kg^{-1}$,平均值为 $21.2\times10^{-8}m^3 \cdot kg^{-1}$。

磁性参数 χ_{fd}‰ 的最小值为 -6.723,最大值为 2.154,平均值为 -1.651。磁性参数 χ_{fd} 的最小值为 $-1.438\times10^{-8}m^3 \cdot kg^{-1}$,最大值为 $0.676\times10^{-8}m^3 \cdot kg^{-1}$,平均值为 $-0.271\times10^{-8}m^3 \cdot kg^{-1}$。

磁性参数 ARM 的最小值为 $16.9\times10^{-6}Am^2 \cdot kg^{-1}$,最大值为 $117.9\times10^{-6}Am^2 \cdot kg^{-1}$,平均值为 $73.8\times10^{-6}Am^2 \cdot kg^{-1}$。ARM 值在 0~1m 区间内相对较大,在 1~3.6m 区间内相对较小,在 3.5~6m 区间内又逐渐变大。

磁性参数 χ_{ARM} 的最小值为 $52.9\times10^{-8}m^3 \cdot kg^{-1}$,最大值为 $370.4\times10^{-8}m^3 \cdot kg^{-1}$,平均

表 5-27 势大岭沉积物磁性参数

样品	深度(m)	χ_{lf}	χ_{hf}	$\chi_{fd}(\%)$	χ_{fd}	ARM	χ_{ARM}	SIRM	HIRM	IRM_{-100}	IRM_{-300}	S_{-100}	S_{-300}	χ_{ARM}/χ	$\chi_{ARM}/SIRM$	χ_{ARM}/χ_{fd}	$SIRM/\chi_{ARM}$
XT-SDL-CH-1	5.5	33.2	32.9	0.888	0.295	109.1	342.8	5 043.9	250.6	-2 521.1	-4 542.8	75.0	95.0	10.3	68.0	1 162.1	15.2
XT-SDL-CH-2	5.3	31.4	30.7	2.154	0.676	116.7	366.5	5 744.1	591.4	-2 741.5	-4 561.4	73.9	89.7	11.7	63.8	542.0	18.3
XT-SDL-CH-3	5.1	28.1	29.0	-3.180	-0.894	109.2	343.0	5 057.2	350.3	-2 329.2	-4 356.6	73.0	93.1	12.2	67.8	-383.9	18.0
XT-SDL-CH-4	4.9	29.5	30.1	-1.961	-0.579	117.9	370.4	5 333.7	327.5	-2 524.6	-4 678.6	73.7	93.9	12.5	69.4	-639.7	18.1
XT-SDL-CH-5	4.7	24.9	25.6	-2.881	-0.717	98.2	308.3	4 018.5	264.4	-1 811.5	-3 489.8	72.5	93.4	12.4	76.7	-429.8	16.1
XT-SDL-CH-6	4.5	24.3	24.3	0.000	0.000	97.8	307.0	3 796.1	279.7	-1 704.0	-3 236.6	72.4	92.6	12.6	80.9		15.6
XT-SDL-CH-7	4.3	26.5	27.0	-2.113	-0.559	112.8	354.4	4 440.4	285.3	-2 012.3	-3 869.8	72.7	93.6	13.4	79.8	-633.4	16.8
XT-SDL-CH-8	4.1	22.4	22.5	-0.439	-0.098	84.9	266.7	3 521.4	297.0	-1 505.9	-2 927.1	71.4	91.6	11.9	75.7	-2 719.8	15.8
XT-SDL-CH-9	3.9	22.8	22.9	-0.446	-0.102	90.0	282.6	3 613.0	287.0	-1 593.7	-3 038.9	72.1	92.1	12.4	78.2	-2 776.4	15.8
XT-SDL-CH-10	3.7	21.6	22.3	-3.241	-0.698	71.4	224.4	3 216.5	251.2	-1 442.8	-2 714.0	72.4	92.2	10.4	69.8	-321.2	14.9
XT-SDL-CH-11	3.5	24.6	25.3	-2.811	-0.691	77.4	243.1	3 535.2	214.5	-1 581.8	-3 106.2	72.4	93.9	9.9	68.8	-351.8	14.4
XT-SDL-CH-12	3.3	11.5	11.6	-0.862	-0.099	28.4	89.1	1 089.5	165.7	-248.1	-758.1	61.4	84.8	7.7	81.8	-898.2	9.5
XT-SDL-CH-13	3.1	16.2	16.9	-4.167	-0.677	69.6	218.6	2 072.7	206.9	-748.3	-1 658.9	68.1	90.0	13.5	105.5	-323.0	12.8
XT-SDL-CH-14	2.9	13.7	13.7	0.000	0.000	39.2	123.2	1 383.9	197.1	-345.0	-989.7	62.5	85.8	9.0	89.0		10.1
XT-SDL-CH-15	2.7	11.2	12.0	-6.723	-0.754	27.5	86.4	1 092.1	196.5	-18.1	-699.1	50.8	82.0	7.7	79.1	-114.6	9.7
XT-SDL-CH-16	2.5	11.8	12.3	-5.042	-0.593	21.9	68.9	1 060.6	206.4	-137.3	-647.8	56.5	80.5	5.9	64.9	-116.2	9.0
XT-SDL-CH-17	2.3	10.6	11.0	-3.883	-0.411	16.9	52.9	883.9	197.3	-40.1	-489.2	52.3	77.7	5.0	59.9	-128.8	8.3
XT-SDL-CH-18	2.1	14.2	14.3	-0.709	-0.101	46.0	144.3	1 579.8	197.3	-471.7	-1 185.2	64.9	87.5	10.2	91.4	-1432.2	11.1

续表 5-27

样品	深度 (m)	χ_{lf}	χ_{hf}	$\chi_{fd}(\%)$	χ_{fd}	ARM	χ_{ARM}	SIRM	HIRM	IRM$_{-100}$	IRM$_{-300}$	S$_{-100}$	S$_{-300}$	χ_{ARM}/χ	χ_{ARM}/SIRM	χ_{ARM}/χ_{fd}	SIRM/χ_{ARM}
XT-SDL-CH-19	1.9	15.6	16.0	-2.532	-0.394	56.4	177.1	1 882.7	215.6	-617.2	-1 451.4	66.4	88.5	11.4	94.1	-449.1	12.1
XT-SDL-CH-20	1.7	13.3	13.7	-3.101	-0.413	41.1	129.2	1 484.1	202.6	-386.5	-1 079.0	63.0	86.4	9.7	87.0	-312.5	11.1
XT-SDL-CH-21	1.5	13.9	14.3	-2.920	-0.406	43.8	137.5	1 686.9	218.0	-460.3	-1 251.0	63.6	87.1	9.9	81.5	-339.2	12.1
XT-SDL-CH-22	1.3	12.0	12.2	-1.563	-0.188	29.7	93.4	1 246.4	180.8	-288.0	-884.8	61.6	85.5	7.8	74.9	-496.2	10.3
XT-SDL-CH-23	1.1	19.9	19.7	1.081	0.216	62.1	195.1	2 589.4	207.8	-1 041.6	-2 173.8	70.1	92.0	9.8	75.3	904.5	13.0
XT-SDL-CH-24	0.9	25.2	25.0	0.749	0.189	88.4	277.5	3 529.7	229.1	-1 642.4	-3 071.5	73.3	93.5	11.0	78.6	1 469.8	14.0
XT-SDL-CH-25	0.7	25.5	26.9	-5.645	-1.438	105.2	330.4	3 798.0	219.3	-1 783.4	-3 359.4	73.5	94.2	13.0	87.0	-229.7	14.9
XT-SDL-CH-26	0.5	27.3	27.2	0.388	0.106	112.5	353.5	4 214.0	239.7	-2 024.2	-3 734.6	74.0	94.3	12.9	83.9	3 335.4	15.4
XT-SDL-CH-27	0.3	25.5	25.2	1.271	0.324	95.2	298.9	3 587.2	191.8	-1 721.8	-3 203.5	74.0	94.7	11.7	83.3	921.3	14.1
XT-SDL-CH-28	0.1	28.2	27.8	1.460	0.412	97.0	304.5	4 419.3	223.3	-2 079.3	-3 972.8	73.5	94.9	10.8	68.9	739.6	15.7
平均值	2.8	20.9	21.2	-1.651	-0.271	73.8	231.8	3 032.9	246.2	-1 279.3	-2 540.4	68.2	90.0	10.6	78.0	-154.7	13.7
最大值	5.5	33.2	32.9	2.154	0.676	117.9	370.4	5 744.1	591.4	-18.1	-489.2	75.0	95.0	13.5	105.5	3 335.4	18.3
最小值	0.1	10.6	11.0	-6.723	-1.438	16.9	52.9	883.9	165.7	-2 741.5	-4 678.6	50.8	77.7	5.0	59.9	-2 776.4	8.3

* 表中参数含义以及单位:χ,磁化率,10^{-8} m^3·kg^{-1};ARM,非滞后剩磁,10^{-6} Am^2·kg^{-1};χ_{ARM},非滞后剩磁后剩磁,10^{-8} m^3·kg^{-1};χ_{fd}%,频率磁化率系数;χ_{fd},频率磁化率,10^{-6} Am^2·kg^{-1};χ_{lf},低频磁化率;χ_{hf},高频磁化率,10^{-8} m^3·kg^{-1};SIRM,饱和等温剩磁,10^{-6} Am^2·kg^{-1};HIRM,"硬"剩磁,10^{-6} Am^2·kg^{-1};IRM$_{-100}$,样品在-100mT反向磁场反向磁化后剩磁,10^{-6} Am^2·kg^{-1};IRM$_{-300}$,样品在-300mT反向磁场反向磁化后剩磁,10^{-6} Am^2·kg^{-1};S$_{-100}$,获得饱和剩磁的样品在-100mT的反向磁场内退磁所损失的剩磁或反向磁化的百分率;S$_{-300}$,获得饱和剩磁的样品在-300mT的反向磁场内退磁所损失的剩磁或反向磁化的百分率。

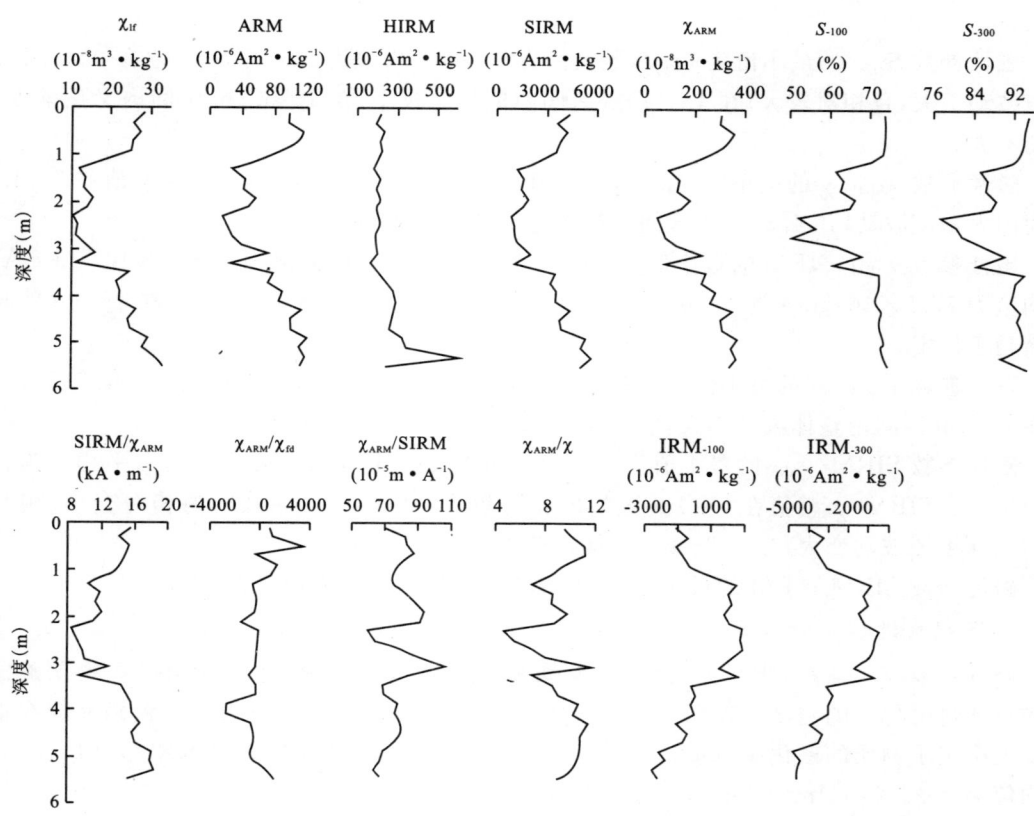

图 5-50 磁性参数曲线变化

值为 $231.8\times10^{-8}\,\mathrm{m^3\cdot kg^{-1}}$。$\chi_{ARM}$ 值在 0～1m 区间内相对较大,在 1～4.2m 区间内相对较小,在 4.2～6m 区间内又逐渐变小。

磁性参数 SIRM 的最小值为 $883.9\times10^{-6}\,\mathrm{Am^2\cdot kg^{-1}}$,最大值为 $5\,744.1\times10^{-6}\,\mathrm{Am^2\cdot kg^{-1}}$,平均值为 $3\,032.9\times10^{-6}\,\mathrm{Am^2\cdot kg^{-1}}$。SIRM 值在 0～1m 区间内相对较大,在 1～3.8m 区间内相对较小,在 3.8～6m 区间内逐渐变大。

磁性参数 HIRM 的最小值为 $165.7\times10^{-6}\,\mathrm{Am^2\cdot kg^{-1}}$,最大值为 $591.4\times10^{-6}\,\mathrm{Am^2\cdot kg^{-1}}$,平均值为 $246.2\times10^{-6}\,\mathrm{Am^2\cdot kg^{-1}}$。HIRM 值在 0～3.5m 区间内波动不大,且相对较小;在 3.5～6m 区间内急剧变大。

磁性参数 IRM_{-100} 的最小值为 $-2\,741.5\times10^{-6}\,\mathrm{Am^2\cdot kg^{-1}}$,最大值为 $-18.1\times10^{-6}\,\mathrm{Am^2\cdot kg^{-1}}$,平均值为 $-1\,279.3\times10^{-6}\,\mathrm{Am^2\cdot kg^{-1}}$。$IRM_{-100}$ 值在 0～1m 区间内相对较小,在 1～3.5m 区间内相对较大,在 3.5～6m 区内又逐渐变小。

磁性参数 IRM_{-300} 的最小值为 $-4\,678.6\times10^{-6}\,\mathrm{Am^2\cdot kg^{-1}}$,最大值为 $-489.2\times10^{-6}\,\mathrm{Am^2\cdot kg^{-1}}$,平均值为 $-2\,540.4\times10^{-6}\,\mathrm{Am^2\cdot kg^{-1}}$。$IRM_{-300}$ 值在 0～1m 区间内相对较小,在 1～3.5m 区间内相对较大,在 3～5m 区间内又逐渐变小。

磁性参数 S_{-100} 的最小值为 50.8,最大值为 75.0,平均值为 68.2。S_{-100} 值在 0～1.5m 区间内波动不大,且相对较大;在 1.5～4m 区间内相对较小;在 4～6m 区间内又逐渐变大,波动不大。

磁性参数 S_{-300} 的最小值为 77.7,最大值为 95.0,平均值为 90.0。S_{-300} 值在 0~1.5m 区间内波动不大,且相对较大;在 1.5~4m 区间内值相对较小,在 4~5.5m 区间内又逐渐变大,波动不大。

磁性参数 χ_{ARM}/χ 的最小值为 5.0,最大值为 13.5,平均值为 10.6。χ_{ARM}/χ 值在 0~4.5m 区间内大幅度波动,在 4.5~6m 区间内趋于稳定且逐渐变小。

磁性参数 $\chi_{ARM}/SIRM$ 的最小值为 $59.9 \times 10^{-5} m \cdot A^{-1}$,最大值为 $105.5 \times 10^{-5} m \cdot A^{-1}$,平均值为 $77.5 \times 10^{-5} m \cdot A^{-1}$。$\chi_{ARM}/SIRM$ 值在 1~4m 区间内大幅度波动,在 4~6m 区间内逐渐趋于稳定。

磁性参数 χ_{ARM}/χ_{fd} 的最小值为 -2 776.4,最大值为 3 335.4,平均值为 -154.7;χ_{ARM}/χ_{fd} 值在 0~6m 区间内整体波动不大,但在 4~4.5m 区间内急剧变小。

磁性参数 $SIRM/\chi_{ARM}$ 的最小值为 $8.3 kA \cdot m^{-1}$,最大值为 $18.3 kA \cdot m^{-1}$,平均值为 $13.7 kA \cdot m^{-1}$。$SIRM/\chi_{ARM}$ 值在 0~1m 区间内相对较大;在 1~3.8m 区间内相对变小,相对于 SIRM、深度图波动变大;在 3.8~6m 区间内值逐渐变小。

磁性参数 SIRM/ARM 的最小值为 29.8,最大值为 52.4,平均值为 40.9。

2. 沉积物磁性矿物的类型及含量

磁性参数(χ, χ_{ARM}, SIRM 等)主要与亚铁磁性矿物(如磁铁矿)的含量有关。物质磁性的强弱可通过磁化率的测试来表征。大量样品的磁性测试表明,含量不很高的铁磁晶粒在很大程度上决定了物质的磁化率测值,故一般可将磁化率看作磁性矿物含量的粗略度量指标。χ 平均值为 $20.9 \times 10^{-8} m^3 \cdot kg^{-1}$,远小于下蜀黄土的 $93.6 \times 10^{-8} \sim 173.8 \times 10^{-8} m^3 \cdot kg^{-1}$,同时也小于洛川剖面(S0~S5)中的最小值 $23 \times 10^{-8} m^3 \cdot kg^{-1}$,磁性矿物含量少于洛川剖面和下蜀土。说明粗略上势大岭铁磁剖面沉积物晶粒含量不高,低于洛川剖面沉积物。

频率磁化率系数 $\chi_{fd}\%$ 主要用来鉴定物质中细的铁磁晶粒(SP-FV)。在基岩中,基本上存在超顺磁和细黏滞性物质,只有在物质的风化成土过程中,通过化学生物过程,才会将大的晶粒转化为超顺磁物质。一般当物质中 $\chi_{fd}\%$ 值为 5% 左右时,就说明超顺磁物质较多,当 χ_{fd}>10% 时,已相当可观。在下蜀黄土—古土壤序列研究中,经受土壤化的古土壤,其 $\chi_{fd}\%$ 明显高于黄土,一般达 9%~13%,而黄土只有 7%~10%。$\chi_{fd}\%$ 一般指示了超顺磁矿物(SP)的存在及其相对含量。势大岭剖面沉积物 $\chi_{fd}\%$ 平均值为 2.154,小于洛川剖面(S0~S5)中的最小值 4.7,说明此处存在超剩磁物质,含量少于洛川剖面。

非滞后剩磁(ARM)常用来鉴别稳定单畴铁磁晶粒(0.02~0.04μm),这一般以 ARM 与等温剩磁高度有关为前提。势大岭剖面沉积物 ARM 值为 $16.9 \times 10^{-6} \sim 117.9 \times 10^{-6} Am^2 \cdot kg^{-1}$。

饱和等温剩磁 SIRM 是样品在 1T 磁场中磁化后所保留的剩磁,它与磁性矿物类型和含量有关。势大岭剖面 SIRM 值为 $883.9 \times 10^{-6} \sim 5 744.1 \times 10^{-6} Am^2 \cdot kg^{-1}$,而洛川剖面(S0~S5)SIRM 值为 $4 700 \times 10^{-6} \sim 19 000 \times 10^{-6} Am^2 \cdot kg^{-1}$,说明势大岭剖面的磁性物质含量低于洛川剖面。

一般认为磁铁矿的 $SIRM/\chi_{ARM}$ 值主要分布在 1.5~50kA/m 范围,赤铁矿的 $SIRM/\chi_{ARM}$ 值一般较高,大于 100kA/m,$SIRM/\chi_{ARM}$ 含较多超顺磁颗粒的物质一般低于 0.4kA/m。从表 5-28 可见,势大岭样品的 $SIRM/\chi_{ARM}$ 在 1.5~50kA/m,表明样品中磁性物质主要是磁铁矿。

表 5-28 不同地区样品磁化率值(单位:$10^{-8}m^3 \cdot kg^{-1}$)

地点		北方黄土	势大岭下层	势大岭上层	长江口	黄河口	长江上游	长江中游	汉江	巫山
磁化率		27.150	33.235	26.483	59.400	32.200	184.300	227.100	51.100	34.235
		25.490	31.395	22.353	95.600	139.200	181.200	241.300	307.000	26.276
		21.570	28.098	22.797	89.500	125.700	161.100	308.100	48.100	34.689
		25.970	29.531	21.553	140.200	147.200	160.700	171.300	376.100	36.600
		28.860	24.898	24.585	113.000	66.400	84.600	73.900	83.000	28.904
		32.080	24.343	11.510	86.500	33.400	290.200	177.200	137.700	38.273
		34.930		16.241	125.600	104.400	94.300	380.600	114.800	27.680
		27.840		13.703	85.600	86.000	41.100	108.200	176.500	36.943
		32.610		11.212	72.300	35.600	248.900	150.200	106.900	38.273
		26.990		11.752	87.800	52.000	493.900	189.300	92.300	27.680
		30.060		10.586	78.700		319.500	148.200		36.943
		30.270		14.211	116.800		236.900	132.600		
		32.210		15.579	110.700			159.700		
		34.760		13.332	120.800			166.300		
		37.270		13.889	97.600			205.900		
		31.190		12.048	123.800			150.600		
		32.010		19.948	117.500			161.700		
		18.930		25.203	80.500					
		12.780		25.478	64.800					
		13.210		27.342						
		12.590		25.525						
		12.960		28.201						
		14.470								
		11.910								
平均值		25.338	28.583	18.797	98.247	82.210	208.058	185.418	149.350	33.318

磁性参数 HIRM,即"硬"剩磁,是样品在 300mT 磁场磁化后所携带剩磁与饱和等温剩磁的差值,指示了样品中不完全反铁磁性矿物的含量,它一般随样品中不完全反铁磁性矿物含量的增高而增大。势大岭沉积物 HIRM 的平均值约为 $246.2×10^{-6} Am^2 \cdot kg^{-1}$,数值较小,小于下蜀黄土 $500×10^{-6} \sim 1\,000×10^{-6} Am^2 \cdot kg^{-1}$,说明沉积物中不完全反铁磁性矿物含量不多。

3. 沉积物磁性特征及古气候意义

沉积物磁化率是衡量沉积物在外磁场作用下被磁化难易程度的物理量,一般分为体积、质量、频率磁化率。沉积物是在特定的沉积环境中形成的，记载了环境条件的变化，其所携带的磁性矿物则因对环境的灵敏反应和记录的稳定性而成为较好的环境指示物质。磁化率作为表征物质磁学特征的物理量，有助于判断样品记载的环境变化信息，分析古气候变化规律及其细节，推断样品形成过程的环境条件，为古环境研究提供可靠的磁学证据。近年来的研究认为：如果样品的磁化率相对较高，相应的沉积物粒度则较细，表明样品是在相对暖湿的环境下形成的；反之，如果样品的磁化率相对较低，相应的沉积物粒度则较粗，表明样品是在相对干冷的环境下形成。

从势大岭剖面沉积物的 χ_{lf}（一定程度上可以代替 χ）不难发现，其值在 0~1m 区间内相对较大，在 1~3.4m 区间内相对较小，在 3.5~6m 区间内又逐渐变大。由此可以推断，该地区的古环境变化大致分为 3 个阶段，基本规律为气候温暖潮湿期——气候干燥偏冷期——气候温暖潮湿期。还可以进一步从曲线变化的趋势得出，气候由温暖潮湿期转为干燥偏冷期是一个渐变的过程，气温逐渐降低，然后稳定寒冷。而气候由干燥偏冷期转为温暖潮湿期，有一个突变的特点——气温急剧增高，在短时间内从寒冷气候转变为温暖气候，最上层变化很可能是人类活动加剧造成。

4. 沉积物磁性参数分层研究

通过对粒度以及磁性参数相关性的研究，我们根据其曲线变化规律将势大岭剖面分为上下两层：下层 4.4~5.6m 与上层 0~4.4m。两层磁性参数的特征有几点明显的变化，如图 5-51 所示（χ_{lf}、ARM、SIRM、HIRM 两两作散点图，菱形表示下层数据；十字表示上层数据）。

不难发现，下层（4.4~5.6m）的磁性参数（χ_{lf}、ARM、SIRM、HIRM）普遍偏大，且分布较为离散：χ_{lf} 值为 $24.3 \times 10^{-8} \sim 33.2 \times 10^{-8} \, m^3 \cdot kg^{-1}$，ARM 值为 $97.8 \times 10^{-6} \sim 117.9 \times 10^{-6} \, Am^2 \cdot kg^{-1}$，SIRM 值为 $3\,796.1 \times 10^{-6} \sim 5\,744.1 \times 10^{-6} \, Am^2 \cdot kg^{-1}$，HIRM 值为 $250.6 \times 10^{-6} \sim 591.4 \times 10^{-6} \, Am^2 \cdot kg^{-1}$。而上层 0~4.4m 的磁性参数（$\chi_{lf}$、ARM、SIRM、HIRM）相对下层而言较小，同时有一定富集的趋势：χ_{lf} 值为 $10.6 \times 10^{-8} \sim 28.2 \times 10^{-8} \, m^3 \cdot kg^{-1}$，ARM 值为 $16.9 \times 10^{-6} \sim 112.8 \times 10^{-6} \, Am^2 \cdot kg^{-1}$，SIRM 值为 $883.9 \times 10^{-6} \sim 4\,440.4 \times 10^{-6} \, Am^2 \cdot kg^{-1}$，HIRM 值为 $165.7 \times 10^{-6} \sim 297.0 \times 10^{-6} \, Am^2 \cdot kg^{-1}$。结果显示，势大岭剖面上层沉积物磁性矿物的含量与下层相比更多，且来源更为单一，下层沉积物来源更为混杂。

为了研究剖面上、下两层，我们对粒度与磁性参数之间的相关性进行研究。结果如图 5-52 和图 5-53 所示。

从图 5-52 可以发现，势大岭剖面下层（4.4~5.6m）4 个粒度-磁性参数相关曲线之间有一定的差异。除了 HIRM 与粒度相关曲线外，其他三条曲线都在粒径为 3Φ 附近出现极大值，之后急剧下降，在 5Φ 出现负相关的最大值，之后相关系数又开始向正相关趋近，6Φ 以后基本为正相关。HIRM 在 $0 \sim 5\Phi$ 变化不规律，5Φ 后相关系数开始增大，在 7Φ 处达到最大值，之后缓慢下降，但总体还是正相关。曲线说明，下层剖面沉积物中粒径为 3Φ 和 7Φ 的物质对磁性贡献较大。

总体上不难发现，4 个粒度-磁性参数之间都存在一定的差异，相关性在正负间多次来回转换，存在一个明显的拉锯过程，也从一个侧面说明物源不单一，结合粒度分析，推断可能混杂着风成沉积和水成沉积。

从图 5-53 可以看出，势大岭剖面上层（0~4.4m）4 个粒度-磁性参数相关曲线之间基本一致，只是 HIRM 与粒度相关曲线有部分差异，但整体变化规律极为相似，其他 3 条曲线大致

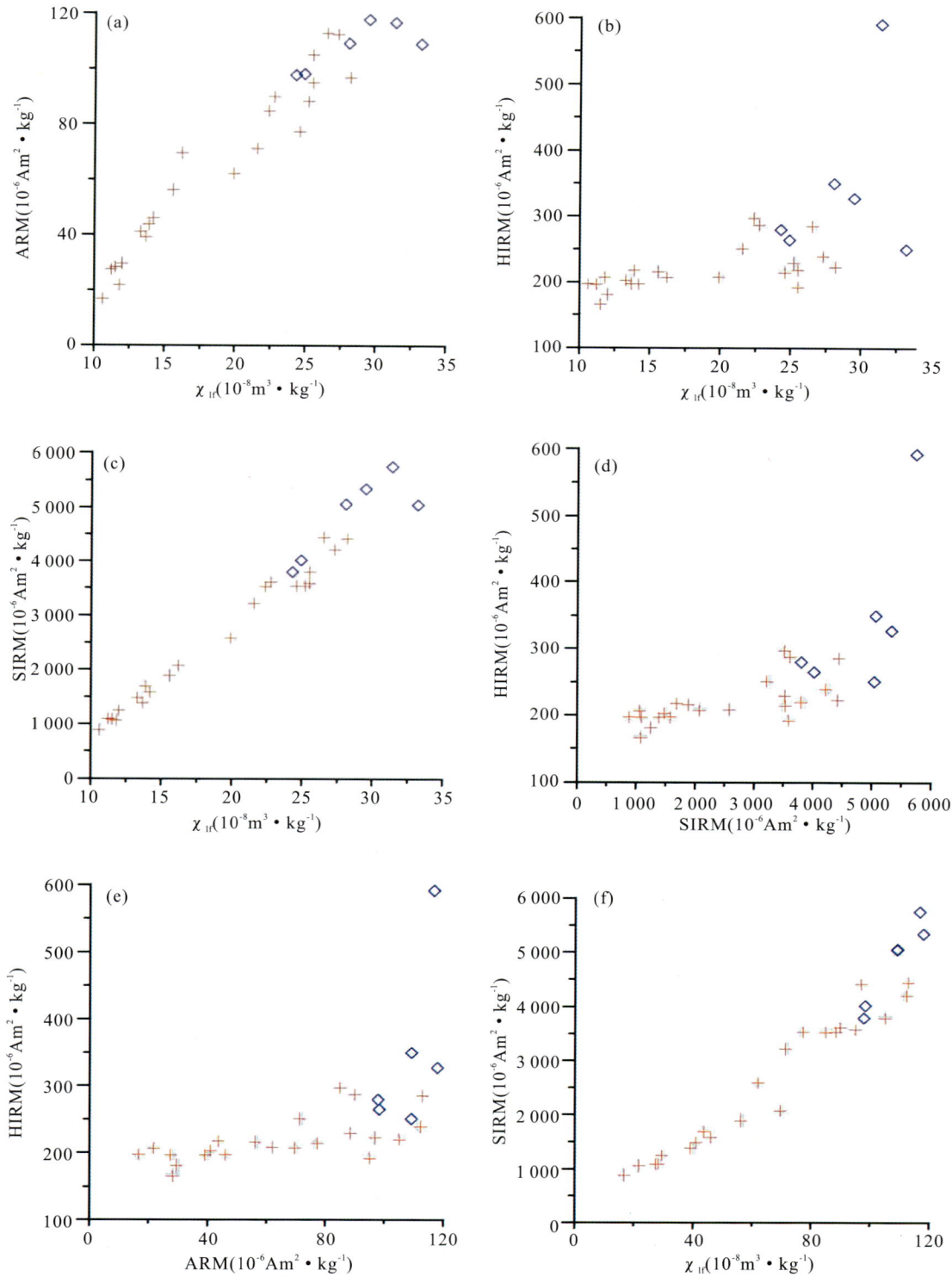

图 5-51 势大岭两层磁性参数对比散点

◇表示下层数据；+代表上层数据

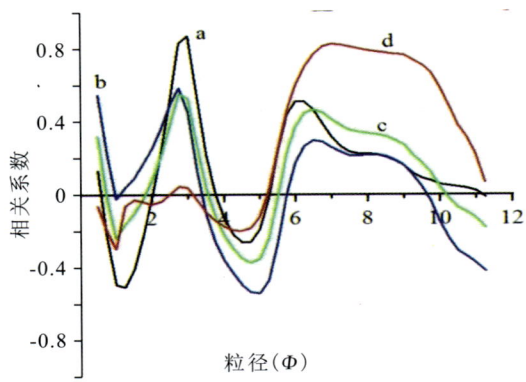 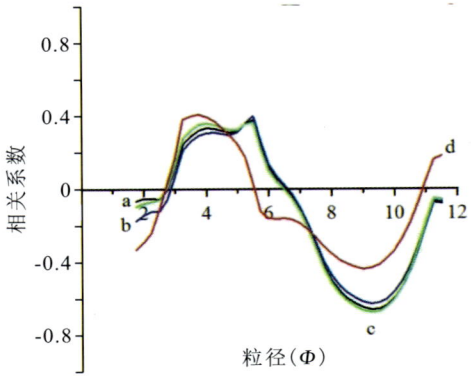

图 5-52 势大岭剖面下层(4.4～5.6m)粒度—磁性参数相关曲线
a(黑色):χ_{lf};b(蓝色):ARM;c(绿色):SIRM;d(红色):HIRM

图 5-53 势大岭剖面上层(0～4.4m)粒度—磁性参数相关曲线
a(黑色):χ_{lf};b(蓝色):ARM;c(绿色):SIRM;d(红色):HIRM

重合。4 条曲线都类似正弦函数,正负都存在一个峰值。在 4Φ～5.5Φ 之间,正相关系数最大,而在 7Φ 处,粒度—磁性参数相关系数达到负的极值。从以上变化规律不难发现,上层剖面沉积物中粒径为 4Φ～5.5Φ 和 7Φ 的物质对磁性贡献较大。

因为 4 个粒度—磁性参数之间差异性较小、曲线相似,我们可推断物源较为单一,结合粒度分析,推断可能有风成沉积。

5. 磁性参数特征对成因的指示

我们对不同地区不同成因的样品磁化率进行统计(表 5-28),与势大岭下层和上层样品磁化率进行对比,研究其成因。作柱状图发现(图 5-54):势大岭下层、上层沉积物平均磁化率值与"巫山黄土"和北方黄土风成的沉积物平均磁化率值接近,而同长江河口、黄河河口和长江上游以及中游的水成沉积物平均磁化率值相差较远。因此,可以大致推断,势大岭剖面沉积物基本属于风成沉积。

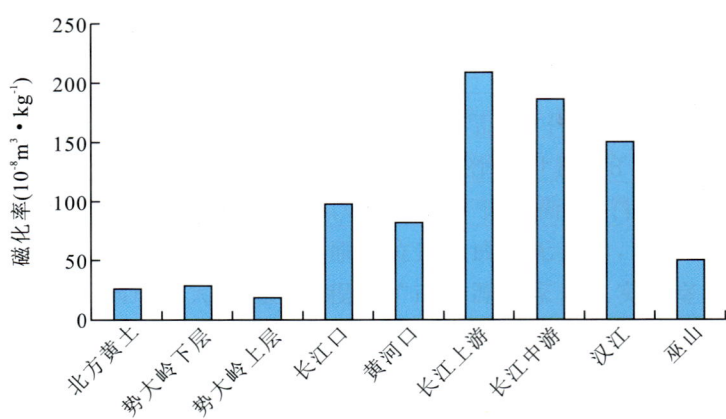

图 5-54 不同地区样品磁化率平均值柱状图

第六节 宜昌砾石层特征研究

一、宜昌砾石层的空间分布

江汉平原西缘宜昌东部的宜昌－云池－董市一带的丘陵地区,广泛分布着一套巨厚的松散砾石层,我们暂称之为"宜昌砾石层"。该砾石层是江汉平原边缘丘陵区的一套重要的第四纪沉积物,具有十分重要的地层学意义。由于该砾石层地处鄂西山地(平均海拔大于300m)与江汉平原(平均海拔小于50m)的过渡带,并正对着长江三峡的出口,因此,其对地貌变迁、环境演化及长江形成等研究也非常重要。本次研究对宜昌砾石层的空间分布进行了系统的野外调查,初步查明其空间分布于宜昌以东、松滋口以西、鸦鹊岭以南、宜都以北的范围内,平面展布呈不规则的扇形(图5-55)。并重点选择出露厚度大、最具有代表性的云池、善溪窑瓦厂和李家院的剖面,通过沉积相划分、砂质沉积的粒度分析和砾石测量等分析研究,探讨了宜昌砾石层与长江三峡贯通的关系。

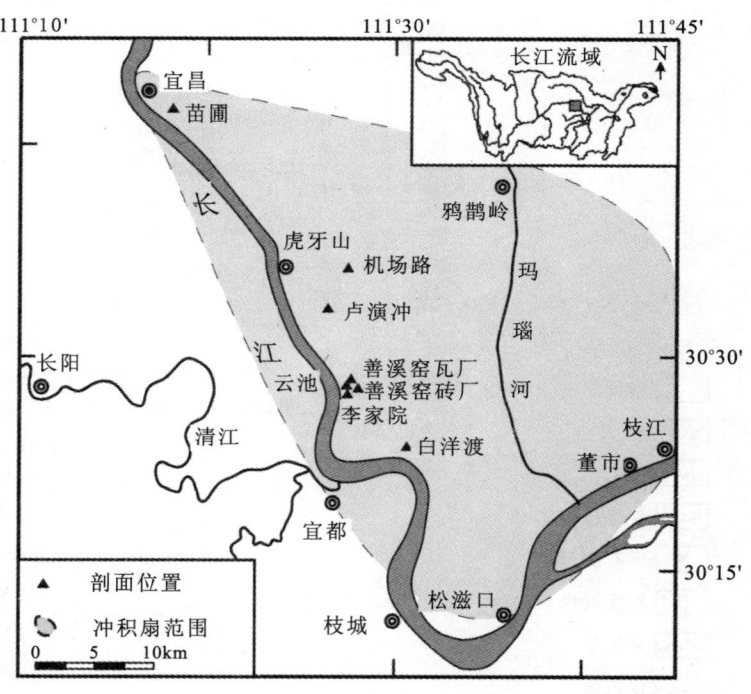

图5-55 宜昌砾石层的空间分布示意

二、宜昌砾石层的典型剖面描述

野外调查共发现出露较好砾石层剖面12处,如善溪窑瓦厂、善溪窑砖厂、云池、李家院、白洋渡、卢演冲、机场路、宜都、宜昌苗圃等。其中善溪窑瓦厂剖面、云池剖面和李家院剖面最具代表性,且三剖面具有上下关系,可以代表宜昌砾石层的沉积序列(图5-56)。现将三个代表性剖面的岩性特征概述如下。

- 1. 善溪窑瓦厂剖面

善溪窑瓦厂剖面位于宜昌市枝江市白洋镇善溪窑村 318 国道旁瓦厂处（30°28′53.4″N，111°27′38.76″E）。剖面厚 19.5m，出露海拔 153～172.5m，下部未见底。该剖面出露砾石层与网纹红土泥砾层，共同被称为善溪窑组（湖北省地质矿产局，1990）。剖面可分为 7 个岩性层（图 5-56），底部砂层出露不佳。剖面岩性特征自上而下描述如下。

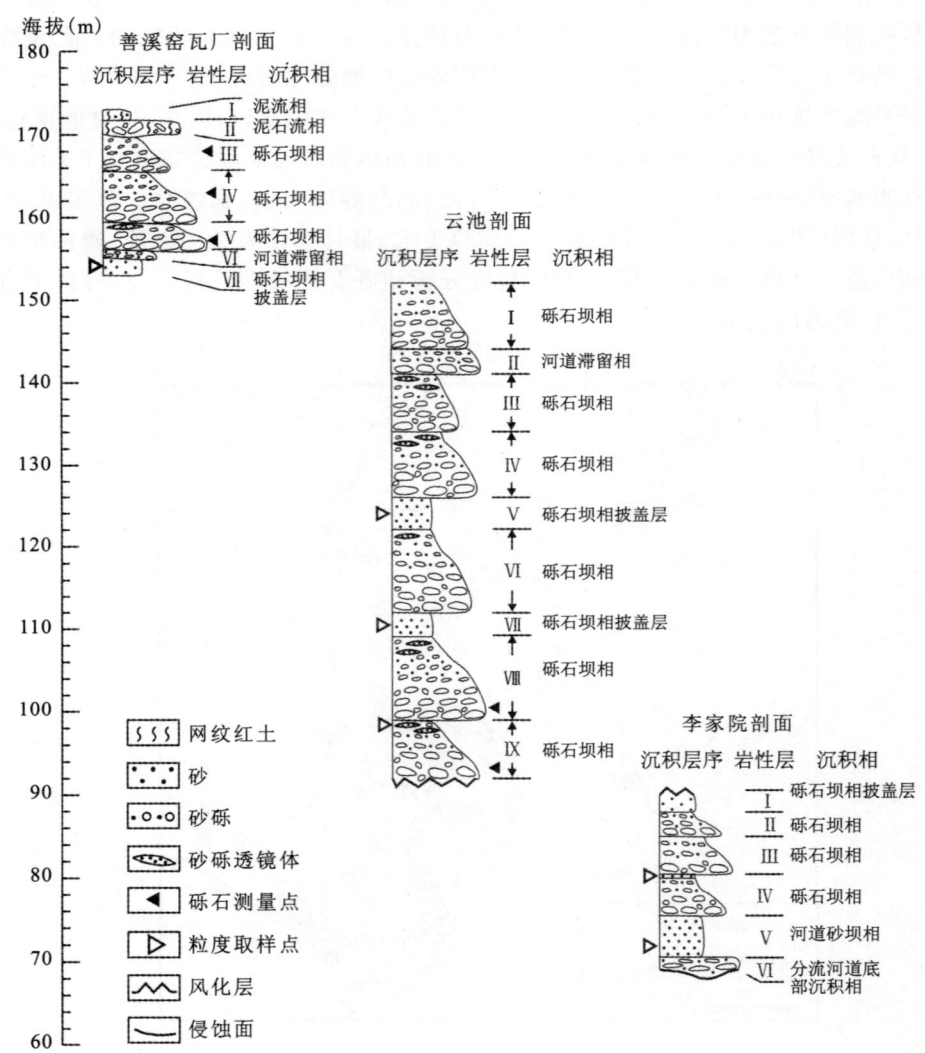

图 5-56 宜昌砾石层剖面层序和相应的沉积相分析

（Ⅰ）红褐色网纹泥砂层。该岩性层为含砂泥土，厚约 1m。泥流相。

（Ⅱ）红褐色砾石层。该岩性层最大砾径可达 15cm。砾石无定向性，砾石层填隙物泥砂混合，基质支撑结构，砾石混杂堆积，无粒序变化，磨圆好，厚 1.6m。泥石流相。

（Ⅲ）棕黄色砾石层。该岩性层砾径较小，3～6cm 为主，最大可达 14cm，砾石含量极高，达

80%。砾石排列近水平,表面具铁锰胶膜,定向性明显,密集排列,颗粒支撑,具叠瓦构造,正粒序。砾石大多中等风化,其中花岗质砾石风化彻底,磨圆好,厚约 4.4m。砾石坝相。

(Ⅳ)棕黄色砾石层。该岩性层下部砾石砾径主要为 10~30cm,约占 60%,颗粒支撑;至上部砾石砾径减小,含量减少,多为 3~5cm,黄色粗砂胶结。岩性主要为石英砂岩、石英岩和火山碎屑岩,还含有少量硅质岩、花岗岩、安山岩、玄武岩、粗面岩、流纹岩、砾岩等。砾石表面具铁锰胶膜,定向性明显,具叠瓦构造,正粒序,总体风化中等,磨圆好,厚约 6.2m。砾石坝相。

(Ⅴ)棕黄色砾石层。该岩性层下部砾石砾径 10~30cm 的占 60%~70%,最大可达 40cm,颗粒支撑;向上砾石砾径减小,3~5cm 砾石约占 60%,具有明显平行层理,顶部夹有小型黄色粗砂透镜体。砾石岩性多数为石英砂岩、石英岩和硅质岩,砾径粗,还含有少量火山碎屑岩和花岗岩。砾石表面具铁锰胶膜,定向性明显,具叠瓦构造,正粒序,弱—中等风化,花岗质砾石多数风化彻底,磨圆好,厚约 3.3m。砾石坝相。

(Ⅵ)黄褐色砾石层。该岩性层砾石砾径较小,2~5cm 的占 80%,黄色粗砂胶结。砾石岩性主要为石英砂岩、石英岩和硅质岩。砾石表面具铁锰胶膜,无明显定向性,具水平层理,砾石基质支撑,正粒序,中等风化,磨圆好,厚约 1m。河道滞留相。

(Ⅶ)黄色粗砂层,厚约 2m。砾石坝相披盖层。

下伏砾石层,与云池剖面相接。

2. 云池剖面

云池剖面位于宜昌市猇亭区云池 318 国道旁(30°28′52.32″N,111°27′30.12″E)。剖面厚约 60m,出露海拔 92~152m,下未见底。该剖面出露砾石层似为前人研究的善溪窑组下段。剖面表面风化,大部分为植被覆盖,可见 9 个岩性层,底部砾石层部分出露,有分散的坡积物。剖面自上而下描述如下。

顶部与善溪窑剖面相接。

(Ⅰ)棕黄色砾石层。该岩性层下部砾石较粗大,颗粒支撑;顶部砾石砾径以 3~6cm 为主,黄色粗砂胶结,砂含量逐渐增加,总体为正粒序,磨圆较好,大部分为圆—极圆,厚约 8m。砾石坝相。

(Ⅱ)棕黄色砾石层。该岩性层下部砾石砾径较粗大,紧密排列,颗粒支撑;向上砾石变小减少,总体为正粒序,黄色粗砂胶结。砾石磨圆好,厚约 3m。河道滞留相。

(Ⅲ)土黄色砾石层。该岩性层下部砾石砾径较粗大,颗粒支撑;向上砾石变小减少,可见砂质透镜体,变为土黄色粗砂胶结,总体呈正粒序,磨圆好,厚约 7m。砾石坝相。

(Ⅳ)土黄色砾石层。该岩性层下部砾石砾径较粗大,颗粒支撑;顶部可见数个砂质透镜体,土黄色砂胶结,总体呈正粒序,磨圆好,厚约 8m。砾石坝相。

(Ⅴ)灰白色—黄色砂互层,厚约 4m。砾石坝相披盖层。

(Ⅵ)灰黄色砾石层。砾石层下部砾石砾径较粗大,颗粒支撑;向上砾石变小减少,可见砂质透镜体,顶部含砂质透镜体,黄色粗砂胶结,该岩性层总体呈正粒序,厚约 10m。砾石坝相。

(Ⅶ)灰白色—黄色砂互层,厚约 3m。砾石坝相披盖层。

(Ⅷ)灰黄色砾石层。该岩性层下部砾石层,砾径多为 6~18cm,约占 70%,最大可达 30cm,颗粒支撑;向上可见砂质透镜体,砾石砾径减小,含量减少,黄色粗砂胶结。岩性以石英砂岩、石英岩和硅质岩为主,含少量花岗岩(风化彻底)、凝灰岩、角砾岩、泥砾,偶见玛瑙、云母片麻岩和钾长云母片麻岩。砾石层总体风化中等,磨圆好,具叠瓦构造,呈正粒序,厚约 10m。

砾石坝相。

（Ⅸ）土黄色砾石层。该岩性层下部砾石砾径多为6～16cm，约占80%，最大可达20cm，颗粒支撑；向上可见砂质透镜体，砾石砾径减小，含量减少，黄色粗砂胶结。风化中等，磨圆好，具叠瓦构造，总体呈正粒序，厚约7m。砾石坝相。

下未见底，岩性层Ⅸ底部的延伸方向上可见铁盘呈层状分布。

3. 李家院剖面

李家院剖面位于宜昌市猇亭区云池李家院（30°28′22.86″N，111°27′11.58″E）。剖面厚21m，出露海拔69～90m，下为白垩纪基岩，该剖面出露砾石层似为前人研究的云池组（湖北省地质矿产局，1990）。剖面表面部分为植被覆盖，底部有分散坡积物，可见6个岩性层。剖面自上而下描述如下。

（Ⅰ）黄色中砂层。较松软，厚约2m。砾石坝相披盖层。

（Ⅱ）土黄色砾石层。该岩性层主要为细砾层，砾石砾径以3～5cm为主，占60%～70%，底部砾径最大可达8cm，向上砾径减小，总体分选好。砾石层略显定向性，砾石含量高，颗粒支撑，磨圆好，球度高，正粒序结构，厚约5m。砾石坝相。

（Ⅲ）褐黄色砾石层。该岩性层砾石以细砾为主，2～5cm细砾约占80%，分选好，该层底部砾石最大砾径可达15cm。总体略显定向性，砾石含量高，颗粒支撑。砾石大部磨圆好，球度高，少数磨圆较差，球度低，该岩性层整体呈正粒序，厚约4.5m。砾石坝相。

（Ⅳ）土黄色砾石层。该岩性层顶部发育厚约0.5m的黄色砂层，砾石层以中细砾为主，定向性不明显。砾石含量约为60%，填隙物为粗砂，基质支撑结构，磨圆好，该岩性层总体具有向上变细层序，正粒序，厚约5m。砾石坝相。

（Ⅴ）灰白色砂层。该岩性层内部可见不清晰的复杂层理，层理间有铁锈色纹理，厚约5m。河道砂坝相。

（Ⅵ）灰白色砾石层。该岩性层砾石砾径以2～8cm为主，约占60%，大于8cm的砾石占10%～20%，小于2cm的砾石占20%～30%。砾石岩性主要以石英砂岩、石英岩为主，占60%～70%，个别石英砂岩风化严重。此外硅质岩占10%～15%；火山碎屑岩、凝灰岩占5%～10%；花岗岩占5%～10%，风化彻底。还有泥砾和脉石英等，偶见玛瑙和燧石。该岩性层砾石具叠瓦构造，定向性明显，砾石含量高，颗粒支撑，填隙物为灰白色粗砂，整个砾石层风化较强，砾石磨圆度高，略具正粒序结构，厚约1.5m。分流河道底部沉积相。

下未见底，在岩性层Ⅴ延伸方向上可见下伏白垩纪基岩。

三、宜昌砾石层的沉积环境

（一）沉积相划分与沉积环境分析

通过岩性、沉积结构、沉积构造等综合分析，对善溪窑瓦厂剖面、云池剖面和李家院剖面的沉积相进行了划分（图5-56），并基于沉积相特点进行了沉积环境分析。现分述如下。

1. 善溪窑瓦厂剖面

该剖面显示的主要特点是以砾石沉积为主，局部发育铁锰胶膜，且砾径较粗大，除第一岩性层外，每个岩性层近水平成层，由下至上都是以粗砾—细砾—砂结束，具有正粒序结构，反映水动力条件间歇性（季节性）的强弱变化，堆积后常暴露受氧化。这套砾石层符合冲积扇扇中和砾质辫状河的沉积特征,可以识别出泥流相、泥石流相、河道滞留相、砾石坝相和砾石坝相披盖层。泥流是泥石流的一个变种,其沉积物较细,主要由砂和泥混合而组成,一般不含4mm以上粒径的颗粒。泥石流相的砾石层内部黏土、砂、砾石混杂,基质支撑结构,内部不显成层性,砾石无叠瓦状构造,近端泥石流大颗粒近于水平定向,远端泥石流大颗粒多近垂直定向,多在扇根发育。河道滞留相的砾石层厚度较小,或呈透镜体状发育,具有向上变细层序,具叠瓦状构造,顶部有时有交错层砂层发育。砾石坝相的砾石层一般厚度较大,为长形块状,呈平行流向展布,底部较平,内部显示不清晰的水平层理,具叠瓦状组构,顶部常发育洪水期高速水流形成砂质披盖层,可发育低角度交错层理,有时可出现薄层泥质披盖层。岩性层Ⅰ、Ⅱ出现泥石流相沉积,岩性层Ⅲ、Ⅳ、Ⅴ的砾石坝相沉积完全不同,岩性层Ⅵ为河道滞留沉积相。

善溪窑瓦厂剖面中下部砾石水平成层,每个岩性层顶部无砂层或只少量出现砂质透镜体,为典型的砾石坝相,说明当时的河流比降高,水流能量大,常见于砾质辫状河和冲积扇扇中。剖面顶部发育泥砾和含砂网纹红土,前者判定为泥石流相沉积,其为冲积扇扇根亚相特征微相;后者在剖面中可见其与下伏泥石流相沉积呈侵蚀冲刷接触,且其岩性为泥质含砂,判定为泥流相,也为冲积扇特征微相。由于冲积扇扇中往往发育辫状河道,与常发育在山区河流中上游的砾质辫状河难以区分。剖面砾石表面大多具铁锰胶膜,显示氧化环境特征,有别于常年流水的砾质辫状河。考虑到研究区砾石层的展布范围,推断该剖面显示的砾石层主要为冲积扇的扇中部位沉积。剖面自下而上出现扇中—扇根亚相,具有进积型冲积扇特征。

2. 云池剖面

该剖面显示的主要特点是以砾石沉积为主,砾径相对善溪窑瓦厂剖面较小,砂层、砂质透镜体多有发育,剖面岩性层粗细变化频繁,近水平成层,都为正粒序结构,反映水动力条件间歇性(季节性)的强弱变化。这套砾石层符合冲积扇扇中和砾质辫状河的沉积特征,可以识别出河道滞留沉积相、砾石坝相和砾石坝相披盖层。岩性层Ⅰ、Ⅲ、Ⅳ、Ⅴ、Ⅵ、Ⅶ、Ⅷ、Ⅸ为砾石坝相(含披盖层)沉积,岩性层Ⅱ为河道滞留相沉积。

云池剖面各岩性层近水平成层,几乎每个岩性层顶部都有砂层或砂质透镜体,为典型的砾石坝相披盖层,常见于砾质辫状河和冲积扇扇中。由于云池剖面与善溪窑瓦厂剖面在海拔高度上相衔接(图5-56),平面距离约为170m(图5-55),两剖面间无侵蚀面或风化壳,故可推断两者以善溪窑瓦厂剖面底部砂层衔接,该砂层为云池岩性层Ⅰ顶部被剥蚀后缺失的砂层,两剖面砾石层为连续堆积。结合善溪窑瓦厂剖面,推断该剖面砾石层也为扇中部位沉积。相对于善溪窑瓦厂剖面,云池剖面砾石层的砾径较小,砂体发育较多,表明其冲积水流能量相对较小。联系善溪窑剖面,两剖面的这一整套砾石层自下而上水动力有逐渐增强的趋势。

3. 李家院剖面

该剖面以砾石沉积为主,砾径相比善溪窑瓦厂和云池剖面较小,岩性层多具有正粒序结构,砂砾多近水平成层;同时,剖面下部厚层粗砂和砾石沉积发育,结合其层位,反映了砂质辫状河—砾质辫状河的水动力间歇性(季节性)的强弱变化。故而,这套砾石层符合砾质、砂质辫状河的特征,可以识别出砾质辫状河的砾石坝相、砾石坝相披盖层和砂质辫状河的河道砂坝相、分流河道底部沉积相。河道砂坝是指分隔河道的或突起于河底的大型砂体,内部构造复杂,由许多冲刷面分隔开的各种类型的层系相互交错叠置组成,每个层系都是某种大型底形迁移的产物。分流河道底部沉积相是指河道底部始终处于水下环境形成的河床相沉积,发育有底部滞留砾石层,呈叠瓦状排列,与下伏沉积为清晰的冲刷接触。除岩性层Ⅴ、Ⅵ为河道砂坝相沉积和分流河道底部沉积相外,岩性层Ⅰ、Ⅱ、Ⅲ、Ⅳ为砾石坝相(含披盖层)沉积。

李家院剖面各岩性层多近水平成层,中上部岩性层为砾石坝相沉积,常见于砾质辫状河和冲积扇扇中。底部岩性层Ⅳ为河道砂坝相沉积,岩性层Ⅴ为分流河道底部相沉积,常见于砂质辫状河和冲积扇扇端。结合各岩性层沉积相特征,推断该剖面砾石层自下而上为冲积扇扇端—扇中亚相沉积。李家院剖面与善溪窑瓦厂、云池剖面相距小于1.2km,相对于堆积了巨厚砾石层的大型冲积扇来说,该距离导致的坡降可忽略,视3个剖面在垂向上相接。该剖面岩性层Ⅰ顶部被侵蚀,但根据高程判断,其与云池剖面底部铁盘相接。这说明李家院剖面砾石层形成后曾有长时间的沉积间断,然后重新开始扇体堆积。

根据3个剖面砾石层的沉积相分析,可以判断李家院剖面砾石层为早期冲积扇堆积,水动力较小,剖面由下至上发育扇端至扇中亚相,并发育砾石坝相、河道砂坝相和分流河道底部相三种微相。善溪窑瓦厂—云池剖面砾石层为后期冲积扇堆积,种种特征显示其水动力远远强于李家院剖面砾石层形成时期。剖面由下至上发育冲积扇扇中至扇根亚相,并发育片流相、碎屑流(泥石流)相、砾石坝相、河道滞留相四种微相。综上所述,各剖面出露的砾石层,具有典型冲积扇沉积环境特征。同时,该砾石层的空间分布也具有冲积扇特征。

(二)粒度组成与沉积环境

样品取自善溪窑瓦厂、云池和李家院剖面,为保证粒度数据能准确反映水动力条件,只在砂层和砂质透镜体中选取6个样品进行粒度分析(表5-29)。

6个样品的粒度分布呈双众数,概率累积曲线都为三段式。其中,YC-1、YC-3、YC-5和LJY-0以牵引总体为主,占57%~88%;悬浮总体次之,占10%~29%;跳跃总体最少,斜率小。粒度参数显示分选较差至很差,正偏态,峰态中等至很窄。这4个样品的粒度特征反映水流为底负载,具有较大的推动力和较高的扰动能量,具有辫状河沉积物的粒度分布特征。

LJY-3也以牵引总体为主,占51%;跳跃总体次之,占34%,斜率小;悬浮总体最少。粒度参数与上述4个样品相近。该样品的粒度特征反映了水流为底负载,具有较大的水动力,具有辫状河特征。

SXY-1以悬浮总体为主,占52%;牵引总体次之,占30%;跳跃总体最少。粒度参数显示与其他样品有一定区别,分选相对最差,曲线略负偏,峰态宽,显示了冲积扇浊流沉积物的粒度特征。

表5-29 砂层粒度分布

样品编号	样品所在剖面位置	各总体百分含量及倾角			粗截点 T	细截点 S	分选系数 σ	偏度 S_K	峰态 K_G
		牵引总体	跳跃总体	悬浮总体					
SXY-1	善溪窑Ⅶ层砂层	30%,75°	18%,10°	52%,34°	1.7	5.7	2.82	-0.03	0.68
YC-1	云池Ⅸ层砂层	79%,77°	5%,6°	16%,24°	1.7	4.4	1.64	0.59	2.08
YC-3	云池Ⅶ层砂层	88%,78°	2%,3°	10%,27°	2.2	4.3	0.93	0.39	2.11
YC-5	云池Ⅴ层砂质透镜体	88%,75°	2%,5°	10%,22°	2.2	4	1.01	0.37	2.33
LJY-0	李家院Ⅴ层砂层	57%,72°	14%,12°	29%,26°	1.9	4.5	2.15	0.62	0.9
LJY-3	李家院Ⅳ层砂层	51%,72°	34%,17°	15%,31°	1.8	6.8	2.43	0.5	0.97

在6个样品的C-M图中,SXY-1号样品落入泥流沉积区,其余都落入PQ段,显示冲积扇沉积物的粒度像特征。

冲积扇扇中亚相往往发育云池、李家院粒度数据显示的辫状河沉积物,样品的粒度像数据也符合冲积扇沉积环境特征,则3个剖面砂体的微观特征与前文的宏观沉积相分析有较好的对应。

(三)砾石特征与沉积环境

根据善溪窑瓦厂和云池剖面的实测数据,对砾石的砾向、岩性和砾态特征进行如下分析。

(1)砾向。因善溪窑瓦厂和云池为连续沉积,垂向相接,由两剖面的砾石ab面倾向可较准确地推断该处古水流的变化。如表5-30所示,两剖面各测点的砾石倾向数据显示,形成该地区砾石层的古水流流向不定,在40°~225°不断迁移。结合剖面描述和沉积相分析可知,所测量砾石都为砾石坝相沉积。砾石坝在辫状河中随着河道侧向迁移,可产生多角度的砾石倾向,由此可知,河型应为辫状河,符合前文所述冲积扇扇中沉积特征。

表5-30 砾石倾向

剖面	测点编号	所在岩性层	ab面主要倾向范围	总体倾向
善溪窑	1,2,4	岩性层Ⅴ	225°~300°	南西西
	3	岩性层Ⅳ	5°~40°	北北东
	5	岩性层Ⅲ	225°~230°	南西西
云池	1	岩性层Ⅷ	305°~330°	北西
	2	岩性层Ⅸ	255.5°~330.5°	北西

(2)岩性和砾态特征。砾石统计资料显示,3个剖面的砾石岩性变化无明显区别,都以石英砂岩、石英岩、硅质岩为主,含量在60%以上;其他多为火成岩类,花岗岩都完全风化;含少量泥砾、脉石英等,偶见玛瑙、燧石。自李家院向上至善溪窑瓦厂,砾石砾径逐渐增大,磨圆过渡为次圆,分选变差,砾石总体风化程度减弱。3个剖面的岩性和砾态特征显示该地区砾石层的物源相近,底部李家院剖面砾石层形成时间较早,风化较强;云池—善溪窑剖面后堆积砾石层由下至上砾径增大,反映了水动力的逐渐增强,符合前文所述冲积扇的沉积环境特征。

(四)宜昌砾石层的沉积环境

综合以上宜昌砾石层的岩性、沉积结构和构造、沉积相、砂层粒度分布和砾石测量等沉积学特征,我们认为宜昌砾石层应为一大型的古河流冲积扇,这与其空间扇形分布的地貌特征是一致的。目前地表出露部分可能为冲积扇的扇端(根)部分,其扇中和扇缘部分隐伏于枝江以东的江汉平原之下。

四、宜昌冲积扇与长江三峡贯通讨论

1. 冲积扇与长江三峡贯通

如此规模巨大的冲积扇,显然应具有强大的水动力条件。从冲积扇的地貌分布来看,应为长江三峡贯通后的产物。

2. 关于长江三峡贯通的时代

关于宜昌砾石层的年龄,前人曾做过较多的研究。湖北地质矿产局(1990)经区域地层划分对比,认为云池组(包括李家院砾石层和云池砾石层)的形成时代为早更新世;陈华慧等(1987)用热释光法得到的云池组(剖面)靠近下部的年龄为 1.11 MaB.P.,善溪窑剖面年龄为 0.48MaB.P.;杨达源等(1992)对云池公路边的砾石层之上的棕黄色砂、网纹状红土层进行了系统古地磁采样测量,认为形成于布容期(0.73 Ma)以内;向芳等(2005)根据 ESR 测年认为,卢演冲剖面的年龄为 1.15 MaB.P. 和 0.82 MaB.P.,李家院剖面为 1.08MaB.P.,善溪窑剖面为 0.87MaB.P.;经我们野外剖面对比,卢演冲砾石层与云池砾石层属同一层位,综合前人的地层划分和测年数据,宜昌砾石层的形成年龄大约为 1.2~0.7MaB.P.,即此时长江已贯通三峡。

第六章 地质灾害的基础地质背景

研究区位于中国三大阶梯型地貌的第二阶梯的东缘,属构造侵蚀溶蚀中、中低山地貌,山高坡陡,地形切割严重,降雨量充沛,且较集中。特殊的自然地理环境和地质构造背景,导致研究区地质灾害频发。研究区内近几年相继发生了一些规模大、危害大的地质灾害或隐患,给人民群众生命财产安全造成了巨大的威胁和经济损失。

第一节 主要地质灾害类型及存在的问题

一、地质灾害类型

研究区内地质灾害发育,主要类型有滑坡、崩塌、不稳定斜坡、地面塌陷、地裂缝、泥石流等类型。根据三峡库区县(市、区)地质灾害调查结果(刘传正等,2007),研究区内有各类地质灾害点1 071处,其中滑坡772处、崩塌169处、不稳定斜坡62处、地面塌陷36处、泥石流32处(表6-1,图6-1)。

表6-1 研究区主要地质灾害类型统计

地质灾害类型			统计数据(处)	稳定性			百分比(%)	
				差	较差	稳定	分类	累计
滑坡	潜在滑坡(180)	巨型	1	1			0.1	72
		大型	39	17	21	1	3.6	
		中型	83	29	51	3	7.7	
		小型	57	30	25	2	5.3	
	已发生滑坡(592)	巨型	5	4	1		0.4	
		大型	97	31	60	6	9	
		中型	159	70	74	15	14.8	
		小型	331	106	129	96	31	
崩塌	潜在崩塌(38)	大型	7	7			0.6	15.8
		中型	14	7	6	1	1.3	
		小型	17	13	4		1.6	
	已发生崩塌(131)	巨型	1		1		0.1	
		大型	17	6	10	1	1.6	

续表 6-1

地质灾害类型			统计数据（处）	稳定性			百分比(%)	
				差	较差	稳定	分类	累计
崩塌	已发生崩塌(131)	中型	13	5	7	1	1.2	15.8
		小型	100	27	62	11	9.3	
泥石流	潜在泥石流(2)	中型	1	1			0.1	3
		小型	1	1			0.1	
	已发生泥石流(30)	巨型	1		1		0.1	
		大型	7	3	4		0.6	
		中型	7	4	2	1	0.6	
		小型	15	3	12		1.3	
地面塌陷	潜在地面塌陷(1)	小型	1	1			0.1	3.3
	已发生地面塌陷(35)	巨型	1	1			0.1	
		大型	8	7	1		0.7	
		中型	5	4	1		0.4	
		小型	21	6	12	3	1.9	
潜在不稳定斜坡(62)			62					5.8
总计			1 071	384	484	141		

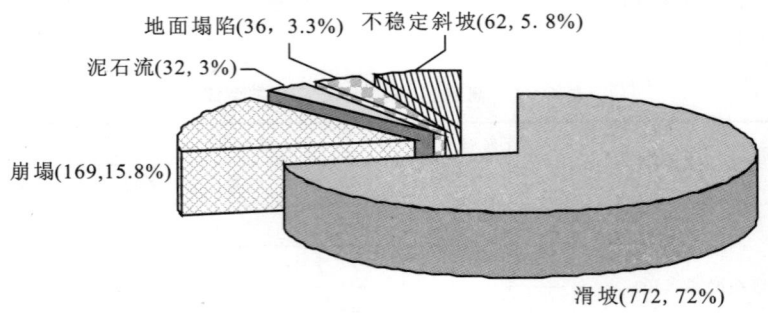

图 6-1 研究区地质灾害类型分布

二、面临的主要问题

（一）崩塌、滑坡、泥石流灾害加剧

研究区大部分地段属地质灾害易发区，著名的新滩滑坡、链子崖危岩、黄腊石滑坡、黄土坡滑坡、巴东县城泥石流均位于库岸上。近年来，随着人类活动的加强，特别是移民工程的兴建，地质灾害活动频率明显增大，如巴东县城二道沟、白岩沟、铜盆溪、西瀼坡等地及209国道复建段新产生的大量滑坡和崩塌，秭归县香溪镇八字门滑坡的复活和郭家坝镇鸡鸣寺、郭家坝镇移民新址以及宜秭公路复建段新产生的滑坡，宜昌县乐天溪镇下岸溪料场产生的泥石流和宜昌—大老岭复建公路发生的滑坡、泥石流，兴山县高阳镇产生的邮电大楼滑坡、畜牧场滑坡等，给

人民的生命财产造成了巨大的损失。今后，崩塌、滑坡、泥石流等突发性地质灾害仍是困扰研究区经济发展的重要问题。研究区主要地质灾害点分布见附图2。

（二）库岸再造及塌岸

长江三峡库区宜昌至重庆市干流段总计长660km，支流段总长350km，多属稳定性差和较差库段。尤其是分布于水库变动带及其附近的松散土体和强风化的松脱岩体，在库区水位反复浸泡和浪蚀作用下，将产生不同程度的库岸再造和塌岸，危及库边建筑物的安全。

水库蓄水后，因库区水位的涨落，库岸坍塌、滑坡发育的现象时有发生，尤其是在砂、泥（页）岩地区修建水库时，这一现象更为多见。香溪的八字门老滑坡体的复活，被认为主要是由于葛洲坝水库蓄水所致。葛洲坝水库蓄水以来，洪峰水位回撞，使老滑坡体前缘地带土体发生软化和泥化，降低了土体的阻滑力，增大了土体的下滑力，水位下降时，老滑坡体又产生了静水压力推动滑坡体滑动，从而导致了八字门滑坡体的复活。涪陵水磨滩水库蓄水后塌岸严重，造成水库严重被淤，不能发挥水库的正常效益。

（三）水土流失加重

区内山高坡陡，降雨丰沛，且多暴雨，加之人类盲目地乱砍滥伐，营造坡耕地，森林资源遭到严重破坏，导致水土大量流失。水土流失强弱受岩土性质、地质构造及地形地貌条件的控制，降雨是动力条件，植被及人类活动是重要的影响因素。

长江三峡地区水土流失比较普遍，据流失程度可分为两个水土流失区。大致以奉节为界，西部属四川盆地东缘，地貌上为一系列平行岭谷的低山丘陵，广泛出露红色砂岩、泥岩、页岩等。泥岩、页岩抗风化能力弱，风化作用强烈，加之人类经济活动频繁，植被覆盖率低，降雨充沛，面蚀作用强烈，因而西区水土流失较强，个别地段极为严重，年平均侵蚀模数约2 000～4 000t/km²。奉节以东地区为褶皱、断裂侵蚀剥蚀中低山区，岩性主要是碳酸盐岩，其次为砂泥岩和结晶岩，水土流失较西区稍弱。但在空间上发育不均一，主要表现在不同的岩性分布区水土流失程度的差异。奉节－巫山长江北岸及秭归盆地地区主要出露砂泥岩，其发育状况与红层地区相似，再加上地形切割强烈，水土流失十分严重，年侵蚀模数达1 419～2 141t/km²。三斗坪结晶岩低山丘陵区岩石裂隙发育，风化严重，水土流失也很强烈，其余碳酸盐岩分布区岩石以岩溶作用为主，水土流失相对较弱，只在断裂较发育地段出现水土流失较严重的现象。

第二节 地质灾害基础条件和诱发因素

地质灾害的发生是地形地貌、地质构造、岩土体结构类型、降雨、地震、河流侵蚀、人类工程活动等诸多因素共同作用的结果，其中地形地貌、地层岩性与岩土体结构类型、地质构造、水文地质条件等是地质灾害产生的基础条件，降雨、人类工程活动、河流侵蚀、地震等是地质灾害形成的诱发因素。

一、基础条件

（一）地形地貌

研究区总体地势可大致以奉节白帝城为界分为东西两部分：东部为典型的构造侵蚀溶蚀

中低山地貌,长江河谷强烈下切,重峦叠嶂,峭壁连绵,峡谷清溪纵横,急流断涧。山地高程多在1 000~2 000m,最大高程2 117m,相对高差500~1 500m。山脉总体走向近东西,局部地段呈南东向或北东向,与区域构造线方向大致平行。长江多小角度斜切构造线,瞿塘峡、西陵峡峡谷段则横切构造线。西部为四川盆地低山丘陵区,地貌形态严格受四川盆地东部边缘川东褶皱带内构造形态控制,形成与构造格架一致、走向北东至北东东的"宽谷窄岭"剥蚀侵蚀低山丘陵地形。

地形地貌是崩塌、滑坡、泥石流活动的基础,它在很大程度上决定了崩塌、滑坡、泥石流能否形成以及形成的类型、数量(密度)、规模。不同类型的地质灾害具有不同的地形地貌条件,相对高差、地形坡度的差异导致不同规模类型地质灾害的发生。

地形坡度是斜坡稳定性的重要影响因素,坡度不仅影响斜坡内的应力分布,而且对斜坡表面地表水径流、斜坡体内地下水的补给与排泄、斜坡上松散物质的堆积厚度、植被盖度等起着决定性的控制作用,进而控制着斜坡的稳定性,是斜坡地质灾害的重要控制因素。根据三峡库区斜坡坡度特征和地质灾害发育情况,将地形坡度分为0~10°,10°~25°,25°~40°,40°~60°,60°~90°五个区间,各区间内地质灾害发育情况如图6-2所示。最有利于地质灾害的坡度区间为10°~25°,然后依次为0~10°、25°~40°、40°~60°,地质灾害发育最少的坡度区间是60°~90°。

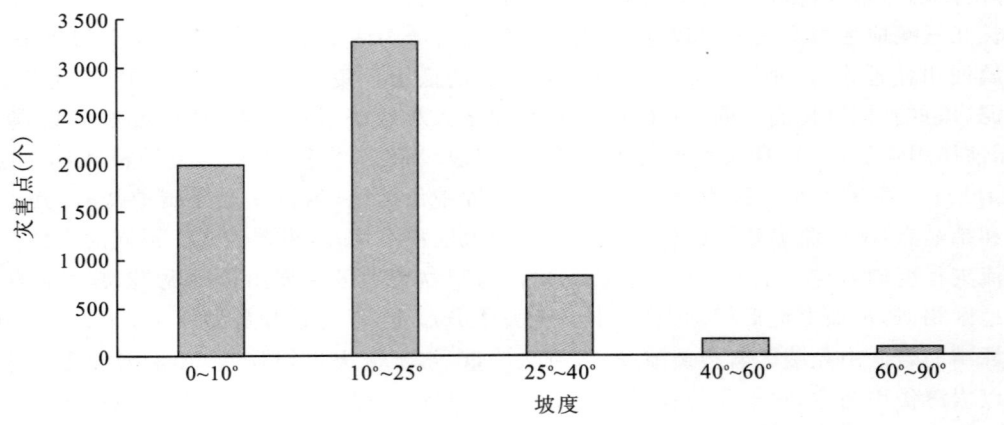

图6-2 研究区地质灾害与地形坡度关系直方图(据刘传正等,2007)

高程与斜坡变形破坏具有一定的关系,从不同高程范围地质灾害发育分布情况看,对三峡库区地质灾害发育较有利的高程范围依次是<250m、250~400m、400~600m、600~1 000m、>1 000m(图6-3)。

(二)地层岩性

根据研究区内岩土体类型、结构、岩性组合及工程地质特征,可将其划分为松散岩、碎屑岩、碳酸盐岩和结晶岩四个岩类,其中碎屑岩岩类和碳酸盐岩类根据岩石的坚硬程度、成分的纯度及软弱夹层等又划分为6个岩组(表6-2)。各工程地质岩组的特征及地质灾害发育情况如下所述。

1. 松散岩类

冲积、残坡积、崩积碎块石、砂、砾、黏性土岩组,为第四系各类松散堆积土,各地岩性因成

第六章 地质灾害的基础地质背景

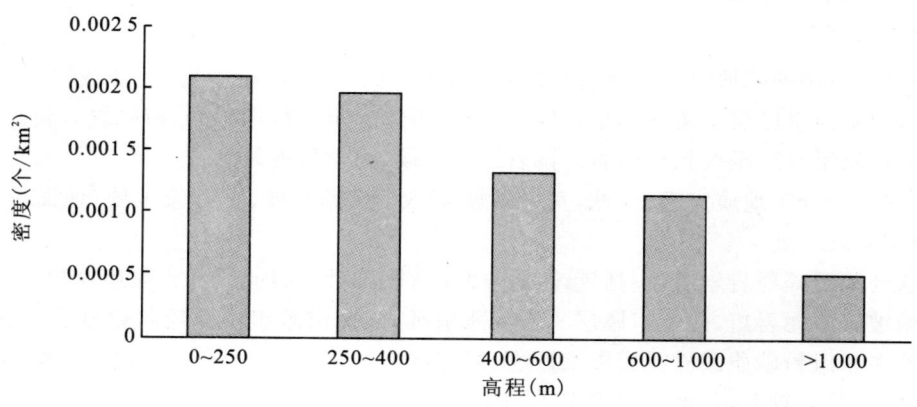

图 6-3 研究区地质灾害发育与高程关系直方图（据刘传正等，2007）

因不同而差异较大。主要分布于长江及其支流两岸和斜坡一带，以及槽谷洼地、溪流冲沟中。

此类岩组中分布地质灾害 45 处，其中滑坡 26 处、崩塌 13 处、泥石流 3 处、地面塌陷 3 处。

表 6-2 工程地质岩组划分及基本特征

岩类	工程地质岩组类型	岩性及物理力学特征	层位
松散岩	软弱的松散岩土岩组（Ⅵ）	由亚砂土、亚黏土及砂砾石层组成，结构松散，固结性差，渗透性高，遇水易顺斜坡滑动，与人类居住环境息息相关	第四系
结晶岩	坚硬的岩浆岩、变质岩岩组（Ⅶ）	由花岗岩、变质岩组成，岩性坚硬，力学强度高，地质灾害以崩塌为主	黄陵花岗岩、野马洞组、黄凉河组、力耳坪组、庙湾岩组、孔子河组、大窝坑组、矿石山组
碎屑岩	坚硬、较坚硬碎屑岩岩组（Ⅰ）	由块状灰质砾岩和块状—中厚层状石英岩状砂岩、细砂岩和中粒砂岩组成，砾岩力学强度较高，主要地质灾害为崩塌	纱帽组、云台观组、遂宁组、须家河组、石门组、罗镜滩组
碎屑岩	软硬相间碎屑岩岩组（Ⅱ）	由中厚层状细砂岩、粉砂岩夹泥岩、页岩、粉砂质页岩组成。砂岩坚硬，岩石力学强度高，泥、页岩力学强度低，易风化，遇水软化，易形成滑坡灾害	莲沱组、古城组、大塘坡组、南沱组、黄家磴组、沙溪庙组
碎屑岩	以软弱为主的层状泥岩、页岩岩组（Ⅲ）	由薄中层状粉砂质泥岩、粉砂岩夹薄中层状细砂岩、含砾砂岩组成。岩石破碎，易风化，岩石力学强度低，遇水软化，易引起滑坡、泥石流等	五峰组、龙马溪组、罗惹坪组、自流井组、新田沟组、五龙组、红花套组、跑马岗组、龚家冲组、洋溪组、牌楼口组
碳酸盐岩	坚硬碳酸盐岩岩组（Ⅳ）	由厚层状白云岩、灰岩、砾砂屑颗粒灰岩夹薄中层状白云岩、灰岩组成，岩体抗压强度高，连续性好，抗风化，岩溶发育，易形成地面塌陷、崩塌	陡山沱组、灯影组、天河板组、石龙洞组、覃家庙组、娄山关组、南津关组、大冶组、嘉陵江组
碳酸盐岩	软硬相间碎屑岩与碳酸盐岩互层岩组（Ⅴ）	由厚层状生屑灰岩、砂屑灰岩、瘤状生屑灰岩、龟裂纹灰岩夹泥岩、粉砂质泥岩、碳质泥岩及少量细砂岩组成。其中泥岩、粉砂质泥岩、碳质泥岩力学强度低，风化严重，遇水软化，易形成不稳定斜坡、滑坡、崩塌等地质灾害	牛蹄塘组、石牌组、分乡组、红花园组、大湾组、牯牛潭组、庙坡组、宝塔组、临湘组、写经寺组、梯子口组、金陵组、高骊山组、和州组、大埔组、黄龙组、梁山组、栖霞组、茅口组、孤峰组、龙潭组、吴家坪组、大隆组、大冶组、巴东组

2. 碎屑岩类

(1)坚硬、较坚硬碎屑岩岩组：包括纱帽组中厚层状细砂岩、粉砂岩，云台观组厚层状石英岩状砂岩，须家河组厚层至块状中细粒砂岩，遂宁组厚层至块状细砂岩、粉砂岩夹粉砂质泥岩，石门组、罗镜滩组厚层至块状粗砾岩。该岩组较坚硬，力学强度较高。

此类岩组中分布地质灾害 38 处，其中滑坡 27 处、崩塌 6 处、泥石流 1 处、地面塌陷 3 处、潜在不稳定斜坡 1 处。

(2)软硬相间碎屑岩岩组：包括莲沱组中厚层含砾细砂岩、细砂岩，古城组厚层—块状冰碛砾岩，大塘坡碳质泥岩组，南沱组厚层—块状冰碛砾岩，黄家磴组中厚层状粉砂岩与粉砂质泥岩互层，沙溪庙组粉砂质碳质泥岩夹细砂岩（局部两者互层）。该岩组质地软硬不均，力学强度因岩性不同而差异较大，是地质灾害发生的主要层位。

此类岩组中分布地质灾害 93 处，其中滑坡 70 处、崩塌 13 处、泥石流 2 处、地面塌陷 4 处、潜在不稳定斜坡 4 处。

(3)以软弱为主的层状泥岩、页岩岩组：主要包括五峰组薄中层状硅质岩夹碳质泥岩，龙马溪组和罗惹坪组粉砂质泥岩、泥岩夹粉细砂岩，自流井组和新田沟组薄层状碳质粉砂质夹中厚层状细砂岩或二者不等厚互层，白垩系五龙组、红花套组、跑马岗组、龚家冲组、洋溪组、牌楼口组中厚状细砂岩与粉砂质泥岩组合。该岩组岩石破碎，易风化，岩石力学强度低，遇水软化，易引起滑坡、泥石流等。

此类岩组中分布地质灾害 437 处，其中滑坡 359 处、崩塌 62 处、泥石流 9 处、地面塌陷 4 处、潜在不稳定斜坡 3 处。

3. 碳酸盐岩类

(1)坚硬碳酸盐岩岩组：包括震旦纪陡山沱组和灯影组薄中层—厚层白云岩、砂砾屑白云岩，寒武纪天河板组、石龙洞组、覃家庙组和娄山关组薄中层、厚层—块状泥晶灰岩、泥粉晶白云岩、砂砾屑白云岩、砂砾屑灰质白云岩、岩溶角砾岩，奥陶纪南津关组厚层生屑灰岩、砂砾屑灰岩、白云岩，三叠纪大冶组上部和嘉陵江组泥晶灰岩、蠕虫状灰岩、泥粉晶白云岩。该组岩石坚硬，岩溶发育，以刚性脆性变形为主，力学强度高，易发生崩塌和岩溶塌陷灾害。

此类岩组中分布地质灾害 208 处，其中滑坡 129 处、崩塌 38 处、泥石流 5 处、地面塌陷 9 处、潜在不稳定斜坡 27 处。

(2)软硬相间碎屑岩与碳酸盐岩互层岩组：包括寒武纪牛蹄塘组和石牌组薄层状碳质泥岩、粉砂质泥岩、细砂岩和中厚层状生物屑泥晶灰岩、砂屑鲕粒灰岩，奥陶纪分乡组（O_1f）钙质泥岩与砂屑生物屑灰岩，红花园组厚层生物屑灰岩，大湾组钙质泥岩夹中—厚层状生屑砾屑灰岩，牯牛潭组、庙坡组、宝塔组及临湘组瘤状灰岩、泥灰岩、龟裂纹灰岩夹钙质泥岩，泥盆纪写经寺组中层状泥晶灰岩、生屑泥灰岩、薄层状钙质灰岩，石炭纪金陵组、高骊山组、和州组、大埔组和黄龙组中厚层状细砂岩、泥晶灰岩、白云岩砂岩、粉砂岩与粉砂质泥岩，二叠纪梁山组、栖霞组、茅口组、孤峰组、龙潭组、吴家坪组和大隆组薄层碳质泥岩、硅质岩、中厚层状含碳质生物屑泥晶灰岩、生物屑泥粉晶灰岩、含燧石结核泥晶灰岩，三叠纪大冶组一段和巴东组薄层状钙质泥岩、粉砂质泥岩、粉砂岩、细砂岩、泥灰岩和生屑泥晶灰岩。该组岩石较坚硬，力学强度不均，易发生各类地质灾害。

此类岩组中分布地质灾害 214 处，其中滑坡 141 处、崩塌 28 处、泥石流 10 处、地面塌陷 9 处、潜在不稳定斜坡 26 处。

4. 结晶岩类

由黄陵花岗岩和野马洞组、小以村组、力耳坪岩组、庙湾岩组、孔子河组、大窝坑组和矿石山组等变质岩组成。该岩组岩石坚硬，力学强度较高，属于地质灾害不发育的岩组类型。

此类岩组中分布地质灾害 36 处，其中滑坡 20 处、崩塌 9 处、泥石流 3 处、地面塌陷 4 处。

岩土体是地质灾害发生、发展的物质基础，不同性质的岩石及其组合因其岩性组合、坚硬程度和岩体结构的差异，地质灾害的类型及发育特征亦不相同。从上述三峡地区不同类型岩组地质灾害统计结果看，发育程度的顺序依次为以软弱为主的层状泥岩、页岩岩组（Ⅲ），软硬相间碎屑岩与碳酸盐岩互层岩组（Ⅴ），坚硬碳酸盐岩岩组（Ⅳ），软硬相间碎屑岩岩组（Ⅱ），软弱的松散岩土岩组（Ⅵ），坚硬、较坚硬碎屑岩岩组（Ⅰ），坚硬的岩浆岩，变质岩岩组（Ⅶ）（图 6-4）。

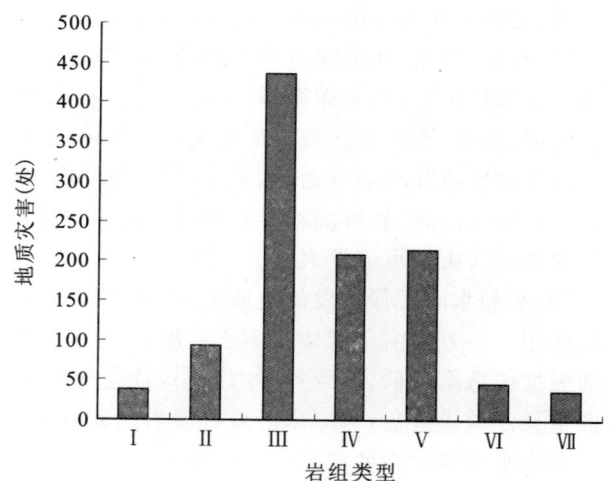

图 6-4 不同岩组类型地质灾害发育程度
Ⅰ.坚硬、较坚硬碎屑岩岩组；Ⅱ.软硬相间碎屑岩岩组；Ⅲ.以软弱为主的层状泥岩、页岩岩组；Ⅳ.坚硬碳酸盐岩岩组；Ⅴ.软硬相间碎屑岩与碳酸盐岩互层岩组；Ⅵ.软弱的松散岩土岩组；Ⅶ.坚硬的岩浆岩、变质岩岩组

（三）地质构造

地质构造是地壳演化过程中形成的产物，不同构造单元，其形态特征和受力状态有所不同，地质灾害类型与发育程度亦不相同。褶皱发育地区，由于挤压作用使得岩石节理发育，岩体完整性差，风化及溶蚀作用较强烈，易于发生地质灾害。断层破碎带附近，裂隙发育，岩体破碎，岩石抗侵蚀、溶蚀和风化的能力大大降低，也常常是地质灾害集中发育的部位。

三峡地区大体以齐岳山为界，从总体上看是一系列弧形褶皱从西向东很有规律地由近南北向渐转北北东至北东而北东东，最后以近东西向与近南北向秭归向斜相交接，并嵌入秭归向斜之中；齐岳山以西俗称川东褶皱带，由三叠系、侏罗系构成背、向斜，呈现背斜狭窄，向斜宽缓，隔挡式右行雁列褶皱带，枢纽常波状起伏，轴面呈 S 形弯曲，整个褶皱带以北东 30°方向延展，大致在万县以北，由于受到大巴山弧的限制，褶皱轴线产生弧形弯转，从北东—北东东一直变为近东西向。大致在丰都西侧，还遭受晚期成生的川黔南北构造带的利用和改造，褶皱轴线弯转为近南北向与东北向呈角度交接，构成倒 Y 字形褶皱。

影响研究区地质灾害发育的主要构造及特征，地质灾害与构造间的相互关系将在第三节中具体论述。

二、诱发因素

1. 人类工程活动

研究区内地质灾害的形成受人类工程活动影响明显。随着研究区经济建设的迅速发展，人类经济工程活动日渐增强，如城镇建设、公路铁路修建、矿产资源开发、水利水电开发及居民建房等,大量的人类经济工程活动破坏了斜坡平衡状态,由此诱发的地质灾害明显增多。

(1)城镇、公路、铁路建设诱发的崩塌、滑坡灾害:三峡地区城镇、公路、铁路建设所需建筑场地多以削坡扩基、填土而得,对斜坡的天然状态改变较大,对斜坡的稳定性带来不利影响,易诱发滑坡、崩塌、不稳定斜坡等地质灾害。公路建设过程中,开挖坡体的人类工程活动使得坡体上形成坡度较陡的临空面,如果不对开挖坡体形成的新鲜面采取锚固、坡面防护等可靠、有效的工程治理措施,新鲜面的岩石经过长时间的暴露,风化程度加重,在降雨等因素促发下产生崩塌地质灾害的可能性大。

(2)水利水电工程引发的地质灾害:水库蓄水后,滑坡受到库水浸泡,滑坡岩土体与水发生相互作用。一方面由于滑体受库水浸泡,岩体发生软化,特别是滑动带其物理力学性质变差,抗剪强度值急剧降低,导致抗滑力减小,且这种软化常常具有不可逆性;另一方面是滑坡浸水后产生悬浮减重效应,对库岸滑坡抗滑力起衰减作用,从而诱发滑坡的形成或复活。

水库水位变化常使斜坡体内的地下水位发生升降变化,产生静水压力和动水压力,增加斜坡土体荷载,湿化、软化斜坡物质,从而使斜坡失稳破坏,发生滑坡、崩塌等地质灾害,如秭归千将坪滑坡。

(3)矿山开采引发的地质灾害:三峡库区因采矿活动诱发的地质灾害主要集中在两类矿产:一是煤矿,二是磷矿。煤矿赋存于二叠系和三叠系地层中,软弱煤系地层之上均是厚层一块状坚硬或较坚硬岩体,地形上多为临空高耸的悬崖陡壁,坡体组合为典型的上硬下软特点,人工采矿形成地下采空区,上部岩体支撑力下降,引起崩塌和地裂缝等灾害。在磷矿区,由于采空区不断扩大,加上部分矿柱设计承载力不够或遭到破坏,上覆岩层的自重和围岩应力导致采空区顶板冒落、顶底板闭合而引起上覆岩体的变形破坏,引起地裂缝、地面塌陷及崩塌等地质灾害。

2. 降雨

三峡地区处于亚热带气候区,气候温暖湿润,雨量充沛且多持续集中降雨,因此降雨是该地区触发斜坡地质灾害、泥石流和地面塌陷等的最重要因素之一。如 1982 年川东特大暴雨,日降雨量大于 250mm,奉节以西 80% 的泥石流在该暴雨期形成或复活;鸡扒子、玉皇观等大型滑坡就是因雨水渗入滑坡体,使土体含水量增大,容重加大,同时显著降低滑动面的抗剪强度,当滑体下滑力超过阻力时,便导致了滑坡。

3. 地震活动

地震是新构造运动的表现形式之一,也是诱发滑坡、崩塌、泥石流等地质灾害的因素之一,主要表现在两个方面:一是地震的水平地震力使陡峭斜坡上的岩土体发生侧向运动;二是地震产生的振动力使饱水的松散砂层发生液化现象,形成流动性的滑坡、坍塌等灾害。从三峡地区大型崩塌、滑坡事件的活动时期与区域地震活动周期的相关性来看,崩滑休止期与地震宁静期基本对应,地震活跃期与大规模崩滑事件的发生对应,但崩滑活动期的起动稍滞后于地震活跃期的伊始。

第三节 构造与地质灾害

三峡库区区域构造分区与地质灾害分区具有一致性,主要表现为:第一,作为三大构造地质单元的分界点或交汇点的奉节,同样是三峡库区地质灾害一级分区界线,奉节向西坡体结构发生巨大变化,地质灾害类型、破坏形式与东部差别巨大,分属不同的坡体演化阶段;第二,区域构造样式对滑坡类型的演化起到明显的控制作用;第三,同时受局部构造样式影响,在局部地段库岸的演化具有一定的方向性,或者说地质灾害的发生及扩展具有一定的方向性演化规律,这种演化规律与局部构造式样以及河流切割局部构造形式密切相关,利用这种相关性可以澄清地质灾害形成机理问题。

一、三峡库区局部构造与地质灾害的关系

三峡库区滑坡分布与局部构造发育存在密切的关系。体现为,第一,局部构造特点决定滑坡体存在形式,例如横谷地段,背斜枢纽倾伏决定局部顺向坡形成,造成背斜核部滑坡体的存在;第二,裂隙的组合形式、组数及与河流流向关系对滑坡的形成、规模具有明显的控制作用,特别是区域性节理方向很有可能代表滑坡体的滑动方向;第三,不同期次构造复合部位是滑坡发生的主要集中区,例如奉节地区作为三个区域性构造的复合部位,复杂构造应力场条件下形成的5组构造节理与滑坡形成关系密切;第四,前期构造"反转"变形是在薄皮构造控制下滑坡形成的一种可能形式。

(一)横谷地段滑坡的形成与局部构造的关系

长江三峡库区干流横谷地段主要分布于重庆—涪陵及奉节—巫山地区,横谷地段的滑坡主要是由于褶皱枢纽的倾覆或翘倾原因所造成,由于褶皱枢纽倾覆或翘倾,在褶皱核部形成特殊结构的顺向坡或反向坡,这种顺向坡与纵谷条件下形成的顺向坡相比,横向延伸短,构造范围小,形成的滑坡体规模小,库岸破坏强度低。对于背斜构造形成的横谷地段,除在背斜核部存在小型滑坡外,同时坡岸的演化具有从两翼向轴部发展的趋势。因此,横谷地段形成大型滑坡体的条件是,在褶皱的形成过程中发育大量的纵向和横向张节理,同时存在由于褶皱叠加而造成的枢纽倾覆或翘倾方向的改变,坡体的结构也随之改变。在该地段滑坡体的演化破坏方向总体表现为,在背斜部位斜坡的破坏表现为以核部中心向两侧发展,滑坡多出现于背斜核部;在向斜部位斜坡的破坏表现为由两侧向中心发展。

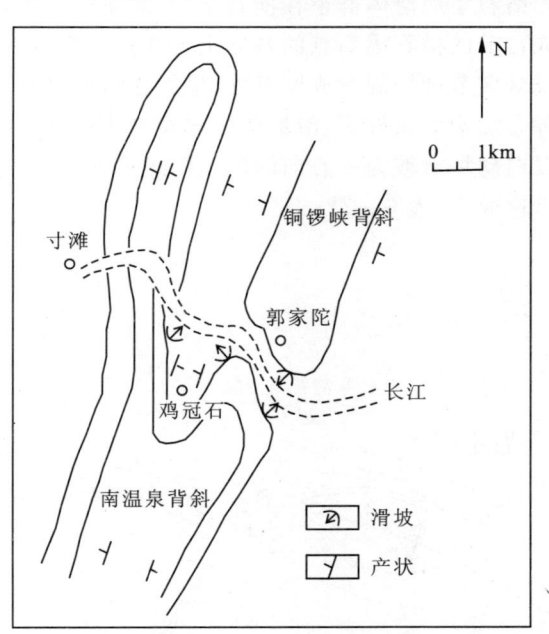

图6-5 重庆铜锣峡处滑坡与局部构造关系

例如,发育于重庆铜锣峡局部向斜部位的三处滑坡,鸡公咀、堰塘湾、鸡冠石整体上表现为由两侧向中心规模逐渐减小(图6-5,表6-3),相反铜锣村滑坡正好位于背斜的核部;又如在鱼咀镇与木鱼镇之间的明月山背斜处,褶皱枢纽具有南倾特征,在其左岸形成局部顺向坡结构,滑坡主要集中于背斜核部,并且具有向两侧发展的特

征,而在长江右岸则以崩滑体和变形体为主,规模较左岸明显变小,同样具有由中心向两侧发展的特征(表6-4)。

表6-3 铜锣峡局部向斜与滑坡分布特征

滑坡名称	滑坡规模($\times 10^4 m^3$)	构造部位	演化特征
鸡冠石	136	向斜西翼	具有从两翼向核部发展的趋势,显示斜坡破坏模式特征
堰塘湾	35	向斜核部	
鸡公咀	120	向斜东翼	
铜锣村	45	背斜核部	

表6-4 明月山背斜与滑坡分布特征

左岸灾害名称	构造部位	规模($\times 10^4 m^3$)	右岸灾害名称	构造部位	规模($\times 10^4 m^3$)
坐房	背斜东翼	43	俞家沱	背斜东翼	6
糖坊	背斜核部	232	温家沱	背斜核部	30
龙洞子	背斜西翼	74	叶桥子	背斜西翼	23
分布于明月山背斜核部附近的滑坡具有从中心向两翼发展的特征,规模从中心向两侧变小					

横石溪崩滑体群是在横石溪(北北东—北东东向)背斜上叠加了近南北向的孔家湾背斜,形成目前的横石溪高点的基础上产生的(湖北省地质矿产局,1997)(图6-6),是由褶皱叠加形成众多节理控制形成倒石堆,最终逐渐由倒石堆演变形成堆积体滑坡(图6-7)。即使是在这种叠加褶皱条件下,滑坡体的规模变化仍然保持着由中心向两侧发展的规律,具体表现为右岸以白鹤坪滑坡为中心向两侧规模迅速变小,左岸以向家湾滑坡为中心同样向两侧滑坡体规模迅速变小(表6-5)。

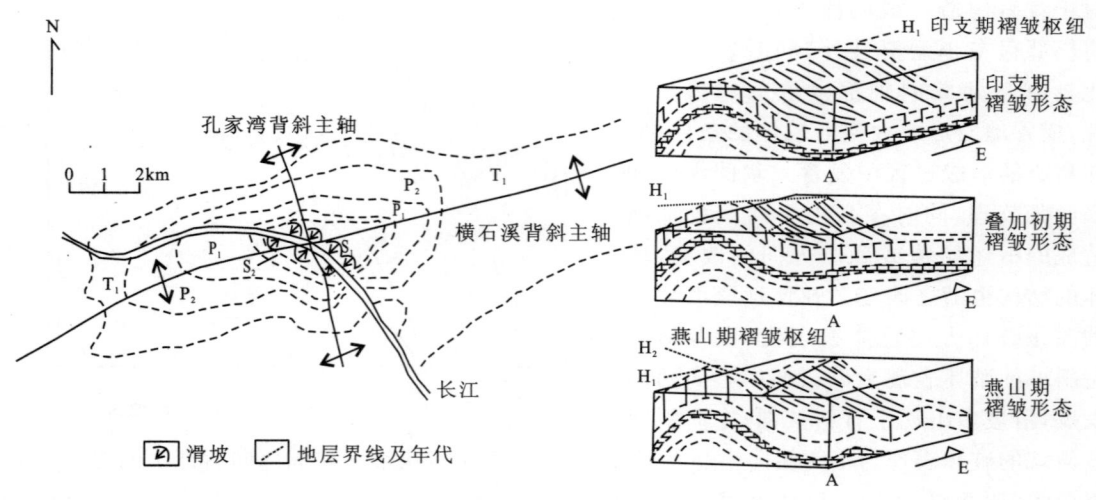

图6-6 横石溪背斜局部构造特征与滑坡分布关系

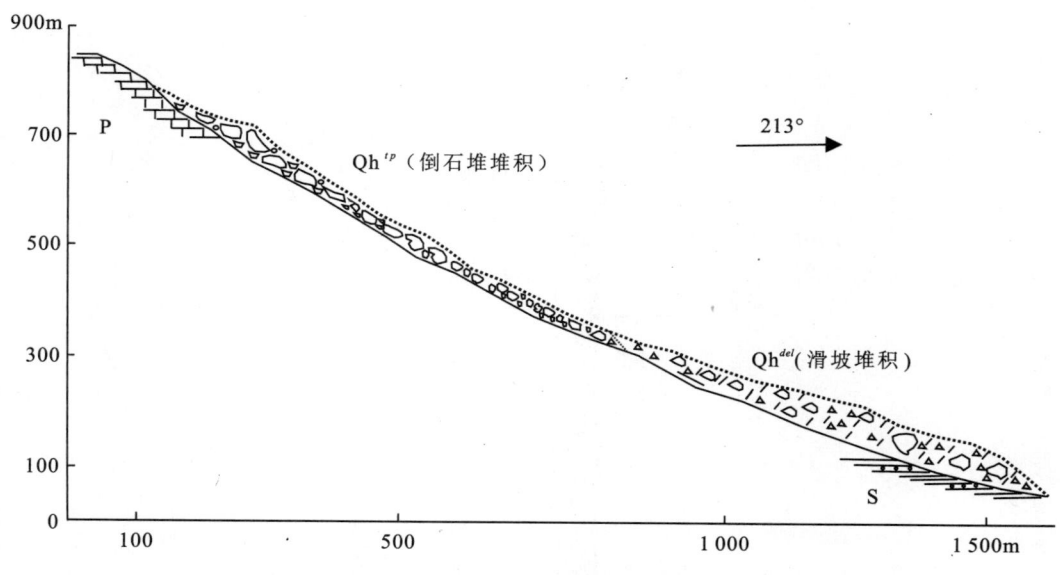

图 6-7 横石溪背斜向家坪滑坡地质横剖面

表 6-5 横石溪背斜与滑坡分布特征

左岸灾害名称	构造部位	滑坡规模($\times 10^4 m^3$)	右岸灾害名称	构造部位	滑坡规模($\times 10^4 m^3$)
横石溪	背斜西翼	169	长石	背斜西翼	50
			庙梁子	背斜西翼	144
			龙洞西	背斜西翼	140
向家湾	背斜核部	890	鸦鹊湾	背斜核部	589
			白鹤坪	背斜核部	735
猴子包南	背斜东翼	170	老鼠错	背斜东翼	405
			半边月	背斜东翼	49

黄草峡背斜为一不对称背斜,在背斜核部分布有突破性断裂,地质灾害滑坡点的分布不但与背斜相关,同时与突破性断层同样具有相关性:第一,由断层上盘越过断层线,滑坡体的规模迅速降低,也就是说滑坡体主要发育于断层的上盘(图 6-8);第二,由背斜核部向两侧,滑坡体规模同样具有逐渐减小的趋势(表 6-6)。而在苟家场背斜滑坡体主要分布于背斜核部,规模相对较小,与其相对对称性结构相关,同时不发育突破性断层。

在阑市向斜内部滑坡体的整体分布特征是从两侧滑坡集中区向内部滑坡数量变少,在阑市向斜西翼从炭梯子到镇安场集中了 14 个滑坡,从镇安场到柏拱坝只分布有 8 个滑坡(岸坡长度相当于炭梯子到镇安场的 3 倍),从柏拱坝到李渡镇分布有 16 个滑坡体(岸坡长度与炭梯子到镇安场相当)。该区段滑坡体的整体规模相对较小,只是在长江凸岸阑市的下游形成两个相对较大的滑坡——香炉滩滑坡和增福庙滑坡(图 6-9,表 6-7)。

总之,长江流域横谷地段库岸长度不大,滑坡规模有限,但在不同的局部构造部位滑坡形成和演化规律并不相同,与构造叠加、突破性断层的存在以及褶皱的不对称性密切相关,但大体的规律性是明显的,岸坡破坏在背斜部位表现为由中心(核部)向两侧(翼部),向斜部位表现

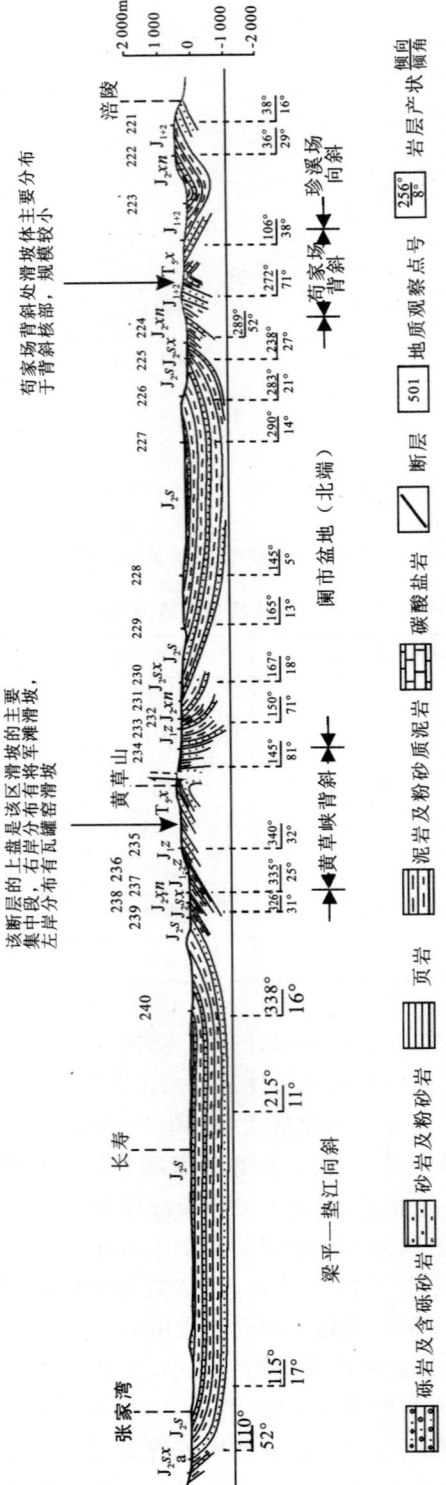

图6-8 黄草峡背斜构造以及突破性断层对滑坡的控制

为由两侧(翼部)向中心(核部)的特点。

表 6-6 黄草峡背斜与滑坡分布特征

左岸灾害名称	构造部位	滑坡规模($\times 10^4 m^3$)	右岸灾害名称	构造部位	滑坡规模($\times 10^4 m^3$)
铁合金厂三车间	断层上盘 背斜西翼	63	袁家沱	断层上盘 背斜西翼	264
			将军滩	断层上盘 背斜核部	1 572
岳家湾	断层上盘 背斜西翼	61	深沱	断层下盘 背斜核部	62
瓦罐窑	断层上盘 背斜核部	2 109	王爷庙	断层下盘 背斜核部	280
			帽子顶	断层下盘 背斜东翼	35

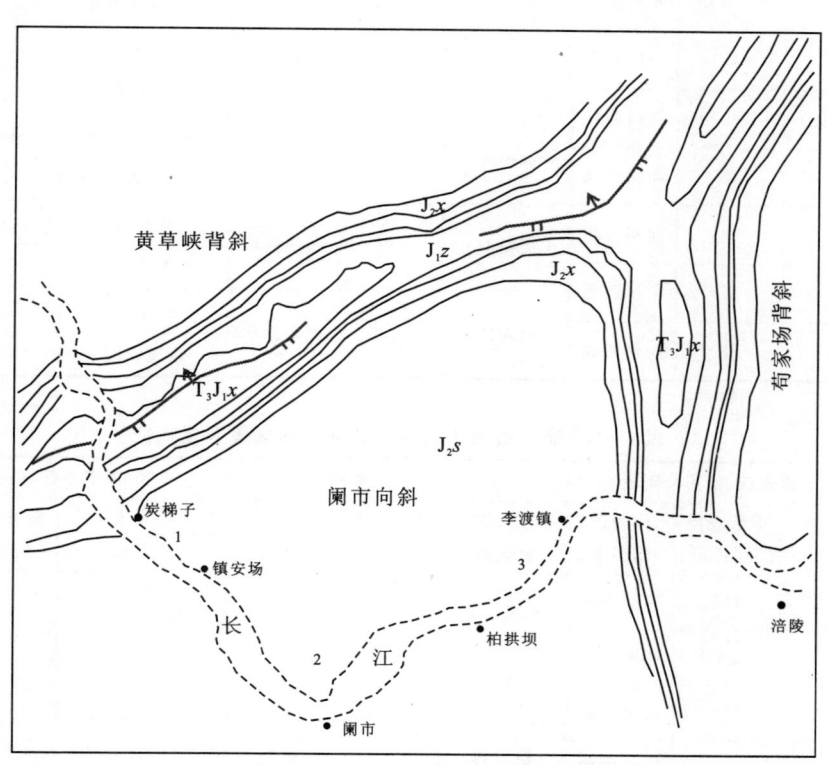

图 6-9 阆市向斜局部构造特征与滑坡分布关系

(二)丰都—忠县向斜内部滑坡形成与局部构造关系

长江河谷在该区沿丰都—忠县向斜发育,主要存在如下两个库岸破坏段。

一是位于丰都县城两侧地段,主要发育于后期北东—北北东向构造与先期南北向构造的复合部位,长江河谷在该处沿追踪张节理发育,岸坡的破坏主要受区域共轭剪节理控制。受区域性节理控制的滑坡规模类似,结构特征基本一致,滑坡滑动方向与长江斜交,与区域性节理方向基本一致(表 6-8)。同时也受到坡体结构的控制,受坡体结构控制的滑坡规模具有一定

表 6-7 阐市向斜构造与滑坡分布特征

图 6-9 中的 1 区(14 处)			图 6-9 中的 2 区(8 处)			图 6-9 中的 3 区(16 处)		
滑坡名称	滑坡规模（$\times 10^4$ m³）	构造部位	滑坡名称	滑坡规模（$\times 10^4$ m³）	构造部位	滑坡名称	滑坡规模（$\times 10^4$ m³）	构造部位
炭梯子东(2 处)	8	向斜西翼	大河口	8	向斜核部	桃子林	20	向斜东翼
学堂湾南	18	向斜西翼				象鼻咀	4	向斜东翼
军田坝	23	向斜西翼	长咀扁	31	向斜核部	大竹林	89	向斜东翼
中湾东	34	向斜西翼				青草背上	3	向斜东翼
法华寺	45	向斜西翼	长咀扁下	14	向斜核部	袁家溪	40	向斜东翼
汪家沟	39	向斜西翼				西牛沱	8	向斜东翼
高家镇	47	向斜西翼	大土角	76	向斜核部	袁家溪菜场	37	向斜东翼
						袁家溪菜场北	10	向斜东翼
镇安船厂(2 处)	32	向斜西翼	增福庙	354	向斜核部	佛耳岩	16	向斜东翼
						小麻滩	50	向斜东翼
镇安场	18	向斜西翼	香炉滩	352	向斜核部	空洞桥南(2 处)	10	向斜东翼
						李渡菜场	13	向斜东翼
冉家湾	14	向斜西翼	火风滩北东	8	向斜核部	善心桥	8	向斜东翼
						太乙门	25	向斜东翼
马羊溪	87	向斜西翼				南岸浦	13	向斜东翼
吴家冲西	28	向斜西翼	烂泥湾	13	向斜核部	李渡镇西	15	向斜东翼

表 6-8 受区域性节理控制的滑坡体规模变化特征

1、2 区(位于唐家坡、清溪场附近)			3 区(位于百汇场附近)			4 区(位于丰都县城西面附近)		
地质灾害名称	滑坡规模（$\times 10^4$ m³）	构造控制因素	地质灾害名称	滑坡规模（$\times 10^4$ m³）	构造控制因素	地质灾害名称	滑坡规模（$\times 10^4$ m³）	构造控制因素
大门闩	168	区域节理	老院子南	50	区域节理	竹林坝	26	区域节理
门闩子	93	区域节理				山王庙	74	区域节理
桔子石	111	区域节理	滩咀	80	区域节理	岩脚	68	区域节理
大竹林	140	区域节理				三步天	142	区域节理
大沱浦	72	区域节理	簸箕石	123	区域节理	张家山	136	区域节理
望河咀	62	区域节理	苦竹林	74	区域节理	大地坝	268	区域节理
						鹭鹚碑	328	区域节理
幺铺子	84	区域节理	石板滩	78	区域节理	庆林	57	区域节理
						罗家院子	1 275	区域节理
石马坝	80	区域节理	立石镇	984	区域节理	坝脚	800	区域节理
从西向东节理规模变大，滑坡规模随之变大，总体上每个区内滑坡规模基本相当								

的演化规律,与斜坡结构关系密切,总体上滑坡体规模较小,主要分布于唐家坡附近。同时该地区著名的桃园滑坡位于构造复合交叉位置(图 6-10)。

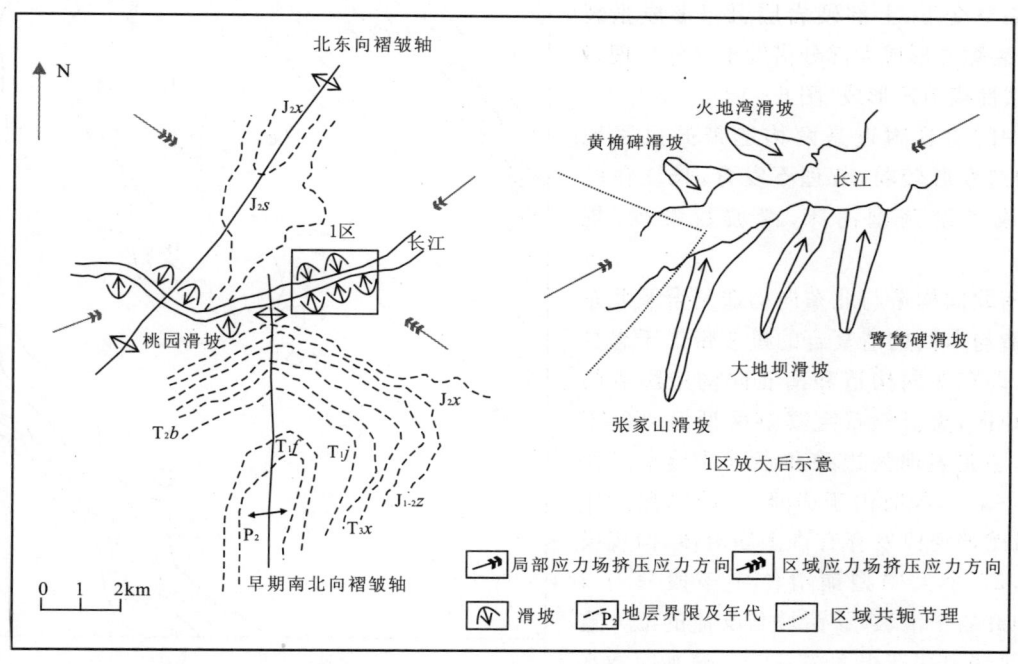

图 6-10 丰都县局部构造与滑坡分布关系示意

丰都县的珍溪场镇—丰都县城附近是南北向褶皱与北东—北北东向褶皱复合部位,其中南北向构造是先期构造,由于北东—北北东褶皱叠加使该地区地层产状变化复杂,共轭剪切节理发育,沿这些剪节理形成了许多与长江斜交的陡崖,坡体的破坏与该组节理关系密切,滑动方向与节理延伸方向相同,与长江斜交。长江河谷在该段是沿着追踪张节理发育,滑坡规模主要受崩塌体的规模控制。

该处库岸变形以桃园(沙田)滑坡为界分为东、西两部分,其中桃园滑坡处于构造复合的交叉位置,以西库岸破坏主要受北西向剪节理控制,以东则受北东向剪节理控制,并且以此为中心向两侧滑坡规模减小。同时在丰都县洋渡溪镇附近由于长江侧向切割形成 J_3p 地层呈局部三面临空,进而形成以猫须子(图 6-11,1 区)、洋渡溪(图 6-11,2 区)、秦家岩(图 6-11,3 区)滑坡为主体的滑坡聚集带(图 6-11)。同时滑坡聚集区位于断层传播褶皱上盘的顺向坡部位,加剧了坡体的破坏性。

二是位于忠县石宝寨—万县地段,为丰都—忠县向斜的翘起端,同时为北东—北北东向构造与先期的东西向构造复合部位;石宝寨—万县北东向构造与东西向构造复合带,库岸破坏与区域性共轭剪切节理存在密切关系,控制着崩滑体的分布。该区为丰都—忠县向斜以 20°左右的夹角归并于齐岳山背斜而形成的构造交切复合部位,形成了本区右旋扭性应力场,在该应力场的作用下形成了二组共轭剪节理系,其中一组节理方向与长江呈锐夹角,被后期库岸边坡形成的卸荷裂隙所继承,发展成为控制滑坡形成的拉裂面;另一组节理方向与长江呈近直角相交,发展成为控制滑坡形成的切割面,控制滑坡的滑动方向。在该地区岩层顺层滑动特征明显,层间节理发育，岩层产状倾角一般小于20°，同时由于软硬岩层相间分布，在长江岸坡软岩层临空变形，上部硬岩层引张形成张裂隙，张裂隙的形成大部分借助于层间节理以及区域性横节理形成(图6-12)。

中间忠县附近是两构造带的过渡地段，构造变形较弱，节理不发育，长江在此处形成了游荡型河床，滑坡数量少，规模小。

南北向构造与北东向构造复合及北东向构造与东西构造复合的过渡带位于忠县附近，即东西构造和南北向构造影响的弱化地区，忠县—石宝寨游荡型河床位于该区，主要表现为边滩和心滩的异常发育(图6-13)，同时由于边滩、心滩的保护作用，虽然该河段发育有许多崩滑体，但规模较小，27个大中型崩滑体中该段只有1个，即红岩子滑坡，该滑坡与支流的汇入造成边滩缺失存在很大关系。三峡水库蓄水之后由于边滩、心滩全部被淹没，岩水之间的作用进一步加强，因此，这段库段的稳定性有待进一步观察，从现今野外调查看，此段塌岸现象较其他地段多见。

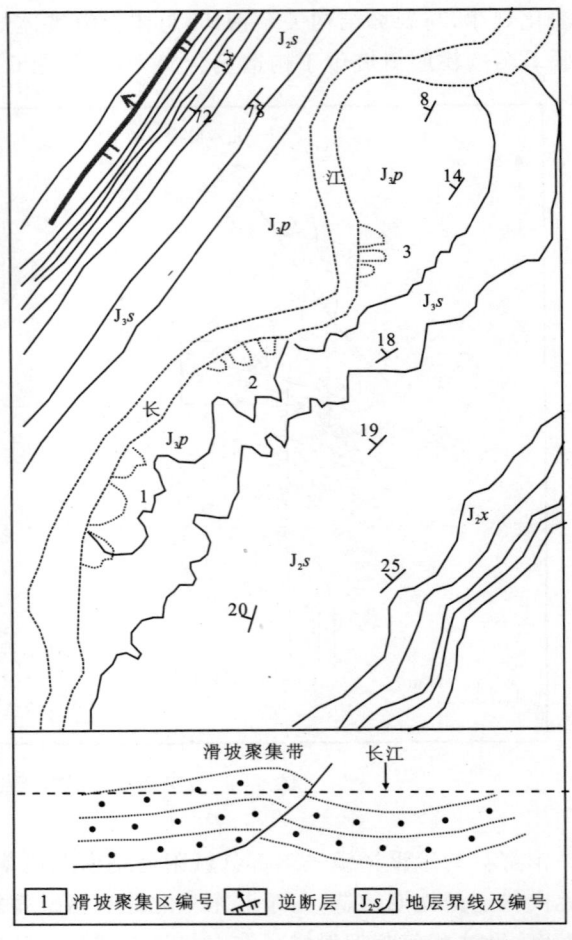

图6-11 忠县向斜丰都区局部构造与滑坡聚集区关系

(三)万县向斜内部滑坡形成与局部构造关系

该地区位于川东褶皱带与大巴山近东西向构造带的相接复合部位，东部以齐岳山背斜为界，与八面山弧形构造带相邻，并在奉节县形成三大构造的复合区。

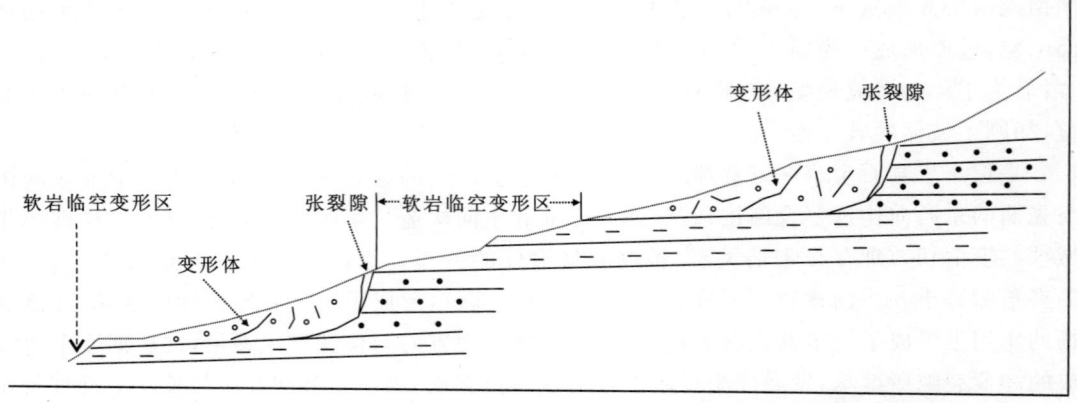

图6-12 石宝寨—万县段滑坡形成机理与局部构造关系示意

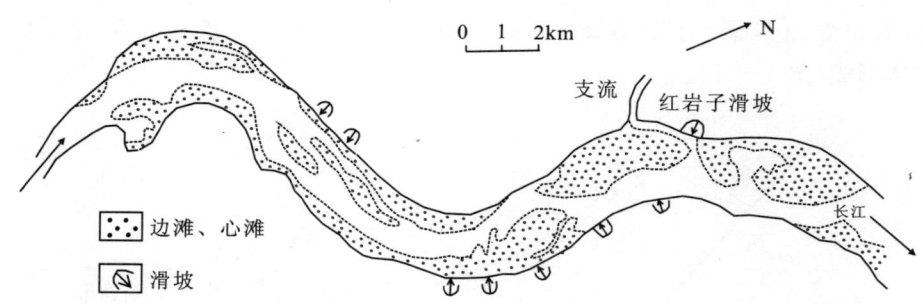

图 6-13 忠县—石宝寨游荡型河床与滑坡关系

该区主体位于万县复向斜内部,叠加褶皱的方向为北东—北北东,叠加褶皱是造成万县向斜内部局部横谷段存在的原因,直到故陵向斜褶皱方向才逐渐转到近东西向。叠加褶皱的成因主要为右旋扭动力偶作用造成,同时形成两组共轭剪节理系,其中一组节理方向与长江呈锐夹角,并被后期库岸边坡形成的卸荷裂隙所继承,发展成为控制滑坡形成的拉裂面;另外一组的方向与长江呈近直角相交,发展成为控制滑坡形成的切割面,坡体破坏主要集中于纵谷段,即故陵向斜和大周溪一带(叠加褶皱形成的局部次一级向斜构造)(图6-14)。在故陵向斜内部存在以下两个滑坡聚集区。

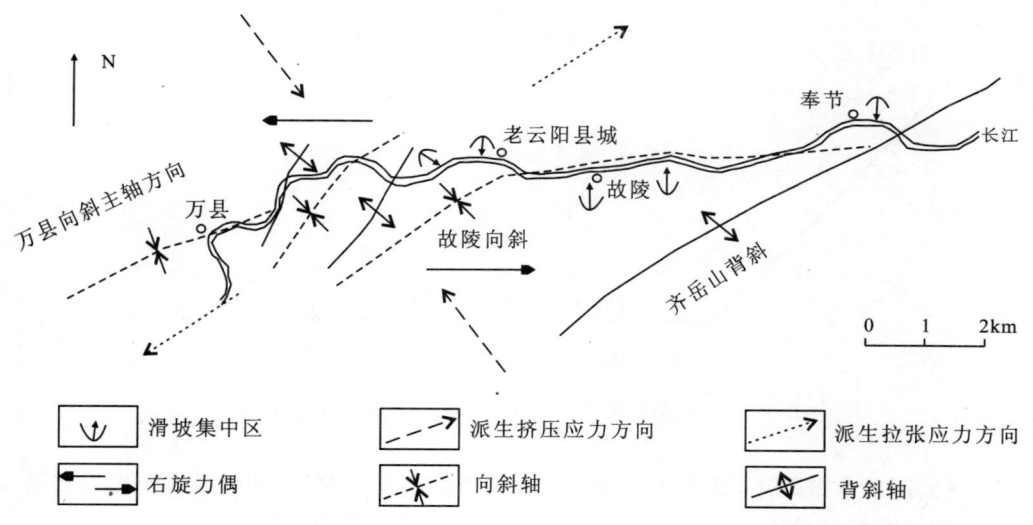

图 6-14 万县向斜局部构造与滑坡分布关系

一是在故陵镇附近,分布大小滑坡9个,集中于长江右岸,其中最大滑坡为故陵滑坡,滑坡方量为 $11\ 280\times10^4\sim13\ 120\times10^4\ m^3$。故陵滑坡的滑带为先期构造形成的层间剪切构造带,滑带的形成只是继承先期构造再次活动的产物,其活动过程类似于构造地质学中所说的反转构造,其基本地质条件为,岩层倾角较缓,具有软硬岩层相间组合的特征,软弱岩层在河谷中形成临空面,其滑坡形成的历史过程可以概括为三个阶段:①断层相关褶皱形成阶段,形成大量层间剪切带(软岩层中),同时伴生层间节理(硬岩层中);②河流下切,先期形成的层间剪切带临空(软岩层变形),硬岩层沿层间剪切带卸荷(继承层间节理形成卸荷张裂隙),卸荷裂隙向下延伸至层间剪切带,上覆岩层长期蠕动变形;③层间剪切带演化形成滑坡滑带,上覆岩层反向运动,滑坡体形成(图6-15)。

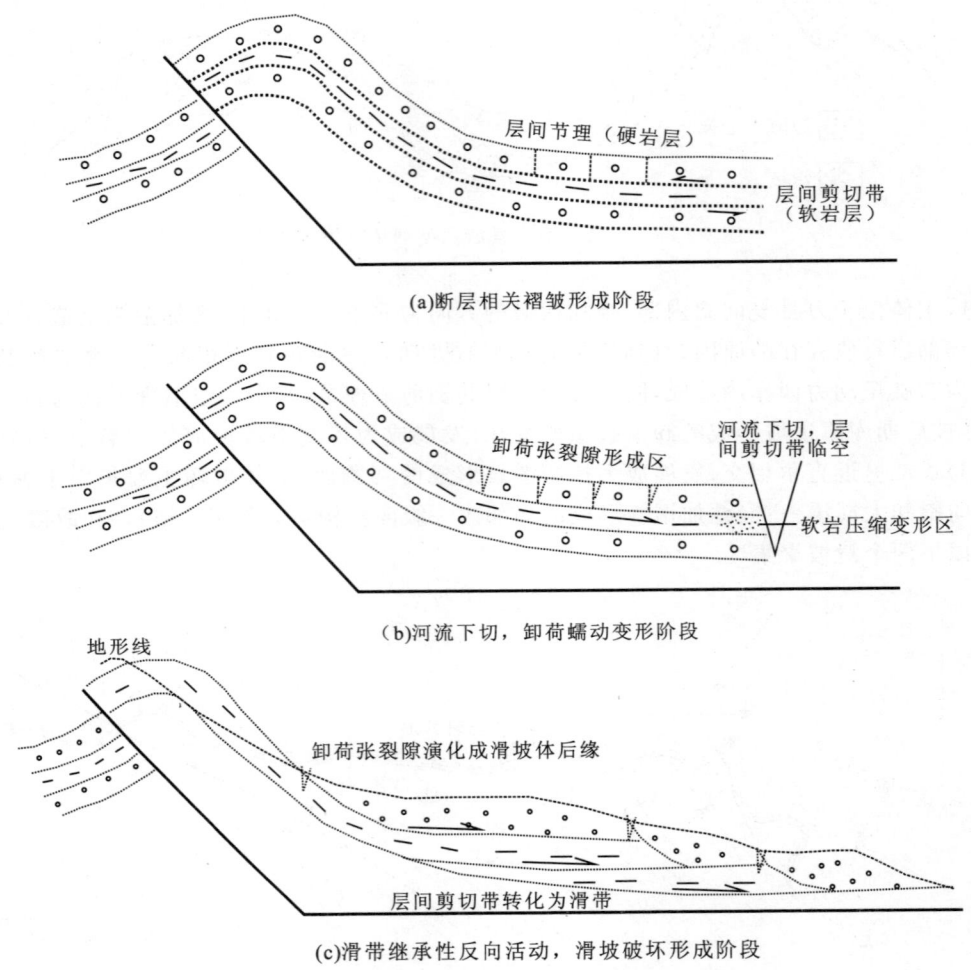

图6-15 故陵滑坡形成演化过程与局部构造关系示意

二是在云阳旧县城附近,分布大小滑坡18个,集中于长江左岸,其中最大滑坡为宝塔滑坡(鸡扒子滑坡),滑坡方量为 $10408×10^4 m^3$,同时还有4个滑坡的方量在 $1000×10^4 \sim 2500×10^4 m^3$。这些滑坡的滑带同样为先期构造形成的层间剪切构造带,滑带的形成只是继承先期构造再次活动的产物,从鸡扒子滑坡勘察剖面可以发现这一点(图6-16)。同时旧县坪滑坡地质条件有所变化,岩层倾角大于该区地层坡脚,软弱层在河谷内部没有形成临空,在重力作用下形成重力背斜,重力背斜形成的底滑面为先期形成的层间剪切带,上部岩层以薄—中厚层砂岩层或灰岩层为主(图6-17)。

在大周溪局部次一级向斜部位是该区另一滑坡聚集区,但其滑坡规模明显减小,集中滑坡21个,其中杀人田滑坡规模最大,为 $1024×10^4 m^3$。滑坡体的成因与石宝寨到万县段滑坡形成机理相似。

故陵向斜在奉节县观武镇处翘起,长江两岸出现巴东组(T_2b)地层,在奉节新县城附近长

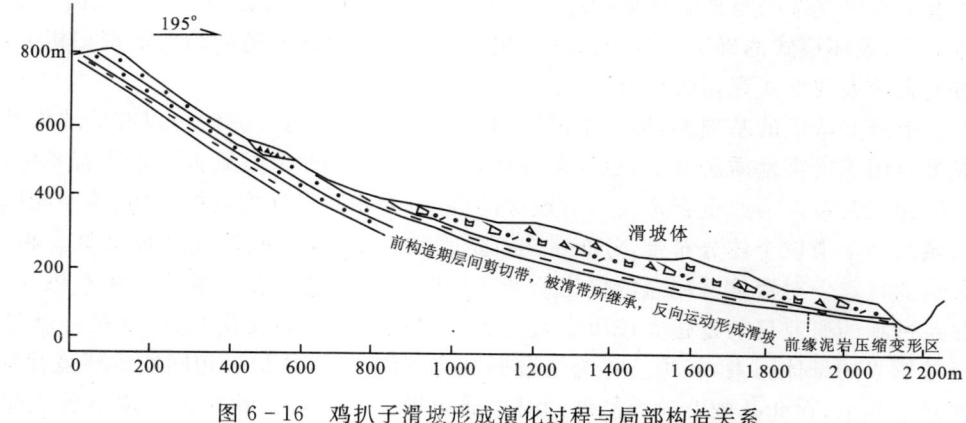

图6-16 鸡扒子滑坡形成演化过程与局部构造关系

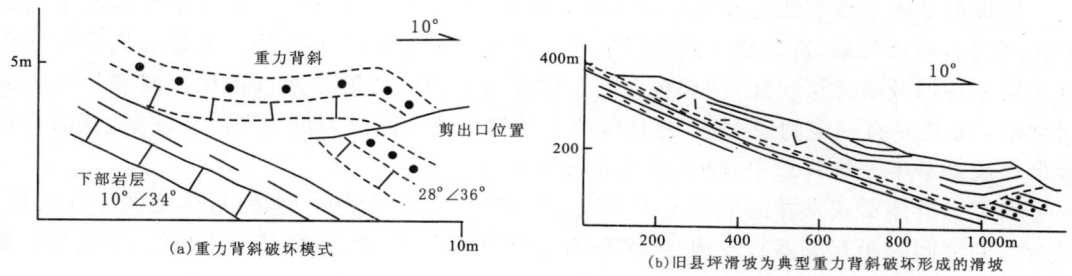

图6-17 旧县坪滑坡形成演化过程与局部构造关系

江横切朱依河背斜,奉节新县城主体受巴务河向斜控制,巴务河向斜轴向北东60°~87°,核部地层为巴东组四段,两翼为巴东组三段—巴东组一段,其中南翼产状倾向北30°西,倾角20°~50°,北翼产状平缓,倾向南40°东,倾角10°~25°。受南北向挤压应力场作用,同时受大巴山弧形构造带以及齐岳山背斜的限制形成局部反扭应力场,形成5组剪切节理(张加桂,2005)。局部应力场的变化以及须家河组、巴东组地层的分布特征控制着该区库岸的演化,形成多个裂隙发育段库岸,加重了岩溶地貌的发育,形成了该区特有的坡体演化规律。

二、滑坡群工作方法的确定

三峡库区作为滑坡地质灾害多发地段,为滑坡的研究累积了大量经验并总结出不少理论,但是仍存在一些亟待解决的问题。地质灾害的发生以及演化过程与地质环境密切相关,特别是与所处地区的构造地质条件具有成生联系,这种关系不是简单的滑坡个体之间的差异,而是体现于群体之间的关系——也就是说位于同一群体内部的滑坡个体之间存在必然联系,具有一定的演化方向;相反不同群体之间滑坡演化规律不可对比。相比前人研究成果而言,这种关系可能更为复杂,预示一些未知的规律性。探讨这一问题,有助于将基础地质问题与地质灾害形成机理相联系,有助于更精确地预测地质灾害演化和发展的规律性问题;探讨这一问题,将有助于解决滑坡监测过程中典型滑坡选取的研究工作,起到监测少数滑坡了解整个滑坡群的目的;探讨这一问题,将有助于地质灾害预测预报地质模型的建立,进而使地质灾害特别是滑坡的预测预报工作成为可能。

滑坡机理研究基础是地质环境的综合评价研究，其中关键问题为库岸演化阶段的划分以及破坏方向、破坏模式的确定。其中库岸演化阶段的划分与新构造活动特征密切相关，进而造成地质灾害的表现形式存在明显差别。

在以上研究认识的基础上，提出了滑坡群工作方法，利用这一方法可以有效地将基础地质研究成果应用于灾害地质研究中，也就是说将地质灾害点的研究放到大的地质背景中，建立群体之间的相互关系。为此重新定义了滑坡群的概念：受相同局部构造控制的、位于相同新构造活动区域的多个滑坡个体分布带，分布带内部的滑坡在成因机理、演化特征上具有相互联系、相互影响的特点。对滑坡群概念的修正使处于相同地质环境的多个滑坡个体有机联系起来，这种联系过程的研究目的是建立该段岸坡过去—现在—未来的演化过程，其核心就是老构造作为滑坡形成的母体因素，新构造作为滑坡形成的子体因素，将位于相同地质环境背景上的多个滑坡联系起来，在此基础上建立滑坡的时空演化模式。针对三峡库区来说是建立库区地质灾害在蓄水条件下演化预测的基础。

滑坡群基本工作方法是在地质灾害区划研究的基础上，建立位于相同局部构造上的滑坡群体之间的演化关系，进而建立整个斜坡带演化模式。它打破了传统滑坡群的概念存在模糊性和局限性以及缺乏层次性，例如包含若干单体滑坡的滑坡群以及仅由单体滑坡组合而成的滑坡群，显然具有一定的层次性，并且应该有类似的或不同成因机理和内在联系，这需要将滑坡群体放到基本一致背景中分析，这是滑坡群研究的关键。

研究以群体形式发育的滑坡至少应该包括溯源（地质背景），剖析（群体之间个体关系，并整合它们之间的相互关系），发现、鉴别和确定组合形式，解读、分析其形成条件，探索其形成机理和演化过程。

滑坡群概念的修改，为研究滑坡提供了新的思路和方法，其核心观念就是把握整体与局部的关系，提出以局部构造格局为线索的地质灾害评价方法，建立滑坡个体与滑坡群体之间的内在联系，指出斜坡演化特征与滑坡群体演化之间的关系。例如，在同一滑坡群内部，可以根据斜坡体目前的现状，了解滑坡体形成以前的整体状态，了解滑坡可能的破坏形式；同时，对滑坡破坏形式的研究将有助于对斜坡体今后演化特征的理解，预测可能的新生型滑坡形成位置和形式，也就是斜坡体的整体演化特征和破坏形式，以及破坏方向的确定。这恰恰是以往研究中所没有关注到的。

三、典型滑坡群解剖

滑坡群工作方法要求评价的滑坡应该处于相同的局部构造单元内部，同时新构造活动处于相同的活动区内部，在此基础上才能建立滑坡个体之间的关系，形成整个滑坡群的演化规律。下面以巴东县和秭归县为例详细说明滑坡群的工作方法和基本研究思路。

鄂西地区巴东—秭归为大巴山—大洪山弧形构造组成部分以及其影响范围，褶皱构造形式尚未确定，该地区具体构造形式对于秭归沙镇溪—范家坪—巴东一带滑坡群成因机理研究有着重要影响。通过对巴东—秭归带野外勘察，研究该地区褶皱构造形式，初步认为鄂西地区构造形式也是一种薄皮构造（断层转折褶皱或断层传播褶皱），左辑托背斜及谢家包背斜也属于此类构造形式，该种构造形式控制该区滑坡群形成演化过程。

（一）左辑托背斜与滑坡群的关系

左辑托背斜位于巴东—楠木园，向东一直延伸到巴东旧县城黄土坡滑坡东侧向长江倾伏消亡,背斜轴线为近东西向,背斜核部出露地层为古生界志留系至泥盆系的石英砂岩与砂质页岩,两翼为石炭系及二叠系灰岩。

沿左辑托背斜由长江切割形成两个滑坡聚集区,分别为左辑托滑坡聚集群和巴东斜坡滑坡聚集区。其整体构造特征如图6-18所示。

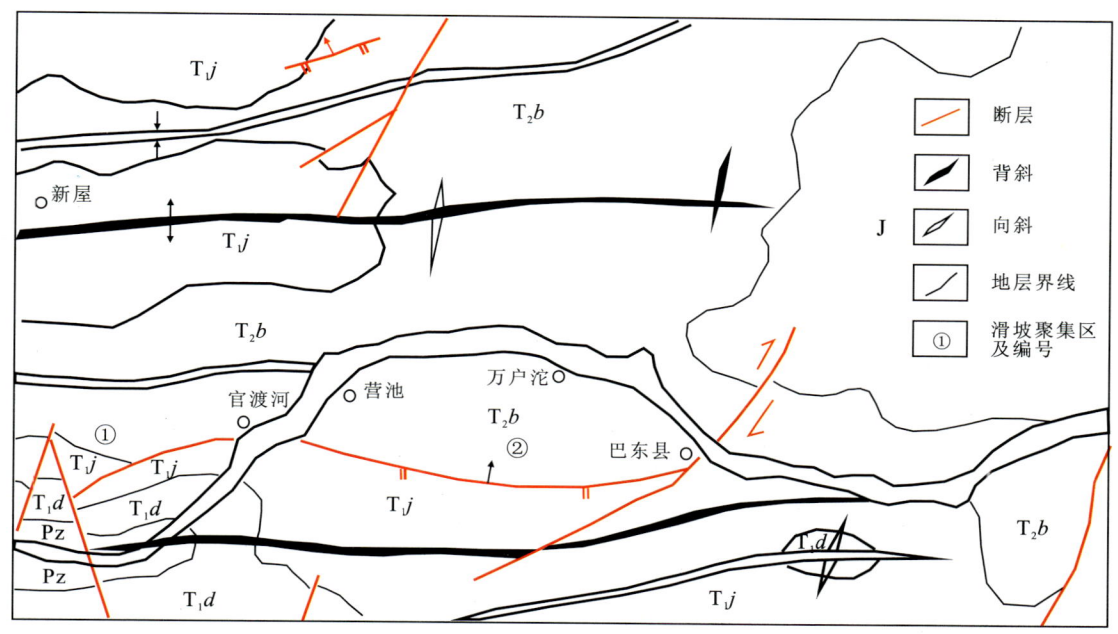

图6-18 左辑托背斜区域构造纲要

1. 左辑托背斜的基本特征

通过对楠木园、石寨-老屋场、金竹园三条地质路线测绘研究表明,左辑托背斜为一非对称性背斜。

整体来看,左辑托背斜并不是一个简单的背斜,北翼靠近核部处产状发生转变,顺向坡结构转变为反向坡结构;向长江方向岩层产状为顺向坡结构,岩层产状350°∠43°,往高处岩层转为倾向坡内,产状155°∠5°。岩性为薄层灰岩,发育有垂直于岩层的密集节理构造。

左辑托背斜北翼相对简单,岩层产状为(0~9°)∠(29°~48°),岩性为三叠纪嘉陵江组灰岩,单层厚度有所加大,多发育层间节理构造,在层面上发育擦痕和阶步构造,显示上层面相对下层面向下运动。在灰岩中间出现的泥页岩层,其间发育揉皱现象,表明顺层滑动作用明显。在薄层灰岩中见到大量发育于薄层灰岩中的膝折褶皱现象和尖棱褶皱(图6-19)。

南翼较为复杂,产状变化大,多处形成膝折状弯曲,整体上具有上缓、中陡向下又变缓的特征。左辑托背斜南翼靠近褶皱核部附近地方,岩层产状170°∠85°,岩层产状的倾角发生剧烈变化,甚至直立,层间揉皱现象发育。同时可以看出褶皱的枢纽倾伏向为南,整体上看南翼明显比北翼陡(图6-20)。

在背斜的核部附近,发育两条断层:F_1断层,产状为350°∠68°,观察该断裂带宽度为20m,主要为张性角砾岩,产出部位为北翼与转折端产状变化处,也就是岩层倾向发生变化的部位,由褶皱的膝折带转化而来,目前表现为正断层(图6-21)。野外勘察越过野火溪沟谷后

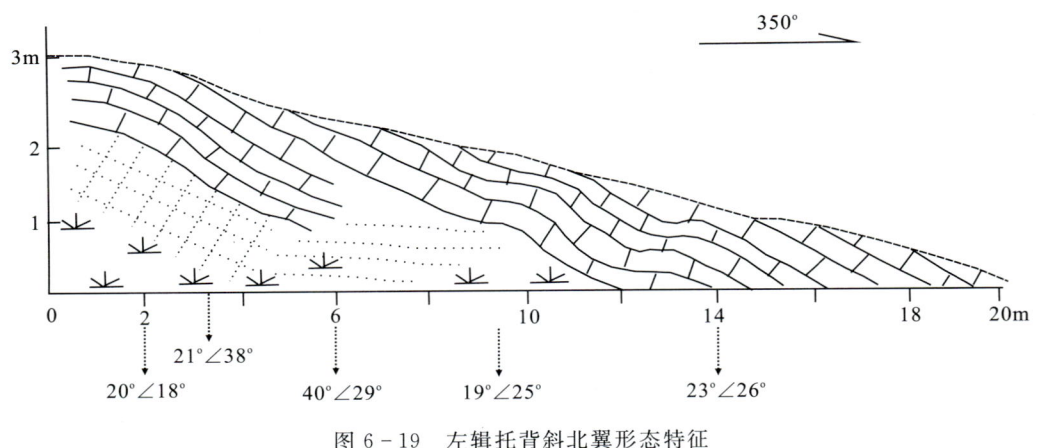

图 6-19 左辑托背斜北翼形态特征

图 6-20 左辑托背斜南翼发育的膝折现象

岩层产状发生根本性变化,由 350°∠38°转变为 190°∠10°,相当于走过了 F_1 断层位置(图 6-21)。同时在下部看到一条老的张裂隙,目前已变成小的山坳。F2 断层为走滑正断层,断层产状 0°∠80°,存在宽约 20m 的变形带,该断层的性质以及形成机理与 F_1 断层类似,但其规模远远大于 F_1 断层并且具有走滑性质,一直延伸至长江对岸,并控制红石梁滑坡体的右边界(图 6

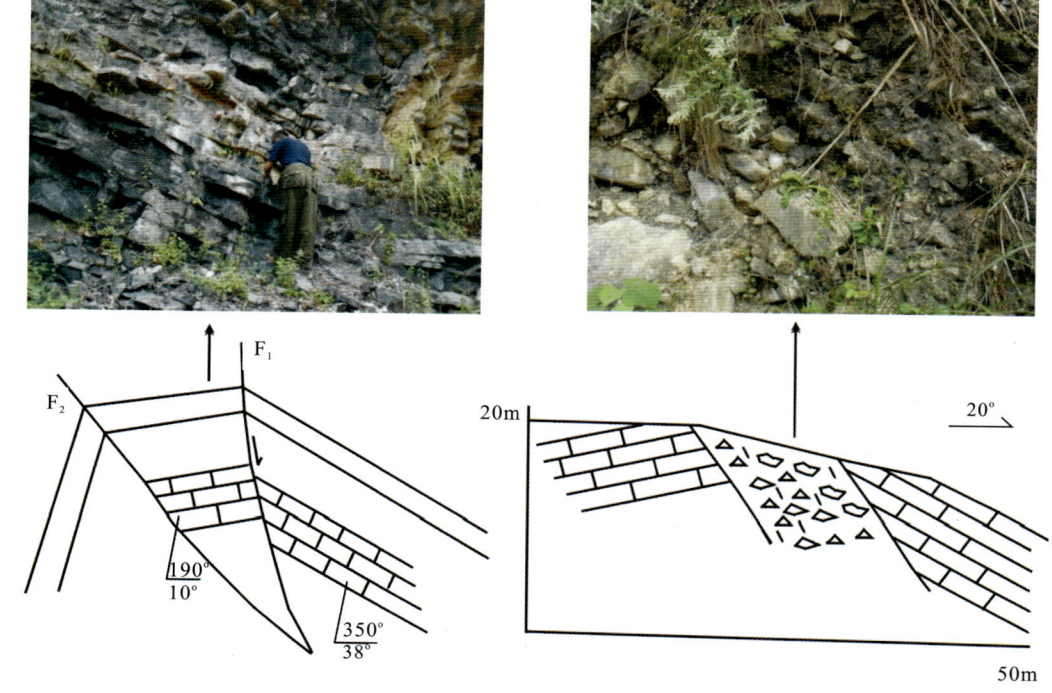

图 6-21 左辑托背斜核部 F_1 断层特征及素描

-22),目前表现为一大深沟(当地人称之为一道沟)。

总之,左辑托背斜为一不对称褶皱,具有断层相关褶皱中断层传播褶皱的特征。

2. 左辑托背斜与滑坡类型的关系

左辑托背斜的基本形态特征以及长江河谷的切割形式决定了该区的滑坡类型和破坏模式(图 6-23)。

1)楠木园崩滑体

楠木园崩滑体位于该滑坡群的最西部,左辑托背斜的北翼,长江右岸,整体表现为一顺向坡结构,处于滑坡群中坡长最长的部位,崩滑体总方量为 $60\times10^4 m^3$。在其周围未破坏基岩中普遍发育的重力背斜构造,表明楠木园崩滑体的破坏过程与重力背斜相关,同时在局部地段也观察到这种破坏过程(图 6-24)。

对于重力背斜破坏过程,根据野外地质调查及前人的一些模型试验,可将其形成演变过程分为以下三个阶段。

第一,轻微滑移弯曲隆起阶段:在早期河流下切、顺层河谷边坡逐渐形成过程中,由于原岩应力的释放,坡体应力重新调整,并在坡体表部一定范围形成强烈卸荷带。在重力和其他一些荷载作用下,薄板状的岩层沿层间挤压带启开,表现为沿岩层倾向方向发生轻微差异性层间错动。由于坡脚附近变形无临空条件,差异性层间错动受阻,因而在坡脚上部岩层发生轻微弯曲隆起变形,局部出现微弱的架空现象(图 6-25a)。

第二,强烈滑移弯曲、剪裂面形成阶段:随着岩层的蠕变,滑移弯曲变形进一步加剧,弯曲的岩层形成类似褶曲的弯曲形态。浅表部岩层发生明显的层间差异错动,后缘拉裂,一并在局

图 6-22 左辑托背斜核部 F_2 断层内部特征
1.断层带全貌;2.F_2 断层面;3.次级断层;4.内部破碎带;5.牵引变形带

部地段形成拉裂陷落带。坡体前缘岩层发生强烈弯曲隆起变形并在岩层之间出现架空等现象。在此阶段的滑移弯曲变形过程中,伴随着在最大弯曲的"波峰"处岩层折断,局部压碎,出现一组反倾坡内的锯齿状剪裂面。同时,位于根部的"波谷"处岩层也发生折断,由于其应力集中程度比"波峰"处大,岩层折断的同时还出现明显的压碎而发生剪切屈服,并形成一组与"波峰"处相似的、基本连续的剪裂面。上述两组剪裂面在形成过程中与顺层滑移面逐渐贯通(图 6-25b、图 6-25c)。

第三,滑动破坏阶段:从前面两阶段结果可以看出,在坡脚附近出现了两组潜在的剪切破裂面。当边坡体变形进一步加剧,顺层滑移面与上述两组剪裂面完全贯通,则会发生滑坡。在滑坡的形成过程中,滑体沿"波峰"处,即上部的剪裂带滑出,滑坡的规模相对较小;当滑坡沿岩层根部"波谷"处的剪裂带滑出时,滑坡规模加大。当滑体下滑,同时或不同步地沿两个顺层挤压带下滑并贯通下部张裂隙时,可形成具有两组以上滑面的滑坡,或在不同步的情况下形成主、次滑坡体(图 6-25d)。

在相同的地质背景条件下,重力背斜的形成主要取决于临界坡长和坡角的变化,同时与岩

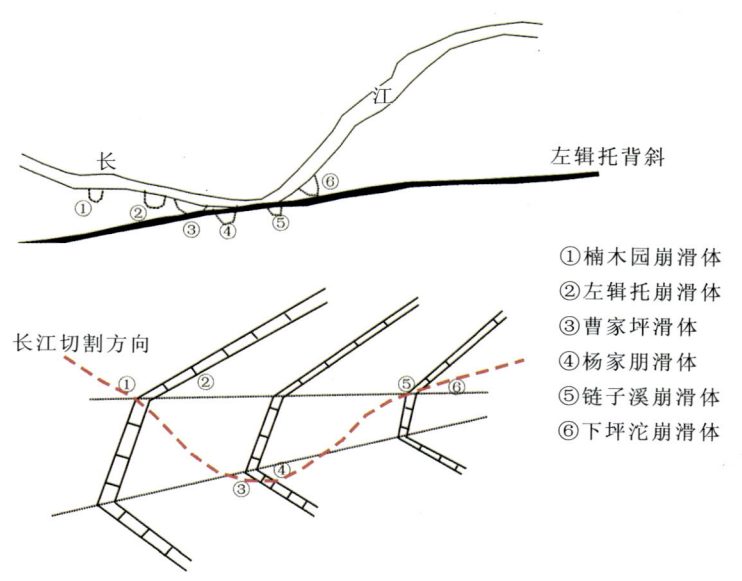

图 6-23　左辑托背斜与滑坡类型的关系

图 6-24　楠木园崩滑体周边发育的重力背斜构造及局部破坏形式

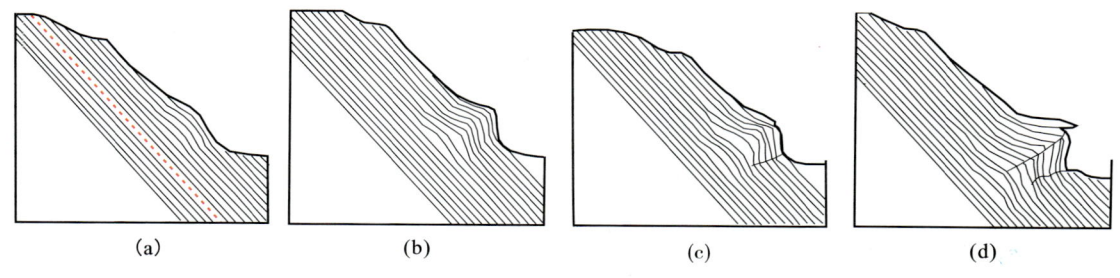

图 6-25　重力背斜形成及破坏机理

层单层厚度相关（图 6-26），所谓临界坡长就是产生重力背斜的最短坡长。楠木园崩滑体和左辑托崩滑体所处局部构造位置大致相同，岩层倾角和坡角基本相同，但是坡长相差巨大（图

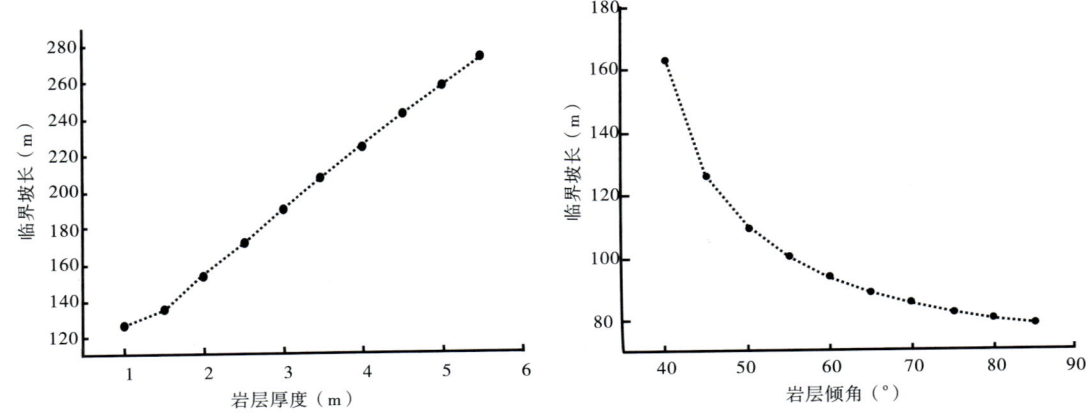

图 6-26　重力背斜临界坡长与岩层厚度和岩层倾角的关系

6-26),破坏形式发生了变化。

2) 左辑托崩滑体

左辑托崩滑体位于该滑坡群的西部,左辑托背斜的北翼靠近转折端处,顺向坡与反向坡结合部位,相比楠木园崩滑体而言,坡长明显缩短,由于没有达到形成重力背斜的极限坡长,所以左辑托崩滑体整体表现为崩塌滑坡的破坏特征。从图 6-27 中可以看出,左辑托背斜前部为一顺向坡结构,岩层倾角大于坡角,具有形成重力背斜的基本地

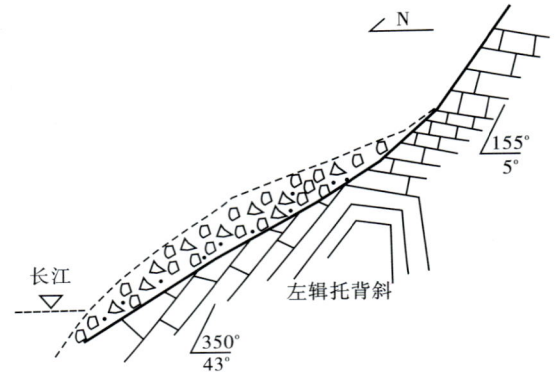

图 6-27　左辑托背斜地质剖面

质条件,由于没有达到临界坡长,顺向坡结构中并不存在重力背斜构造,坡体相对稳定。该滑坡后部岩层倾向发生改变,形成反向坡结构,由于接近背斜核部附近节理发育,形成崩塌体堆积于顺向坡坡体上形成崩滑堆积体(图 6-28)。在反向坡部位,左辑托崩滑体的周围仍然存在大量的倾倒变形体(图 6-29)。

图 6-28　左辑托崩滑体全貌

图 6-29　左辑托崩滑体周边反向坡坡面上的倾倒变形体

3)曹家坪滑坡、杨家朋滑坡

曹家坪、杨家朋滑坡位于该滑坡群的中部,由于长江切割方向的改变,曹家坪、杨家朋滑坡处于左辑托背斜的南翼靠近核部的部位,岩层产状 170°∠85°,近直立,岩性为薄层深灰色灰岩,其中在薄层灰岩中叠加有明显的膝折构造现象。曹家坪、杨家朋崩滑体受左辑托背斜南翼陡倾角地质结构控制,与左辑托崩滑体特征不同(图 6-30)。

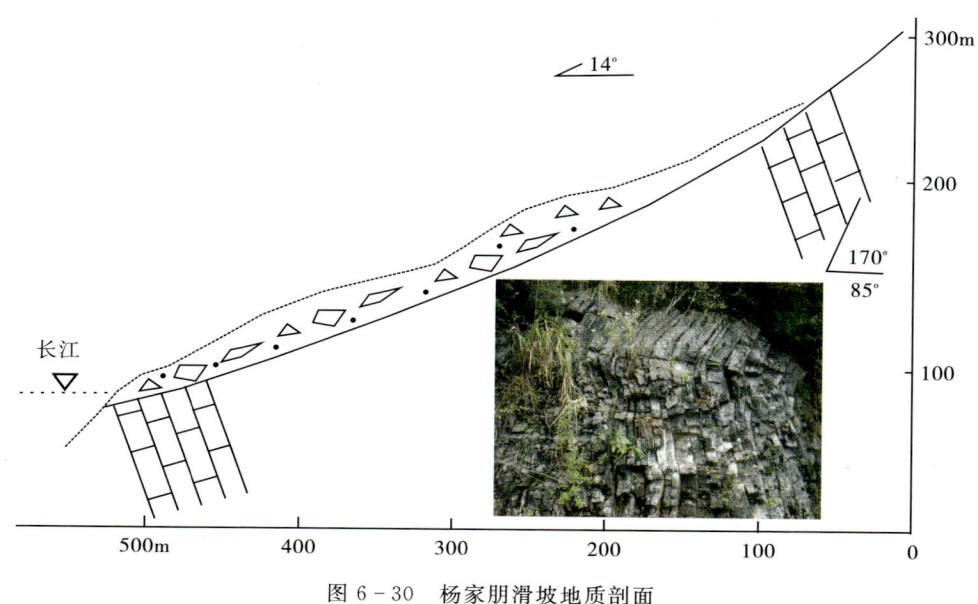

图 6-30　杨家朋滑坡地质剖面

4)下坪沱、链子溪崩滑体

下坪沱、链子溪崩滑体位于该滑坡群的最东边,长江切割方向转向东北,形成顺向坡—斜向坡结构,并在斜坡上形成以残积物为主体的第四季堆积物,形成顺向堆积体滑坡和顺层基岩滑坡,形成该滑坡规模最大的下坪沱滑坡。

通过以上研究可以看出该滑坡群滑坡类型从西向东不断地发生变化:顺向重力背斜形成的切层滑坡——反向坡—顺向坡结合形成的崩塌堆积型滑坡——陡倾反向坡结构形成的堆积体滑坡——顺向坡—斜向破结构形成的滑坡。这种变化与左辑托背斜形态特征有很大的关系,也就是其具有的不对称特征,长江切割左辑托的不同部位控制着滑坡类型的变化。同时也就进一步了解了斜坡体破坏演化的方向——从东西方向向中部发展(图 6-31,表 6-9)。

3. 巴东断裂的基本特征

巴东断裂位于巴东新县城的后部,产状 20°∠(60°～75°),在亩田湾公路旁发育宽度为 100m 的断层破碎带,主要为张性角砾岩带和挤压片理化带,内部存在小断层,断层面为 T_1j 与 T_2b 分界层面,向下部断层倾角有变缓的趋势(图 6-32)。

沿亩田湾向沟里走,可见到大量的断裂构造岩以及局部断层面,局部断层面产状 30°∠60°,其中构造岩包括挤压透镜体、挤压型断层角砾岩等(图 6-33)。从断裂带内构造岩类型看,巴东断裂具有多期活动特征,先期表现为挤压型断裂(逆断层),后期表现为张性断裂(正断层),后期活动时间和强度对该区地质灾害的分布特征具有控制作用。

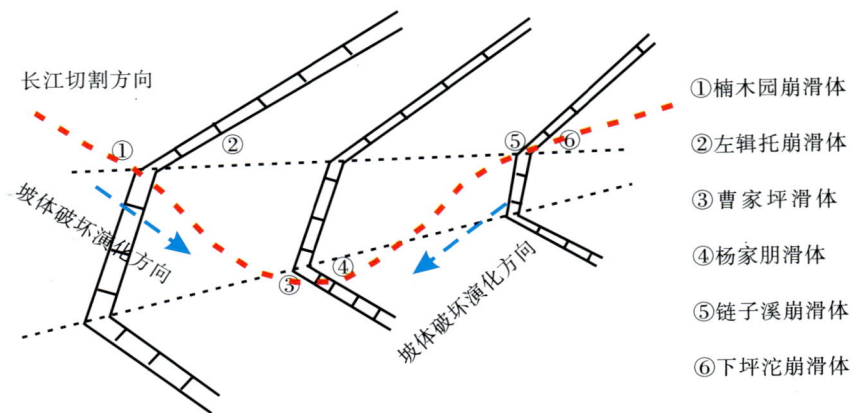

图 6-31 滑坡群演化方向示意

表 6-9 左辑托背斜滑坡群特征

编号	地质灾害名称	灾害规模($\times 10^4 m^3$)	灾害控制因素	灾害演化方向
1	楠木园崩滑体	60	重力背斜破坏	↓↑
2	左辑托滑坡	128	反向坡、顺向坡结构	
3	曹家坪滑坡	50	陡倾反向坡结构	
4	杨家朋滑坡	80	陡倾反向坡结构	
5	链子溪崩滑体	60	顺向坡—斜向破结构	
6	下坪沱崩滑体	230	顺向坡—斜向破结构	

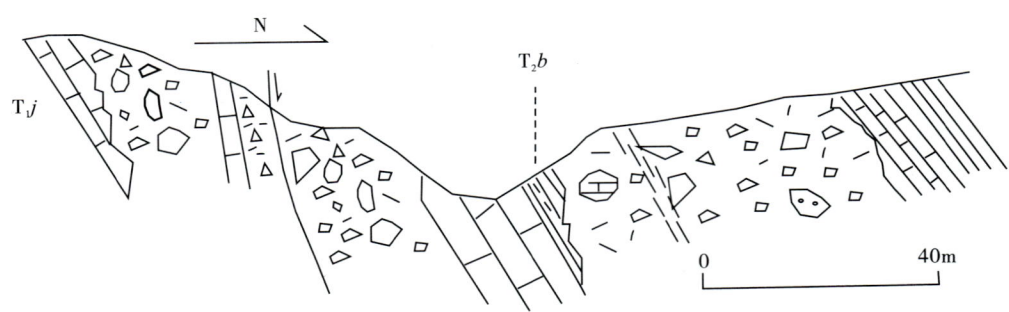

图 6-32 巴东断裂亩田湾公路旁素描

野外地质调查研究表明,巴东断裂的形成与层间剪切带密切相关,在巴东断裂的上盘普遍发育次一级的叠加褶皱,叠加褶皱主要发育于巴东组三段中。褶皱总体走向为轴向北东20°~30°,在左辑托背斜的北翼巴东组三段地层中形成相对紧闭的背斜构造和相对宽缓的向斜构造(图6-34),褶皱的形成过程表现为沿嘉陵江组与巴东组层面的断层传播褶皱类型,在此基础上形成了巴东断层带第一个活动阶段(逆断层活动阶段)。同时层间劈理构造发育,甚至将层理构造掩盖,表明层间滑动强烈(图6-35)。巴东断裂正断层活动是在前期逆断层的基础上反向活动形成,也就是反转构造。

第六章　地质灾害的基础地质背景

图 6-33　巴东断裂内部构造岩及局部断层面
1.张性角砾岩；2.挤压片理化带；3.挤压碎裂岩；4.透镜体

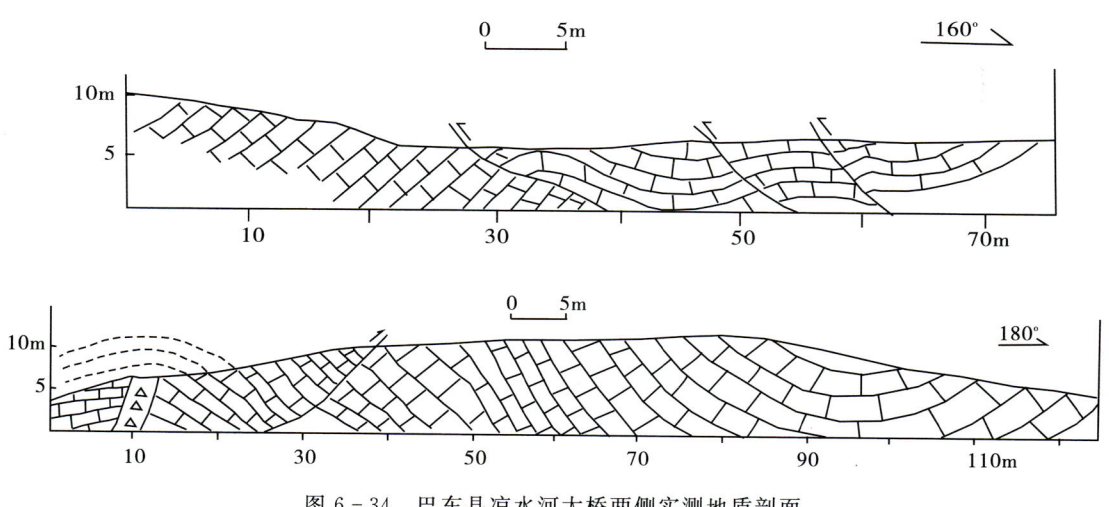

图 6-34　巴东县凉水河大桥两侧实测地质剖面
（上图位于大桥西侧，下图位于大桥东侧）

图 6-35 发育在巴东组三段中的层间破劈理构造现象

4. 巴东断裂与滑坡类型的关系

巴东断裂反转构造活动阶段对该区地质灾害的分布和演化具有控制作用,主要表现为:第一,巴东断层正断层活动阶段的活动性强弱控制着地质灾害的规模。巴东断层正断层活动阶段主要表现为由东、西两个方向向中部断距逐渐变小,最东端为最著名的黄土坡滑坡,最西部为赵树岭滑坡。地质灾害的成灾机理主要表现为逆断层反转运动。第二,预示着地质灾害演化方向同样表现为由东、西两个方向向中部逐渐扩展的过程(表 6-10,图 6-36)。

表 6-10 巴东斜坡滑坡群特征

编号	地质灾害名称	灾害规模($\times 10^4 m^3$)	灾害控制因素	灾害演化方向
1	黄土坡滑坡	4 000	位于巴东断裂的最东侧,断距最大处	↓ ↑
2	红石包滑坡	61	位于巴东断裂的中部,断距较小处	
3	谭家河滑坡	260	位于巴东断裂的中部,断距较小处	
4	榨坊坪滑坡	150	位于巴东断裂的中部,断距较小处	
5	赵树岭滑坡	3 100	位于巴东断裂的最西侧,断距最大处	

(二)谢家包背斜与滑坡群的关系

1. 谢家包背斜的基本特征

谢家包背斜位于长江右岸,走向 260°,延伸长度 30km,宽约 1~3km,褶皱枢纽自西逐渐向东倾伏,在沙溪镇附近尖灭,该背斜由三叠系组成,北翼倾角较缓,倾角一般为 10°~30°,整体上具有北缓南陡的特点,为一不对称断层相关式褶皱(图 6-37)。西部隔茶店子宽缓向斜与左辑托背斜共同构成隔挡式褶皱的一部分,东部的北部为秭归向斜,南为北东向、北北东向恩施弧形褶皱带,区域构造线方向大多为东西向构造,发育有北西、北东两组具有共轭性质的断裂构造,表明区域应力场方向为近南北向,形成于印支、燕山构造旋回。在范家坪—树坪一带被长江切割。该段长江库岸与新构造活动形成的一级阶地

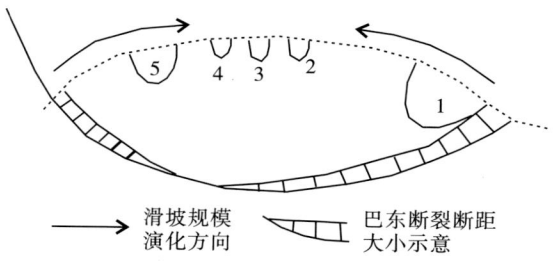

图 6-36 巴东断裂活动强度与滑坡规模的关系

时间一致,在该区的抬升幅度仅次于奉节—巫山地区。

谢家包背斜的北翼岩层为巴东组三段,岩性为灰黄色泥灰岩,岩层产状 30°∠36°、20°∠39°,节理产状:320°∠82°、295°∠90°、200°∠78°、285°∠90°,为一顺向坡结构(图 6-38 中②)。在北翼靠近核部,岩层倾向变化部位与左辑托背斜类似,发育一断层破碎带,沿 20°方向展布,断层带由张性角砾岩带(图 6-37 中①、图 6-38 中①)、节理发育的构造断块(岩层产状 20°∠52°、15°∠54°,节理产状 149°∠76°)(图 6-37 中②、图 6-38 中④)、挤压透镜体(图 6-37 中③、图 6-38 中③)、挤压片理化带组成(图 6-37 中⑤、图 6-38 中⑤)。断层面北侧岩层(图 6-37 中⑥)产状 26°∠35°,节理产状 312°∠80°。

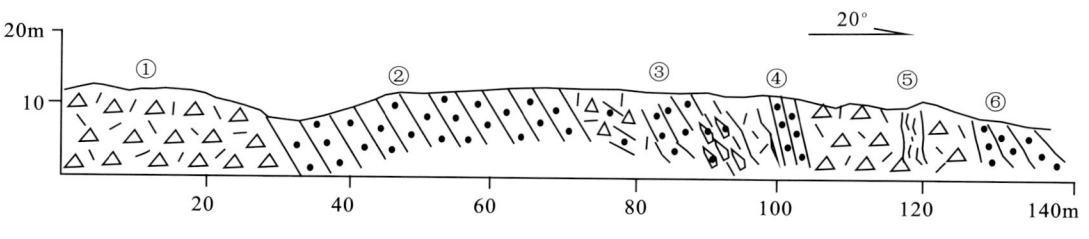

图 6-37 谢家包背斜核部附近断层素描

在谢家包背斜的北翼见叠加小褶皱,岩层产状 2°∠44°,12°∠38°。节理产状 270°∠78°、140°∠71°,局部见一小型断层,其间所夹软岩层已被错断(图 6-38 中⑥)。在软岩层中存在压缩变形,预示一种变形破坏机制的存在。

谢家包背斜的核部岩层产状平缓,岩层产状 168°∠32°,枢纽产状 144°∠28°(图 6-38 中⑦)。谢家包背斜南翼岩层产状 162°∠(69°~75°),节理产状 80°∠88°,与北翼区别明显,南翼存在复杂化的小褶皱,发育有劈理构造,劈理产状 12°∠65°(图 6-38 中⑧)。

由此可见谢家包背斜和左辑托背斜在形态特征和形成机理上具有一致性,共同构成隔挡式褶皱,并且控制着清干河流域和长江该段的地质灾害分布。

2. 谢家包背斜与滑坡类型的关系

谢家包背斜控制着两个滑坡群,分别为清干河流域滑坡群和长江流域滑坡群。从谢家包背斜的形态特征分析,长江流域滑坡群规模和破坏程度远远大于清干河流域滑坡群(表 6-11)。这主要是由于清干河流域位于谢家包背斜的南翼,岩层倾角陡倾,斜坡稳定性明显优于谢家包背斜的北翼长江流域滑坡群。

图 6-38 谢家包背斜北翼发育的小断层
1.张性角砾岩;2.北翼岩层;3.挤压透镜体;4.较为破碎的构造断块;5.挤压片理化带;
6.小断层;7.核部形态特征;8.南翼小褶皱

表 6-11 谢家包背斜两翼滑坡群对比

长江流域滑坡群			青干河流域滑坡群		
编号	滑坡名称	规模($\times 10^4 m^3$)	编号	滑坡名称	规模($\times 10^4 m^3$)
①	范家坪滑坡	11 000	①	郭家河对岸滑坡	315
②	白水河滑坡	1 820	②	后坪西崩滑体	6
③	台子湾东滑坡	134	③	白羊坪崩滑体	18
④	台子湾北滑坡	30	④	白羊坪东侧滑坡	33
⑤	淹锅沙坝滑坡	750	⑤	唐家山对岸崩滑体	141
⑥	雄黄山滑坡	306	⑥	姜家摊滑坡	50
⑦	杨家沱滑坡	555	⑦	殷家坝滑坡	2 190
⑧	卢家沱滑坡	300			
⑨	树坪滑坡	4 027			
	总计	19 627		总计	2 753

长江流域滑坡群从西向东分布大小滑坡 9 个,滑坡规模具有逐渐减小的趋势,只有树坪滑坡又突然增大,这与长江切割谢家包背斜不同部位造成坡体结构的改变有很大关系(图 6-39)。

1)范家坪滑坡

范家坪滑坡位于长江南岸,谢家包背斜北翼,原始斜坡为中倾顺向坡(坡角 26°~28°),属秭归县沙镇溪镇范家坪村。范家坪为研究区典型的重力背斜剪切破坏型滑坡,剪出口处形成切层,滑带具有上陡、下缓顺向坡-切层结构(图 6-40),滑坡演化有以下特征:①紫红色粉砂

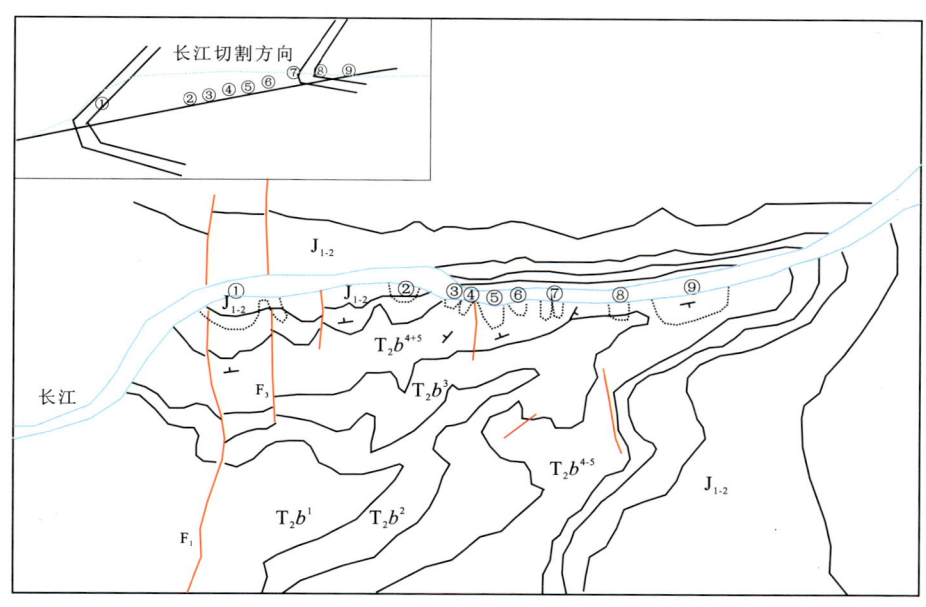

图 6-39 谢家包背斜与滑坡分布特征的关系

质泥岩与厚层黄色中砂岩互层,形成软弱相间结构;②部分砂岩形成挤压透镜体和片理化带,表明在重力作用下岩体挤压作用强烈,在薄层的长石石英砂岩中发生重力背斜;③从极限坡长角度分析,该区域位于谢家包背斜与长江切割形成的楔形区域最宽处,达到了形成重力背斜的极限坡长,在岩体中普遍发育重力背斜现象(图6-40)。

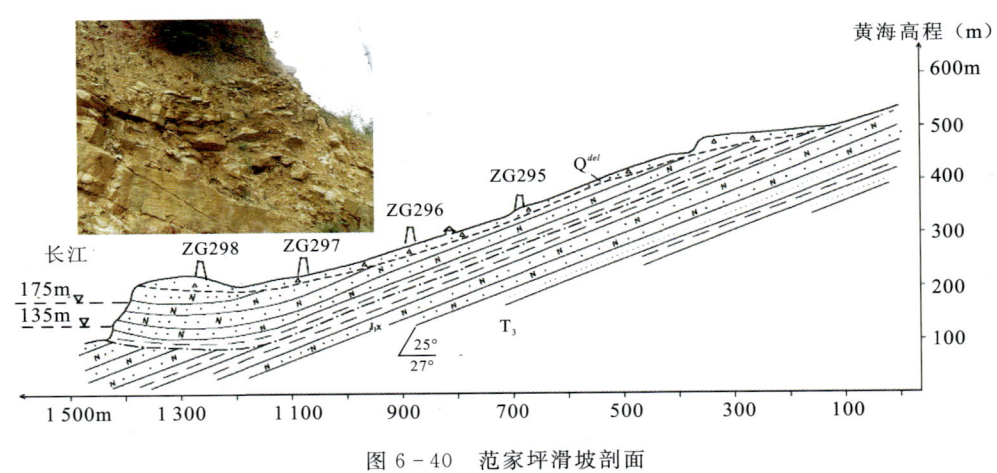

图6-40 范家坪滑坡剖面

2)白水河滑坡

白水河滑坡位于长江南岸,谢家包背斜北翼,原始斜坡为中倾顺向坡(坡角26°~28°),属秭归县沙镇溪镇白水河村。

滑坡体处于长江宽河谷地段,呈阶梯状向长江展布。其后缘高程为410m,以基岩与松散堆积物为界,前缘抵长江,东西两侧以基岩山脊为界,总体坡度约26°~28°,滑体平均厚度约30m,体积$1820×10^4 m^3$,为一岩质滑坡,基岩地层为早侏罗系自流井组的碳质泥岩和砂岩互层,坡体属顺向坡结构(图6-41)。

从坡体结构以及岩土体组合特征分析,白水河滑坡上部地层坡角与岩层倾角相近,表明至今还没有发生较大规模的滑动破坏,同时从松散堆积物成分特征分析,滑坡体上部主要以变形体和残坡积为主,滑体上部滑移距离有限,表明滑坡上部仍然处于一种逐渐发展阶段,尚未真正成为滑坡体的组成部分(图6-42)。野外观察白水河滑坡滑带主要为碳质泥岩层(图6-

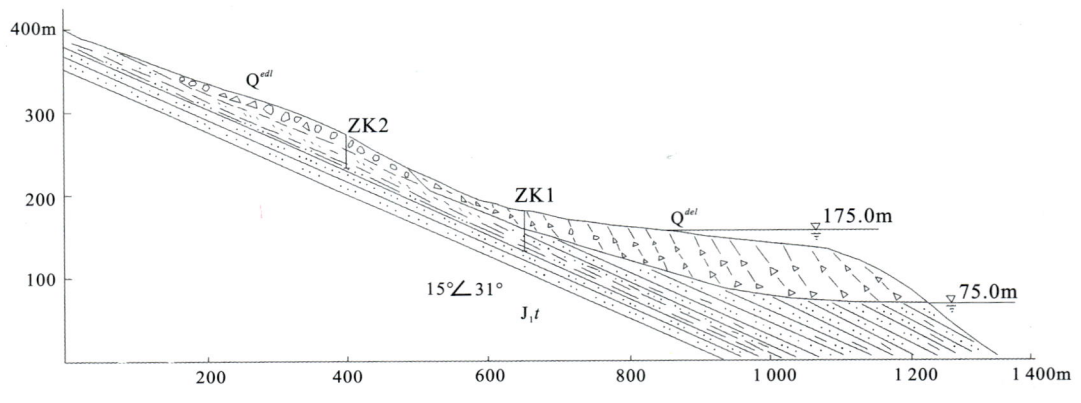

图6-41 白水河滑坡剖面

图 6-42 白水河滑坡带碳质泥岩(左)与滑坡带上部松散堆积(右)

42)。白水河滑坡解剖分析表明,顺层岩质或顺层堆积体滑坡的后缘存在残积层或全风化岩层,该套岩层或堆积体并不是滑坡体的组成部分,其坡面倾角与岩层倾角基本一致。

3)台子湾东滑坡与台子湾北滑坡

台子湾东滑坡与台子湾北滑坡位于长江南岸,谢家包背斜北翼,白水河滑坡东部 2~3km 处,原始斜坡为中倾斜向坡(坡角 21°),属秭归县沙镇溪镇管辖。

滑坡体处于长江宽河谷地段,其后缘高程为 150~290m,以基岩与松散堆积物为界,前缘抵长江,东西两侧以基岩山脊为界,总体坡度约 21°,滑体平均厚度约 25m,体积为 134×10^4 m³ 和 30×10^4 m³,被认为是岩质滑坡,基岩地层为巴东组,坡体属斜向坡结构。

该斜向坡主要由于谢家包背斜在倾伏端附近地层产状具有多变性以及北东向相对较弱的褶皱叠加所致。该堆积体上部坡角与岩层倾角(视倾角)近乎相等的事实表明,该坡体上部并没有经历较大的破坏过程,为残坡积堆积,也就是说该堆积体上部与下部在破坏过程中目前不可能具有统一的滑动带,至少目前统一的滑动带尚未形成(图 6-43)。

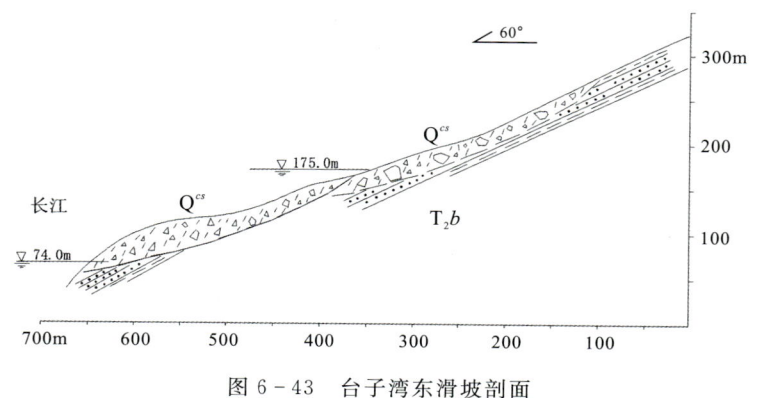

图 6-43 台子湾东滑坡剖面

4)淹锅沙坝滑坡

淹锅沙坝滑坡位于长江南岸,谢家包背斜北翼,白水河滑坡东部 4.5km 处,原始斜坡为中倾顺向坡(坡角 24°~30°),属秭归县沙镇溪镇管辖。

滑坡体处于长江宽河谷地段,其后缘高程为 550m,以基岩与松散堆积物为界,前缘抵长江,东西两侧以基岩山脊为界,总体坡度约 24°~30°,滑体平均厚度约 30m,体积为 750×

10^4m^3,被认为是岩质滑坡,基岩地层为巴东组,坡体属顺向坡结构(图6-44)。滑带的物质组成与白水河滑坡类似(图6-45)。

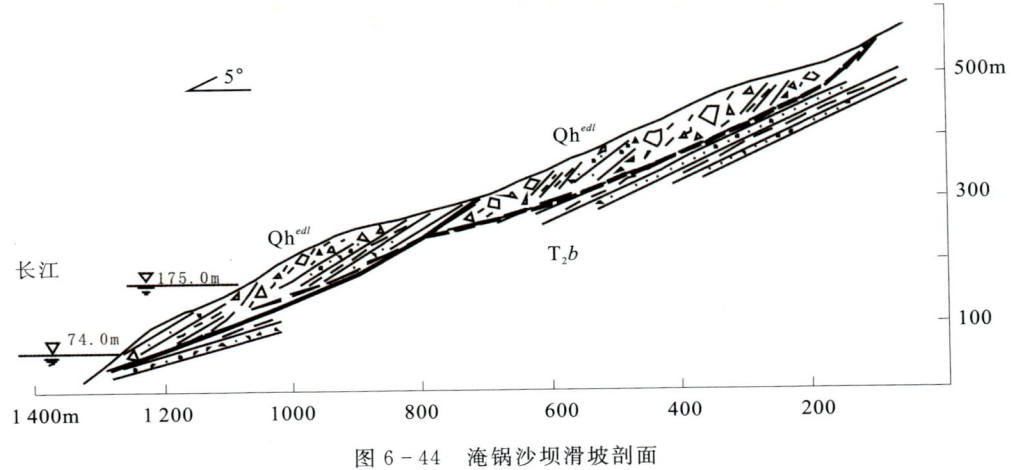

图6-44 淹锅沙坝滑坡剖面

该堆积体上部坡角与岩层倾角近乎相等的事实表明,该坡体上部并没有经历较大的破坏过程,为残坡积堆积或全风化岩层,也就是说,该堆积体的上部与下部在破坏过程中目前不可能具有统一的滑动带。同时在该滑体上部存在若干变形体也进一步表明上部与下部不属于统一滑动体系。

5)树坪滑坡(包括杨家沱、卢家沱滑坡)

树坪滑坡位于长江南岸,谢家包背斜转折端且在枢纽倾伏尖灭处

图6-45 淹锅沙坝滑坡后部滑带物质组成存在炭化现象

附近,原始斜坡为中倾顺向坡(坡角24°~30°)。树坪滑坡属老崩滑堆积体,位于朝北倾斜的逆向斜坡上,后缘高程500m,前缘直抵长江水位,滑体南北纵长约800m,东西宽约700m,厚40~70m,总体积约$2890\times10^4\text{m}^3$。属反向堆积层滑坡,坡体结构为内倾边坡。树坪滑坡的形成与谢家包背斜和长江切割该背斜的构造部位相关联,为一反向坡结构(图6-46)。

由于长江河床在此处沿着背斜核部的扇形张裂隙形成,坡体结构主要受扇形张裂隙特征和后期卸荷裂隙所控制,所以在该处沿着500~600m等高线形成了树坪崩滑堆积体群(范围远远大于现在圈定的树坪滑坡)的后缘,崩塌堆积构成了树坪滑坡的主要物质来源(图6-46),同时还存在大量的变形体。由此可见反向堆积体滑坡的形成过程主要经历了崩塌、滑移、加载和变形滑动等过程,是一种典型的崩滑复合堆积体。与顺向堆积体滑坡相比较,缺少残积物的形成演化过程,或这一演化过程非常短暂(图6-47)。

对比顺层堆积体滑坡和反向堆积体滑坡,两者在形成发展过程中存在明显不同:首先顺层

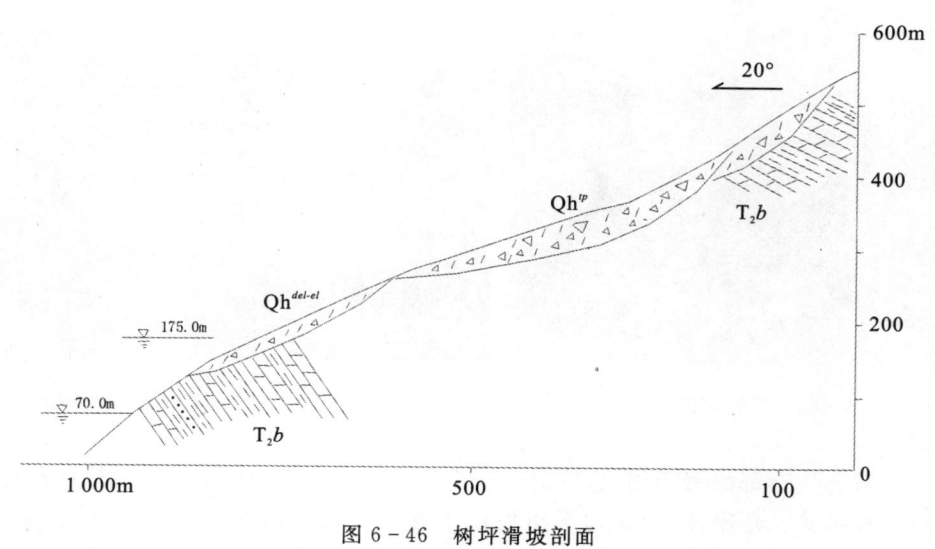

图 6-46 树坪滑坡剖面

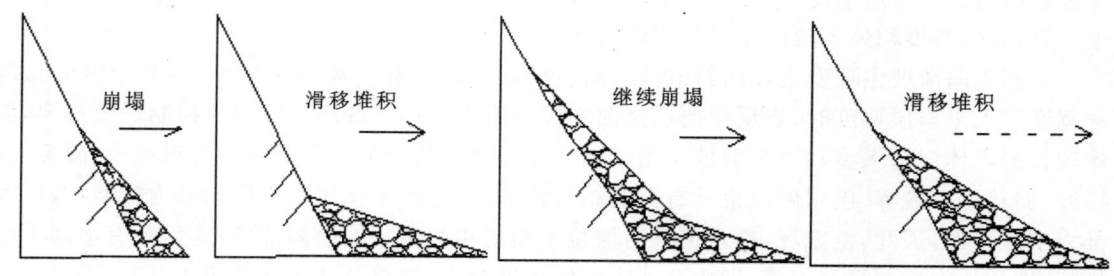

图 6-47 树坪滑坡形成机理示意

堆积体滑坡存在残积物风化壳形成过程,在该阶段土体之间的联结力并没有丧失,只有在存在明显加厚地段残积才逐渐转变为更为松散坡积物,成为滑坡体的主体物质来源,判断这一过程主要依据坡面的产状与基岩产状关系:坡面产状缓于基岩产状时,表明坡体已经发生实质位移,形成了加厚堆积体。因此在顺层堆积体滑坡评价过程中依据松散堆积物圈定滑坡体界限具有不确定性。其次,反向堆积体滑坡主要由崩积物所组成,滑体经历了"倒石堆"形成阶段,相反缺乏残积物形成过程。因此,反向堆积体滑坡与松散堆积物的分布范围基本一致。

6) 千将坪滑坡

千将坪滑坡地处青干河左(北)岸,与沙镇溪镇隔河对峙(图 6-48),距三峡工程坝址约 56km。构造上滑坡区位于谢家包背斜枢纽倾伏端局部顺向破构造所在位置,主要出露三叠系沙镇溪组碎屑岩,岩层稳定延伸,倾向南东,倾角较缓。滑动面分布连续,表面光滑,倾向 150°,倾角 28°,整体产状稳定,并未出现明显的起伏。滑动面主体发育在基岩之中,平行岩层层理构造(图 6-49)。滑带上发育两组擦痕,早期擦痕清晰,近水平,倾伏北东,倾伏角 10°~15°;晚期擦痕印迹较淡,向南东 140°方向倾伏,倾伏角为 28°。显然,早期擦痕与构造运动相关,为谢家包背斜形成过程中形成的层间剪切带;晚期擦痕与滑坡的形成过程相关,代表滑坡的滑动方向。也表明滑坡的滑带是在继承层间剪切带的基础上发展起来的。

图 6-48　千将坪滑坡　　　　　图 6-49　千将坪滑坡层面构造

　　滑坡发育与构造部位密切相关,构造特征及其岩性决定着岩体结构及坡体结构特征,最终影响滑坡存在形式。范家坪、白水河等滑坡位于背斜北翼(向斜槽部),为上陡下缓顺向坡结构,岩体重力变形特征明显。另一方面,构造过程中岩层形成明显的多处层间滑动剪切带,往往被后期滑坡滑带所借助。树坪、杨家沱滑坡位于谢家包背斜南翼或靠近核部,岩体破碎、节理发育,为崩滑堆积体形成的反向堆积体滑坡。

　　大型顺向滑坡主要发生在向斜槽部。向斜槽部岩层具有上陡下缓的特点,当岸坡的长度和宽度远大于岩层厚度时,岩层中前部挠曲变形或剪出破坏。坡体长度往往控制滑坡规模,坡体较长的坡体成为大型和巨型滑坡。由于处于类似构造的著名大型滑坡还有鸡扒子、故陵、百换坪、旧县坪滑坡等,巴东斜坡也具有此类结构特征,中部由于挤压作用形成重力褶皱,其巨大推力来自上部,因此,范家坪、白水河等滑坡位于断层相关褶皱的向斜槽部,岩层具有上陡下缓特征,坡体长度控制滑坡规模,即由西往东坡体长度减小,规模总体也逐渐减小。

　　大型崩塌主要位于背斜核部,岩体破碎、节理发育,在长江切割作用下倾倒变形,在重力作用下破坏产生崩塌,形成崩塌复合堆积体。如鄂西地区巴东县的左辑托、曹家坪和杨家朋等崩滑体均受左辑托背斜控制。树坪、杨家沱滑坡位于谢家包背斜南翼,为典型的崩滑复合体,树坪滑坡靠近核部规模更大。

第四节　三峡地区第四纪地貌过程与地质灾害

　　构造－地貌－气候耦合是现代地球系统科学研究的热点之一。大量地质事实表明,构造、地貌、气候与地质灾害的发生密切相关,而三者的演化阶段性耦合,即地文期－构造节律－气候旋回耦合,在很大程度上决定了地质灾害在时间分布上的群发和空间上的群集。开展地文期－构造节律－气候旋回耦合与地质灾害研究,对掌握地质灾害的成生与发展演化规律,科学地预测与防治地质灾害具有十分重要的意义。近年来,不少学者对此进行了研究(邓清禄等,2000;李愿军等,2003;夏金梧等,2005;陈剑等,2005;李长安,1997a,1997b;王令占等,2009)。为了进一步推动三峡地区地质灾害的地球系统科学研究,本书以三峡地区为例,强调构造－地貌－气候耦合应该是在其发展演化过程中阶段性耦合,在地文期－构造节律－气候旋回的关系及耦合的基础上,探讨构造、地貌、气候与地质灾害的关系。

一、地文期—构造节律—气候旋回的关系及耦合作用分析

1. 地文期与构造节律的关系

"地文期"一词是 1903 年维里斯在研究华北区域地貌发展历史时提出的,其意思是指区域地貌发育过程中以侵蚀为主和以堆积为主相互交替的发展阶段(曹伯勋等,1995)。构造节律是指构造运动(活动)的周期性和韵律性,即构造活跃期与平静期交替演化的阶段。构造节律是地球构造演化的基本特点。地文期与构造节律的关系主要体现在地文期的形成是由新构造运动活跃—稳定的节律性所决定的。一般地,构造活跃期(抬升阶段),地表径流下切,侵蚀地貌发育,因而与地文期以侵蚀为主的阶段相对应;构造稳定期地表径流转以侧蚀为主,形成大量的堆积地貌,因而与地文期中以堆积为主的阶段相对应。

2. 地文期与气候旋回的关系

气候旋回表现为地球气候的冷暖、干湿的周期性变化。气候旋回的显著特点是冰期—间冰期组合,这是第四纪最主要的地球气候特征。由于冰期时海平面下降,造成侵蚀基准面的降低,使地表径流的侵蚀活力增强。因此,地文期与气候旋回的关系主要体现在冰期对应于地文期中以侵蚀为主的阶段,间冰期则与地文期堆积阶段相对应。这一点已被许多地质事实所证实。此外,侵蚀期会导致风化作用加强,硅酸盐化学风化消耗大量的 CO_2,从而引发"冷室效应",使气候变冷。

3. 构造节律与气候旋回的关系

构造—气候旋回已成为近十多年来研究的热点。大量研究表明,地壳运动的节律性与气候旋回性有着密切的联系。一般地,构造活跃期与气候恶化期(冷期)相对应,如寒武纪以来的全球 3 次重大的气候变冷事件均对应于重要的构造运动:古生代冈瓦拉大陆有冰川发育的奥陶纪、志留纪冷期和石炭纪、二叠纪冷期分别对应于加里东运动和海西运动,中生代以来的全球降温对应于喜马拉雅运动(Frankes,1979);又如上新世末期以来的 7 个新构造活跃时期都伴有全球性的气候恶化(朱照宇等,1994)。关于构造运动影响气候变化的原因,化学风化说(Ruddiman,1997;Raymo et al,1992)认为,造山运动形成的隆升区侵蚀强烈,硅酸盐化学风化消耗大量的 CO_2,导致大气 CO_2 含量降低,大气层的温室效应功能减弱,全球气候变冷;大气热机效率变化说认为,造山运动形成的大起伏地形,有利于高效大气环流系统(高原季风)的形成,导致全球热机效率增大,极赤温差加大,极地和高纬大降温,出现冰期;火山活动说认为,构造活跃期常常伴有大量的火山喷发,强烈的火山喷发把大量的气体和火山灰抛向空中,在平流层下部形成一个持久的含有硫酸盐粒子的气溶胶层,从而增加了大气的反照率,减少了太阳对地球表面的辐射,导致地球表面温度下降,该影响被称为"阳伞效应"。

4. 地文期—构造节律—气候旋回的耦合

由上述地文期、构造节律、气候旋回的关系分析可见,地貌侵蚀期—构造活跃期—气候冷期相对应,而地貌堆积期—构造稳定期—气候暖期相对应,我们把这种地球自然演化的规律称为地文期—构造节律—气候旋回的关系及耦合。

二、地文期、构造节律、气候旋回与地质灾害的关系概述

1. 地文期与地质灾害

地文期与地质灾害的这种相关性,实际上是以构造运动和气候变化为条件的。构造活跃

(抬升)期地表切割增强,起伏加大,边坡稳定性降低,为滑坡的形成提供了地貌条件;此时的气候为冰期阶段,寒冻和冰川作用为滑坡提供了物质条件。构造稳定阶段,地表径流的侧蚀进一步增大了边坡的不稳定性,同时也为滑坡的发生提供临界条件;这时的气候又恰为间冰期,降雨的增加为滑坡的发生提供了条件。因此,滑坡常发生于地文期侵蚀阶段之后的堆积阶段初期。这是地文期－构造－气候相互耦合的产物。

2. 构造节律与地质灾害

构造节律是指构造运动(活动)的周期性和韵律性,即构造活跃期与平静期交替演化的阶段。构造节律是地球构造演化的基本特点。由于火山、地震等是构造活动的主要表现形式,构造活跃期自然是火山、地震等内营力地质灾害的多发期。同时,构造活动也是崩塌、滑坡、泥石流等外营力地质灾害的主要控制因素。一方面,表现在构造活动对外营力地质灾害的直接诱发,即地震诱发崩塌、滑坡、泥石流等,如2009年我国汶川大地震就是典型一例;另一方面,体现在构造活动为外营力地质灾害创造了条件,如构造强烈隆升加剧了地表的起伏,导致期后大量外营力地质灾害的发生。现代喜马拉雅地区,快速的基岩抬升和河流下切形成的陡坡也主要是通过滑坡作用进行调节的(Bonglas et al,1996)。

3. 气候旋回与地质灾害

气候旋回表现为气候的冷暖、干湿的周期性变化。气候旋回与地质灾害的关系主要表现在两个方面:一是直接关系,即暖湿期降水量大极易导致滑坡发生;二是间接关系,冷干期海平面下降,陆地表面因侵蚀基准面降低强烈侵蚀,地形起伏增大。同时,冷干期地表植被发育较差,且物理风化强烈,地表岩石破坏加强,并产生大量的碎屑物,这就为滑坡的发生提供了地貌和物质条件。而当冷干期过后,暖湿期到来时,滑坡就很自然地发生了。据此推理,冰期中的间冰阶是最有利于滑坡发生的时期。

4. 地文期、构造节律、气候旋回与地质灾害的耦合

根据以上分析,我们初步构建了地文期、构造节律、气候旋回与地质灾害的耦合关系图(图6-50)。

三、三峡地区滑坡与地文期、构造节律、气候旋回的耦合关系初探

滑坡是三峡地区最主要、破坏性最强的地质灾害,长期以来颇受关注。目前,对滑坡的研究多注重其"结果",即某滑坡体的现状和稳定性,而对其"原因",即形成条件、发生过程和规律的系统研究不够。随着三峡地区地质灾害研究的不断深入和防灾减灾的需要,对滑坡发生规律的研究越来越受到重视。

(一)三峡库区滑坡发育的年代学特征

1. 黄土坡滑坡的年代

黄土坡滑坡是三峡库区重要滑坡之一,由于其对移民安置的重要性,近年来对其进行了较深入的研究。黄土坡滑坡是一个多期次形成的、多个崩堆积体和滑坡组成的特大型复合变形体,是在特定的地质环境及内外动力因素影响下发生并经长期地质过程发展演化的产物。为判定各变形体形成的时代,滑坡勘查中,分别于1991年和2001年采集滑带土绝对年龄测试(ESR,以下同)样5组和15组。根据测试结果并结合变形体物质成分、结构特征,以及崩滑堆积物质之间的叠置关系综合分析,黄土坡滑坡大致经历了以下三个形成时期(陈松等,2008)。

第六章 地质灾害的基础地质背景

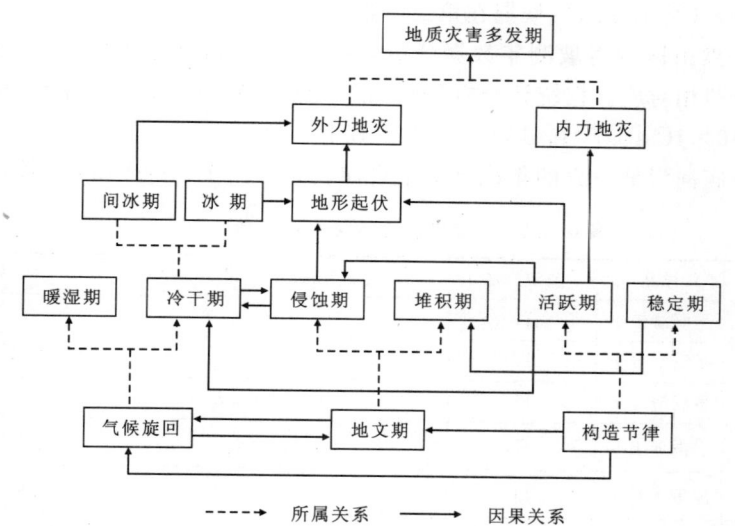

图 6-50 地文期、构造节律、气候旋回与地质灾害的耦合关系

(1)临江崩滑堆积体形成时期。临江崩滑堆积体分布于高程 250～260m 以下至江边,分为东西两个崩滑堆积体,即西边的临江Ⅰ号崩滑堆积体与东边的临江Ⅱ号崩滑堆积体。在其中共采集绝对年龄测试样品 15 组,测试结果表明,其形成发展于距今$(54～19)\times10^4$a 的中更新世中后期,经多次调整,在中更新世末期,即距今$(15～13)\times10^4$a 得以基本稳定。其间经历了三次较大的变形破坏,即分别为距今$(40～38)\times10^4$a、$(31～30)\times10^4$a、$(22～18)\times10^4$a,气候期在第二暖期。

(2)变电站滑坡、园艺场滑坡形成时期。根据 1991 年的 5 组样年龄测试结果,变电站滑坡发生于距今$(16～13)\times10^4$a 的中更新世末期,表明该滑坡发生时间晚于临江崩滑堆积体,这一点从勘察揭露的变电站滑坡多处超覆于临江崩滑堆积体之上的叠置关系可以得到证实。

园艺场滑坡位于黄土坡地区南西部,滑坡最显著的特点是源于 T_2b^2 堆积体和源于 T_2b^{3-1} 堆积体的相间分布,反映了滑坡后期多次变形破坏特征。该滑坡东侧滑体物质超覆于变电站滑坡之上,其西侧前缘滑体物质超覆于临江Ⅰ号崩滑堆积体之上。从滑坡特有的物质结构及其与变电站滑坡、临江崩滑堆积体的叠置关系分析判断,该滑坡形成时间应晚于变电站滑坡,其时间分析为距今$(13～11)\times10^4$a。

(3)近代滑坡形成时期。勘察表明,近代滑坡形成多与人类不合理的工程活动密切相关,但其中发生于 1995 年的三道沟滑坡主要是自然因素引发的,显示出黄土坡滑坡在长时期应力调整过程中,使前缘应力集中鼓胀而导致滑坡,它应是滑坡由稳定到不稳定发展演化过程中的一个转变过程。

2. 三峡库区其他滑坡发育的年代

据万州 7 大古滑坡分布及滑带土测年数据(殷坤龙等,2005)表明,古滑体的地面高程在 220～300m,对应着万州地区Ⅳ～Ⅴ级阶地高程区间,即为 $Qp^{2-2}～Qp^{2-3}$(第四纪中更新世中—晚期)的产物;滑床面高程在 195～250m,对应万州地区Ⅲ～Ⅳ级阶地高程区间,为 Qp^{2-3}(中更新世晚期)形成的台面高程。发育期中更新世中期在$(38.38～35.61)\times10^4$aB.P.,中晚期在$(28.91\sim25.14)\times10^4$aB.P.,气候期在第二暖期。

三峡库区奉节—巫山段古滑坡测年数据分析表明,大型滑坡几乎均发生在Qp^2或Qp^3,且与当时的暖湿气候期相对应。据统计分析(刘传正,2004),从奉节到巴东的峡段内,滑坡发育的高峰期有两个:40×10^4aB.P.和$(15\sim7)\times10^4$aB.P.。

三峡库区万州至庙河滑坡发育的年代测试结果如表6-12、图6-51所示(邓清禄,2000)。

表6-12 三峡库区古滑坡绝对年龄

序号	滑坡名	样品	测定方法	年龄($\times10^4$aB.P.)	资料来源
1	杨家岭	平洞滑带土	TL	2.7	长江水利委员会勘测总队,1990
2	谭家湾	平洞滑带土	TL	7.48±2.24	
3	新滩	平洞滑带土	TL	4.46±0.89	
4	大坪	滑带土	TL	27.7±1.39	张年学等,1993
5	黄土坡滑坡(上部)	滑带土石英	TL	39.25,41.2,37.29	湖北省水勘院,1992
6	黄腊石大石板	平洞滑带土	TL	10.58±2.68,12±3.6	湖北省水勘院,1993
7	黄腊石石榴树包		TL	29.55±2.36	湖北省水勘院,2005
8	台子角		ESR	8.58±2.57,8.06±2.58	湖北省水勘院,2005
9	赵树岭		TL	11.68±0.9	长江水利委员会综合勘测局,1996
10	曲尺盘	滑带土	ESR	9.1±1.8	
11	百换坪	滑带土	TL	33.14±1.65	
12	藕塘		TL	16~17	
13	故陵		ESR,ESR,TL	12.6±0.63,12.46±1.03,14.28±1.20	
14	旧县坪西滑体	滑带土	TL,ESR	2.92±0.14,5.61±1.68	
15	茨草沱	滑带土	TL	26.6±1.33	

从以上滑坡测年资料综合分析,可以得到以下认识。

(1)长江三峡库区滑坡在时序上具有阶段性发育特点。

(2)长江三峡滑坡发育期主要是中更新世中后期和晚更新世早期。以具有发育过程测年资料的巴东黄土坡滑坡(位于巫峡出口处,规模大,与巫山、奉节县城区具有类同的巴东组岩性组合等)为代表,滑坡集中发育的四个阶段为:$(40\sim38)\times10^4$aB.P.、$(31\sim30)\times10^4$aB.P.、$(22\sim18)\times10^4$a.B.P.、$(16\sim11)\times10^4$aB.P.。万州至庙河段多个滑坡测年资料统计(图6-51),主要发育的三个阶段为:$(41\sim37)\times10^4$aB.P.、$(31\sim27)\times10^4$aB.P.、$(17\sim5)\times10^4$aB.P.。高发期的起始时间基本上都在40×10^4aB.P.。

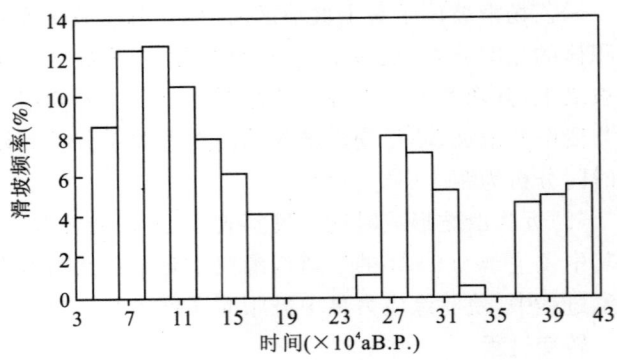

图6-51 更新世滑坡年代分布

(二)三峡地区新构造运动的节律特征

1. 断裂活动的节律性

从断裂活动年龄测试分析(袁登维等,1996),断裂活动大致集中于四个时间段,即大于200万年、100万年左右、40万年左右和15万年左右。这种时间系列也相应同中国大陆火山活动的时间系列吻合,即以Qp^2时期最强,Qp^1次之,Qp^3弱。另据三峡库区断裂同位素年龄测试资料(唐辉明等,2005),中更新世可划分出三个地震活跃期,即:$(50\sim42)\times10^4$ aB.P.、$(30\sim27)\times10^4$ aB.P.、$(24\sim8)\times10^4$ aB.P.。

2. 层状地貌反映的三峡地区新构造运动的节律性

三峡隆起区一般高程 1 000~1 500m,发育的 5 级夷平面和 6 级河流阶地、多级溶洞,明显地反映了该区新构造运动整体上呈间歇性隆升的特点。

(1)夷平面、阶地反映的新构造运动。据山原期夷平面计算,三峡隆起相对江汉坳陷第四纪 200 万年以来上升约 1 000m,视平均速率为 0.5mm/a;三峡隆起与江汉坳陷之间平缓连续的掀斜坡平均掀斜速率只有 0.057mm/a。

据重庆至宜都长江干流阶地形成时期年龄测试,宜昌一带有完整的 6 级阶地,其中 Ⅵ级阶地的云池花岗岩(砾石)形成时期为 120×10^4 aB.P.,Ⅴ级为 73×10^4 aB.P.;重庆有 5 级阶地,而峡区内的巫山、奉节、巴东等地只有 3 级(Ⅱ、Ⅲ、Ⅳ级),其中 Ⅳ级形成时期为 $(11.2+0.56)\times10^4$ aB.P.(宜昌,黏土)。表明宜昌 Ⅴ、Ⅵ级阶地发育后的中更新世时期,三峡地区乃处于隆升阶段,只有 Ⅳ级阶地才有统一的位相。长江河谷阶地堆积物和古坡积物同位素年龄测量推算的三峡地区隆升的平均速率与视平均速率一致,为 0.5mm/a,中更新世时期河流下切速率略大于构造上升速率,晚更新世构造上升—河流下切平均速率为 0.3~0.44mm/a,现今隆升的平均速率为 0.46mm/a。

(2)多级溶洞反映的新构造运动。鄂西山区形成有完好的多级夷平面,也存在与之相应的岩溶化时期,在不同岩溶发育期发育了不同的岩溶形态,一般在一、二级夷平面上表现为以发育垂向岩溶为主、水平岩溶为辅,而在三、四、五级夷平面上则有以发育水平岩溶为主、垂直岩溶为辅的特点(表 6-13)。

表 6-13 鄂西山区岩溶发育与剥夷面关系特征

层序	洞口高程(m)	主要特征	对应的地文期	对应岩溶台面	定型时代
第一层	>1 300	该层数量少、规模小,主要为残留于高位岩溶盆地槽谷边缘的小型岩屋式溶洞、洼地,槽斗底部的斜式管道	鄂西期、台原期	S_1、S_2	K_2 末—N_1 末
第二层	1 200~1 100	三叠系及部分二叠系地层中强烈发育,多规模巨大,其水平管道和一些穿洞常是古地下河的遗迹	山原期	S_3	N_2 末、Q_1
第三层	1 000~800	洞穴堆积物有黏土、崩塌石块和少量钙华,多表现为现代地下河和伏流	山盆期	S_4	Q_1 早期
第四层	800~600	该层洞穴表现为复杂的管道系统,规模巨大,洞内沉积物及流痕发育	三峡期	S_5	Q_1 末—Q_2
第四层	600~400	是该区比较发育的洞穴层,表现为现代地下河系统	三峡期	S_5	Q_1 末—Q_2
第四层	300~200	是该区比较发育的洞穴层,是现代地下河系统的组成部分,或基本上处于包气带的干洞	三峡期	S_5	Q_1 末—Q_2
第四层	<200	主要与三级阶地相对应	三峡期	S_5	Q_1 末—Q_2

表6-13说明,岩溶发育与地壳的上升、停顿和岩溶水的侵蚀、演变密切相关。

据区域岩溶地质调查统计,岩溶发育由强到弱的地层序列是:三叠系——二叠系——寒武系——奥陶系——石炭系。西陵峡段分布有这些碳酸盐岩系;巫峡、瞿塘峡段只分布有三叠系大冶组中厚层至厚层状纯灰岩,因此岩溶强烈发育。

(三) 三峡地区古气候分期

据区域地质灾害调查表明,诱发滑坡作用的一个重要因素就是降雨,因此,古气候变化特征是研究滑坡发育的重要条件。

三峡及邻区第四纪以来经历了冷暖、干湿的多次交替演变。江汉平原构造沉降区第四系沉积物源来自于三峡区,其完整的第四纪层序地层是一部难得的记录三峡区各类地质事件和古气候变化的"天书"。依据地层层序及同位素测年成果,全新统底界年限采用1.1~1.2万年;更新统细分为上、中、下三个岩性段,其底界年限分别采用13万年、73万年、248万年,其中,标志性的网纹状红土下、上限年为$(90\sim10)\times10^4$ aB.P.,强网纹状红土与弱网纹状红土的分界年为38×10^4 aB.P.。作为三峡区上游的成都平原区,据岩性、动物群、矿物、化学成分判断,该时段也形成了可与中国南方红土相比的网纹红土。综合目前我国气候分期,据植物孢粉鉴定成果及组合特征,经对江汉区300m以上沉积物反映的地质时期的古气候进行分析,得出上第三纪晚期为气候湿热期,第四纪有5个暖热期和5个寒冷期(李长安等,2003)。具体划分为:第一冷期,更新世早期的初期,$(248\sim201)\times10^4$ aB.P.;第一暖期,更新世早期的晚期,$(201\sim73)\times10^4$ aB.P.;第二冷期,更新世中期的早期,$(73\sim40)\times10^4$ aB.P.;第二暖期,更新世中期的晚期,$(40\sim13)\times10^4$ aB.P.;第三冷期,更新统晚期的早期,$(13\sim10)\times10^4$ aB.P.;第三暖期,更新统晚期的中期,$(10\sim7)\times10^4$ aB.P.;第四冷期,更新世晚期的中期的初期,$(7\sim5)\times10^4$ aB.P.;第四暖期,更新世晚期的中期,$(5.0\sim2.4)\times10^4$ aB.P.;第五冷期,更新世晚期的末期,$(2.4\sim1.1)\times10^4$ aB.P.;全新世阶段的古气候,是大理冰期之后的冰后期,即第五暖期,气候特征总体为温暖湿润,但有较大波动。

(四) 三峡地区滑坡与地文期、构造节律、气候旋回的关系

1. 构造节律与滑坡

长江三峡地区构造活动与滑坡的研究应考虑以下三个方面。

(1) 地震对滑坡的诱发作用。三峡地区属于中强地震活动(4.75~6.5级)地区,历史上已有地震触发大规模灾难性岩崩和滑坡事件的震例。以1856年湖北咸丰大路坝地震为例,此次地震导致山体崩滑达10余里,由许家湾、板桥溪抵蛇盘溪30余里成湖,压毙300余家。近年来还有两次震例,如1988年重庆江北连续发生5.2级和5.4级两次地震,震中Ⅶ度区面积近30km²,并造成岩崩、滑坡、地震塌陷面和地震破裂现象。另一次是1979年秭归龙会观5.1级地震,震中Ⅶ度区长15km,短轴6km,面积达80km²,而地震波及面积影响达1 200km²。巴东新城位于Ⅴ度区范围,地震时龙会观主峰北侧悬崖崩塌,崖下窜起数十米高烟尘经久不散。震后调查在红岩脑壳基岩中发育一条走向北东30°的地裂缝,并将树根左旋错断1cm,地裂缝长170m,宽可达3m。值得注意的是,此次地震还诱发了巴东新城大坪古滑坡的普遍裂缝和局部下陷,1983年的暴雨沿地震裂缝渗入而诱使滑坡复活。

(2) 断裂的活动节律与滑坡的活动与群集。可从三个方面开展研究,其一是着眼于整个三峡库区断裂的活动节律与滑坡群发研究,就目前已有的资料看,两者的相关性是比较明显的

(图6-52)。其二是分段耦合性研究,或以某一断裂带为对象,或以某一河段(具有相对独立的地质或地貌特征)为对象。如九畹溪断层和仙女山断层的活动节律与其周围的滑坡活动就有着良好的对应性(夏金梧等,2005)。其三是大型滑坡的多期活动与附近断层的活动性关系研究。

(3)间歇性构造抬升与滑坡。三峡地区间歇性构造抬升直接表现是多级河流阶地,即地文期。间歇性构造抬升与滑坡的关系将在地文期与滑坡中讨论。

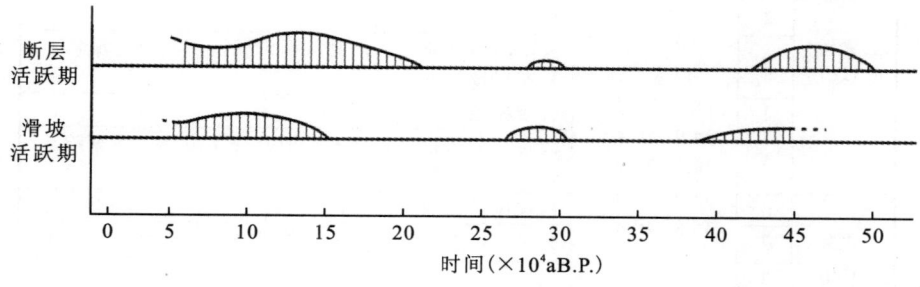

图6-52 断层活跃期与滑坡活跃期之间的对应关系

2.气候旋回与滑坡

目前在第四纪古气候研究中,太平洋赤道附近的深海岩芯中生物碎屑的氧同位素资料是被公认为最具权威性的。具有代表性的V28-239孔岩芯中的氧同位素含量变化,记录了0.4Ma以来地球的12个气候期(阶段),其中奇数为暖期,偶数为冰期或冷期(Shackleton et al,1976)。深海氧同位素气候记录也得到陆地沉积物气候记录的支持。我国北方黄土也是第四纪古气候的重要载体,其古气候学研究得到与深海氧同位素一致的结论(刘东生等,1990),我国南方洞穴沉积物^{230}Th/^{234}U年代和碳同位素古气候研究也可与深海氧同位素气候分期记录对比(张寿越等,1985)。近年来,越来越多的资料揭示出,第四纪全球有近乎一致的变化规律。表6-14是三峡库区已有测年数据的滑坡与第四纪气候变化的初步对比,从中可见,滑坡主要发生在奇数阶段,即暖期,尤其是第3、第5阶段最明显。目前三峡地区滑坡的测年资料十分有限,还有待进一步研究。未来还应加强三峡地区的第四纪古气候研究,三峡地区大量的溶洞是第四纪古气候研究的良好载体,应予以关注。

3.地文期与滑坡的关系

河流阶地是地文期的典型代表。地文期与滑坡的关系可通过河流阶地与滑坡剪出口的高程比较来讨论。从理论上分析,滑坡剪出口高程应与河流阶地的高程相一致。因为阶地在形成时河流下切,谷坡变陡,不仅坡体的势能增大,也为滑坡的发生创造了临空条件。数值计算、模拟实验都证明坡脚部位是剪应力最集中的部位。三峡地区大量现代滑坡集中分布于河床的高程附近的现象也证明了这一点(图6-53)。现代喜马拉雅地区,快速的基岩抬升和河流下切形成的陡坡也主要是通过滑坡作用进行调节的(Bonglas et al,1996)。从整个三峡河段阶地的高程与滑坡剪出口高程的比较来看,两者有一定的对应性,但并不明显。而局部河段两者的一致性则比较明显(李长安,1997b)。对此还有待深入研究。

表 6-14 三峡地区滑坡与气候旋回的对比

地质时代	深海孔V28-239，氧同位素阶段		三峡滑坡（据张年学等，1993；陈剑等，2005）
	阶段	终点年龄（$\times 10^4$ aB.P.）	
全新世（Q_4）	1	1.0	赵家沱，重钢，黄蜡石
上更新世（Q_3）	2	2.9	
		6.1	青岩子
	3	7.3	云阳西城，新滩，旧县坪西滑体，旧县坪主滑体，马家屋场
		12.8	
	4	18.5~21.4	石榴树包
	5	24.9~26.4	故陵，曲尺盘，黄蜡石，旧县坪主滑体，谭家湾，台子角，赵树岭
		29.7~32.9	
中更新世（Q_2）	6	33.9~37.4	白衣庵，藕塘
	7	36.8~40.4	茨草沱，大坪，太白岩，楷杷坪，吊岩坪
	8		大坪
	9		百换坪，宝塔，安乐寺，草街子
	10		
	11		黄土坡

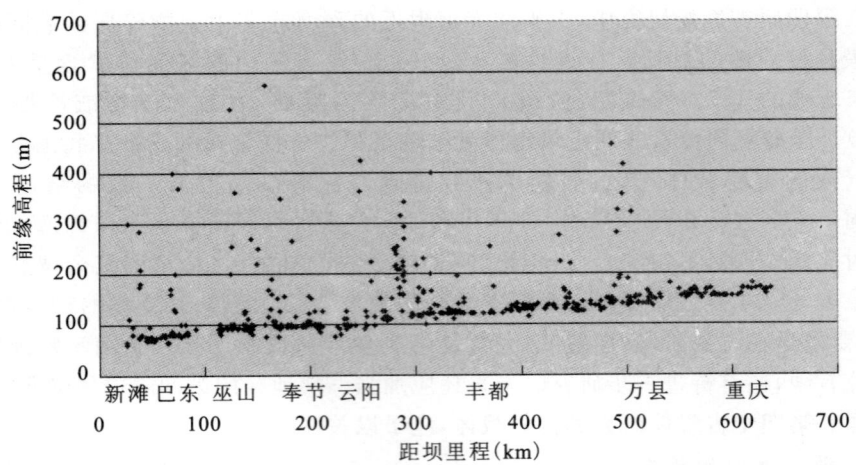

图 6-53 三峡库区主要滑坡的分布高程

（五）三峡地区滑坡与地文期、构造节律、气候旋回的耦合关系

以上通过对构造隆升、第四纪地层、层状地貌、气候分期、滑坡发育等采用测年等多种方法，分别进行了其发育过程的分析，现以时间为轴，将各相关因素发育过程综合于图 6-54。

根据三峡区各种动力因素和地貌特征的时间轴展布，可以形成如下认识。

(1) 中更新世隆升的构造背景和温暖湿润的气候是长江贯通发展的最佳时期。从三峡期夷平面定型后的中更新世初期（70×10^4 aB.P.）开始，三峡地区进入峡谷地貌发育阶段。

(2) 两期阶地期之间的地壳快速上升与河流快速下切时期即是滑坡的高发期。

(3) 滑坡高发期与断层活跃期之间具有一定的对应关系，只是滑坡期略滞后些，受喜马拉

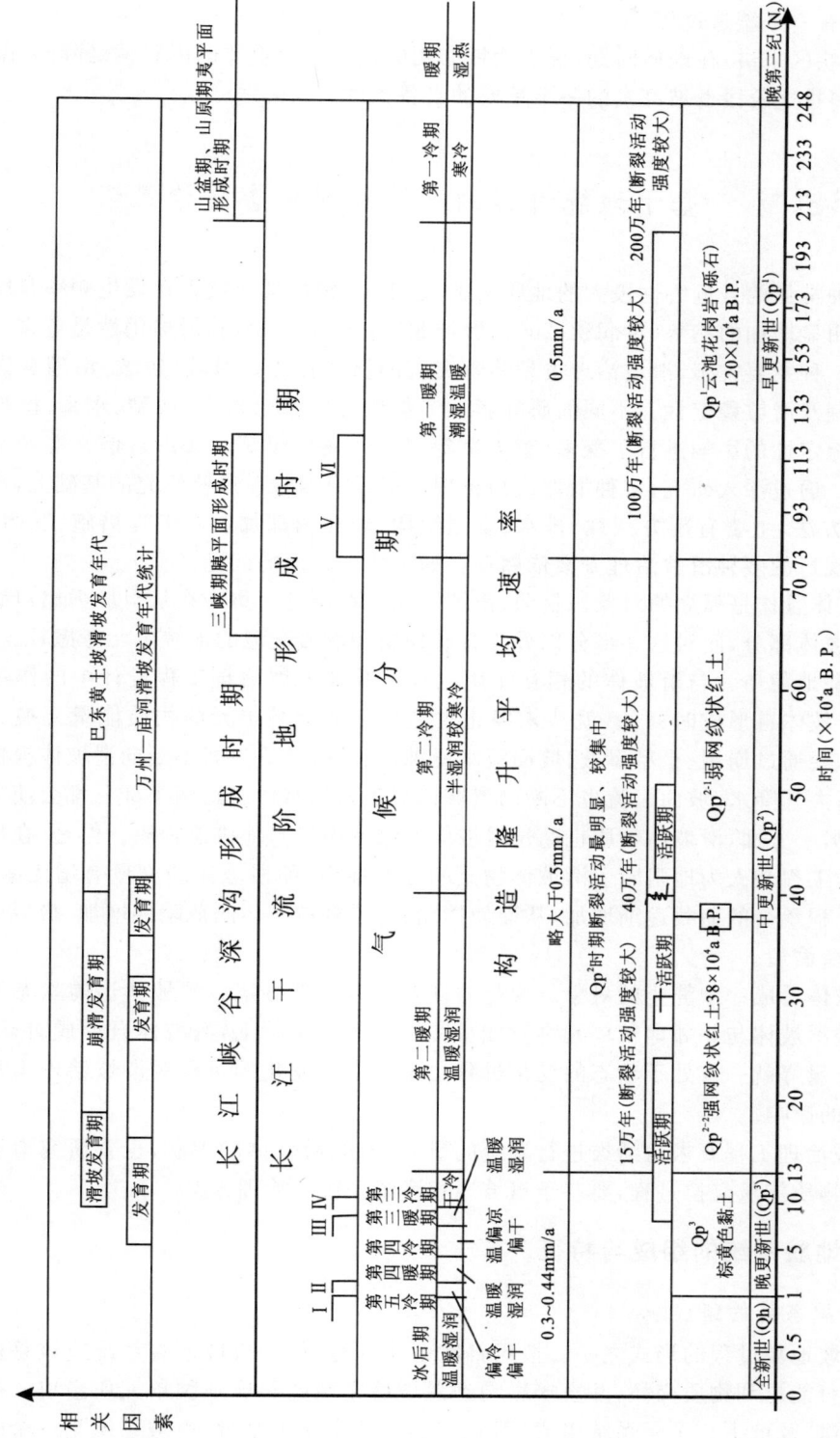

图6-54 长江三峡及邻区新构造运动、地貌过程、气候变化与滑坡事件的相关性分析

雅运动隆升带动的三峡区,快速的基岩抬升和河流下切形成的陡坡主要是通过滑坡作用进行调节的,但其间有一个塑造过程。

(4)对于三峡区来讲,在地质时期,催生滑坡作用的还有一个重要的因素就是降雨,第二暖期气候温暖湿润是这阶段滑坡高发的一个重要的必备条件。

第五节　基于地貌过程的三峡地质灾害防治策略

滑坡是一种常见的且危害性极大的地质灾害,近年来,滑坡地质灾害在发生频率及所造成的损失方面呈明显增加的趋势(黄润秋,2007;殷坤龙等,2000)。目前,滑坡仍然是危害人类生命财产安全的一种主要灾害,滑坡治理也是治理灾害的重要任务。滑坡(边坡)治理首先要研究滑坡成因机制及滑坡稳定性。不同的研究者从诸如坡度、高程、岩性、坡型、水系、植被等多个方面对滑坡稳定性的影响进行了探索(李天斌等,1999;杨为民等,2007;赵信文等,2009;温铭生等,2006)。通过深入研究,多种滑坡成因机理也得以揭示。在这些研究的基础上,产生了多种边坡治理方法,主要有削方减载、排水、支挡结构、坡体内部加固等工程措施(罗丽娟等,2009)。然而,现行的多种滑坡治理方案依然存在如下两个方面的问题。

(1)把滑坡体看作是孤立的对象。目前,滑坡治理工程研究多集中在从滑坡剪出口到滑坡后缘之间的滑坡体部分,而对这一部分以外与其有物质和能量交流的地貌单元考虑较少,更鲜有研究涉及这些地貌单元与滑坡体的相互作用过程及其在滑坡治理工程设计中的作用和效果。实际上,滑坡体自形成时开始,就从未停止过与周边的地貌单元的物质能量交换。一方面,滑坡体后缘会通过崩塌、小型滑坡、坡面流水侵蚀、土层蠕动等方式不断向滑坡体提供新的碎屑物质来源;大气降水、坡面汇流也不断向滑坡体提供新的水体。这两个部分都会使滑坡体的荷载增加。另一方面,滑坡体物质也通过滑坡体前缘剪出口向外排泄物质。但是,在滑坡治理时,许多支护工程却人为地阻断了滑坡体物质的外泄通道,使滑坡体的方量有增无减,或增多减少,支护工程承受的荷载逐渐增加,从而使挡墙、抗滑桩被破坏的危险性增加,最后可能导致支护工程寿命缩短。

(2)把滑坡体看成一个静止的对象。现行的许多滑坡治理方案以滑坡体当前状态为计算对象,不能反映滑坡体与相邻地貌单元物质能量交流过程。实际上,滑坡体自形成时开始,其物质的组成、方量等就一直处于动态的变化过程之中。这个变化的过程对滑坡治理工程的使用年限有较大的影响。

因此,滑坡治理工程要求对滑坡进行系统的研究,研究滑坡体的现状,也要研究滑坡体与周边地貌体的物质能量交换过程,要基于滑坡地貌系统来设计治理方案。

一、滑坡地貌系统的组成与特征

1. 滑坡地貌系统的组成

滑坡是斜坡地貌过程的形式之一。按照斜坡地貌过程理论,滑坡地貌系统应该是由可直接与滑坡体进行能量和物质交换,并直接影响到滑坡稳定性的斜坡地貌单元所组成。滑坡系统由坡上、滑坡体及坡下三个子系统组成(图6-55)。从本质上来说,滑坡系统是一个受岩土体条件控制,并受地形、地貌、地下水、人类工程活动等多种因素影响而发展演化的非线性耗散动力系统(秦四清,2000;朱维申等,2000)。

2.滑坡地貌系统的特征及其在滑坡治理中的意义

滑坡地貌系统具有整体性、层次性、开放性和动态性的特点。

滑坡地貌系统的整体性决定一个滑坡地貌系统远比滑坡本身复杂得多。三个子系统组成一个完整的滑坡地貌系统,从系统论的观点来看,系统整体性的内涵是指系统的功能并不是组成系统各子系统功能的简单叠加。因此,尽管三个子系统在物质及能量交流等方面各自具有较简单的过程,但三个子系统整合成的滑坡地貌系统在物质及能量流动方面则远比其子系统复杂。

滑坡地貌系统的层次性赋予三个子系统间平等的地位。就层次间的关系而言,同层次子系统之间存在的是"交流"关系,具有从属的上下级别的系统间则是"贡献"关系。由此可见,同属一个滑坡地貌系统的坡上、滑坡体及坡下这三个子系统间处于同级关系,三个子系统间在物质和能量上为一种交流关系,这种特性也就要求在滑坡治理工程中要将它们放在同等重要的地位加以考虑,三者缺一不可。

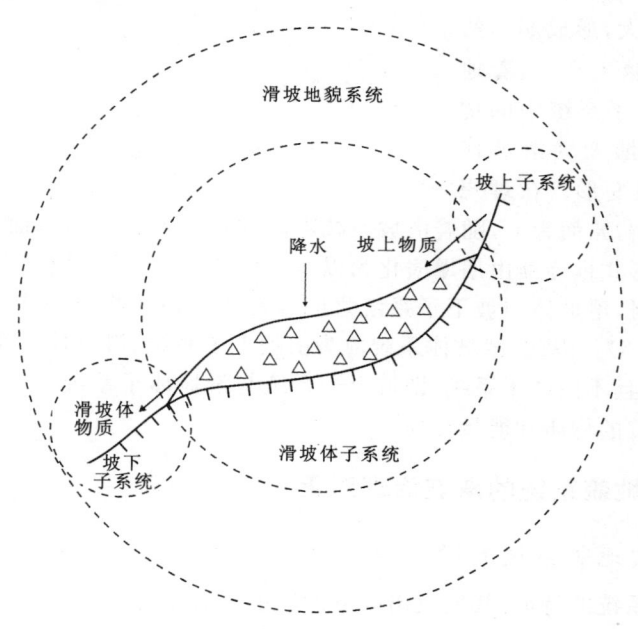

图 6-55　滑坡地貌系统的组成

滑坡地貌系统的开放性要求建立和完善坡上子系统、滑坡体子系统及坡下子系统间物质交流渠道。显然,长期以来的滑坡治理工程割裂了三个子系统间的联系,使物质流动在三个子系统中缺乏通畅的交流通道,与系统的动态变化过程相冲突。

滑坡地貌系统的动态性要求建立长时段的滑坡观察时间序列。滑坡监测时间序列(如位移、应力等)反映了滑坡的原因量(环境与荷载等)作用下产生的效应量的动态演变,蕴藏着参与动态变化的其他全部变量的痕迹(秦四清,2000;朱维申等,2000)。由于各子系统频繁的物质能量交流过程会受到地形、气候及人类活动等因素的影响,处于一个动态的变化过程中,因此,滑坡治理工程的设计也应考虑到这个变化的过程。

综上所述,各种地形、地貌、地下水等因素的变化都会综合作用于整个滑坡地貌动力系统。现代非线性科学研究发现,动力系统在非线性的条件下可能会表现出一种非常特殊的性质,即系统对初始条件的敏感依赖性,也就是通常所说的混沌效应。如果系统具有这种性质,只要系统的初始条件有微小的变化,随着时间的推移,混沌运动将把初始条件的微小差异迅速放大(李端有等,2005)。正因为如此,滑坡地貌系统各子系统之间物质能量交流过程在滑坡治理研究中应得到更多的重视。

二、滑坡系统地貌过程

滑坡系统是一个动态地貌过程,坡上子系统中物质不断加入到滑坡体中。当地面坡度大于45°时,一般以崩塌作用为主(大部分崩塌作用分布在大于60°的斜坡上,地形切割越强烈,高差越大,形成崩塌的可能性和能量也就越大)。随着地面坡度的减小,坡上子系统中的物质的进入方式逐渐演变为滑坡作用、面流洗刷及蠕动变形。在理想

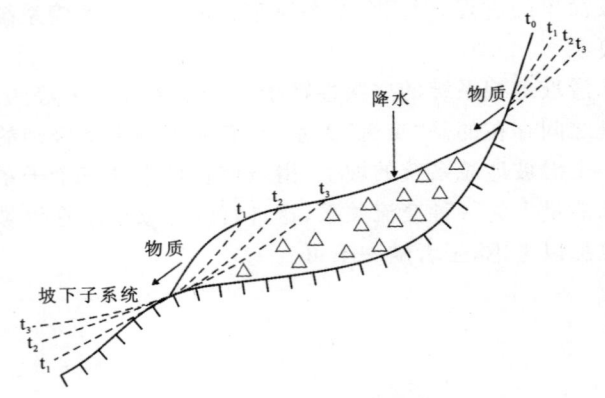

图 6-56 滑坡系统地貌过程

状况下,坡上子系统初始面为 t_0,随着滑坡系统不断演化至 t_1、t_2、t_3,地面坡度不断减小,坡上物质进入滑坡体的形式也逐渐由崩塌演化为以蠕动变形为主,此时坡上子系统与滑坡体逐渐趋于平衡。与此同时,滑坡体与坡下子系统之间也经历类似的物质与能量交换过程,由 t_1 逐渐演化至 t_3(图 6-56)。因此,滑坡体系统应为由坡上子系统、滑坡体子系统及坡下子系统所构成的一个整体,并且不同的子系统,即坡上子系统与滑坡体子系统、滑坡体子系统与坡下子系统之间存在着连续的物质和能量交换。

三、基于滑坡地貌系统的滑坡治理对策

(一)基于滑坡地貌系统的滑坡治理原则

基于滑坡地貌系统的特征,我们提出以下滑坡治理的原则。

(1)**整体性原则**。滑坡地貌系统是一个不可分割的整体,滑坡治理应从长期以来的针对滑坡体的研究与治理转向对滑坡系统的研究与治理,将滑坡体子系统、坡上子系统和坡下子系统三者视为一个统一的整体进行稳定性评估和治理规划、设计和施工。

(2)**平等性原则**。由滑坡地貌系特征分析可见,各子系统之间具有平等的重要性。这就要求我们改变以往只专注滑坡子系统的做法,在滑坡研究和治理中,要给予滑坡系统的三个子系统以同等的关注度。

(3)**动态性原则**。滑坡地貌系统是不断发展演化的,对滑坡的治理既要着眼于系统的现状,又要关注其演化历史,更要重视其发展趋势。要在对滑坡地貌系统地现状调查、历史分析、趋势预测的基础上制定治理的对策。特别要重视各子系统之间物质和能量交换的定量评价。

(4)**开放性原则**。滑坡地貌系统是一个开放的系统。在滑坡研究和治理中,还应将其置于更大的地质环境系统中去考虑。应充分关注可能引起系统稳定性变化的其他自然和人为因

素,如河道演化、水位变化、构造活动性、气候变化以及人类活动等对滑坡系统的影响。

（二）基于滑坡系统地貌过程的滑坡治理对策

1. 工程治理后滑坡系统地貌过程分析

现有的滑坡工程治理对策,其核心是提高抗滑力和减小下滑力。常采用的工程有改变滑坡应力平衡类、拉滑支挡工程类、滑坡锚固体系等(唐辉明,2008)。其中,挡土墙、抗滑桩、锚索等和表里排水工程的结合是最常用而有效的手段。但对工程治理后地貌过程进行分析(图6-57),挡土墙、抗滑桩等工程措施虽然提高了滑坡体抗滑力,却隔断了滑坡体子系统与坡下子系统之间的物质和能量流动,使滑坡体处于不断接受坡上子系统物质和能量的输入但不能有效地输出从而处于不断加载的状态。挡土墙的设计是基于滑坡体当前方量设计的,即使在建设时留有余地,随着坡上子

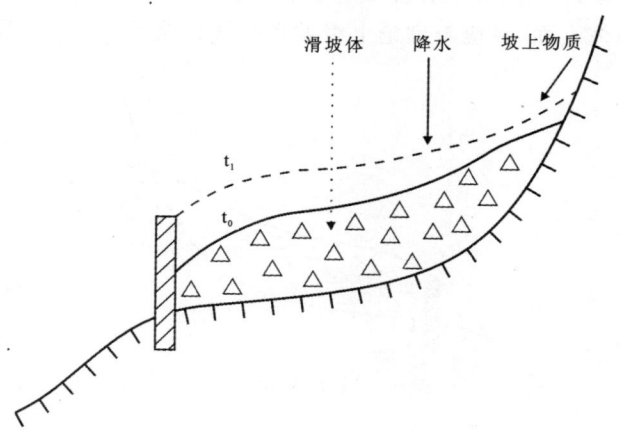

图6-57 工程治理后地貌过程示意

系统物质的不断加载(从 t_0 到 t_1),物质能量的累积,直至会超出挡土墙的承载能力,造成更大的破坏。

2. 基于滑坡系统地貌过程的治理对策

基于上述滑坡系统的地貌过程分析,现就滑坡的治理对策谈几点看法。

(1)"疏堵结合,以疏为主"的治理对策。滑坡治理的目的是增强其稳定性,按照滑坡系统的地貌过程,治理的措施应该包含两个方面:一是"加固",即通过抗滑桩、挡土墙等工程措施加固滑坡体,从滑坡系统的地貌过程(物质流)来说,这实际上是"堵",是目前常用的方法;二是"减载",即使滑坡体的物质不断外泄释放其能量,也就是"疏",这种方法很少被采用。"疏"的结果不仅可给滑坡体子系统减载,使之趋于稳定,而且随着滑坡体子系统物质流入坡下子系统,也增加了滑坡体的稳定性。因此,从滑坡系统的地貌过程来看,"疏"应该是滑坡最治本、最有效的方法。为此,我们认为滑坡治理应坚持"疏堵结合,以疏为主"的治理方针。

(2)"着眼整体,分而治之"的治理对策。即着眼于这个滑坡系统,对三个子系统进行分别治理。如在采用当前常用的"加固"治理措施时,应从对滑坡体的治理,转向对滑坡系统的治理,对坡上子系统采取"护首(坡)",对滑坡体子系统采取"固体",对坡下子系统采取"保脚"。对那些大型的、复合型的滑坡体,也可采取分段或分级的"加固"措施。

3. 基于滑坡系统地貌过程的抗滑墙设计的思考

抗滑挡土墙是滑坡防治中最常见的工程措施,如前文论述,抗滑挡土墙的修建应基于将滑坡体系统视为一个完整的动态地貌过程。

(1)关于抗滑挡土墙的工程设计。目前,抗滑挡土墙的工程设计是以滑坡体的现状工程地质条件为依据的。根据滑坡体系统的地貌过程,建议将坡上子系统的物质输入量(t/a)也考虑在内。这就需要对坡上子系统的风化剥蚀产生的物质流量进行调研。

(2) 关于抗滑挡土墙的高度。由于滑坡系统是一个动态的地貌过程系统,来自坡上子系统的物质不断加入到滑坡体中,同时滑坡体中的物质不断外泄至坡下子系统。如果抗滑墙不破坏滑坡系统已有的地貌过程,就需要保证坡上子系统的物质能够及时外泄。当滑坡系统已处于平衡时,即 $W_1=W_2$,抗滑挡土墙的高度应与滑坡体表面一致(图 6-58a),保证外来物质能及时外泄。当外来物质注入量大于滑坡体排泄量时,即 $W_1>W_2$,抗滑挡土墙的高度应低于滑坡体表面,且应与理论上滑坡系统演化至平衡状态时滑坡表面保持一致(图 6-58b)。

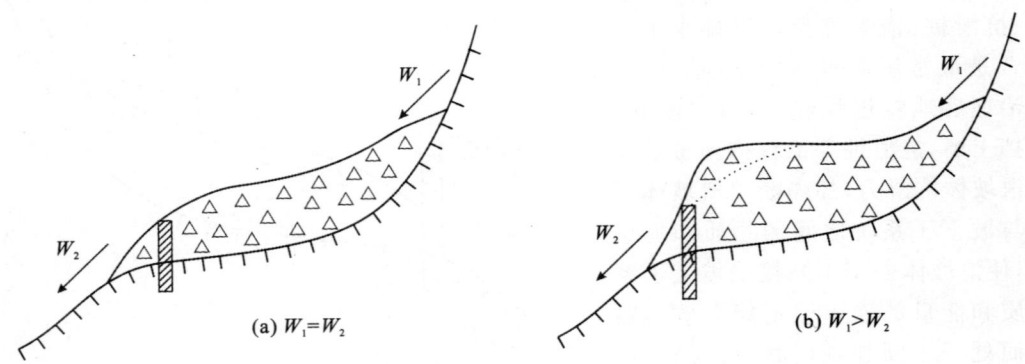

(a) $W_1=W_2$ (b) $W_1>W_2$

图 6-58 抗滑挡土墙的高度

(3) 关于抗滑挡土墙的形状。基于前文论述,滑坡系统属于一种动态地貌过程,因此抗滑墙的修建也应该保证滑坡系统的动态平衡,抗滑墙的形状设计值得考虑。建议应考虑以下两个方面(图 6-59):一是抗滑墙顶部应为垛状,以保证滑坡体物质的及时外泄;二是抗滑墙墙体中间应布有孔隙,以保证滑坡体中水体的及时外泄。

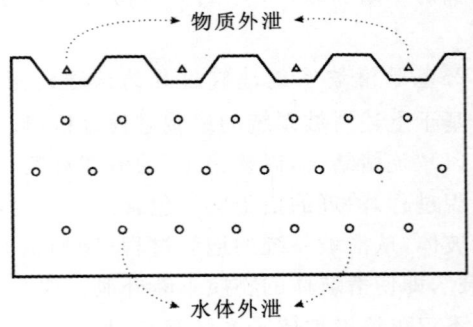

图 6-59 抗滑挡土墙的形状

第七章 主要工作进展

　　(1)研究区整体属扬子地层区,分属四川盆地、大巴山、黄陵八面山、江南和江汉五个地层分区,参照最新的国际地层表和全国地层指南,重新厘定了研究区的地层序列,在前第四纪地层中划分了 64 个组级岩石地层单位,在此基础上编制了 1∶50 万三峡库区宜昌—重庆段地质图。

　　(2)详细地研究了三峡库区各时代地层岩石类型和特征,进行了沉积环境分析,划分出大陆、过渡和海洋三大沉积相区,34 种沉积相类型和四种事件沉积。广泛识别区域构造角度不整合面、盆内微角度不整合面、岩性岩相变化面等构造—沉积界面,对志留系与泥盆系—二叠系、下三叠统与中三叠统、上三叠统与侏罗系等一些重要的沉积界面与地质灾害的关系进行探讨,指出这类"上硬下软"的特殊结构往往因上覆地层风化、采矿等作用失去支撑而发生坠落、倾倒、滑移、崩塌等不同形式的变形而失稳。

　　(3)综合野外调查和前人研究成果,对研究区花岗岩的侵位时代,岩石结构构造、地球化学特征、变形变质特征和区域对比进行了系统总结,建立了研究区的侵入岩序列,划分出 4 期 21 类侵入体,并对各侵入体的构造背景和就位机制进行了探讨。

　　(4)查明了研究区总体构造格架、主要构造变形特征和形成时间,建立了三峡库区地质构造演化序列。从空间上看,研究区总体构造格架受黄陵地块的控制,外围褶皱构造呈弧形环绕或向其收敛,西为川东弧形褶皱带,构造线走向自西向东,由北东向渐变为北东东向;西南及南面的鄂西南构造带由近南北向－北北东向转向北东向的弧形褶皱带及长阳东西向褶皱带组成;东侧上叠中新生代江汉—洞庭断陷—坳陷盆地;从时间序列上看经历了晋宁期的基底形成阶段、加里东—海西期的盖层稳定发育阶段、印支期的地壳隆坳海陆转换阶段、燕山期的盖层构造格架形成阶段、喜马拉雅期的地壳挤压变形阶段和地壳间歇性隆坳的新构造活动时期。

　　川东褶皱带主要由三叠系、侏罗系组成,并以华蓥山、铜锣峡、明月山、方斗山等背斜及其间的向斜来表现,背斜窄陡、向斜宽缓,整体呈现出"隔挡式"的特点,单一褶皱类型表现为断层传播式褶皱,具有不对称式褶皱特征;断裂构造不发育,主要出现于高陡背斜的轴部,最为重要的是华蓥山断裂带和齐岳山断裂带。川东构造带中断裂构造具多期活动特点,褶皱带形成于侏罗系沉积之后。

　　鄂西南构造带由中生界、古生界地层组成的褶皱带及其伴随的走向断裂组成,由南至北沿北东－北东东－近东西向延伸,呈向北西突出的弧形,向东延没于秭归盆地。单个背斜或向斜自北西往南东由"隔挡式"褶皱变成"隔槽式"褶皱,在平面上呈斜列带状,以弧顶拐点为界,南西段褶皱轴线左行雁列,北东段右行雁列,在剖面上多呈不对称的歪斜褶皱,背斜西翼陡东翼缓。同时,由于后期滨太平洋的武陵断裂系北北东向构造线的复合改造,褶皱轴线普遍呈 S 状或反 S 状弯曲。长阳地区的褶皱轴线受黄陵基底地块北西西向构造制约,北侧长阳背斜等的轴线为北西西向,中间鄂、湘交界处的仁和坪向斜轴线为东西向。鄂西南构造带中主要断裂的性质、规模和活动性各不相同,与其所在构造单元相适应,其中仙女山断裂规模较大,对本区地质发展和地震活动起着重要控制作用,与库首区构造变形和地震活动有一定的成生联系。鄂西南构造带的主体形成于印支期,而黄陵背斜、秭归向斜和当阳向斜则形成于中侏罗世晚期,以仙女山断裂为代表的断裂构造在白垩纪直至挽近时期仍有活动。

(5)系统总结了三峡库区地质灾害的类型、空间分布、形成条件及面临的主要问题,研究了其与地形地貌、地层岩性、地质构造、岩土体结构、降雨、地震、河流侵蚀、人类活动等因素的关系。

三峡库区地质灾害具有区域性分区的特征,与坡体演化阶段具有明显的对应性,齐岳山断裂(奉节地区)是其区域性分区的一级分界线,两侧山体处于不同的坡体演化阶段:奉节以西坡体结构趋于平缓,坡体形成演化时间相对较长;奉节以东坡体结构陡高,坡体演化表现为崩塌与滑坡共存,而坡体形成时间则相对较短。并进一步通过重庆—涪陵段、巫山—奉节段、丰都—忠县段、万县段、巴东段及秭归段滑坡地质灾害与局部构造关系的对比研究,完善了"滑坡群"的概念和工作方法:"滑坡群"是受相同局部构造控制的,位于相同新构造活动区域的多个滑坡个体分布带,分布带内部的滑坡在成因机理、演化特征上具有相互联系、相互影响的特点。滑坡群基本工作方法是在地质灾害区划研究的基础上,建立位于相同局部构造上的滑坡群体之间的演化关系,进而建立整个斜坡带演化模式。这样可以有效地将基础地质研究成果应用于灾害地质研究中,也就是说将地质灾害点的研究放到大的地质背景中,建立群体之间的相互关系,使处于相同地质环境的多个滑坡个体有机联系起来,建立该段岸坡过去—现在—未来的演化过程(其核心就是老构造作为滑坡形成的母体因素,新构造作为滑坡形成的子体因素,将位于相同地质环境背景上的多个滑坡联系起来)。如此,将有助于建立滑坡的时空演化模式,进而使地质灾害特别是滑坡的预测预报工作成为可能。

(6)以地理信息系统(GIS)为平台,基于遥感信息的栅格地形数据 SRTM-DEM,利用 GIS 空间分析等技术,结合地质资料和第四纪地貌研究方法,确定三峡地区存在 5 级夷平面,其分布高度分别为:1 700~2 000m(Ⅰ级夷平面)、1 300~1 500m(Ⅱ级夷平面)、1 000~1 200m(Ⅲ级夷平面)、800~900m(Ⅳ级夷平面)和 500~600m(Ⅴ夷平面),第Ⅰ、Ⅱ级夷平面大致形成于古近纪,第Ⅲ、Ⅳ级夷平面大致形成于新近纪,第Ⅴ级夷平面大约形成于早更新世早中期。

(7)通过对三峡地区河流阶地和水系特征的野外调查和前人资料综合分析,指出大约在早更新世中晚期,长江三峡贯通,三峡地区的地貌环境由新生代早期的夷平面发展阶段转为河流阶地发展阶段,形成了 5 级阶地:T_6~T_5 级阶地大致形成于早更新世的后期,第 T_4~T_3 级阶地形成于中更新世,其中 T_3 级阶地上部细颗粒堆积可能是在中更新世末至晚更新世初期形成,T_2 级阶地形成于晚更新世早期或末次间冰期,第 T_1 级阶地形成于晚更新世末期至全新世早期。

(8)新发现了两处厚度较大的土状堆积剖面——巫山剖面和势大岭剖面,这是迄今为止三峡库区出露最好、厚度较大的第四纪堆积剖面。通过系统的岩性、地层划分对比和粒度、年代学、沉积地球化学、环境磁学等研究:"巫山黄土"为风成成因,形成时间为(35.3 ± 1.4)~(100.2 ± 4.3)ka;势大岭黄土下部为河流成因,上部为风成成因,形成时间为(68 ± 6.8)~(113 ± 10)ka。

(9)对分布于江汉平原西缘的宜昌—云池—董市一带的砾石层进行了岩石学、沉积学、年代学研究,认为宜昌砾石层应为一大型的古河流冲积扇,目前地表出露部分可能为冲积扇的扇端(根)部分,其扇中和扇缘部分隐伏于枝江以东的江汉平原之下。冲积扇上覆中更新世网纹红土,下伏白垩纪－古近纪红层,形成年龄大约为 $1.2\sim0.7$ MaB.P.,该冲积扇的形成可能与长江三峡贯通相关,这对解决长江的形成(三峡贯通)这一百年的地学问题有重要意义。

(10)对三峡地区的构造、地貌、气候及其与地质灾害发生的阶段性耦合关系进行了探索性分析,三者的演化阶段性耦合,即地文期－构造节律－气候旋回耦合,在很大程度上决定了地质灾害在时间分布上的群发和空间上的群集。以此为基础,提出基于滑坡地貌系统的滑坡治理的"整体性、平等性、动态性、开放性"原则和滑坡治理的"疏堵结合、以疏为主,着眼整体、分而治之"对策。

参 考 文 献

曹伯勋.1995.地貌学与第四纪地质学[M].武汉:中国地质大学出版社,30-50.
曹军骥,张小曳,王丹,等.2001.晚新生代风尘沉积的稀土元素地球化学特征及其古气候意义[J].海洋地质与第四纪地质,21(1):97-101.
陈骏,王洪涛,鹿化煜.1996.陕西洛川黄土沉积物中稀土元素及其他微量元素的化学淋滤研究[J].地质学报,70(1):61-72.
陈宝冲.1996.试用阶地纵剖面线图分析长江三峡地区的地壳运动[J].科技导报(11):12-13.
陈华慧,马祖陆.1987.江汉平原下更新统[J].地球科学——武汉地质学院学报,12(2):129-135.
陈剑,李晓,杨志法.2005.三峡库区滑坡的时空分布特征与成因探讨[J].工程地质学报(3):305-309.
陈骏,汪永进,陈旸,等.2001.中国黄土地层Rb和Sr地球化学特征及其古季风气候意义[J].地质学报,75(2):259-266.
陈松,陈国金,徐光黎.2008.黄土坡滑坡形成与变形的地质过程机制[J].地球科学——中国地质大学学报,33(3):411-415.
陈旭,戎嘉余,樊隽轩,等.2006.奥陶系上统赫南特阶全球层型剖面和点位的建立[J].地层学杂志,30(4):289-307.
陈旸,陈骏,刘连文.2001.甘肃西峰晚第三纪红粘土的化学组成及化学风化特征[J].地质力学学报,7(2):167-175.
邓清禄,王学平.2000.长江三峡库区滑坡与构造活动的关系[J].工程地质学报(2):136-141.
邓清禄.2000.斜坡变形构造——巴东新县城斜坡解析[M].武汉:中国地质大学出版社.
刁桂仪,文启忠.2000.渭南黄土剖面中的稀土元素[J].海洋地质与第四纪地质,20(4):57-61.
范代读,李从先,Yokoyama K,等.2004.长江三角洲晚新生代地层独居石年龄谱与长江贯通时间研究[J].中国科学(D辑:地球科学),34(11):1015-1022.
傅家谟.1961.鄂西宁乡式铁矿的相与成因[J].地质学报,41(2):112-128.
郭正堂,魏兰英,吕厚远,等.1999.晚第四纪风尘物质成分的变化及其环境意义[J].第四纪研究(1):41-48.
郝青振.2001.1.2Ma以来黄土-古土壤序列风化成壤强度的定量化研究与东亚夏季风演化[J].中国科学(D辑:地球科学),31(6).
胡宁,徐安武.1998.鄂西宁乡式铁矿分布层位岩相特征与成因探讨[J].地质找矿论丛,13(1):40-47.
湖北省地质矿产局.1990.湖北省区域地质志[M].北京:地质出版社.
湖北省地质矿产局.1996.湖北省岩石地层[J].北京:地质出版社.
黄润秋.2007.20世纪以来中国的大型滑坡及其发生机制[J].岩石力学与工程学报(3):433-454.
李长安.1997a.三峡地区滑坡与构造运动、气候变化的关系[J].地质科技情报(3):88-90.
李长安.1997b.地文期、构造-气候耦合与地质灾害[J].地学前缘(Z2):208.
李长安,张玉芬,袁胜元,等.2010."巫山黄土"粒度特征及其对成因的指示.地球科学,35(5):879-884.
李长安,等.2003.长江中下游第四纪地质研究.武汉:中国地质大学(武汉),湖北省地调院,湖南省地调院,江西省地调院,安徽省地调院.
李端有,陈卫兵.2005.滑坡动力系统的混沌效应分析[J].长江科学院院报(6):10-12.

参考文献

李吉均,方小敏.2001.新生代晚期青藏高原强烈隆起及其对周边环境的影响[J].第四纪研究,21(5):381－391.

李天斌,陈明东,王兰生.1999.滑坡实时跟踪预报[M].成都:成都科技大学出版社.

李徐生,韩志勇,杨守业,等.2007.镇江下蜀土剖面的化学风化强度与元素迁移特征[J].地理学报,62(11):117－118.

李旭兵,王传尚,刘安.2008.印支运动的沉积学响应——以湖北秭归盆地中、上三叠统为例[J].中国地质(5):984－990.

李愿军,丁美英.2003.长江三峡东段的地震与滑坡问题[J].中国工程科学(10):43－51.

凌文黎,程建萍.2000.Rodinia研究意义、重建方案与华南晋宁期构造运动[J].地质科技情报,19(3):7－11.

凌文黎,高山,程建萍,等.2006.扬子陆核与陆缘新元古代岩浆事件对比及其构造意义——来自黄陵和汉南侵入岩杂岩ELA-ICPMS锆石U-Pb同位素年代学的约束[J].岩石学报,22(2):388－396.

凌文黎,高山,张本仁,等.1997.扬子克拉通北缘早前寒武纪地壳演化——后河杂岩元素和同位素地球化学限制[J].矿物岩石,17(4):26－32.

凌文黎,王歆华,程建萍,等.2002.南秦岭镇安岛弧火山岩的厘定及其地质意义[J].地球化学(3).

刘传正,刘艳辉,温铭生,等.2007.长江三峡库区地质灾害成因与评价研究[M].北京:地质出版社.

刘东生.2009.黄土雨干旱环境[M].合肥:安徽科学技术出版社.

刘东生,丁仲礼.1990.中国黄土研究新进展(二)——古气候与全球变化[J].第四纪研究(1):1－9.

刘东生,等.1985.黄土与环境[M].北京:科学出版社.

刘兴诗.1981.四川盆地晚第四系的划分[J].成都地质学院学报(4):58－60.

刘兴诗.1983.四川盆地的第四纪[M].成都:四川科学技术出版社.

刘志宏,卢华复,李西建,等.2000.库车再生前陆盆地的构造演化[J].地质科学,31(4):482－492.

鹿化煜,安芷生.1999.黄土高原红粘土与黄土古土壤粒度特征对比——红粘土风尘成因的新证据[J].沉积学报,17(2):227－232.

罗丽娟,赵法锁.2009.滑坡防治工程措施研究现状与应用综述[J].自然灾害学报(4):158－164.

彭淑贞,郭正堂.2000.西峰地区晚第三纪红土稀土元素的初步研究[J].海洋地质与第四纪地质,20(2):39－43.

彭松柏,金振民.2005.造山带麻粒岩和混合岩退变质作用及其显微镜结构的地质意义[J].地学前缘,12(1).

秦四清.2000.初论岩体失稳过程中耗散结构的形成机制[J].岩石力学与工程学报(3):265－269.

渠洪杰,胡健民,崔建军,等.2009.大巴山构造带东段秭归盆地侏罗纪沉积充填过程及其构造演化[J].地质学报(9):1255－1266.

沈玉昌.1965.长江上游河谷地貌[M].北京:科学出版社.

四川省地质矿产局.1997.四川省岩石地层[M].北京:地质出版社.

孙东怀,鹿化煜,David Rea,等.2000.中国黄土粒度的双峰分布及其古气候意义[J].沉积学报,18(3):327－335.

唐贵智.1991.长江三峡地区新构造运动及其对工程建设影响[J].地矿部宜昌所所刊,17号:1－60.

唐辉明.2008.工程地质学基础[M].北京:化学工业出版社.

唐辉明,章广成.2005.库水位下降条件下斜坡稳定性研究[J].岩土力学(26):11－15.

田陵君,李平忠,罗雁.1996.长江三峡河谷发育史[M].成都:西南交通大学出版社.

万天丰.1993.中国东部中—新生代板内变形构造应力场及其应用[M].北京:地质出版社:20－22,84－89.

王玲,刘冬雁,刘明,等.2010.川西高原甘孜黄土A剖面常量元素地球化学特征初步研究[J].中国海洋大学学报,40(sup):221－225.

王令占,牛志军,赵小明,等.2009.三峡地区更新世滑坡与断裂活动、气候变化关系的再认识[J].中国地质灾害与防治学报(1):46－50.

王令占,牛志军,赵小明,等.2010.鄂西建始中更新世高海拔砾石层的发现及意义.人民长江,41(1):58—60.
汪啸风,张仁杰,陈孝红,等.2002.长江三峡地区珍贵地质遗迹保护和太古代-中生代多重地层划分和海平面升降变化[M].北京:地质出版社.
汪啸风,Stouge,陈孝红,等.2005.全球下奥陶统-中奥陶统界线层型候选剖面——宜昌黄花场剖面研究新进展[J].地层学杂志,29:467—490.
汪泽成,赵文智,徐安娜,等.2006.四川盆地北部大巴山山前带构造样式与变形机制[J].现代地质,20(3).
魏君奇,王建雄,王晓地,等.2009.黄陵地区崆岭群中基性岩脉的定年意义[J].西北大学学报:自然科学版,39(3):466—471.
温铭生,李铁锋,王连俊.2006.三峡库区滑坡灾害与地质环境关系分析[J].水文地质工程地质(4):103—106.
文启忠,余素华,孙福庆,等.1984.陕西洛川黄土剖面中的稀土元素[J].地球化学(2):126—133.
吴海斌,陈发虎,王建民,等.1998.现代风成沉积物磁化率各向异性与风向关系的研究[J].地球物理学报,41(6):811—817.
吴汉宁,岳乐平.1997.风成沉积物磁组构与中国黄土区第四纪风向变化[J].地球物理学报,40(4):487—494.
吴锡浩,李永昭.1990.青藏高原的冰碛层与环境[J].第四纪研究(2):146—158.
夏金梧,李长安.2005.三峡库区新构造活动与滑坡耦合关系探讨.人民长江,36(3):16—18.
向芳,朱利东,王成善,等.2005.长江三峡阶地的年代对比法及其意义[J].成都理工大学学报:自然科学版,32(2):162—166.
谢明.1990.长江三峡地区第四纪以来新构造上升速度和形式[J].第四纪研究,4(8):308—315.
谢明.1991.长江三峡地区第四纪以来新构造上升速度和形式[J].第四纪研究(4):308—315.
谢明.1991.河流水位变幅是影响阶地划分与新构造分析的重要因素——以长江三峡段为例[J].地理学报,46(3):353—359.
谢明.1991.长江三峡地区的第四纪沉积物[J].地球化学,9(3):292—300.
徐安武,胡宁,曾波夫.1992.中扬子泥盆纪岩相古地理及有关矿产[M]//《岩相古地理文集》编辑部.岩相古地理文集(7).北京:地质出版社.
徐汉明,刘振东.1991.中国地势起伏度研究[J].测绘学报,20(4):311—319.
杨达源.1987.试论长江三峡地区地震活动的构造基础和活动趋势[J].地震学刊(3):40—45.
杨达源.1988a.长江三峡的起源与演变[J].南京大学学报:自然科学版,24(3):466—473.
杨达源.1988b.长江三峡阶地的成因机制[J].地理学报,43(2):120—126.
杨达源.2006.长江地貌过程[M].北京:地质出版社.
杨达源,李徐生,冯立梅,等.2002.长江三峡库区崩塌滑坡的初步研究[J].地质力学学报,8(2):173—178.
杨达源,间国年.1992.长江三峡贯通的时代及其地质意义的研究[M].北京:科学出版社.
杨杰东,陈骏,刘连文,等.2003.2.5 Ma 以来黄土高原灵台剖面黄土-古土壤 $^{87}Sr/^{86}Sr$ 比值的变化[J].南京大学学报:自然科学版,39(6):731—738.
杨杰东,李高军,戴沄,等.2009.黄土高原黄土物源区的同位素证据[J].地学前缘,16(6):195—206.
杨为民,徐瑞春,吴树仁,等.2007.鄂西清江隔河岩水库茅坪滑坡蠕滑变形及其稳定性[J].地质通报(3):318—319.
杨元根,刘丛强,袁可能,等.2000.南方红土形成过程及其稀土元素地球化学[J].第四纪研究,20(5):469—480.
叶玮,杨立辉,朱丽东,等.2008.中亚热带网纹红土的稀土元素特征与成因分析[J].地理科学,29(1):40—44.
殷坤龙,韩再生,李志中.2000.国际滑坡研究的新进展[J].水文地质工程地质(5):1—4.
殷坤龙,简文星,汪洋,等.2005.三峡库区万州区近水平地层滑坡和堆积体成因机制与防治工程研究[M].武汉:中国地质大学出版社.
袁登维,梅应堂.1996.长江三峡工程坝区及外围地壳稳定性研究[M].武汉:中国地质大学出版社.

袁海华,张志兰,刘炜,等.1991.直接测定颗粒锆石^{207}Pb/^{206}Pb年龄的方法[J].矿物岩石,11(2):72—78.
张帆,王孔伟.2007.长江三峡库区构造特征与滑坡分布关系[J].地质学报(1):38—45.
张虎才.1996.武都黄土剖面稀土元素研究[J].地球化学,25(6):545—551.
张虎才,张林源.1991.兰州九州台黄土剖面元素地球化学研究[J].地球化学(1):79—86.
张加桂.2003.三峡库区泥灰质岩石的变形机理及地质灾害危险性研究[M].北京:地质出版社.
张年学,李晓,李守定.2005.三峡库区奉节-云阳的低阶地与地壳运动、河谷深槽与古洪水的新解释[J].第四纪研究,25(6):686—699.
张年学,盛祝平,孙广忠,等.1993.长江三峡工程库区顺层岸坡研究[M].北京:地震出版社.
张寿越,赵树森,何宇彬.1985.中国大陆东部洞穴沉积物的^{230}Th/^{234}U年代及古环境研究[J].地球科学,10(1):65—72.
张玉芬,李长安,陈亮,等.2008.长江中游砂山的磁组构特征及古气候环境意义[J].长江流域资源与环境,17(3):480—484.
张玉芬,李长安,刘雪梅,等.2003.黄土高原西缘3万年以来古气候变化——磁化率代用气候曲线的多尺度分析[J].华东师范大学学报:自然科学版,4(1):66—72.
张云翔,陈丹玲,薛祥煦,等.1998.黄河中游新第三纪晚期红粘土的成因类型[J].地层学杂志,22(3):10—15.
赵诚.1996.长江三峡河流袭夺与河流起源[J].长春地质学院学报,26(4):419—433.
赵小明,童金南.姚华舟,等.2010.三峡地区印支运动的沉积响应[J].古地理学报(2):177—184.
赵信文,金维群,彭轲,等.2009.清江中游隔河岩库区偏山滑坡形成机制及稳定性分析[J].吉林大学学报:地球科学版(5):875—881.
钟立勋,殷跃平,唐灿.1992.地质矿产部环境地质研究所论文集(1)[C].北京:地质出版社.
朱诚.1994.对用Fe^{3+}/Fe^{2+}探讨庐山地区第四纪古温度的讨论[J].地质论评,40(3):216—220.
朱维申,程峰.2000.能量耗散本构模型及其在三峡船闸高边坡稳定性分析中的应用[J].岩石力学与工程学报,19(3):261—264.
朱照宇,丁仲礼.1994.中国黄土高原第四纪古气候与新构造演化[M].北京:地质出版社.
Bishop P. 1995. Drainage rearrangement by river capture, beheading and diversion. Progress in Physical Geography:449—473.
Bonglas W B,John L,Eric F,et al. 1996. Bedrock incision, rock uplift and threshold hill slopes in the northwest Himalayas. Nature:505—510.
Douglass J,Meek N,Dorn R I,et al. 2009. A criteria-based methodology for determining the mechanism of transverse drainage development, with application to the southwestern United States. Geological Society of America Bulletin:586—598.
Ford,et al. 1997. Progressive evolution of a fault-related fold pair from growth strata geometries, Sant Liorenc de Morunys,SE Pyrenees. Journal of Structural Geology,19(3-4):413—441.
Gregory K J. 2004. Fold. In: Goudie, A. S. (Ed.), Encyclopedia of Geomorphology. Routledge, London, New York. 1202.
Humphrey N F,Konrad S K. 2000. River incision or diversion in response to bedrock uplift. Geology:43—46.
Kennedy M J. 1996. Stratigraphy sedimentary and Isotopic geochemistry of Australian Neopreoterozoix postglacial cap dolostones:deglacian δ13C excursionsand carbonate precipitation. Jour. Sediment,66(6):1 050—1 064.
Frankes L A. 1979. Climates throughout geological time. Elsevier Scientific Publishing Company:1—310.
Li Jijun,Xie Shiyou,Kuang Mingsheng. 2001. Geomorphic evolution of the Yangtze Gorges and the time of their formation,Geomorphology,41(2):125—135.
Liu C Z. 2009. Geo-hazard initiation and assessment in the Three Gorges Reservoir. In: Wang,F.

Rafini, Eric Mercier. 2002. Forward modelling of foreland basins progressive unconformities. Sedimentary Geology,146(1-2):75—89.

Raymo M E, Ruddiman W F. 1992. Tectonic forcing of late Cenozoic climate. Nature:117—122.

Ruddiman W F. 1997. Tectonic Uplift and Climate Change. Plenum Press, New York.

Shackleton N J, Ophyke N D. 1976. Oxygen isotope and paleomagnetic stratigraphy of Pacific core V28-239: late Pliocene to latest pleistocene. Gel, Soc. Amer. Mem. :449—464.

Show J H, Suppe J. 1994. Active faulting and growth folding in the eastern Santa Barbara Channel, California. Geol. Soc. Amer. Bull,106:607—626.

Stokes M, Mather A E. 2003. Tectonic origin and evolution of a transverse drainage: the Rio Almanzora, Betic Cordillera, Southeast Spain. Geomorphology:59—81.

Strahler A N. 1945. Hypotheses of stream development in the folded Appalachians of Pennsylvania. Geological Society of America Bulletin:45—88.

Suppe J, Chou G T, Hook S C. 1991. Rates of folding and faulting determined from growth strata. In: McCLAY K R ed. Thrust Tectonics. Chapman & Hall, London:105—121.

Suppe J, Verges J. 1997. Bed-by-bed fold growth by kink-band migration: Sant Liorence de Morunys, eastern Pyrenees. Journal of Structural Geology:443—461.

Twidale C R. 2004. River patterns and their meaning. Earth-Science Reviews,67(3-4): 159—218.

Zhao C. 1996. River capture and origin of the Yangtze Gorges. Journal of Changchun University of Earth Sciences,26(4):428—433.